轻松学电脑教程系列

新手学电脑

陈宏波 主编

东南大学出版社

·南京·

内容简介

本书是《轻松学电脑教程系列》丛书之一，全书以通俗易懂的语言、翔实生动的实例，全面介绍了新手学电脑需要掌握的相关知识。本书共分 10 章，涵盖了使用电脑的基础知识，快速掌握 Windows 7，高效管理文件和文件夹，Windows 7 的个性化设置，Word 无纸办公，Excel 表格专家，PowerPoint 演示文稿，Internet 综合应用，电脑日常维护与安全以及管理与使用工具软件等内容。

本书内容丰富，图文并茂，附赠的光盘中包含书中实例素材文件、15 小时与图书内容同步的视频教学录像以及多套与本书内容相关的多媒体教学视频，方便读者扩展学习。此外，我们通过便捷的教材专用通道为老师量身定制实用的教学课件，并且可以根据您的教学需要制作相应的习题题库辅助教学。

本书具有很强的实用性和可操作性，是一本适合于高等院校及各类社会培训学校的优秀教材，也是广大初、中级计算机用户和不同年龄阶段计算机爱好者学习计算机知识的首选参考书。

图书在版编目(CIP)数据

新手学电脑/陈宏波主编. —南京：东南大学出版社，2018.1

ISBN 978-7-5641-7616-7

Ⅰ. ①新… Ⅱ. ①陈… Ⅲ. ①电子计算机—基本知识 Ⅳ. ①TP3

中国版本图书馆 CIP 数据核字(2018)第 003942 号

出版发行：东南大学出版社
社　　址：南京市四牌楼 2 号　**邮编**：210096
出 版 人：江建中
网　　址：http://www.seupress.com
电子邮箱：press@seupress.com
经　　销：全国各地新华书店
印　　刷：江苏徐州新华印刷厂
开　　本：787 mm×1092 mm　1/16
印　　张：17.25
字　　数：430 千字
版　　次：2018 年 1 月第 1 版
印　　次：2018 年 1 月第 1 次印刷
书　　号：ISBN 978-7-5641-7616-7
定　　价：39.00 元

前言

《新手学电脑》是《轻松学电脑教程系列》丛书中的一本。该书从读者的学习兴趣和实际需求出发，合理安排知识结构，由浅入深、循序渐进，通过图文并茂的方式讲解新手学电脑时需要掌握的知识与技巧。全书共分为10章，主要内容如下：

第1章：介绍了使用电脑和 Windows 7 操作系统的基础知识。

第2章：介绍了 Windows 7 操作系统的常用操作和设置方法。

第3章：介绍了高效管理文件与文件夹的方法与技巧。

第4章：介绍了自定义 Windows 7 操作系统界面和功能的常用方法与技巧。

第5章：介绍了使用 Word 2010 软件处理电子文档的方法。

第6章：介绍了使用 Excel 2010 软件制作与处理电子表格的方法。

第7章：介绍了使用 PowerPoint 2010 软件设计并制作演示文稿的方法。

第8章：介绍了电脑上网时常用的各种 Internet 应用，如网上聊天、收发电子邮件、网上购物等等。

第9章：介绍了电脑安全与维护方面的常用操作。

第10章：介绍了 WinRAR、千千静听、光影魔术手等常用工具软件的使用方法。

本书附赠一张精心开发的 DVD 多媒体教学光盘，其中包含了15小时与图书内容同步的视频教学录像。光盘采用情景式教学和真实详细的操作演示等方式，紧密结合书中的内容对各个知识点进行深入的讲解，让读者在阅读本书的同时，享受到全新的交互式多媒体教学体验。

此外，本光盘附赠大量学习资料，其中包括多套与本书内容相关的多媒体教学演示视频，方便读者扩展学习。光盘附赠的云视频教学平台能够让读者轻松访问上百 GB 容量的免费教学视频学习资源库。

本书由陈宏波主编，参加本书编写的人员还有王毅、孙志刚、李珍珍、胡元元、金丽萍、张魁、谢李君、沙晓芳、管兆昶、何美英等人。由于作者水平有限，本书难免有不足之处，欢迎广大读者批评指正。

编　者

2018年1月

丛书序

熟练使用电脑已经成为当今社会不同年龄层次的人群必须掌握的一门技能。为了使读者在短时间内轻松掌握电脑各方面应用的基本知识，并快速解决生活和工作中遇到的各种问题，东南大学出版社组织了一批教学精英和业内专家特别为计算机学习用户量身定制了这套《轻松学电脑教程系列》丛书。

丛书、光盘和教案定制特色

选题新颖，结构合理，为计算机教学量身打造

本套丛书注重理论知识与实践操作的紧密结合，同时贯彻"理论＋实例＋实战"3 阶段教学模式，在内容选择、结构安排上更加符合读者的认知习惯，从而达到老师易教、学生易学的目的。丛书完全以高等院校、职业学校及各类社会培训学校的教学需要为出发点，紧密结合学科的教学特点，由浅入深地安排章节内容，循序渐进地完成各种复杂知识的讲解。

版式紧凑，内容精炼，案例技巧精彩实用

本套丛书在有限的篇幅内为读者奉献更多的电脑知识和实战案例。丛书内容丰富，信息量大，章节结构完全按照教学大纲的要求来安排。书中的案例通过添加大量的"知识点滴"和"实用技巧"的注释方式突出重要知识点，使读者轻松领悟每一个案例的精髓所在。

书盘结合，素材丰富，全方位扩展知识能力

本套丛书附赠多媒体教学光盘包含了 15 小时左右与图书内容同步的视频教学录像，光盘采用真实详细的操作演示方式，紧密结合书中的内容对各个知识点进行深入的讲解。附赠光盘收录书中实例视频、素材文件以及 3～5 套与本书内容相关的多媒体教学视频。

在线服务，贴心周到，方便老师定制教案

本套丛书精心创建的技术交流 QQ 群(101617400、2463548)为读者提供 24 小时便捷的在线交流服务和免费教学资源。便捷的教材专用通道(QQ：22800898)为老师量身定制实用的教学课件。此外，我们可以根据您的教学需要制作相应的习题题库辅助教学。

读者定位和售后服务

本套丛书为所有从事电脑教学的老师和自学人员而编写，是一套适合于高等院校及各类社会培训学校的优秀教材，也可作为电脑初、中级用户和电脑爱好者学习电脑的首选参考书。

如果您在阅读图书或使用电脑的过程中有疑惑或需要帮助，可以通过我们的信箱(E-mail：easystudyservice@126. net)联系。最后感谢您对本丛书的支持和信任，我们将再接再厉，继续为读者奉献更多更好的优秀图书，并祝愿您早日成为电脑应用高手！

《轻松学电脑教程系列》丛书编委会

2018 年 1 月

目录

第4章 Windows 7 个性化设置

第5章 Word 无纸办公

第6章 Excel 表格专家

第7章 PowerPoint 演示文稿

第8章 Internet综合应用

第9章 电脑日常维护与安全

第10章 管理与使用工具软件

第 1 章

使用电脑的基础知识

随着社会的进步和发展,电脑已经成为人们工作、学习和生活中一个不可或缺的帮手,越来越多的人渴望能掌握电脑的操作方法。本章将从最基础的知识入手,向读者介绍电脑的入门级必知常识。

对应的光盘视频

例 1-2　添加系统桌面图标

例 1-3　排列系统桌面图标

例 1-4　更改系统桌面背景

例 1-6　重命名系统桌面图标

例 1-7　清除最近打开程序记录

例 1-8　使用 Windows 7 搜索栏

例 1-9　使用 Windows 7 所有程序列表

1.1 启动电脑

在启动电脑前，首先应确保将主机和显示器接通电源，然后按下主机机箱上的 Power 按钮，即可进入操作系统。下面以装有 Windows 7 操作系统的电脑为例来介绍电脑的启动过程。

【例 1-1】 启动一台电脑。

STEP 01 按下显示器的电源开关(一般为⏻符号或写 Power 字样)。当显示器的电源指示灯亮时，表示显示器已经开启。

STEP 02 按下机箱的电源按钮(一般为⏻符号或写 Power 字样)。当机箱上的电源指示灯亮时，说明主机已开始启动，如图 1-1 所示。

STEP 03 主机启动后，电脑开始自检并进入操作系统，显示器将显示如图 1-2 所示画面。

图 1-1 打开显示器并按下主机上的电源按钮

图 1-2 Windows 7 系统的启动界面

STEP 04 如果系统设置有密码，将显示如图 1-3 所示的画面。

STEP 05 输入密码后，按 Enter 键，稍后即可进入 Windows 7 系统的桌面，如图 1-4 所示。

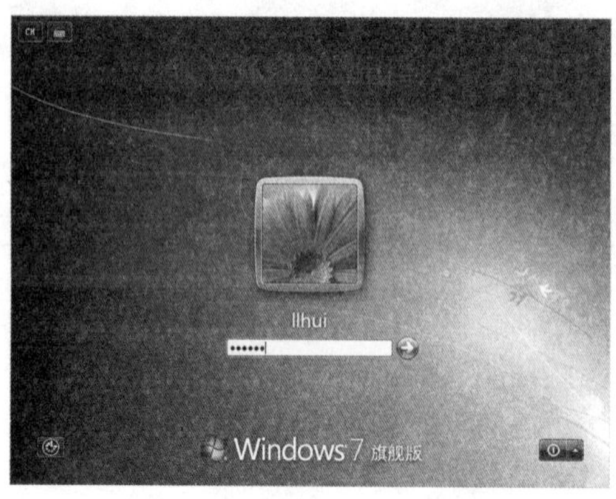

图 1-3 系统提示输入用户密码

图 1-4 Windows 7 系统桌面

1.2　认识 Windows 7 系统桌面

在 Windows 操作系统中，“桌面”是一个重要的概念，指的是当用户启动并登录操作系统后，用户所看到的一个主屏幕区域。桌面是用户进行工作的一个平面，形象地说，就像人们平时用的办公桌，可以在上面展开工作。

1.2.1　桌面图标

桌面图标就是整齐排列在桌面上的一系列图片，这些图片由图标和图标名称两部分组成。有的图标左下角有一个箭头，这些图标被称为“快捷方式”，双击这些图标可以快速启动相应的程序。常用的桌面图标有【计算机】、【网络】、【回收站】和【控制面板】等。

- 【计算机】图标：用来管理磁盘、文件和文件夹等。双击该图标可打开【计算机】窗口。在该窗口中可以查看电脑中的磁盘分区以及文件和文件夹等，如图 1-5 所示。

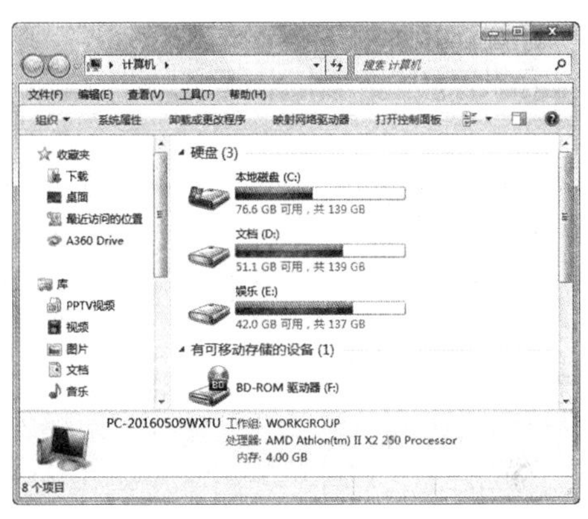

图 1-5　使用【计算机】图标打开【计算机】窗口

- 【网络】图标：主要用来查看网络中的其他电脑，访问网络中的共享资源，进行网络设置等。双击此图标即可查看本地网络中共享的文件夹和局域网中的电脑。
- 【回收站】图标：用来暂时存放被用户删除的文件。如果用户误删了某些重要文件，可在【回收站】中还原。双击该图标便可打开【回收站】窗口，在该窗口中可以看到用户最近删除的文件。
- 【控制面板】图标：【控制面板】图标是 Windows 图形用户界面的一部分，可通过【开始】菜单访问。它允许用户查看并操作基本的系统设置和控制，比如添加硬件、添加/删除软件、控制用户账户和更改辅助功能选项等。

1.　添加系统桌面图标

用户第一次进入 Windows 7 操作系统的时候，会发现桌面上只有一个回收站图标，诸如计算机、网络、用户的文件和控制面板这些常用的系统图标都没有显示在桌面上，因此需要在桌面上添加这些常用系统图标。

【例 1-2】　在桌面上添加【用户的文件】系统图标。视频

STEP 01　在桌面上右击鼠标，在弹出的快捷菜单中选择【个性化】命令，如图 1-6 所示，打开【个

性化】窗口。

STEP 02 单击【个性化】窗口左侧的【更改桌面图标】按钮，打开【桌面图标设置】对话框。

STEP 03 选中其中的【用户的文件】复选框，然后单击【确定】按钮，如图 1-7 所示，即可在桌面上添加【用户的文件】图标。

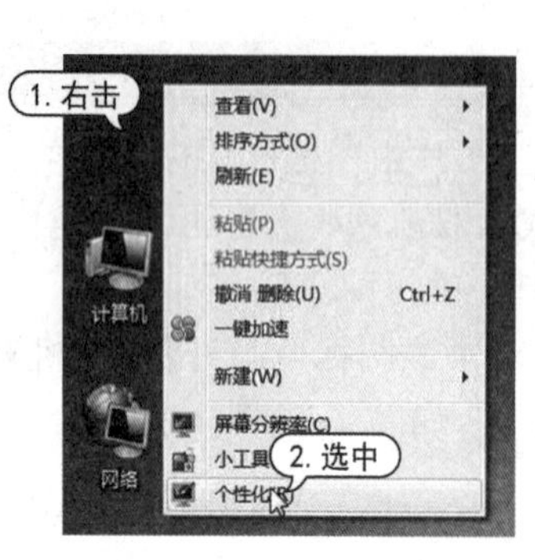

图 1-6 右击系统桌面显示的菜单

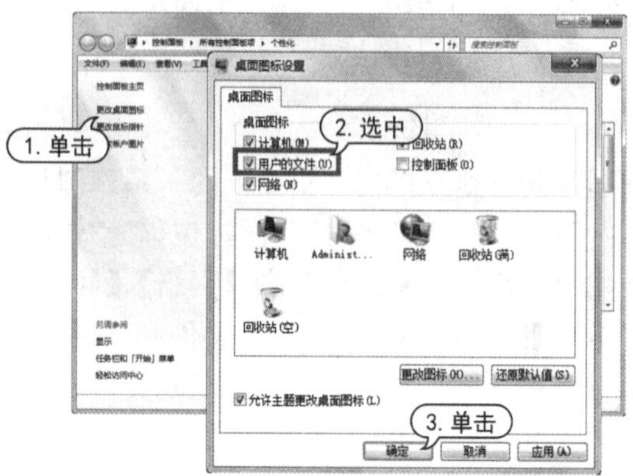

图 1-7 设置在桌面显示【用户的文件】图标

实用技巧

【用户的文件】图标通常以当前登录的系统账户名命名。另外，用户若要删除系统图标，可在【桌面图标设置】对话框中取消选中相应图标前方的复选框即可。

2. 添加软件快捷方式图标

除了可以在桌面上添加系统快捷方式图标外，还可以添加其他应用软件或文件夹的快捷方式图标。一般情况下，安装了一个新的应用程序后，都会自动在桌面上建立相应的快捷方式图标。如果该程序没有自动建立快捷方式图标，可采用以下方法来添加。

在程序的启动图标上右击鼠标，选择【发送到】|【桌面快捷方式】命令，即可创建一个快捷方式，并将其显示在桌面上，如图 1-8 所示。

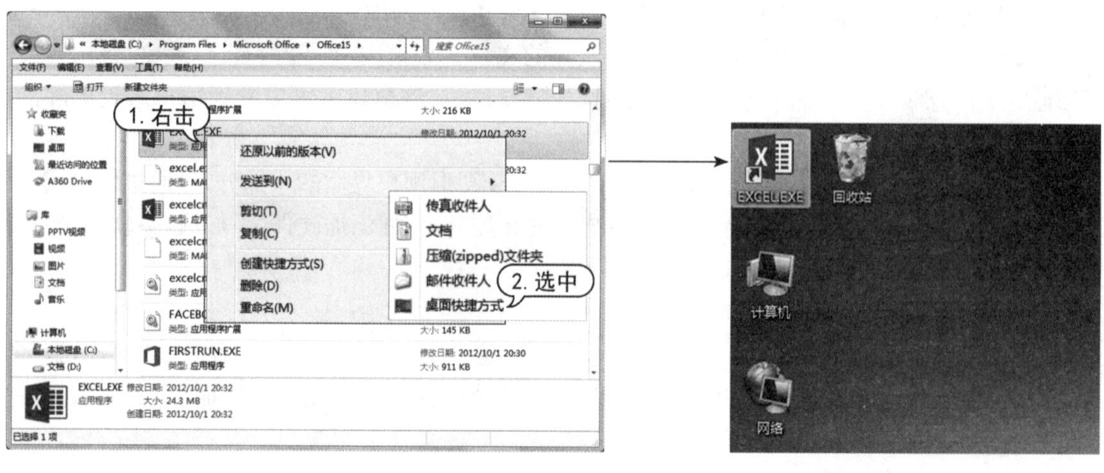

图 1-8 在系统桌面上创建软件快捷方式图标

3. 排列系统桌面图标

当桌面上的图标杂乱无章地排列时，用户可以按照名称、大小、类型和修改日期来排列桌面图标。

【例 1-3】 将桌面图标按照修改日期进行排列。视频

STEP 01 在桌面上右击鼠标，在弹出的快捷菜单中选择【排序方式】|【修改日期】命令。

STEP 02 此时桌面图标即可按照修改日期的先后顺序进行排列，如图 1-9 所示。

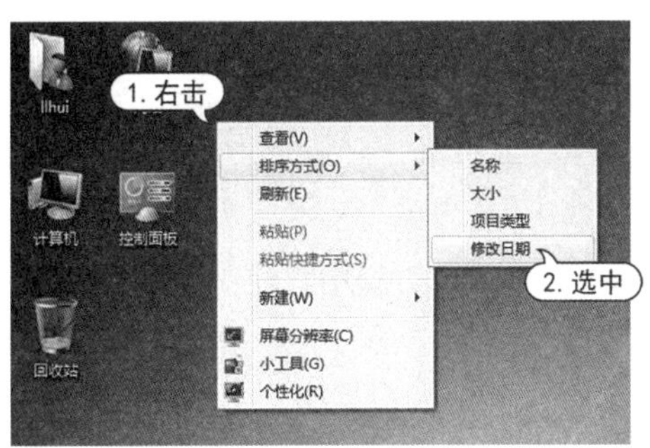

图 1-9　使用右键菜单排列系统桌面图标

1.2.2　桌面背景

桌面背景就是 Windows 7 系统桌面的背景图案，又叫做墙纸。启动 Windows 7 操作系统后，桌面背景采用的是系统安装时默认的设置，用户可以根据自己的喜好更换桌面背景。

【例 1-4】 设置更改 Windows 7 系统桌面背景。视频

STEP 01 在桌面上右击，在弹出的快捷菜单中选择【个性化】命令，打开【个性化】窗口。

STEP 02 单击【个性化】窗口下方的【桌面背景】图标，打开【桌面背景】窗口。

STEP 03 在【桌面背景】窗口中选择一个背景图片前的复选框，然后单击【保存修改】按钮，即可更改 Windows 7 系统桌面，如图 1-10 所示。

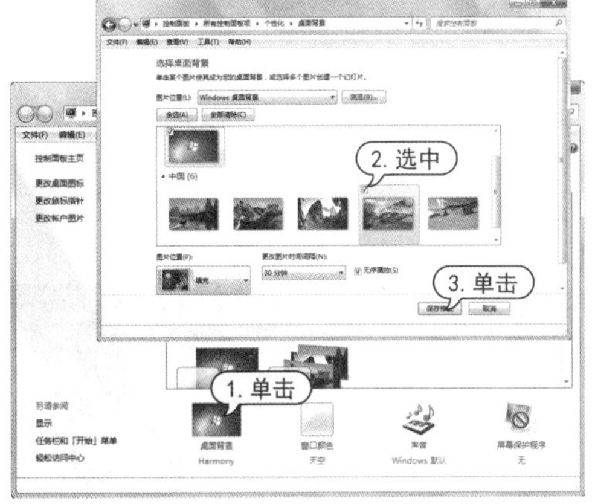

图 1-10　修改 Windows 7 系统桌面背景

 1.2.3 任务栏

任务栏是位于桌面下方的一个条形区域。它显示了系统正在运行的程序、打开的窗口和当前时间等内容。用户通过任务栏可以完成许多操作。Windows 7 采用了大图标显示模式的任务栏,并且还增强了任务栏的功能。例如,任务栏图标的灵活排序、任务进度监视和预览功能等

1. 认识任务栏

任务栏主要包括【开始】按钮、快速启动栏、已打开的应用程序区、语言栏、时间及常驻内存的应用程序区等几部分。

- 【开始】按钮:单击【开始】按钮,可打开【开始】菜单,用户可从其中选择需要的菜单命令或启动相应的应用程序,如图 1-11 所示。
- 快速启动栏:单击该栏中的某个图标,可快速地启动相应的应用程序。例如,单击【库】按钮,可打开【库】管理界面,如图 1-12 所示。

图 1-11 【开始】菜单

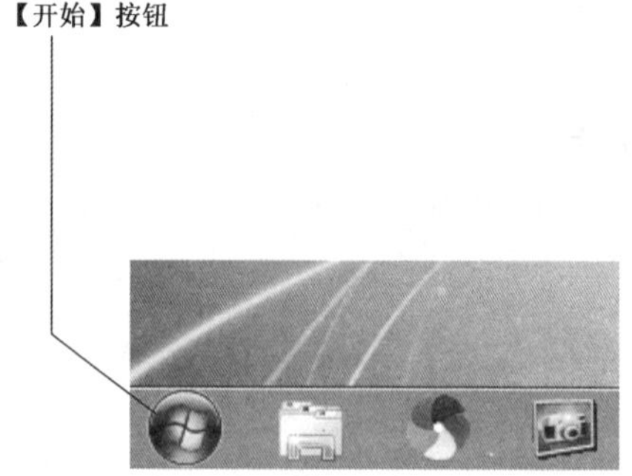

图 1-12 快速启动栏

- 已打开的应用程序区:该区域显示当前正在运行的所有程序,其中的每个按钮都代表了一个已经打开的窗口,单击这些按钮即可在不同的窗口之间进行切换。另外,按住 Alt 键不放,然后依次按 Tab 键,可在不同的窗口之间进行快速切换,如图 1-13 所示。
- 语言栏:该栏用来显示系统中当前正在使用的输入法和语言。
- 时间及常驻内存的应用程序区:该区域显示系统当前的时间和在后台运行的某些程序,如图 1-14 所示。

图 1-13 显示已经打开的程序

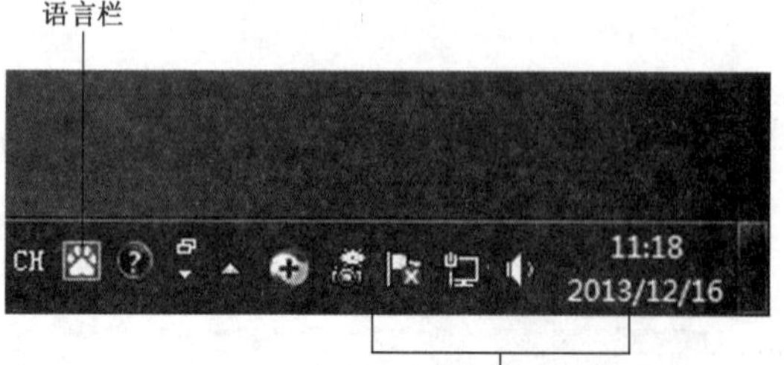

图 1-14 显示时间及常驻内存的应用程序

2. 任务栏图标灵活排序

在 Windows 7 操作系统中，任务栏中图标的位置不再是固定不变的，用户可根据需要任意拖动改变图标的位置。

如图 1-15 所示，用户使用鼠标拖动的方法即可更改图标在任务栏中的位置。

另外，在 Windows 7 中，快速启动栏中的程序图标比以往版本都大。Windows 7 将快速启动栏的功能和传统程序窗口对应的按钮进行了整合。单击这些图标即可打开对应的应用程序，并由图标转化为按钮的外观，用户可根据按钮的外观来分辨未运行的程序图标和已运行程序窗口按钮的区别，如图 1-16 所示。

左右拖动

图 1-15　调整图标在任务栏中的位置

正在运行的程序　未运行的程序

图 1-16　显示程序是否正在运行

3. 显示系统桌面

当桌面上打开的窗口比较多时，用户若要返回到桌面，则要将这些窗口一一关闭或者最小化，这样不但麻烦，而且浪费时间。其实 Windows 7 操作系统在任务栏的右侧设置了一个矩形按钮，如图 1-17 所示，当用户单击该按钮时，即可快速返回桌面。

4. 任务进度监视

在 Windows 7 操作系统中，任务栏中的按钮具有任务进度监视的功能。例如，用户在复制某个文件时，在任务栏的按钮中同样会显示复制的进度，如图 1-18 所示。

显示系统桌面按钮

图 1-17　通过任务栏快速显示桌面

图 1-18　显示复制任务的执行进度

1.3　学会使用鼠标和键盘

在操作电脑的过程中，使用最频繁的输入工具就是鼠标和键盘了。本节就来学习鼠标和键盘的使用方法。

1.3.1　熟练使用鼠标

在 Windows 操作系统中，鼠标是必不可少的输入设备，被称为电脑的指挥棒。如果想熟

练地操作电脑，就必须能熟练地使用鼠标。

电脑中最为常用的鼠标是带滚轮的三键光电鼠标。它共分为左右两键和中间的滚轮，其中间的滚轮也可称为中键，如图 1-19 所示。

正确使用鼠标的方法如下：用手掌心轻压鼠标，拇指和小指抓在鼠标的两侧，再将食指和中指自然弯曲，轻贴在鼠标的左键和右键上，无名指自然落下跟小指一起压在侧面，此时拇指、食指和中指的指肚贴着鼠标，无名指和小指的内侧面接触鼠标侧面，重量落在手臂上，保持手臂不动，左右晃动手腕，即握住了鼠标，如图 1-20 所示。

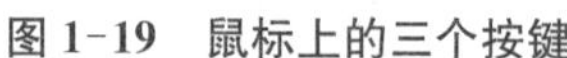
图 1-19　鼠标上的三个按键

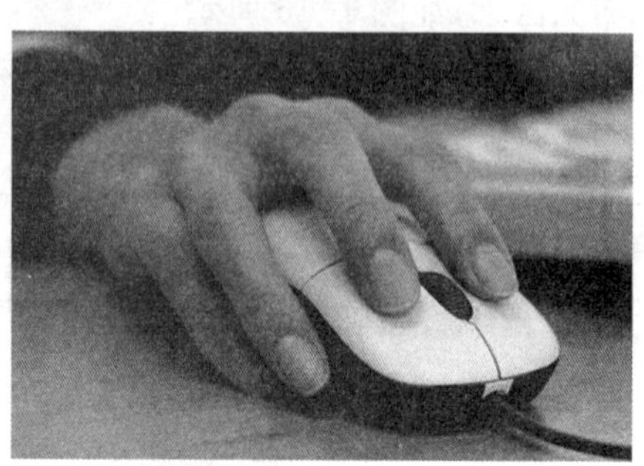

图 1-20　鼠标的使用姿势

1. 认识鼠标指针的形状

在使用鼠标操作电脑的过程中，鼠标指针的形状会随着用户操作的不同或者系统工作状态的不同，而呈现出不同的形态，所以不同形态的鼠标指针代表着不同的操作。了解这些鼠标指针形态所表示的含义，可使用户更加方便快捷地操作电脑。

表 1-1 所示为几种常见的鼠标指针形态及其表示的含义。

表 1-1　常见鼠标指针及其表示的含义

指针形状	表示操作	指针形状	表示操作
	正常选择		链接选择
	帮助选择		移动对象
	忙碌状态		调整对象垂直大小
	调整对象水平大小		精确选择
	沿对角线调整 1		文本选择或输入
	沿对角线调整 2		不可用状态
	候选		手写状态

2. 鼠标的常用操作

鼠标的常用操作主要有 5 种：单击、双击、右击、拖动和范围选取。下面分别对这 5 种操作进行介绍。

▽ 单击：指的是用右手食指轻点鼠标左键并快速释放，此操作通常用于选择对象。单击操作是最常用的鼠标操作。

▽ 双击：指的是用右手食指在鼠标左键上快速单击两次，此操作用于执行命令或打开文件等。例如，在桌面上双击【计算机】图标，即可打开【计算机】窗口。

▽ 右击：指的是用右手中指按下鼠标右键并快速释放，此操作一般用于弹出当前对象的快捷菜单，便于快速选择相关的命令。右击的对象不同，弹出的快捷菜单也不同。例如，在桌面空白处右击鼠标可弹出如图 1-21 所示的右键快捷菜单。

▽ 拖动：指的是将鼠标指针移动至需要移动的对象上，然后按住鼠标左键不放，将该对象从屏幕的一个位置拖到另一个位置，然后释放鼠标左键。例如，可将【计算机】图标从“位置 1”拖动至“位置 2”，如图 1-22 所示。

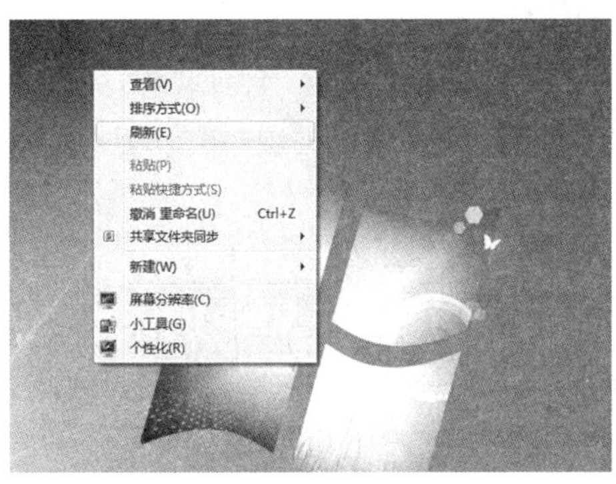

图 1-21　在系统桌面右击鼠标后弹出的菜单

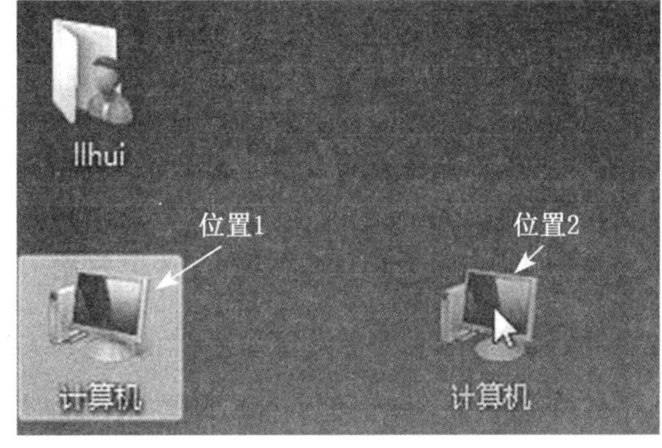

图 1-22　拖动桌面上的图标

▽ 范围选取：主要指的是用鼠标指针选定集中在一起的多个对象。方法是单击需选定对象外的一点并按住鼠标左键不放，移动鼠标将需要选中的所有对象包括在虚线框中，此时选中的所有对象呈深色显示，表示处于选定状态，选定后释放鼠标左键即可。

实用技巧

使用鼠标拖动对象时，可一次拖动一个对象，也可以一次拖动多个对象。拖动多个对象时，应先将这多个对象选定，然后再进行拖动。

1.3.2　正确操作键盘

键盘是电脑最常用的输入设备。用户向电脑发出的命令、编写的程序等都要通过键盘输入到电脑中，使电脑能够按照用户发出的指令来操作，实现人机对话。

目前常用的键盘在原有的标准键盘基础上，增加了许多新的功能键。不同的键盘多出的功能键也不相同。本节主要以 107 键的标准键盘为例来介绍键盘的按键组成以及功能。

107 键的标准键盘共分为 5 个区，如 1-23 图所示，上排为功能键区，下方左侧为标准键区，中间为光标控制键区，右侧为小键盘区，右上侧为 3 个状态指示灯。

1. 十个手指的完美分工

键盘手指的分工是指键位和手指的搭配，即把键盘上的全部字符合理地分配给 10 个手指，并且规定每个手指击打哪几个字符键。

▽ 左手小指主要分管 5 个键：1、Q、A、Z 和左 Shift 键，此外还分管左边的一些控制键。

▽ 左手无名指分管 4 个键：2、W、S 和 X。

▽ 左手中指分管 4 个键：3、E、D 和 C。

- 左手食指分管 8 个键：4、R、F、V 和 5、T、G、B。
- 右手小指主要分管 5 个键：0、P、“;”、“/”和右 Shift 键，此外还分管右边的一些控制键。
- 右手无名指分管 4 个键：9、O、L、“.”。
- 右手中指分管 4 个键：8、I、K、“,”。
- 右手食指分管 8 个键：6、Y、H、N 和 7、U、J、M。
- 大拇指专门击打空格键。

2. 手指的定位和击键要点

位于打字键区第 3 行的 A、S、D、F、J、K、L 和“;”键，这 8 个键称为基本键。其中的 F 键和 J 键称为原点键。这 8 个基本键位是左右手指固定的位置。

将左手的小指、无名指、中指和食指分别放在 A、S、D、F 键上；将右手的食指、中指、无名指和小指分别放在 J、K、L 和“;”键上；将左右拇指轻放在空格键上，如图 1-24 所示。

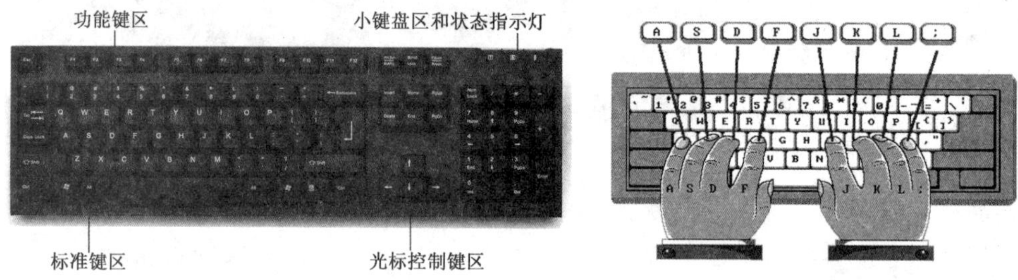

图 1-23　107 键盘上的各个区域

图 1-24　击键的要点

在击键时，主要用力的部位不是手腕，而是手指关节。当练到一定阶段时，手指敏感度加强，可以过渡到指力和腕力并用。击键时应注意以下要点：

- 手腕保持平直，手臂保持静止，全部动作只限于手指部分。
- 手指保持弯曲，并稍微拱起，指尖的第一关节略成弧形，轻放在基本键的中央位置。
- 击键时，只允许伸出要击键的手指，击键完毕必须立即回位，切忌触摸键或停留在非基本键键位上。
- 以相同的节拍轻轻击键，不可用力过猛。以指尖垂直向键盘瞬间发力，并立即反弹，切不可用手指按键。
- 用右手小指击打 Enter 键后，右手立即返回到基本键键位，返回时右手小指应避免触到“;”键。

3. 键盘常用按键的功能

- Esc 键：强行退出键，功能是退出当前环境，返回到原菜单。
- Power 键：按此键可关闭或打开计算机电源。
- Sleep 键：按此键可以使计算机进入睡眠状态。
- Wake Up 键：按此键可以使计算机从睡眠状态恢复到初始状态。
- F1～F12 键：在不同的程序软件中功能会有所不同。例如，F1 键通常为打开【帮助】窗口。
- 字母键：字母键的键面为英文大写字母，从 A 到 Z。运用 Shift 键可以进行大小写切换。在使用键盘输入文字时，主要通过字母键来实现。

- 数字和符号键:数字和符号键的键面上有上下两种符号,故又称为双字符键。上面的符号称为上档符号,下面的符号称为下档符。
- Backspace 键:退格键,位于标准键区的右上角。按下此键可删除当前光标位置左边字符,并使光标向左移动一个位置。
- Tab 键:制表定位键。按此键后光标向右移动 8 个字符。
- Enter 键:又叫回车键。按此键表示开始执行输入的命令,在输入字符时,按下此键表示换行。
- Caps Lock 键:大写锁定键。按此键可将字母键锁定为大写状态,对其他键没有影响。再次按此键时可解除大写锁定状态。
- Ctrl 键:控制键。此键一般和其他键组合使用,可完成特定的功能。
- Alt 键:转换键。此键和 Ctrl 键相同,也不单独使用,在和其他键组合使用时产生一种转换状态。在不同的工作环境下,Alt 键转换的状态也不同。
- Windows 徽标键:按此键可以快速打开【开始】菜单。此键也可和其他键组合使用,以实现特殊的功能。
- 空格键:键盘上最长的键。单击此键一次,光标向右移动一个空格。
- 快捷菜单键:此键位于标准键区右下角的 Windows 徽标键和 Ctrl 键之间。按此键后会弹出当前窗口的右键快捷菜单。
- Home 键:起始键。按此键,光标移至当前行的行首。按 Ctrl+Home 组合键,光标移至首行行首。
- End 键:终止键。按此键,光标移至当前行的行尾。按 Ctrl+End 组合键,光标移至末行行尾。
- Page Up 键:向前翻页键。按此键可以翻到上一页。
- Page Down 键:向后翻页键。按此键可以翻到下一页。
- Delete 键:删除键。每次按此键,可删除光标后面的一个字符,同时光标右边的所有字符向左移动一个字符位。
- ↑、←、↓、→键:光标移动键。分别控制光标向 4 个不同的方向移动。
- 小键盘区:一共有 17 个键,其中包括 Num Lock 键、数字键、双字符键、Enter 键和符号键。其中数字键大部分为双字符键,上档符号是数字,下档符号具有光标控制功能。Num Lock 键为数字锁定键,该键是小键盘上数字键的控制键。

1.4 关闭电脑

当不再使用电脑工作时,可以将电脑关闭。在关闭电脑前,应先关闭所有的应用程序,以免造成数据的丢失。

【例 1-5】 关闭正在运行的电脑。

STEP 01 单击【开始】按钮,在弹出的【开始】菜单中选择【关机】命令,如图 1-25 所示。

STEP 02 此时,Windows 7 开始关闭操作系统。如果系统检测到了更新,则会自动安装更新文件。此时不需任何操作,等待即可。

STEP 03 更新安装完成后,即可自动关闭操作系统,如图 1-26 所示。

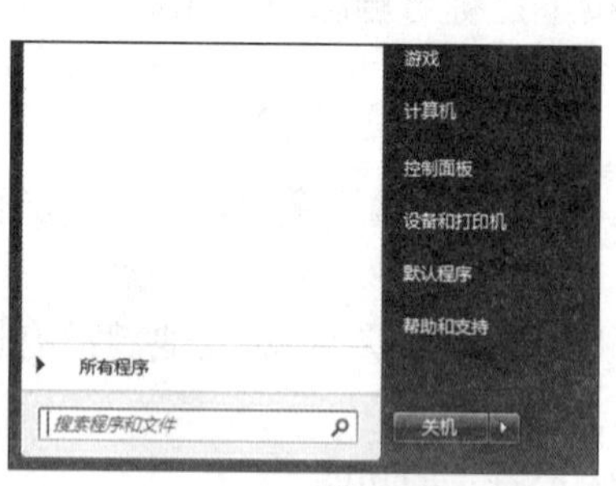

图 1-25　通过开始菜单关闭系统

图 1-26　关闭 Windows 7 系统

STEP 04 关闭操作系统后，按下显示器上的电源开关关闭显示器。

电脑在使用的过程中，如果操作不当或者遇到某种特殊情况，往往会出现屏幕卡死、鼠标无法移动和键盘失灵的现象，这种现象被称为“死机”。

“死机”时将无法通过【开始】菜单来关闭电脑，只能通过长按机箱上的电源按钮来实现。若用户还要继续使用电脑，可按机箱上的【重启】按钮，电脑即可重新启动。

1.5 案例演练

本章主要介绍了电脑的基本知识，包括启动和关闭电脑、使用鼠标和键盘、认识 Windows 的桌面、窗口、对话框和菜单等内容。本次实战演练通过具体实例来使读者进一步巩固本章所学的内容。

1.5.1 重命名桌面图标

用户可以根据自己的需要和喜好为桌面图标重新命名。一般来说，重命名的目的是为了让图标的意思表达得更明确，以方便用户使用。本例为【计算机】图标重命名。

【例 1-6】 重命名系统桌面图标。

STEP 01 右击【计算机】图标，在弹出的快捷菜单中选择【重命名】命令，如图 1-27 所示。

STEP 02 此时图标的名称会显示为可编辑状态，如图 1-28 所示。

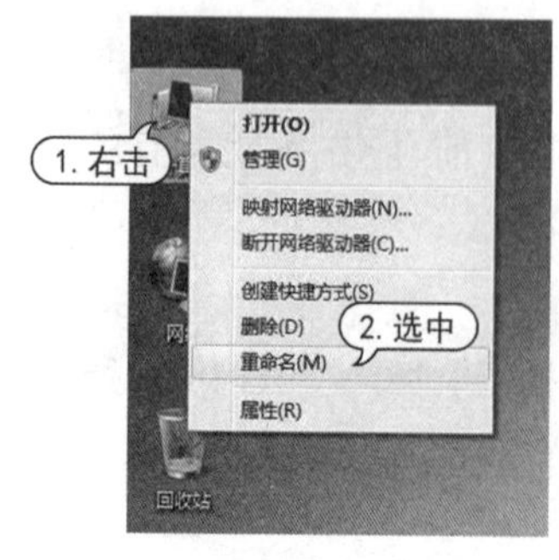

图 1-27　右击需要重命名的图标

图 1-28　图标名称显示为可编辑状态

STEP 03 直接使用键盘输入新的图标名称，然后按 Enter 键或者在桌面的其他位置单击，即可完成图标的重命名。

1.5.2 清除最近打开程序记录

【开始】菜单左侧的最近打开程序列表和跳转列表会记录用户最近打开的程序和文档，如果用户不希望保留这些记录，可通过设置来清除这些记录。

【例 1-7】 清除【开始】菜单中显示的最近打开程序记录列表。视频

STEP 01 右击桌面左下角的【开始】按钮图标。如图 1-29 所示，在弹出的快捷菜单中选择【属性】命令，打开【任务栏和「开始」菜单属性】对话框。

STEP 02 取消选中如图 1-30 所示的两个复选框，然后单击【应用】按钮，即可清除最近打开的程序和文档记录

图 1-29 右击【开始】按钮

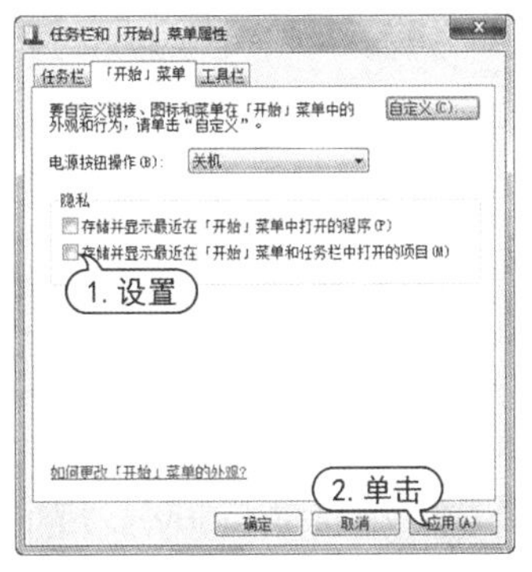

图 1-30 【任务栏和「开始」菜单属性】对话框

STEP 03 清除前后的【开始】菜单效果对比如图 1-31 所示。

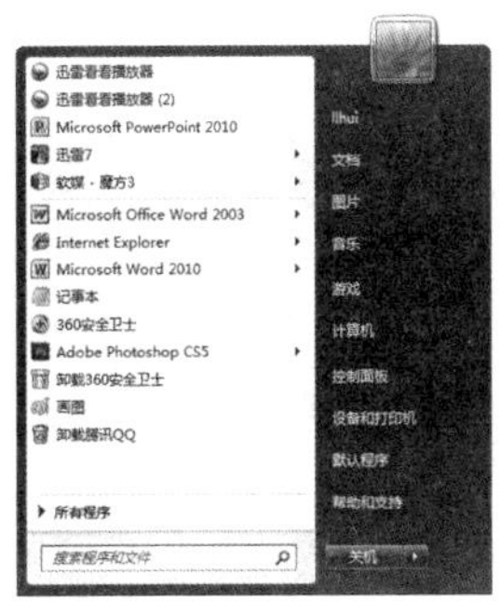

清除后

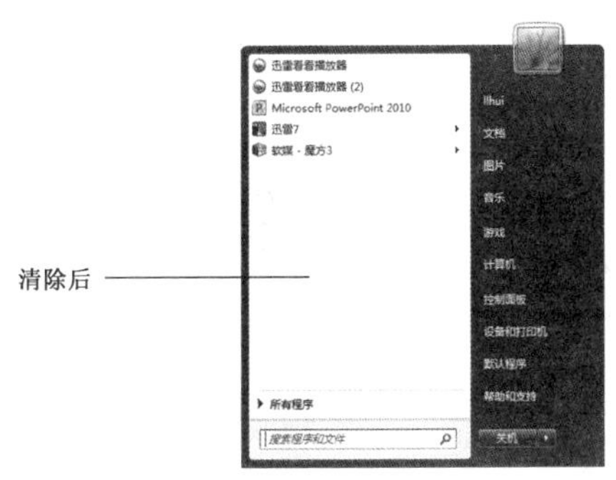

图 1-31 清除前后的【开始】菜单

1.5.3 使用 Windows 7 搜索栏

Windows 7 操作系统的【开始】菜单中具备强大的搜索功能。使用该功能可使查找程序更加方便，这就是搜索栏。下面以通过搜索栏查找并启动 Word 2010 软件为例，介绍搜索栏的使用方法。

【例 1-8】 使用 Windows 7 搜索栏启动 Word 2010 软件。视频

STEP 01 单击【开始】按钮，在【开始】菜单最下方的搜索文本框中输入"Word"，如图 1-32 所示。

STEP 02 此时，系统会自动搜索出与关键字“Word”相匹配的内容，并将结果显示在【开始】菜单中，Word 2010 应用程序位于列表中。

STEP 03 直接单击 Microsoft Word 2010 选项，即可启动 Word 2010，如图 1-33 所示。

图 1-32 使用搜索栏查找 Word 软件

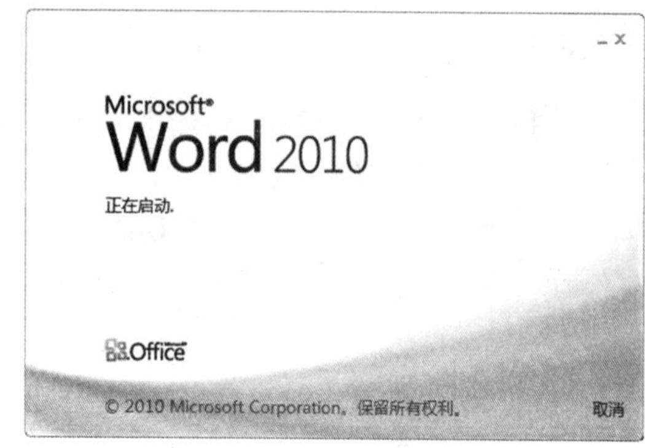

图 1-33 启动 Word 2010

1.5.4 使用 Windows 7 所有程序列表

通过【开始】菜单启动应用程序，既方便又快捷，Windows 7 中的【所有程序】列表会以树形文件夹结构来显示电脑中所有安装的程序的快捷方式，使用户查找程序更加方便。

【例 1-9】 通过 Windows 7 的开始菜单启动 QQ 软件。视频

STEP 01 单击【开始】按钮，在弹出的【开始】菜单中单击【所有程序】按钮。

STEP 02 展开【所有程序】列表后，单击其中的【腾讯软件】选项，显示相应的列表，然后单击【腾讯 QQ】选项，如图 1-34 所示。

STEP 03 此时，即可启动 QQ 软件，如图 1-35 所示。

图 1-34 展开所有程序列表

图 1-35 启动腾讯 QQ 软件

第 2 章

快速掌握 Windows 7

对电脑有了初步的了解后，本章向大家介绍操作系统的基本知识。**Windows 7** 是 **Microsoft** 公司推出的一款 **Windows** 系列操作系统，是目前国内最常用的电脑系统。**Windows 7** 不仅具有靓丽的外观和桌面，而且操作更加方便、功能更加强大。

对应的光盘视频

例 2-1　调整窗口大小
例 2-2　设置排列窗口
例 2-3　安装 Office 2010
例 2-4　安全卸载软件
例 2-5　添加输入法
例 2-6　删除输入法
例 2-7　使用输入法输入词组
例 2-8　创建和编辑文档
例 2-9　使用标准计算器
例 2-10　使用科学计算器
例 2-11　使用画图工具
例 2-12　使用截图工具
例 2-13　使用 Tablet PC 输入面板

2.1 操作 Windows 7 窗口

窗口是 Windows 操作系统中的重要组成部分，很多操作都是通过窗口来完成的。窗口相当于桌面上的一个工作区域，用户可以在窗口中对文件、文件夹或者某个程序进行操作。

2.1.1 认识 Windows 7 窗口

在 Windows 7 中最为常用的就是【计算机】窗口和一些应用程序的窗口，这些窗口的组成元素基本相同。

以【计算机】窗口为例，窗口的组成元素如下图所示。一般由标题栏、菜单栏、控制按钮、控制菜单按钮、垂直边框、水平边框、状态栏、树形目录等组成，如图 2-1 所示。

其中，控制菜单按钮是隐藏的，当用户在窗口的左上角单击时，可打开该按钮的菜单，其中包含【还原】、【移动】、【大小】、【最小化】、【最大化】和【关闭】命令，如图 2-2 所示。另外，双击控制菜单按钮，可快速关闭当前窗口。

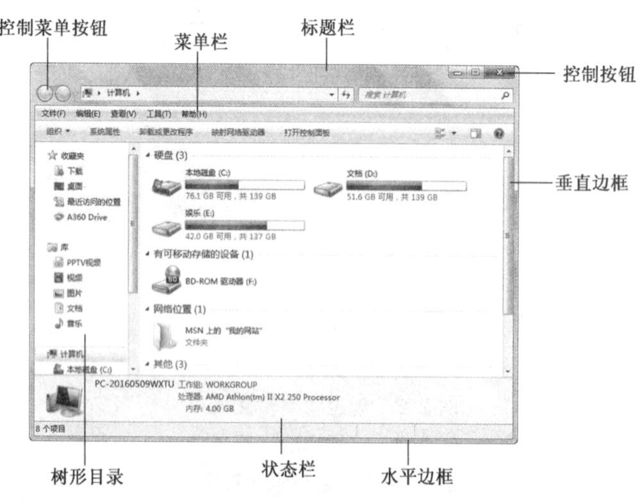

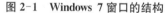

图 2-1 Windows 7 窗口的结构

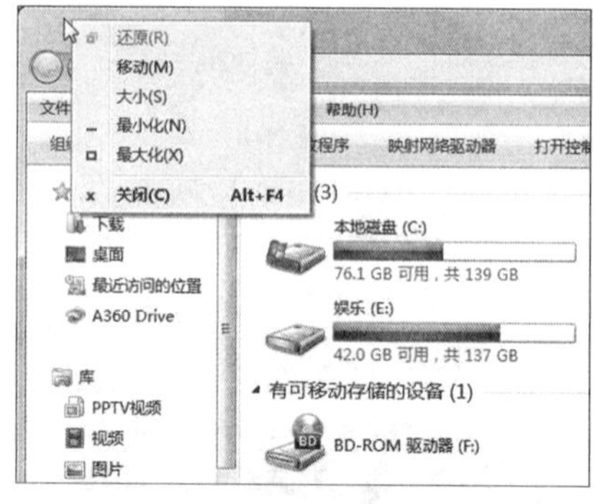

图 2-2 右击窗口左上角弹出的菜单

2.1.2 窗口的同步预览与切换

当用户打开了多个窗口时，经常需要在各个窗口之间切换。Windows 7 提供了窗口切换时的同步预览功能，可以实现丰富实用的界面效果，方便用户切换窗口。

1. Alt+Tab 键预览和切换窗口

当用户使用了 Aero 主题时，在按 Alt+Tab 组合键后，用户会发现切换面板中会显示当前打开窗口的缩略图，并且除了当前选定的窗口外，其他窗口都呈透明状。

2. Win+Tab 键的 3D 切换效果

另外，当用户使用 Win+Tab 组合键切换窗口时，可以看到窗口的 3D 切换效果，如图 2-3 所示。

3. 通过任务栏图标预览窗口

当用户将鼠标指针移至任务栏中的某个程序的按钮上时，在该按钮的上方会显示与该程

序相关的所有打开窗口的预览窗格，如图 2-4 所示，单击其中的某一个预览窗格，即可切换至该窗口。

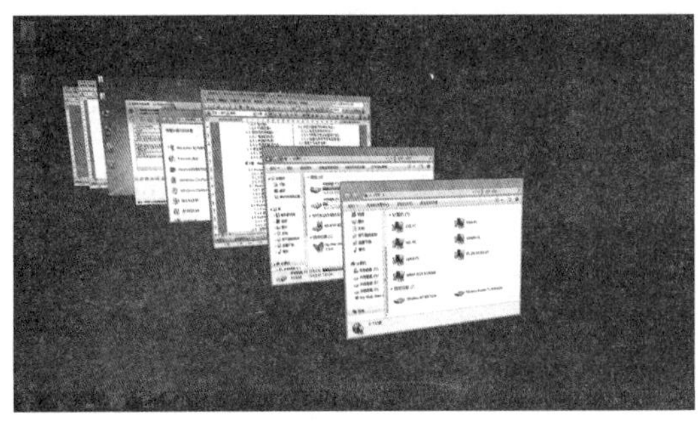

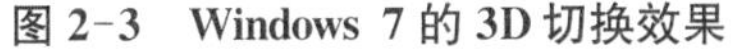

图 2-3　Windows 7 的 3D 切换效果

图 2-4　任务栏显示预览窗口

2.1.3　调整 Windows 窗口

窗口大小的调整包括最小化、最大化和还原等操作。

- 最小化是将窗口以标题按钮的形式最小化到任务栏中，不显示在桌面上。
- 最大化是将当前窗口放大显示在整个屏幕上。
- 还原窗口是将窗口恢复到上次的显示效果。

实用技巧

用户也可以通过 Windows 窗口右上角的最小化、最大化和还原按钮来实现这些操作。

另外，在 Windows 7 中，用户可通过对窗口的拖曳来实现窗口的最大化和还原功能。

【例 2-1】 通过拖动的方法最大化【计算机】窗口然后还原。视频

STEP 01 在桌面上双击【计算机】图标打开【计算机】窗口。

STEP 02 拖动【计算机】窗口至屏幕的最上方，当鼠标指针碰到屏幕的边缘时，会出现放大的"气泡"，同时将会看到 Aero Peek 效果填充桌面，此时释放鼠标左键，【计算机】窗口即可全屏显示，如图 2-5 所示。

STEP 03 若要还原窗口，只需将最大化的窗口向下拖动即可，如图 2-6 所示。

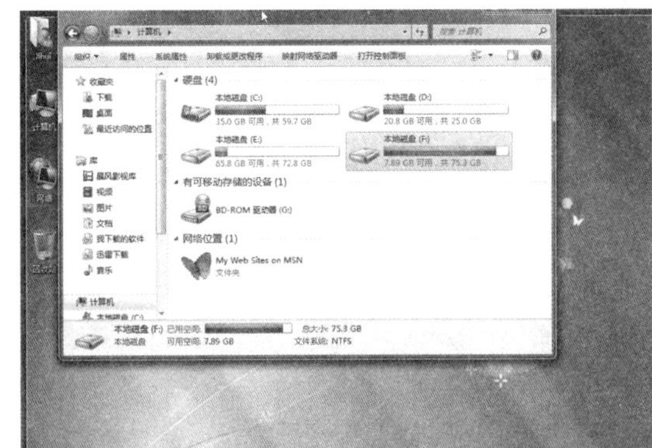

图 2-5　拖动【计算机】窗口

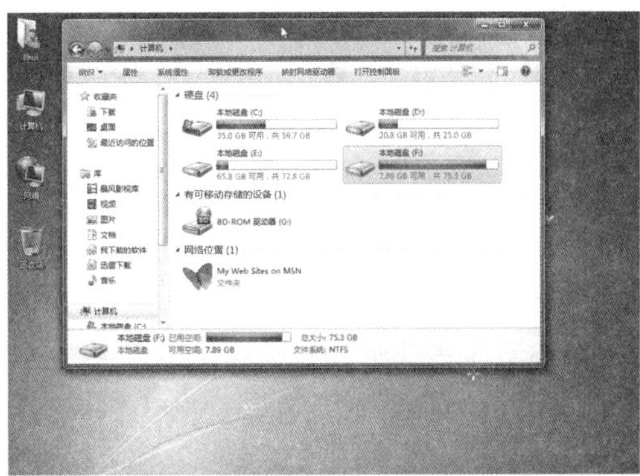

图 2-6　还原窗口

轻松学电脑教程系列

实用技巧

将鼠标指针移至窗口的水平边框或垂直边框处时，鼠标指针会变成双向箭头的形状，此时按住抓鼠标左键不放，拖动鼠标可以随心所欲地调整窗口的大小。

2.1.4 设置排列 Windows 窗口

Windows 7 系统提供了层叠窗口、堆叠显示窗口和并排显示窗口 3 种窗口的排列方法。通过多窗口排列，可以使窗口排列更加整齐，方便用户进行各种操作。

【例 2-2】 将打开的多个应用程序窗口按照层叠方式排列。 视频

STEP 01 打开多个应用程序窗口，然后在任务栏的空白处右击，在弹出的快捷菜单中选择【层叠窗口】命令。

STEP 02 此时，打开的所有窗口(最小化的窗口除外)将会以层叠的方式显示在桌面上，效果如图 2-7 右图所示。

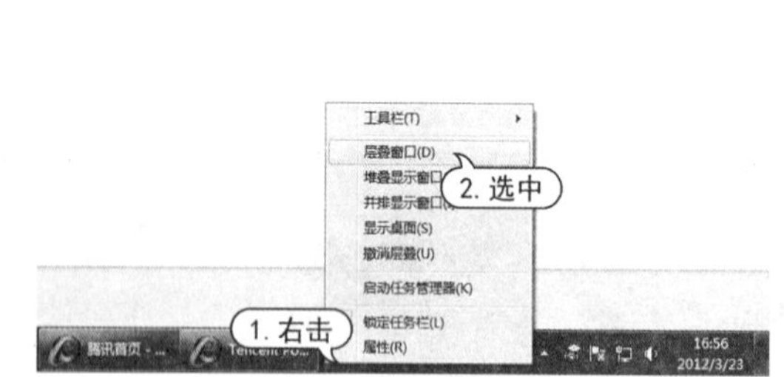

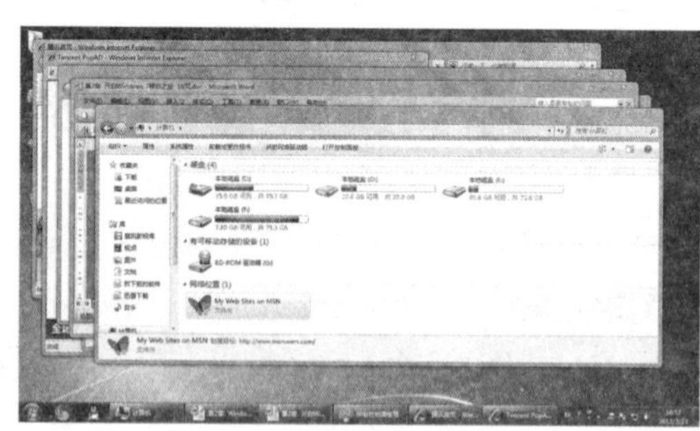

图 2-7 选择层叠窗口

2.2 操作 Windows 7 对话框

对话框是 Windows 操作系统中的一个重要元素，它是用户在操作电脑的过程中系统弹出的一个特殊窗口。对话框是用户与电脑之间进行信息交流的窗口，在对话框中用户通过对选项的选择和设置，可以对相应的对象进行某项特定的操作。

2.2.1 认识 Windows 7 对话框

Windows 7 中的对话框多种多样，一般来说，对话框中的可操作元素主要包括命令按钮、选项卡、单选按钮、复选框、文本框、下拉列表框和数值框等，但要注意，并不是所有的对话框都包含以上所有的元素。本节将对这些主要元素逐一进行介绍。

1. 命令按钮

命令按钮指的是在对话框中形状类似于矩形的按钮，在该按钮上会显示按钮的名称，例如在【任务栏和「开始」菜单属性】对话框中就包含【自定义】、【确定】和【取消】3 个命令按钮，如图 2-8 所示。这些按钮的作用分别如下：

- 单击【自定义】按钮，系统会打开另外一个对话框。
- 单击【确定】按钮，保存设置并关闭对话框。

▽ 单击【取消】按钮，不保存设置，直接关闭对话框。

2. 选项卡

当对话框中包含多项内容时，对话框通常会将内容分类归入不同的选项卡，这些选项卡按照一定的顺序排列在一起。例如在【系统属性】对话框中就包含【计算机名】、【硬件】、【高级】、【系统保护】和【远程】5 个选项卡，如图 2-9 所示，单击其中的某个选项卡便可打开该选项卡。

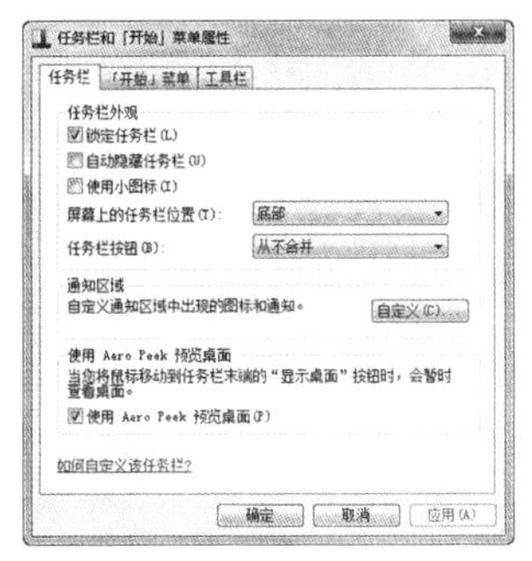

图 2-8 【任务栏和「开始」菜单属性】对话框

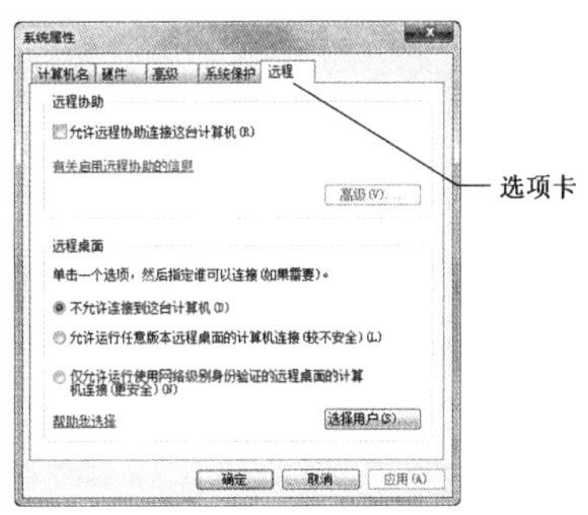

图 2-9 【系统属性】对话框

3. 单选按钮

单选按钮是一些互相排斥的选项，每次只能选择其中的一个选项，被选中的圆圈中将会有个黑点。

在【系统属性】对话框的【远程】选项卡中就包含多个单选按钮，如图 2-9 所示。同一选项组中的单选按钮在任何时候都只能选择其中的一个选项，不能用的选项呈灰色显示。若要选中该单选按钮，只需在该单选按钮上单击即可。

4. 复选框

复选框中所列出的各个选项是不互相排斥的，用户可根据需要选择其中的一个或多个选项。每个选项的左边有一个小正方形作为选择框，一个选择框代表一个可以打开或关闭的选项。当选中某个复选框时，框内出现一个“√”标记。在空白选择框上单击便可选中它，再次单击这个选择框便可取消选择，如图 2-10 所示。

5. 文本框

文本框主要用来接收用户输入的信息，如图 2-11 所示。当在空白文本框中单击时，鼠标指针变为闪烁的竖条(文本光标)状，表示等待用户的输入，输入的正文从该插入点开始。如果

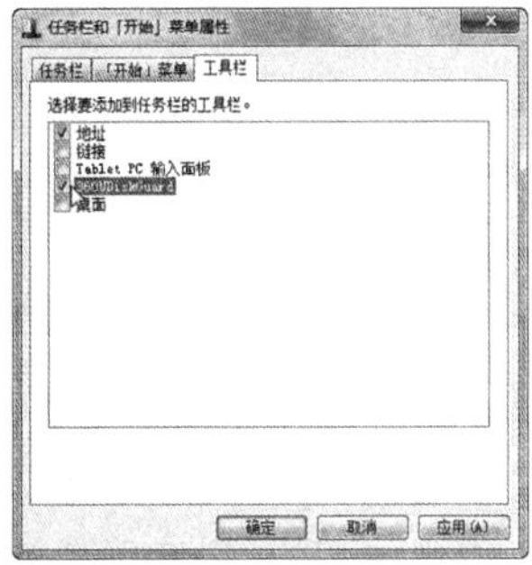

图 2-10 对话框中的复选框

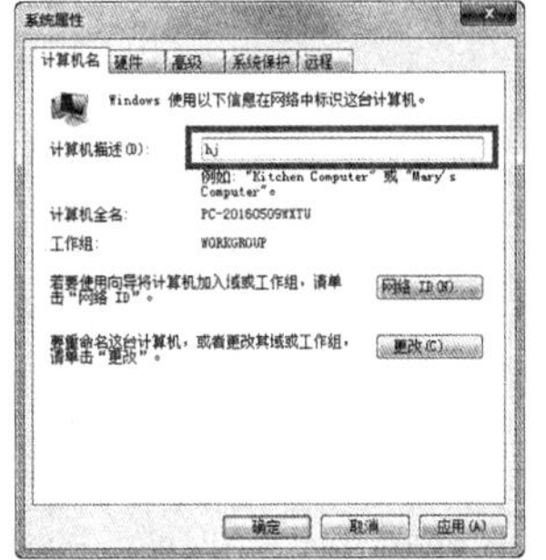

图 2-11 对话框中的文本框

文本框内已有正文，则单击时正文将被选中，此时输入的内容将替代原有的正文。用户也可用 Delete 键或 Back Space 键删除文本框中已有的正文。

6. 下拉列表框

下拉列表框是一个带有下拉按钮的文本框，用来在多个项目中选择一个，选中的项目将在下拉列表框内显示。当单击下拉列表框右边的下三角按钮时，将出现一个下拉列表供用户选择，如图 2-12 所示。

7. 数值框

数值框用于输入或选中一个数值。它由文本框和微调按钮组成。在微调框中，单击上三角的微调按钮可增加数值，单击下三角的微调按钮可减少数值。也可以在文本框中直接输入需要的数值。如图 2-13 所示，在【内部边距】选项区域有【左】、【右】、【上】、【下】4 个数值框。

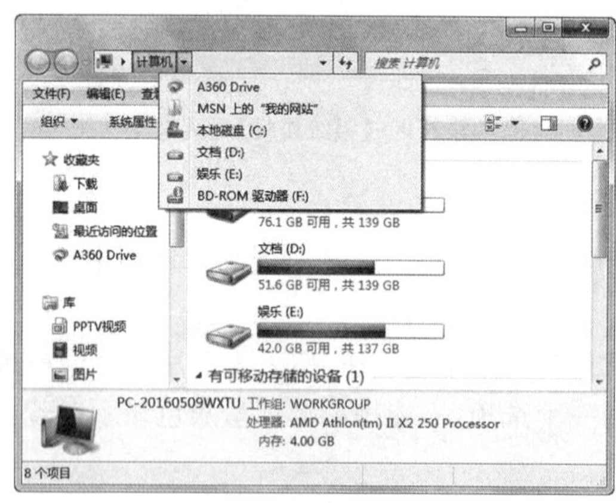

图 2-12　下拉列表框

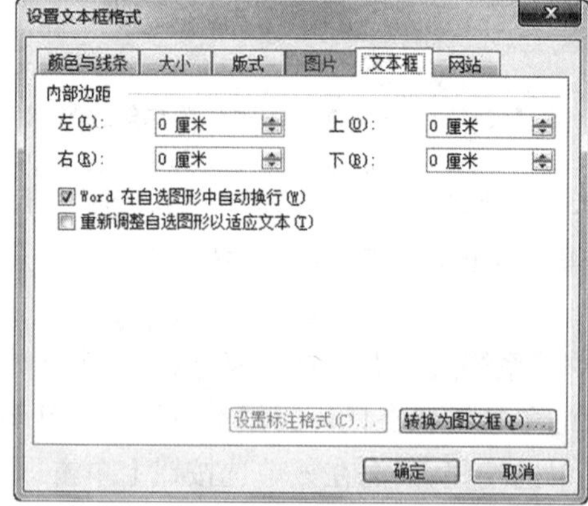

图 2-13　数值框

2.2.2　对话框的常用操作

用户在使用对话框的过程中，经常会用到的操作包括：对话框的移动和关闭、获取对话框中的帮助信息等。

1. 移动对话框

移动对话框和移动窗口一样，用户可将鼠标指针放在对话框的标题栏上，然后按住鼠标左键不放，拖动鼠标，即可改变对话框的位置。

2. 关闭对话框

关闭对话框的方法很多，主要有以下几种方法：

- 单击对话框右上角的关闭按钮。
- 单击对话框中的【确定】按钮，确认设置并关闭对话框。
- 单击对话框中的【取消】按钮，保持原有设置并关闭对话框。

3. 使用对话框帮助

对话框不能像窗口那样任意改变大小，在其标题栏上也没有【最小化】、【最大化】按钮，取而代之的是【帮助】按钮，用户在对话框中进行操作时，如果不清楚某选项组或者按钮的含义，可以使用【帮助】按钮，打开【帮助】窗口获得相关的技术支持。

 2.3　操作 Windows 7 菜单

菜单位于 Windows 窗口的菜单栏中，是应用程序中命令的集合。菜单栏通常由多层菜单组成，每个菜单又包含若干个子命令。要打开菜单，只需单击需要打开的菜单项即可。

2.3.1　认识 Windows 7 菜单

在 Windows 系统菜单中，有些命令在某些时候可用，而在某些时候不可用；有些命令后面还有级联的子命令。一般来说，菜单中的命令包含以下几种。

1. 可用命令与暂时不可用命令

菜单中可选用的命令以黑色字符显示，不可选用的命令以灰色字符显示。命令不可选用是因为暂时不需要或无法执行这些命令，单击这些灰色字符显示的命令将没有任何反应，如图 2-14 所示。

2. 快捷键

有些命令的右边有快捷键，用户通过使用这些快捷键，可以快速直接地执行相应的菜单命令。例如【新建窗口】命令的快捷键为 Ctrl＋N，【另存为】命令的快捷键为 Ctrl＋S 等，如图 2-15所示。

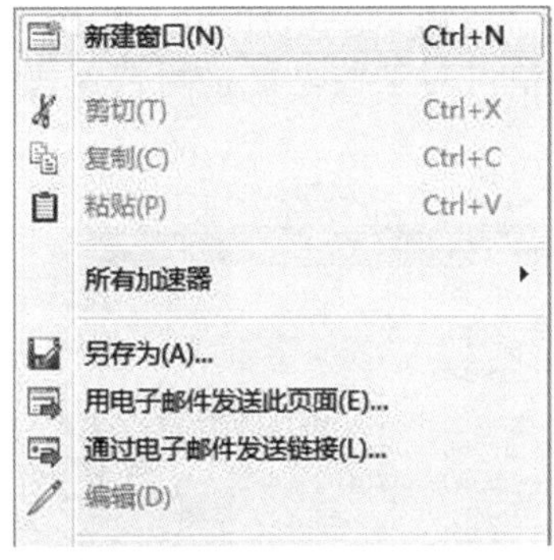

图 2-14　菜单中的命令

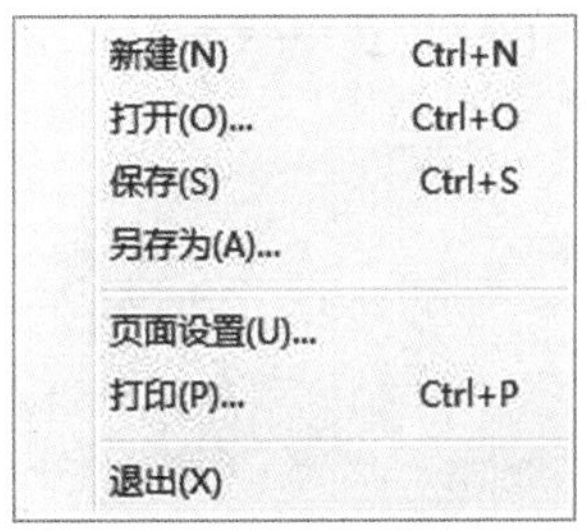

图 2-15　菜单中显示的快捷键提示

实用技巧

通常情况下，相同意义的操作命令在不同窗口中具有相同的快捷键，例如 Ctrl＋C(复制)和 Ctrl＋V(粘贴)等。因此熟练使用这些快捷键，将有助于加快操作。

3. 带有字母的命令

在菜单命令中，许多命令的后面都有一个括号，括号中有一个字母。当菜单处于激活状态时，在键盘上键入该字母，即可执行该命令，如图 2-16 所示。

4. 带省略号的命令

如果命令的后面有省略号“…”，表示选择此命令后，将打开一个对话框或者一个设置向导，如图 2-17 所示。这种形式的命令表示可以完成一些设置或者更多的操作。

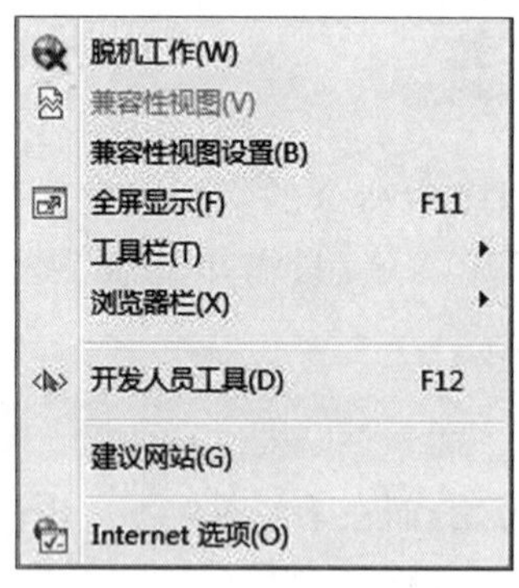

图 2-16　菜单中带有字母的命令

图 2-17　菜单中带省略号的命令

5. 复选命令和单选命令

当选择某个命令后，该命令的左边出现一个复选标记"√"，表示此命令正在发挥作用；再次选择该命令，命令左边的标记"√"消失，表示该命令不起作用。这类命令被称为复选命令。

有些菜单中有一组命令，每次只能有一个命令被选中，当前选中的命令左边出现一个单选标记●。选择该组的其他命令，标记●出现在选中命令的左边，原来命令前面的标记●将消失，这类命令被称为单选命令，如图 2-18 所示。

6. 快捷菜单和级联菜单

在某些应用程序中右击，系统将会弹出一个快捷菜单，该菜单被称为右键快捷菜单，它主要提供对相应对象的各种操作功能。使用右键快捷菜单可对某些功能进行快速操作，如图 2-19 所示为桌面上的右键快捷菜单。

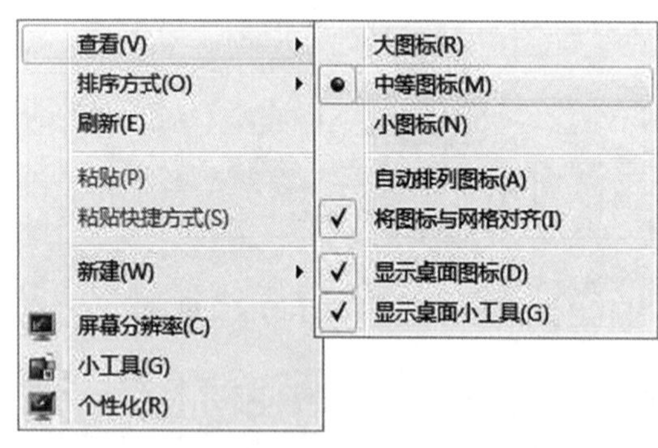

图 2-18　菜单中的复选命令和单选命令

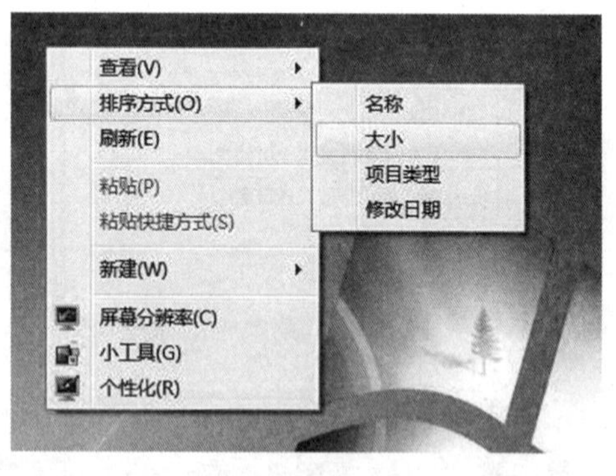

图 2-19　快捷菜单和级联菜单

如果命令的右边有一个向右箭头，则鼠标光标指向此命令后，会弹出一个级联菜单，级联菜单通常给出某一类选项或命令，有时是一组应用程序。

2.3.2　菜单的基本操作

对 Windows 系统菜单的操作主要包括选择、撤销和打开控制菜单等内容。

1. 选择菜单

使用鼠标选择 Windows 窗口的菜单时，只需单击菜单栏上的菜单名称，即可打开该菜单。将鼠标指针移动至所需的命令处单击，即可执行所选的命令。在使用键盘选择菜单时，用户可

按下列步骤进行操作。

STEP 01 按 Alt 键或 F10 键时，菜单栏的第一个菜单项被选中，然后利用左、右光标键选择需要的菜单项。

STEP 02 选中后，按 Enter 键打开选择的菜单项。

STEP 03 利用上、下光标键选择其中的命令，然后按 Enter 键即可执行该命令。

2. 撤销菜单

打开 Windows 窗口的菜单之后，如果不进行菜单命令的操作，可选择撤销菜单。使用鼠标单击菜单外的任何地方，即可撤销菜单。使用键盘撤销菜单时，可以按 Alt 或 F10 键返回到文档编辑窗口，或连续按 Esc 键逐渐退回到上级菜单，直到返回到文档编辑窗口。

如果用户选择的菜单具有级联菜单，使用右方向键"→"可打开级联菜单，按左方向键"←"可收起级联菜单。另外，按 Home 键可选择菜单的第一个命令，按 End 键可选择最后一个命令。

2.4　安装和卸载电脑软件

在使用电脑时，如果想要使用某个软件，首选需要将该软件安装到电脑中。如果软件过时或者是不想用了，还可以将其卸载以节省硬盘空间。本节来介绍如何在 Windows 7 操作系统中安装和卸载软件。

2.4.1　电脑软件简介

在使用电脑的过程中用户经常要用到一些软件，例如使用电脑办公就要使用 Office 软件，使用电脑处理图片就要使用图片处理软件等，这些软件统称为应用软件。

常见的应用软件按照其用途大致可分为以下几大类。

- 办公类软件：办公软件是指可以进行文字处理、表格制作、幻灯片制作和简单数据库处理等方面工作的软件。主要包括微软的 Office 系列、金山 WPS 系列等。目前办公软件的应用范围很广，大到社会统计，小到会议记录，数字化办公离不开办公软件的鼎力协助。
- 多媒体类软件：多媒体类应用软件主要包括影音播放软件和图片浏览软件等。常用的影音播放软件主要有暴风影音、迅雷看看、千千静听和酷狗音乐等。图片浏览软件主要有 ACDSsee、Google Picasa 和美图看看等。
- 下载类软件：下载类应用软件主要用于从网络中下载文件。常用的下载类软件主要有迅雷、QQ 旋风、电驴、比特精灵和网际快车等。
- 杀毒类软件：杀毒、防毒类应用软件主要用于维护电脑的安全，防止病毒入侵。常用的杀毒软件有卡巴斯基、瑞星、金山毒霸、360 安全卫士和诺顿防病毒软件等。
- 其他工具类软件：除了以上几大类应用软件外，在日常使用电脑的过程中还会用到很多不同的工具软件，这些工具软件可以帮助用户完成各种不同的任务。例如要压缩文件可以使用压缩软件 WinRAR；要处理图片可以使用 Photoshop；要浏览网页可以使用 IE 浏览器；要网上聊天可以使用 QQ 和 MSN 等。

实用技巧

电脑软件种类繁多，各种软件应有尽有，本书将在后面的章节中对常用软件进行详细介绍。

 2.4.2 安装软件前的准备

任何事情要想做好，都要做好充分的准备工作，安装软件也一样，只有做足了准备工作，才能保证安装过程的顺利。

1. 获取安装文件

要想安装某个软件，首先要获得该软件的安装文件。一般来说获得安装文件的方法有以下两种。

- 从相应的应用软件销售商那里购买安装光盘。
- 直接从网上下载，大多数软件直接从网上下载后就能够使用，而有些软件需要购买激活码或注册才能够使用。

2. 找到软件安装序列号

为了防止盗版，维护知识产权，正版的软件一般都有安装的序列号，也叫注册码。安装软件时必须要输入正确的序列号，才能够正常安装。序列号一般可通过以下途径找到：

- 大部分的应用软件会将安装的序列号印刷在光盘的包装盒上，用户可在包装盒上直接找到该软件的安装序列号。
- 某些应用软件可能会通过网站或手机注册的方法来获得安装序列号。
- 大部分免费的软件不需要安装序列号，例如 QQ、360 安全卫士等。

3. 运行软件安装文件

安装程序一般都有特殊的名称，将应用软件的安装光盘放在光驱中，然后进入光盘驱动器所在的文件夹，可发现其中有后缀名为.exe 的文件，其名称一般为 Setup、Install 或者是“软件名称”.exe，这就是安装文件了，双击该文件，即可启动应用软件的安装程序，然后按照提示逐步进行操作就可以安装了。

 2.4.3 安装电脑软件

本节以安装 Office 2010 为例来介绍安装软件的基本方法。

【例 2-3】 在 Windows 7 中安装 Office 2010。 视频

STEP 01 首先用户应获取 Microsoft Office 2010 的安装光盘或者安装包，然后找到安装程序（一般来说，软件安装程序的文件名为“Setup.exe”）。

STEP 02 双击此安装程序，系统弹出【用户账户控制】对话框，如图 2-20 所示。

STEP 03 单击【是】按钮，系统开始初始化软件的安装程序，如图 2-21 所示。

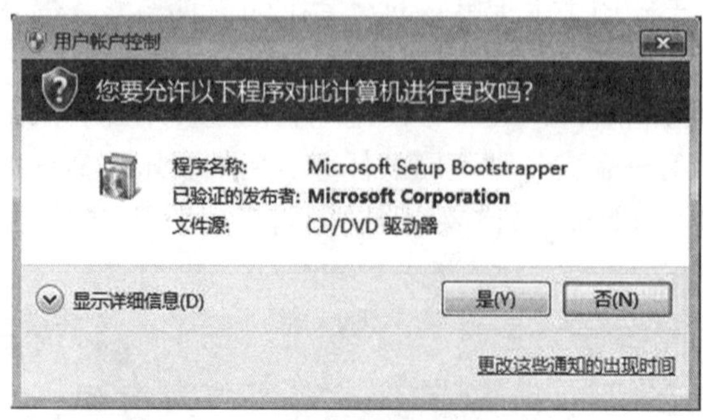

图 2-20 【用户账户控制】对话框

图 2-21 Office 2010 安装界面

轻松学电脑教程系列

STEP 04 如果系统中安装有旧版本的 Office 软件，稍候片刻，系统弹出【选择所需的安装】对话框，用户可在该对话框中选择安装方式，如图 2-22 所示。

STEP 05 本例选择【自定义】安装方式，单击【自定义】按钮，在【升级】选项卡中，用户可选择是否保留前期版本。本例选择【保留所有早期版本】单选按钮，如图 2-23 所示。

图 2-22 【选择所需的安装】对话框

图 2-23 选择软件的安装方式

STEP 06 选择【安装选项】选项卡，用户可选择关闭不需要安装的软件组件，如图 2-24 所示。

STEP 07 切换至【文件位置】选项卡，单击【浏览】按钮，可设置文件安装的位置，如图 2-25 所示。

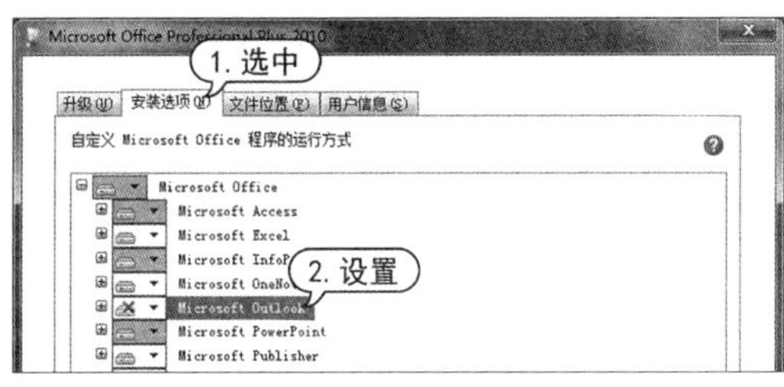

图 2-24 关闭不需要安装的组件

图 2-25 设置软件安装位置

STEP 08 切换至【用户信息】选项卡，在该选项卡中可设置用户的相关信息，如图 2-26 所示。

STEP 09 设置完成后，单击【立即安装】按钮，系统即可按照用户的设置开始安装 Office 2010，并显示安装进度和安装信息，如图 2-27 所示。

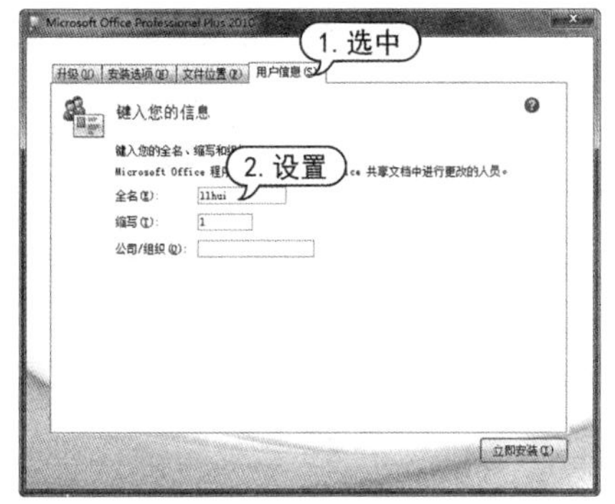

图 2-26 设置用户信息

图 2-27 Office 2010 安装进度

STEP 10 安装完成后,系统自动打开安装完成的对话框。

STEP 11 单击【关闭】按钮,系统提示用户需重启系统才能完成安装,单击【是】按钮,重启系统后,完成 Office 2010 的安装,如图 2-28 所示。

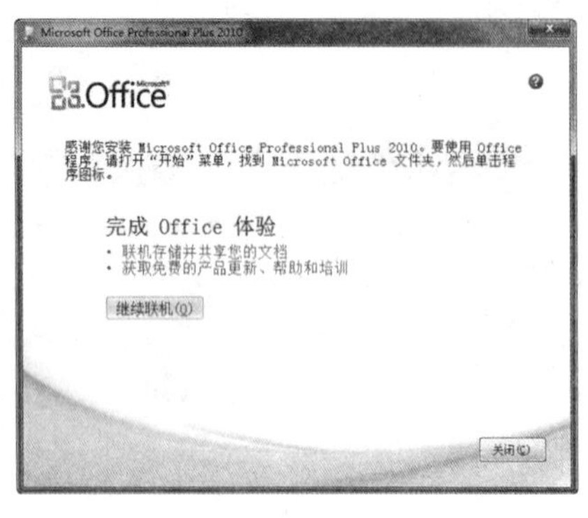

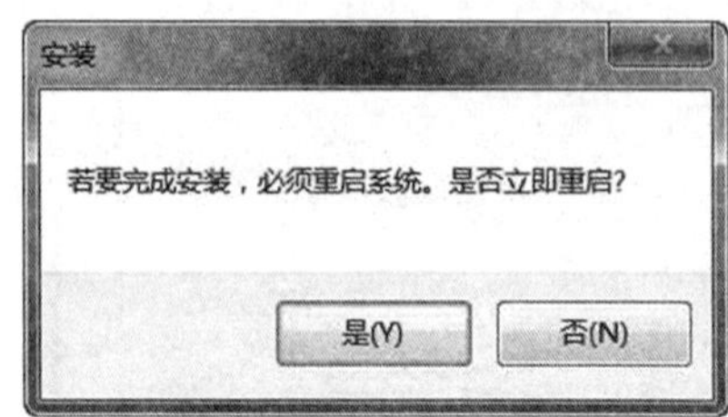

图 2-28　完成 Office 2010 的安装并重启电脑

STEP 12 Office 2010 成功安装后,在【开始】菜单和桌面上都将自动添加相应程序的快捷方式,以方便用户使用。

实用技巧

目前大多数应用软件的安装方法都很简单,用户只需仔细阅读安装界面中的提示,进行适当的设置后,单击【下一步】按钮,即可顺利完成软件的安装。

2.4.4　安全卸载软件

如果用户不需要某个软件了,可以将其卸载以节省磁盘空间。卸载软件可采用两种方法:一种是通过软件自身提供的卸载功能;另一种是通过【程序和功能】界面来完成。

大部分软件都提供了内置的卸载功能,例如用户要卸载 360 安全卫士,可单击【开始】按钮,选择【所有程序】|【360 安全中心】|【360 安全卫士】|【卸载 360 安全卫士】命令。

此时,系统会弹出如图 2-29 右图所示的软件卸载提示对话框,选择【我要直接卸载 360 安全卫士】单选按钮。单击【开始卸载】按钮,在打开的对话框中单击【是】按钮,即可开始卸载 360 安全卫士。

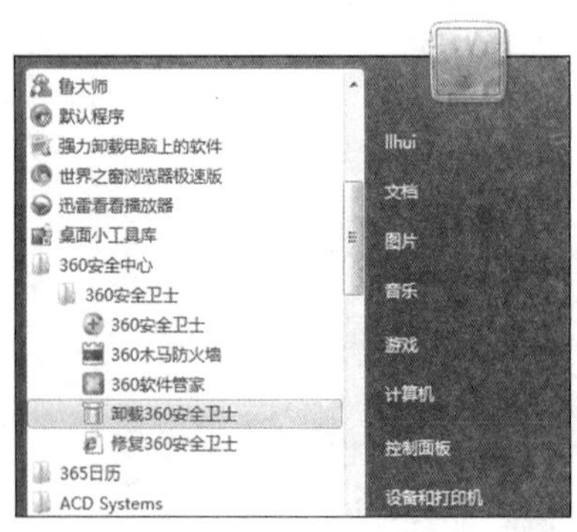

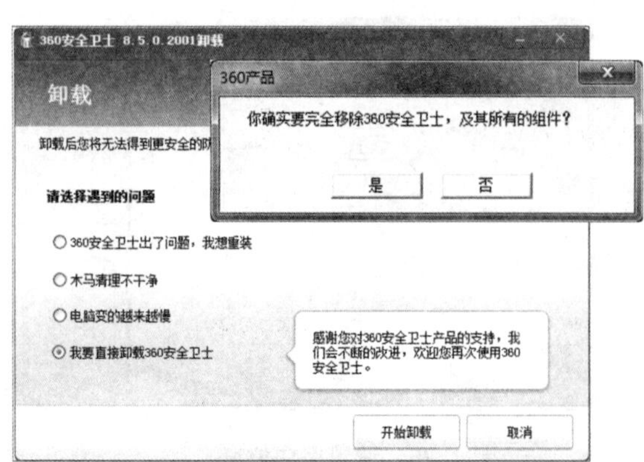

图 2-29　卸载软件的常用方法

实用技巧

用户应注意区分删除文件和卸载程序的区别。删除程序安装的文件夹并不等于卸载软件，删除程序安装文件只是删除了和软件相关的文件和文件夹，但该软件在安装时写入到注册表等文件中的信息并没有被删除。卸载软件则能将与该软件相关的信息全部删除。

下面通过一个具体实例来介绍如何利用【程序和功能】界面来卸载软件。

【例 2-4】　在 Windows 7 中通过【程序和功能】界面卸载暴风影音软件。 视频

STEP 01 选择【开始】|【控制面板】命令，打开【控制面板】窗口。

STEP 02 单击图 2-30 中的【程序和功能】图标，打开【程序和功能】界面。

STEP 03 在【卸载或更改程序】列表中，右击【暴风影音 5】选项，在弹出的快捷菜单中选择【卸载/更改】命令。

STEP 04 随即系统弹出如图 2-31 所示的对话框，单击【卸载】按钮，系统即可开始卸载【暴风影音 5】软件。

图 2-30　【控制面板】窗口

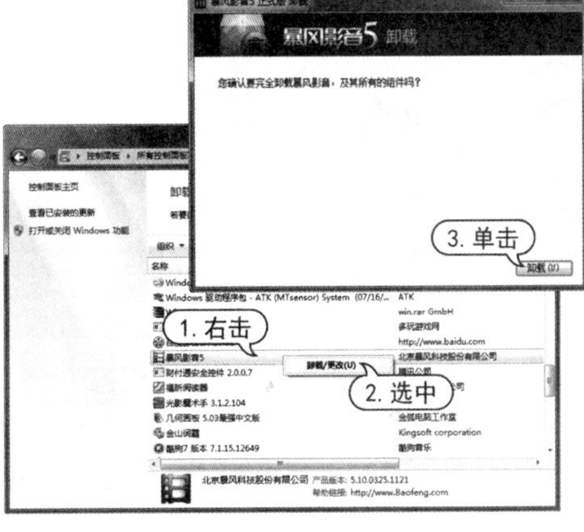

图 2-31　通过【程序和功能】界面下载软件

STEP 05 卸载完成后，【暴风影音 5】选项将自动从【卸载或更改程序】列表中删除。

实用技巧

在【卸载或更改程序】列表中双击要卸载的软件，也可打开软件的卸载界面，之后按照提示操作即可。

2.5　添加与使用中文输入法

Windows 7 作为中文操作系统，输入汉字是其必不可少的功能。Windows 7 的中文输入法有很多种，用户可以选择自己习惯的输入法，必要时也可以安装其他常用输入法。

2.5.1　中文输入法的种类

常用的中文输入法一般分为拼音输入法和五笔字型输入法，下面我们就简单介绍这两种中文输入法。

- 拼音输入法：拼音输入法主要是以汉语拼音为基础的汉字输入法，用户只要会汉语拼音，

输入汉字的拼音，即可打出汉字。常用的拼音输入法有：微软 ABC 输入法、微软拼音新体验输入法、搜狗拼音输入法等。

▽ 五笔字型输入法：五笔字型输入法是一种以汉字的构字结构为基础的输入法。它将汉字拆分成为一些基本结构，称其为"字根"，每个字根都与键盘上的某个字母键相对应。要在电脑上输入汉字，就要先找到构成这个汉字的基本字根，然后按下相应的按键即可输入汉字。

拼音输入法较易上手，但由于汉语同音字比较多，因此用拼音输入法时的重码率比较高；五笔字型输入法是根据汉字结构来输入的，因此重码率比较低，输入汉字比较快。但是要想熟练地使用五笔字型输入法，必须要花大量的时间来记忆繁琐的字根和键位分布，还要学习汉字的拆分方法，因此该种输入法一般为专业打字工作者使用，不太适合新手使用。

2.5.2 添加输入法

中文版 Windows 7 操作系统自带了几种常用的输入法供用户选用，如果用户想要使用其他类型的输入法，可使用添加输入法的功能，将所需的输入法添加到输入法循环列表中。

【例 2-5】 在输入法列表中添加【简体中文全拼】输入法。 视频

STEP 01 在任务栏的语言栏上右击，在弹出的快捷菜单中选择【设置】命令，如图 2-32 所示。

STEP 02 打开【文字服务和输入语言】对话框，单击【已安装的服务】选项组中的【添加】按钮，打开【添加输入语言】对话框，选中【简体中文全拼】复选框，复选框前面将显示"√"标记，如图 2-33所示。

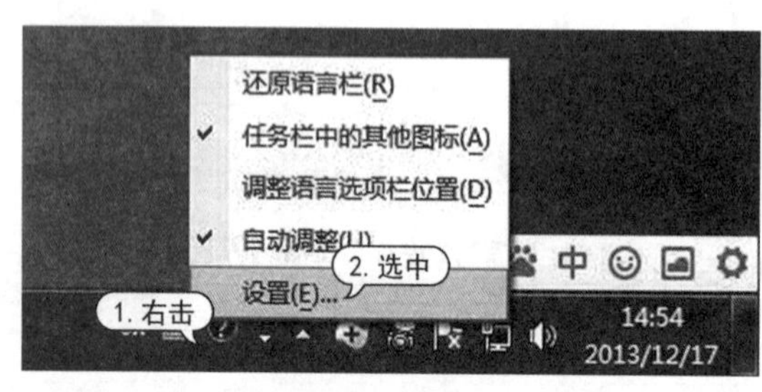

图 2-32 右击任务栏中的语言栏

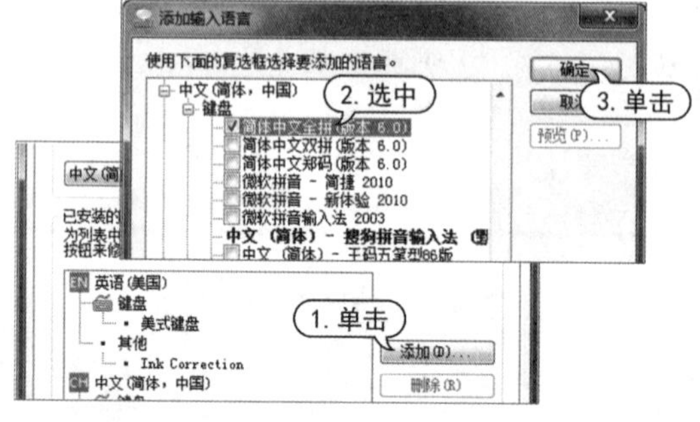

图 2-33 添加【简体中文全拼】输入法

STEP 03 完成以上设置后，单击【确定】按钮，返回【文字服务和输入语言】对话框，此时可在【已安装的服务】选项组中的输入法列表框中看到刚刚添加的输入法。

STEP 04 最后，单击【确定】按钮，关闭【文字服务和输入语言】对话框，完成输入法的添加。

2.5.3 选择输入法

在 Windows 7 操作系统中，默认状态下，用户可以使用 Ctrl＋空格键在中文输入法和英文输入法之间进行切换，使用 Ctrl＋Shift 组合键来切换输入法。Ctrl＋Shift 组合键采用循环切换的形式，在各个输入法和英文输入方式之间依次进行转换。

选择中文输入法也可以通过单击任务栏上的输入法指示图标来完成，这种方法比较直接。在 Windows 的任务栏中，单击代表输入法的图标，在弹出的输入法列表中单击要使用的输入法即可。当前使用的输入法名称前面将显示"√"标记，如图 2-34。

2.5.4　删除输入法

用户如果习惯于使用某种输入法，可将其他输入法全部删除，这样可避免在多种输入法之间来回切换的麻烦。

【例 2-6】　从输入法列表中删除【简体中文全拼】输入法。视频

STEP 01 在任务栏的语言栏上右击，在弹出的快捷菜单中选择【设置】命令，如图 2-32 所示。

STEP 02 打开【文字服务和输入语言】对话框，在【常规】选项卡中，选择【已安装的服务】选项组中的【简体中文全拼】选项，然后单击【删除】按钮，即可删除【简体中文全拼】输入法，如图 2-35 所示。

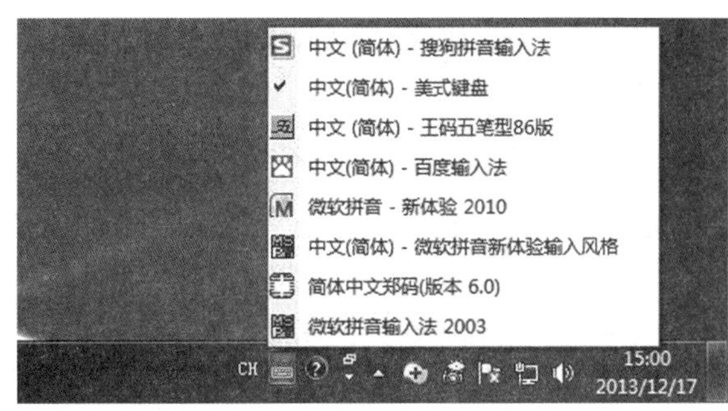

图 2-34　切换输入法

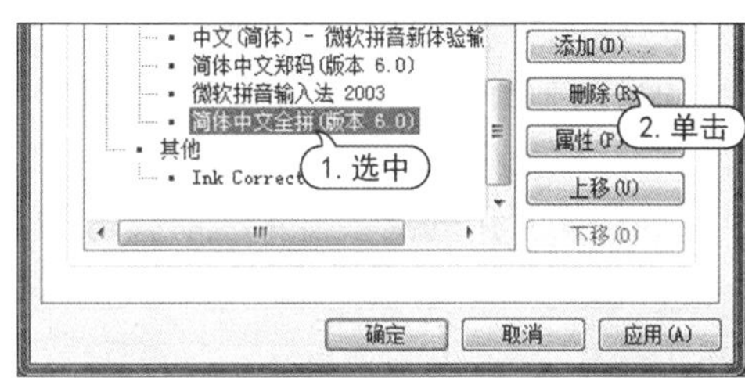

图 2-35　删除输入法

STEP 03 最后，在【文字服务和输入语言】对话框中单击【确定】按钮。

实用技巧

在【文字服务和输入语言】对话框【常规】选项卡的【默认输入语言】选项区域，可设置系统默认使用的输入法。

2.5.5　使用搜狗拼音输入法

搜狗拼音输入法是目前国内主流的拼音输入法之一。它采用了搜索引擎技术，与传统输入法相比，输入速度有了质的飞跃，在词库的广度、词语的准确度上，都远远领先于其他拼音输入法。

1. 安装搜狗拼音输入法

由于标准版的操作系统中不含搜狗拼音输入法，因此用户要使用搜狗拼音输入法，必须先安装搜狗拼音输入法。

搜狗拼音输入法的参考下载地址为 http://pinyin.sogou.com/。启动 IE 浏览器，在地址栏中输入网址“http://pinyin.sogou.com/”，然后按下 Enter 键，打开如图 2-36 所示的页面。

单击页面中的【正式版下载】按钮，下载搜狗拼音输入法的安装包。下载完成后，双击安装包，打开如图 2-37 所示对话框。

单击【立即安装】按钮，即可开始安装搜狗拼音输入法。安装完成后，使用 Ctrl+Shift 组合键将搜狗拼音输入法设置为当前使用的输入法即可使用该输入法。

图 2-36　搜狗拼音输入法下载页面

图 2-37　搜狗拼音输入法安装界面

2. 输入单个汉字

使用搜狗拼音输入法输入单个汉字时，可以使用简拼输入方式，也可以使用全拼输入方式。例如，用户要输入一个汉字“和”，可按 h 键，此时输入法会自动显示首个拼音为 h 的所有汉字，并将最常用的汉字显示在前面，如图 2-38 所示。用户还可使用全拼输入方式，直接输入拼音 he，此时“和”字位于第一个位置，直接按空格键即可完成输入，如图 2-39 所示。

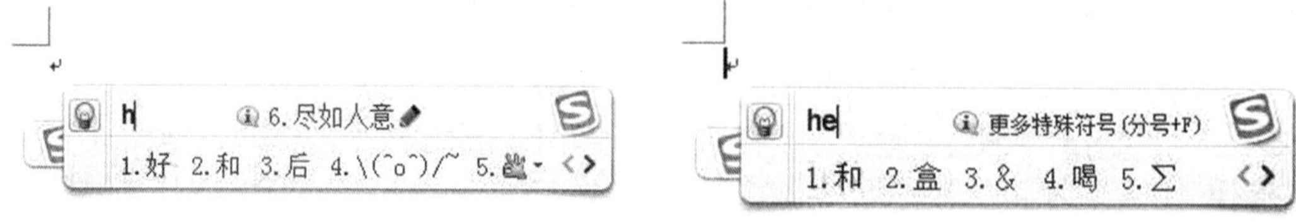

图 2-38　简拼输入

图 2-39　全拼输入

如果用户要输入英文，在输入拼音后直接按 Enter 键即可输入相应的英文。

3. 输入词组

搜狗拼音输入法具有丰富的专业词库，并能根据最新的网络流行语更新词库，极大地方便了用户的输入。例如，用户要输入一个词组“天空”，按 T、K 两个字母键。此时输入法会自动显示首个拼音为 T 和 K 的所有词组，并将最常用的汉字显示在前面，此时用户按数字 3 键即可输入“天空”。

搜狗拼音输入法丰富的专业词库可以帮助用户快速地输入一些专业词汇，例如，股票基金、计算机名词、医学大全和诗词名句大全等。对于一些游戏爱好者，搜狗拼音输入法还提供了专门的游戏词库。下面利用诗词名句大全词库来输入一首古诗。

【例 2-7】　使用搜狗拼音输入法输入古诗《枫桥夜泊》。 视频

STEP 01　启动记事本程序，切换至搜狗拼音输入法。依次输入诗词第一句话的前 4 个字的声母：Y、L、W、T，在输入法的候选词语中出现诗句“月落乌啼霜满天”，如图 2-40 所示。直接按数字键 2 即可输入该句。

STEP 02　按下 Enter 键换行，然后输入诗词第二句的前 4 个字的声母：J、F、Y、H，此时在输入法的候选词语中出现诗句“江枫渔火对愁眠”，如图 2-41 所示。按下数字键 3 输入该句。

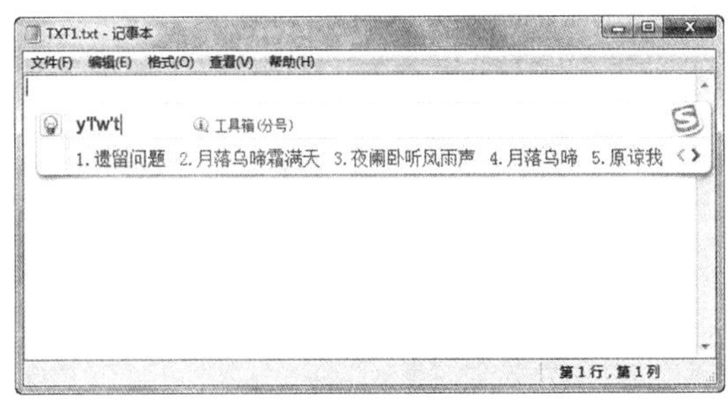

图 2-40　输入"月落乌啼霜满天"

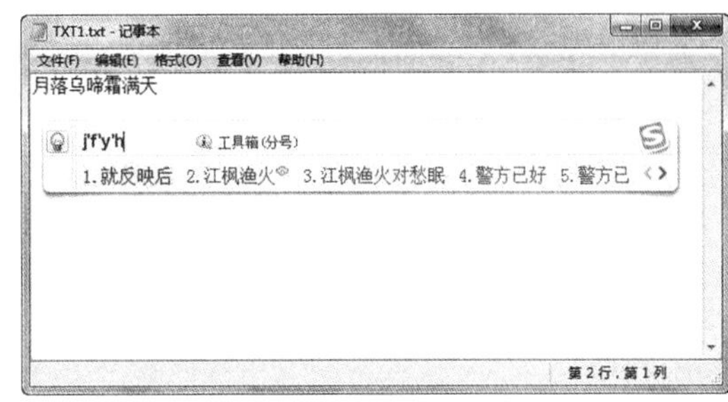

图 2-41　输入"江枫渔火对愁眠"

STEP 03 使用同样的方法输入唐诗的后两句。

4. 输入符号

搜狗拼音输入法中可以输入多种特殊符号,如三角形(△▲)、五角形(☆★)、对勾(√)、叉号(×)等。如果每次输入这种符号都要去特殊符号库中寻找,未免过于麻烦,其实用户只要输入这些特殊符号的名称就可快速输入相应的符号了。

例如,用户要输入"★",可直接输入拼音"WUJIAOXING",然后在候选词语中即可显示★符号,用户直接按数字键 6 即可完成输入。

5. 使用 V 模式

使用搜狗拼音输入法的 V 模式可以快速输入英文,另外可以快速输入中文数字,当用户直接输入字母 V 时,会显示如图 2-42 所示的提示。

▽ 中文数字金额大小写:输入"V128.86",可得如下结果:"一百二十八元八角六分"或者"壹佰贰拾捌元捌角陆分",如图 2-43 所示。

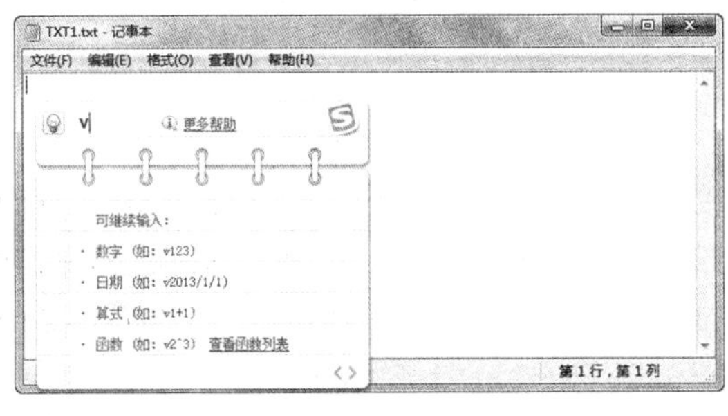

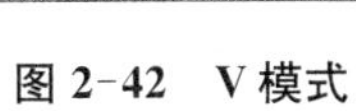

图 2-42　V 模式

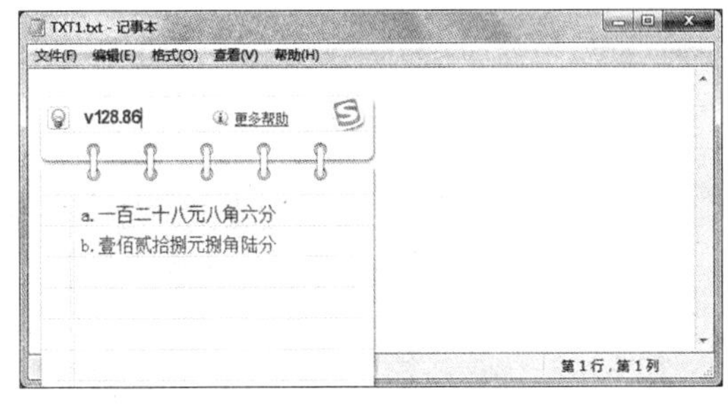

图 2-43　输入中文数字金额大小写

▽ 输入罗马数字(99 以内):输入"V26",可得到多个结果,其中有罗马数字,如图 2-44 所示。

▽ 日期自动转换:输入"V2018-12-28",可快速将其转化为相应的日期格式,包括星期几,如图 2-45 所示。

▽ 计算结果快速输入:搜狗拼音输入法还提供了简单的数字计算功能,例如,输入"V8+6*6+56",将得到算式和结果,如图 2-46 所示。

▽ 简单函数计算:搜狗拼音输入法还提供了简单的函数计算功能,例如,输入"Vsqrt100",将得到数字"100"的开平方计算结果,如图 2-47 所示。

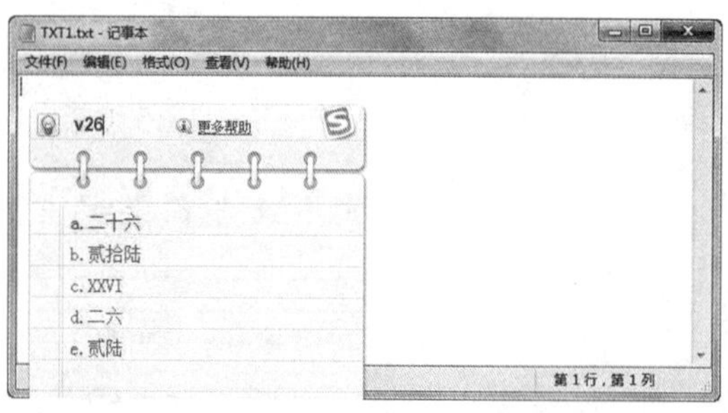

图 2-44　输入罗马数字

图 2-45　自动转换日期

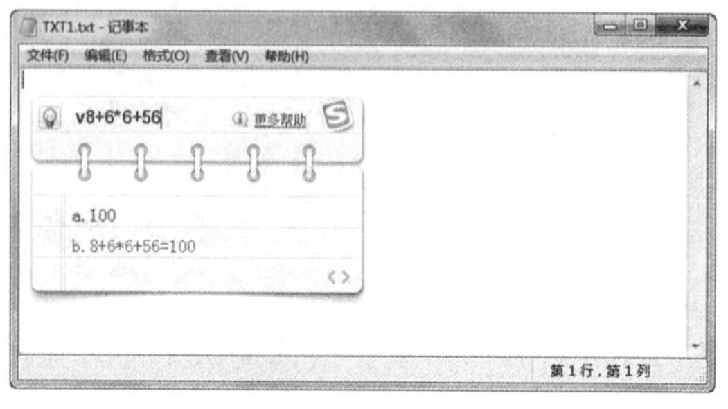

图 2-46　日期自动转换

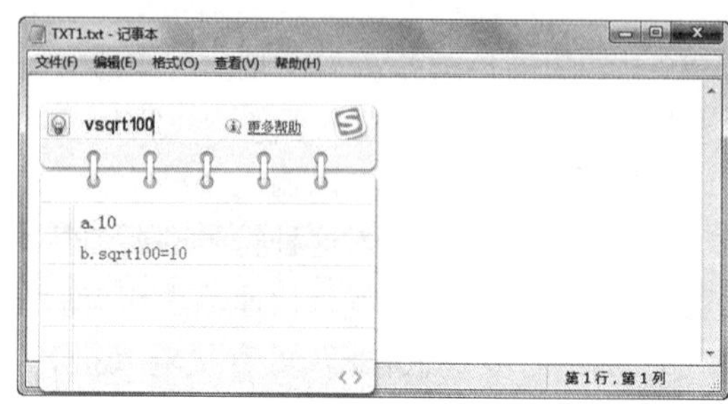

图 2-47　简单函数计算

2.6　使用 Windows 7 附件工具

Windows 7 系统自带了很多工具软件方便用户使用，这些软件包括写字板、便签、画图程序、计算器等。即使电脑没有安装专业的应用程序，用户也可以通过这些 Windows 7 自带的工具软件处理日常的编辑文本、绘制图像、计算数值、手写输入等操作。这些软件都被系统放置在“附件”中，本章将介绍这些实用的附件工具软件。

2.6.1　写字板

写字板程序是 Windows 7 系统自带的一款强大的文字、图片编辑和排版的工具软件，用户使用写字板可以制作简单文档，完成输入文本、设置格式、插入图片等操作。

写字板程序位于【开始】菜单里的【附件】程序组里。用户可以单击【开始】按钮，打开【开始】菜单，选择【所有程序】选项，打开所有程序列表，选择其中的【附件】选项，其中就有写字板程序，如图 2-48 所示，单击即可启动写字板程序。

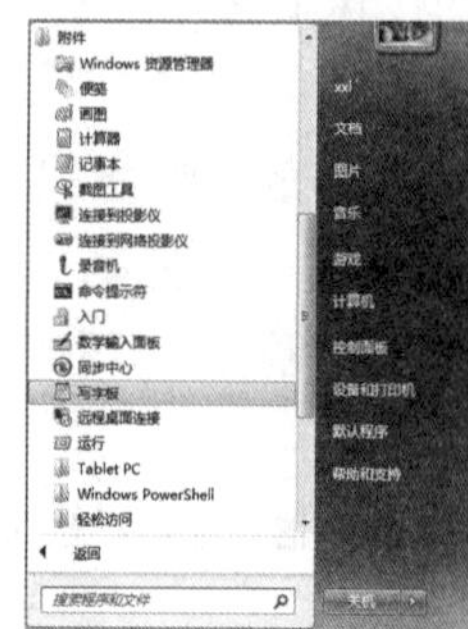

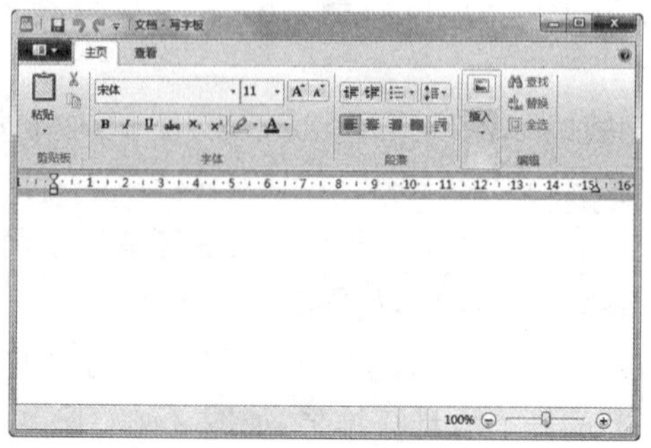

图 2-48　启动写字板程序

1. 创建和编辑文档

本节将使用写字板程序创建一个简单的文档，然后对其进行编辑，在实践中介绍写字板的使用方法。

【例 2-8】　使用写字板程序制作一个图文并茂的文档。视频

STEP 01 启动写字板，将光标定位在写字板中，然后输入文本“提拉米苏”。选中输入的文本，将文本的格式设置为【华文行楷】、【加粗】、【28】号、【居中】，如图 2-49 所示。

STEP 02 按 Enter 键换行，然后输入对“提拉米苏”的简介，并设置其字体为【华文细黑】、字号为 12，对齐方式为【左对齐】，如图 2-50 所示。

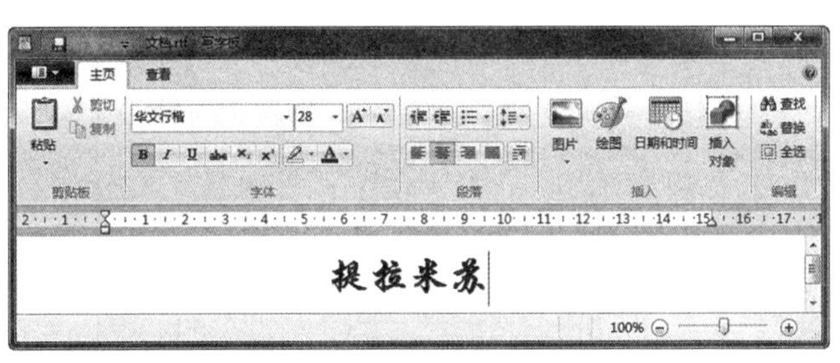

图 2-49　输入标题文本

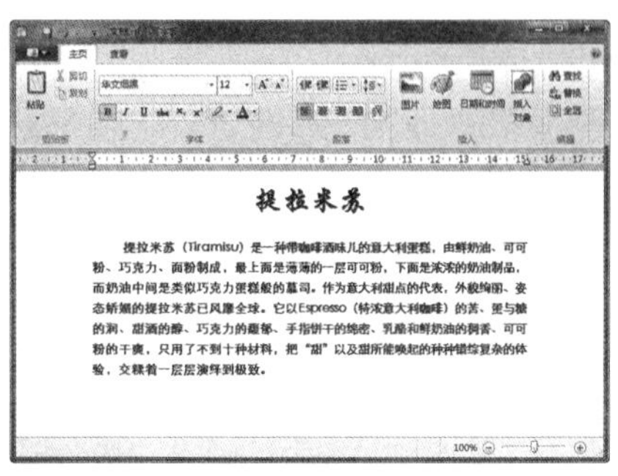

图 2-50　输入正文文本

STEP 03 选中正文部分，在【字体】组中单击【文本颜色】下拉按钮，选择【鲜蓝】选项，为正文文本设置字体颜色，效果如图 2-51 所示。

STEP 04 将光标定位在正文的末尾，然后按 Enter 键换行。在【插入】区域单击【图片】按钮，打开【选择图片】对话框。

STEP 05 在【选择图片】对话框中选择一幅图片，然后单击【打开】按钮，在文档中插入图片。调整插入图片的大小，然后使用同样的方法插入第 2 张图片，并调整两张图片的大小和位置，效果如图 2-52 所示。

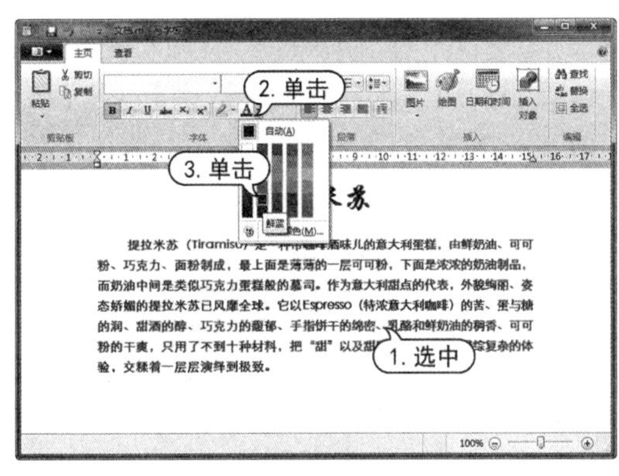

图 2-51　设置文本颜色

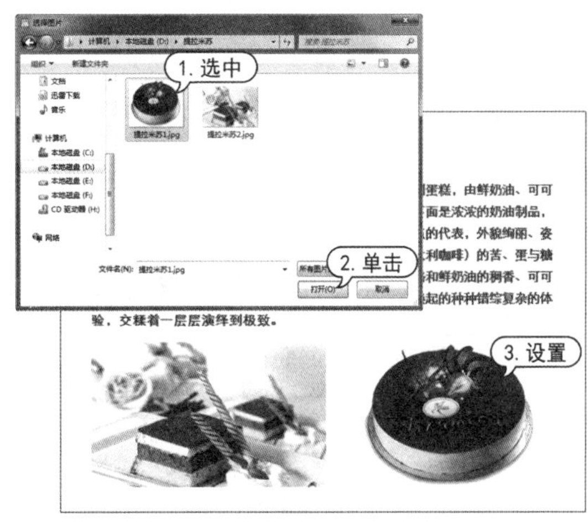

图 2-52　在文档中插入并调整图片

2. 保存文档

文档编辑完成后，就需要对文档进行保存，否则一旦断电或关闭计算机，辛辛苦苦编辑的文档就丢失掉了。

要保存文档，用户可单击【写字板】按钮，选择【保存】命令；或者直接单击快速访问工具栏中的【保存】按钮。

如果文档是第一次被保存，则会打开【保存为】对话框，在最上端的地址栏下拉列表中可选择文档保存的位置；在【文件名】下拉列表中可设置文档的保存名称；在【保存类型】下拉列表中可设置文档的保存类型。设置完成后，单击【保存】按钮，即可保存文档，如图 2-53 所示。

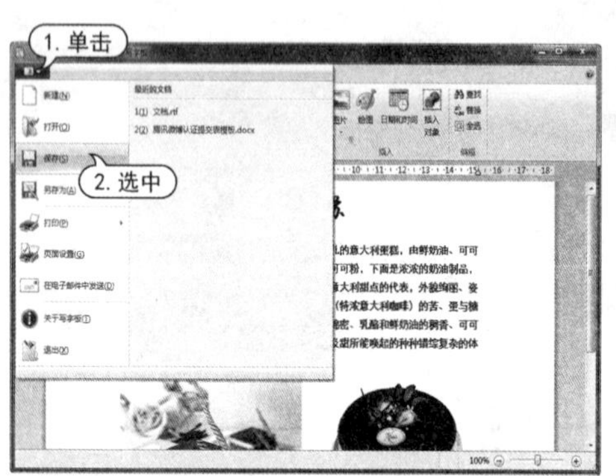

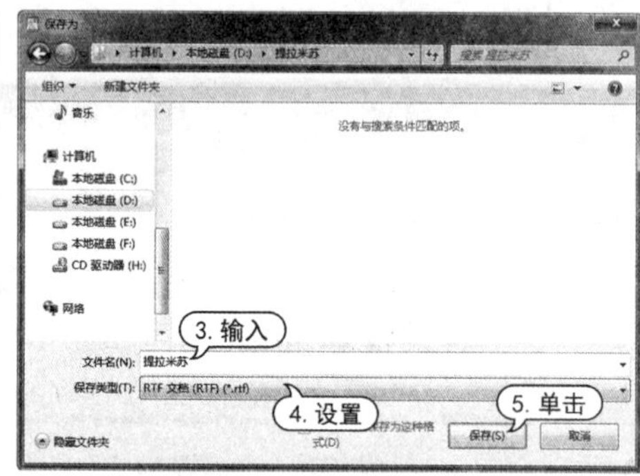

图 2-53 保存文档

2.6.2 计算器

计算器是 Windows 7 系统中的一个数学计算工具，功能和日常生活中的小型计算器类似。计算器程序具有标准型和科学型等多种模式，用户可根据需要选择特定的模式进行计算。本节来介绍计算器的使用方法。

选择【开始】|【所有程序】|【附件】|【计算器】命令，即可启动计算器。

1. 使用标准计算器

第一次打开计算器程序时，计算器就在标准型模式下工作。这个模式可以满足用户大部分日常简单计算的要求。

【例 2-9】 使用标准型计算器计算算式“62×8+75.8×20”的结果。 视频

STEP 01 先来计算 62×8 的值，单击数字按钮 6，在计算器的显示区域会显示数字 6。

STEP 02 然后依次单击数字键 2、乘号“ * ”、数字 8 和等号“ = ”，即可计算出 62×8 的值为 496，如图 2-54 所示。单击存储按钮 MS，将显示区域中的数字保存在存储区域中，然后开始计算 75.8×20 的值。

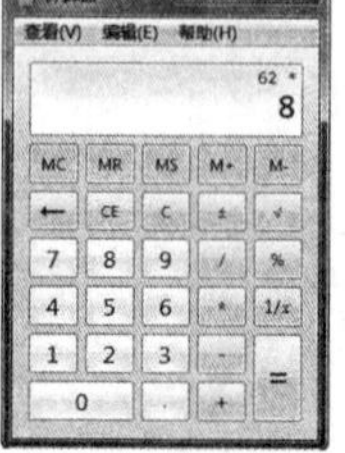

图 2-54 计算 62×8

STEP 03 依次单击 7、5、“.”、8、“ * ”、2、0 和“ = ”按钮，计算出 75.8×20 的值为 1516。

STEP 04 单击 M+ 按钮，将显示区域中的数字和存储区域中的数字相加，然后单击 MR 按钮，将存储区域中的数字调出至显示区域，得到结果为 2012，如图 2-55 第三张图所示。

图 2-55　计算 75.8×20

2. 使用科学计算器

当用户进行比较专业的计算工作时，科学型计算器模式就可以发挥它的功能。在使用科学型计算器之前，需要将计算器设置为科学型模式。

【例 2-10】　使用科学型计算器计算 128°角的正弦值。 视频

STEP 01 在标准型计算器中选择【查看】|【科学型】命令，将计算器切换到科学型模式，如图 2-56 所示。

STEP 02 系统默认的输入方式是十进制的角度，因此直接依次单击 1、2 和 8 这 3 个按钮输入角度 128。

STEP 03 单击计算正弦函数的按钮 sin，即可计算出 128°角的正弦值，并显示在显示区域中，如图 2-57 所示。

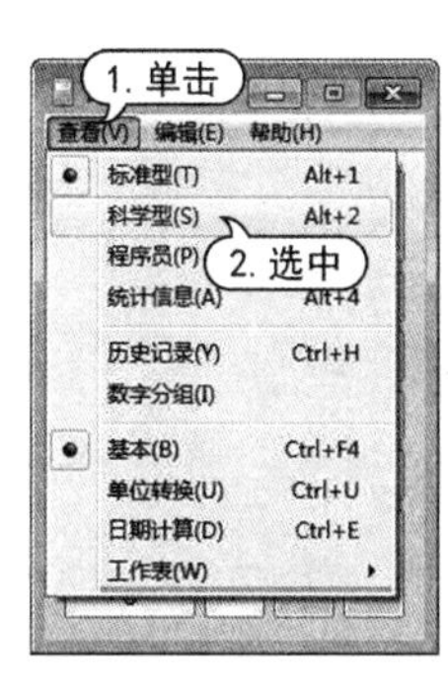

图 2-56　切换科学型计算器

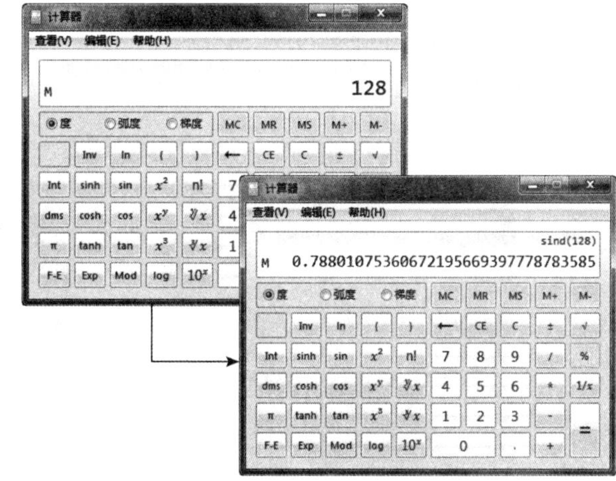

图 2-57　计算正弦函数

3. 使用日期计算功能

计算器还提供了一个日期计算功能，能够帮助用户方便地计算两个日期之间相差的天数。例如要计算 2016 年的 8 月 20 日到 2016 年的 12 月 28 日之间相差几天，可执行以下操作。

STEP 01 在计算器的主界面中选择【查看】|【日期计算】命令，打开日期计算面板。

STEP 02 在【选择所需的日期计算】下拉菜单中选择【计算两个日期之差】选项，然后分别设置两个日期，设置完成后单击【计算】按钮，即可计算出这两个日期之间相差的详细天数，如图 2-58 所示。

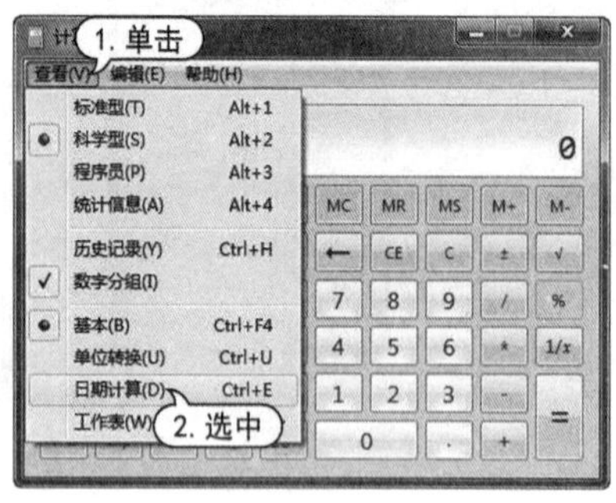

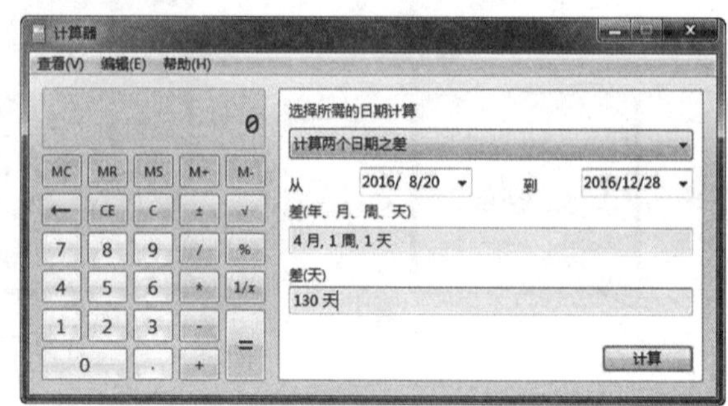

图 2-58　计算日期

2.6.3　便签

便签是 Windows 7 系统的一个小工具，顾名思义它是作为我们平时用来记事和提醒留言的。相当于我们日常生活中使用的“小贴士”，只不过不用纸质，而是显示在电脑屏幕上。

1. 创建便签

要创建便签很简单，只需单击【开始】按钮，打开【开始】菜单，选择【所有程序】|【附件】|【便签】命令。此时桌面右上角会出现一个黄色的【便笺纸】，用户只需将光标定位在便签中，直接输入文本即可，输入方法和写字板相同，如图 2-59 所示。

2. 设置便签

用鼠标按住便签的标题栏拖动，可以移动便签。标题栏上还有 2 个按钮：单击+按钮可以在该便签的左边新建一个空白便签；单击×按钮，会打开询问对话框，确定是否删除便签。右击便签文本区，会弹出快捷菜单，快捷菜单提供了剪切、复制、删除、粘贴、全选命令，还有许多便签颜色供用户选择替换，如图 2-60 所示。

图 2-59　输入便签内容

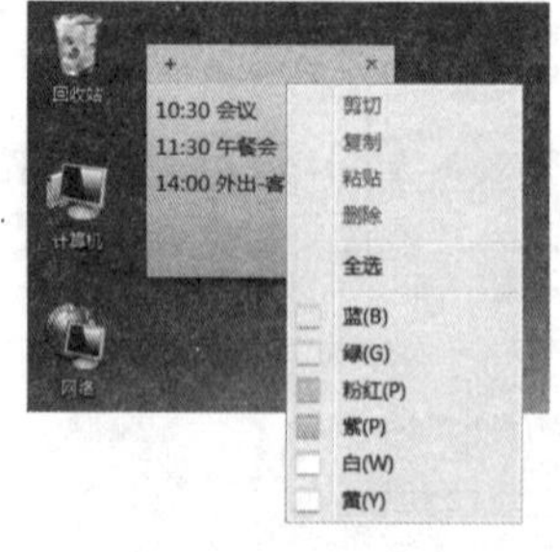

图 2-60　便签的快捷菜单

2.6.4　画图工具

Windows 7 系统自带的画图程序是一个图像绘制和编辑程序。用户可以使用该程序绘制简单的图画，也可以将其他图片在画图程序里查看和编辑。

1. 绘制图形

绘制图形时用户可以随心所欲地用绘图工具在绘图区进行绘制。用户需要注意各种绘图工具的综合应用，如果将绘图工具搭配得当，画出来的图也会有出众效果。下面将以绘制“星空”图为例学习绘制图像。

【例 2-11】 绘制一幅简单的“星空”图并将其保存。视频

STEP 01 选择【开始】菜单|【所有程序】|【附件】|【绘图】命令，启动画图程序。将颜色栏中的【颜色 2】设置为【黑色】，单击工具栏中的按钮再右键单击绘图区，将背景填充为黑色，如图 2-61 所示。

STEP 02 将颜色栏中的【颜色 1】设置为【黄色】，单击形状栏中的按钮，选择其中的【四角星形】选项，然后单击【粗细】按钮选择第二种粗细程度，再将鼠标移动到绘图区，鼠标光标变成一个空心十字形状，按住鼠标左键拖动，画出一个外形黄色的四角星，如图 2-62 所示。

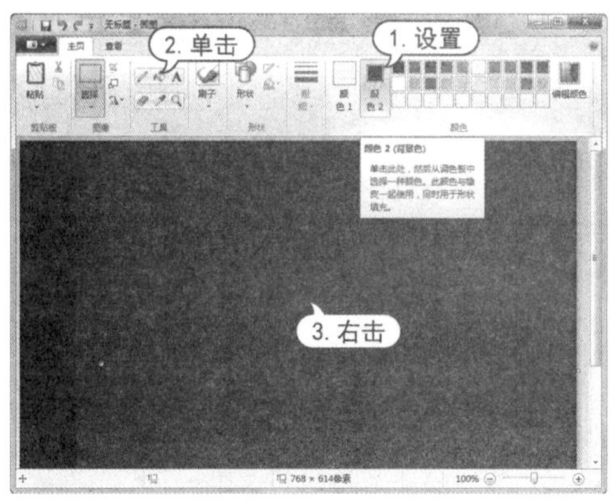

图 2-61　设置绘图区背景填充色

图 2-62　绘制外形为黄色的四角星

STEP 03 单击工具栏中的按钮再左键单击四角星内部，将四角星填充为黄色，按照以上步骤，再画出大小不一的几个黄色四角星，如图 2-63 所示。

STEP 04 单击工具栏上的按钮，再单击【粗细】按钮选择第二种粗细程度，将鼠标移动绘图区，鼠标光标变成一个铅笔形状，按住鼠标左键拖动，画出一个月亮，然后填充为黄色，如图 2-64所示。

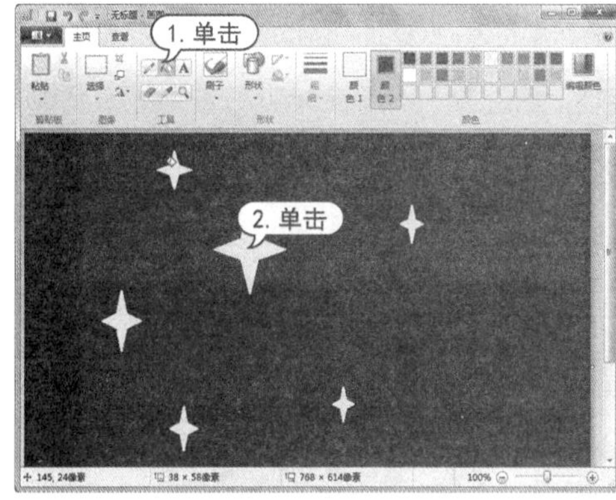

图 2-63　绘制大小不一的多个黄色四角星

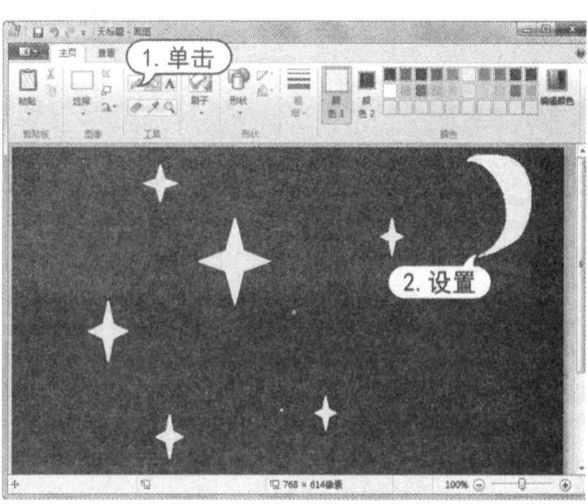

图 2-64　绘制月亮

STEP 05 单击【刷子】按钮，选择其下拉列表中的【喷枪】选项，再单击【粗细】按钮选择其中的第四种粗细程度，将鼠标移动到绘图区，鼠标变成喷枪形状，按住鼠标左键拖动，画上细密的星河，至此这幅"星空"图像全部完成，如图 2-65 所示。

STEP 06 单击快速访问工具栏里的按钮，打开【保存为】窗口，在【保存类型】里选择 JPEG 格式，在【文件名】里改名为【星空.jpg】，最后单击【保存】按钮，将"星空"图保存在电脑硬盘上，如图 2-66 所示。

图 2-65　星空图像

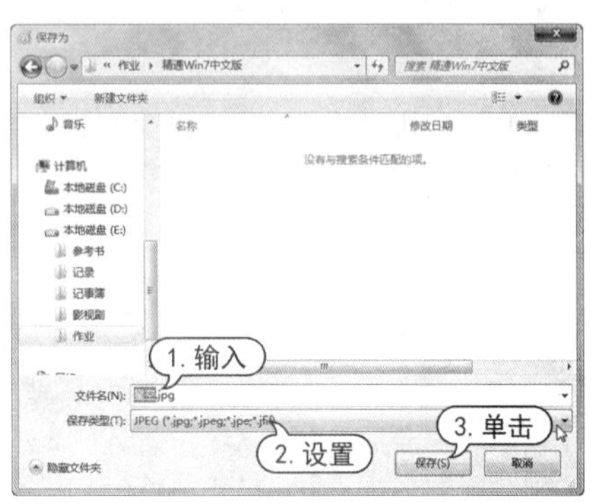

图 2-66　保存图像

2. 编辑图形

画图程序除了能绘制图形以外，还可以对已有的图形进行编辑修改。首先导入图片，然后用图像栏里的几种工具对图片进行编辑修改。

（1）打开图像

打开图片很简单，只需单击功能区里的按钮，在弹出的下拉菜单中选择【打开】命令，打开【打开】对话框，选择硬盘里的图片，单击【打开】按钮即可在画图程序中打开该图片，如图 2-67 所示打开名为"老虎"的图片。

（2）旋转图像

图像栏里的【旋转】命令可以对图片进行各种翻转编辑。单击【图像】下方按钮，单击其中的【旋转】按钮，弹出下拉菜单，下拉菜单中包含【向右旋转 90 度】、【向左旋转 90 度】、【旋转 180 度】、【垂直翻转】、【水平翻转】5 个命令。例如，选择【向右旋转 90 度】如图 2-68 所示。

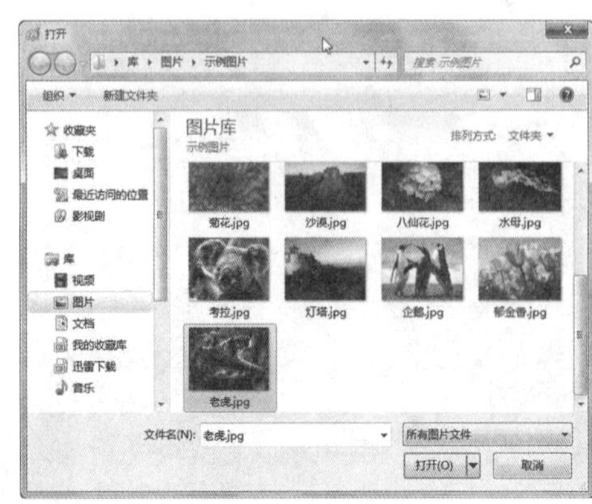

图 2-67　打开图像

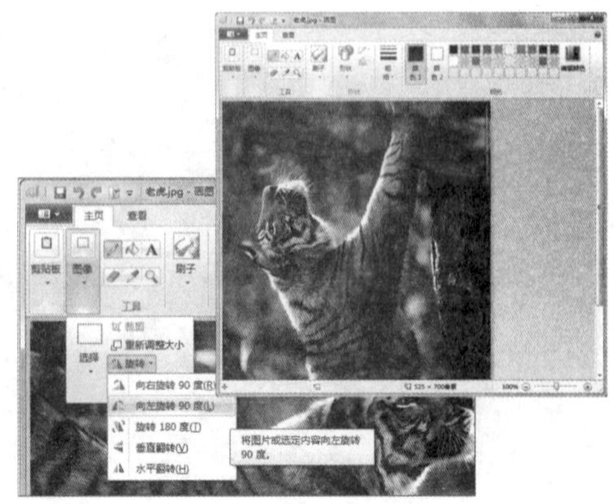

图 2-68　旋转图像

(3) 调整图像大小

用户可以使用【调整大小和扭曲】命令来放大、缩小和扭曲图像。在图像栏里单击【调整大小和扭曲】按钮，打开【调整大小和扭曲】对话框，如图 2-69 所示。比如在【重新调整大小】栏的【水平】文本框内输入 50(可以输入 1～500 之间的任意数值)，【垂直】文本框也随之变为 50，这是因为【保持纵横比】复选框一直被选中，图片不会变形，结果调整图形大小为原图的一半，如图 2-70 所示。

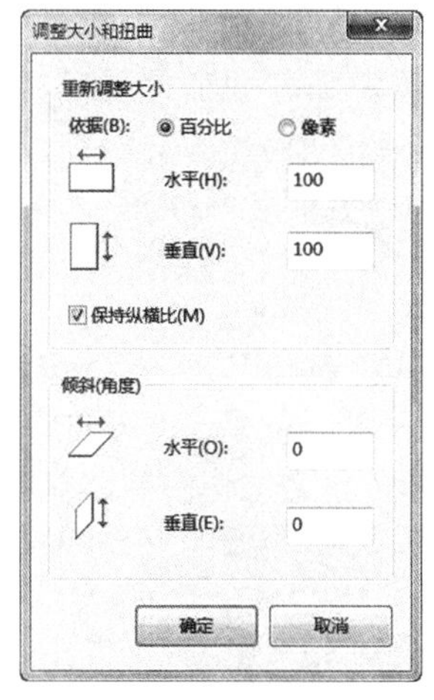

图 2-69　【调整大小和扭曲】对话框

图 2-70　图像大小调整效果

(4) 设置扭曲图像

扭曲图像是通过调整【调整大小和扭曲】对话框里【倾斜】栏里的数值来实现图形的扭曲，在【水平】或【垂直】文本框内输入角度数值，比如 50(可以输入-89～89 之间的任意数值)，完成扭曲图形操作，如图 2-71 所示。

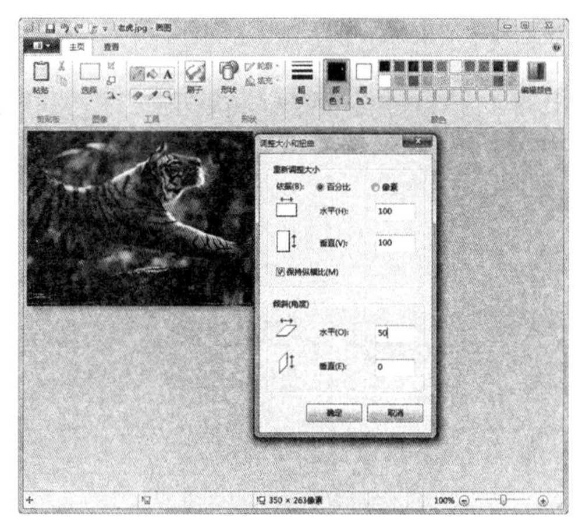

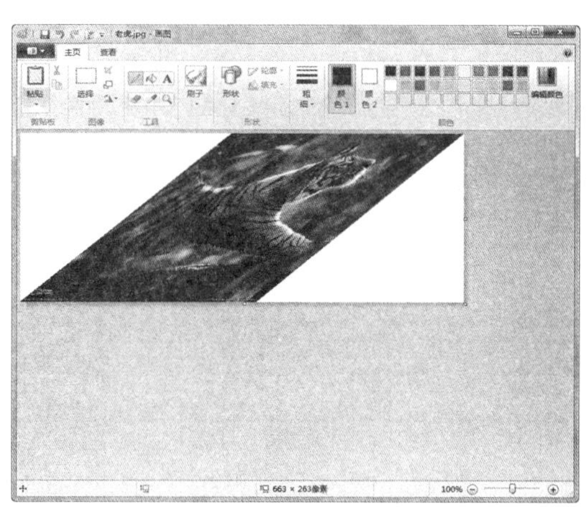

图 2-71　将图片水平扭曲 50 度

 2.6.5　截图工具

截图工具是 Windows 7 的附件工具，它能够方便快捷地帮助用户截取电脑屏幕上显示的

任意画面，主要提供任意格式截图、矩形截图、窗口截图、全屏截图等 4 种截图方式。

1. 任意格式截图

启动截图工具也和其他附件工具一样，选择【开始】|【所有程序】|【附件】|【截图工具】命令即可打开截图工具。

任意格式截图就是指对当前屏幕窗口中的任意区域、任意格式、任意形状的图形画面进行截图，具体操作步骤下例说明。

【例 2-12】 使用截图工具的“任意格式截图”方式截取桌面一部分图形。 视频

STEP 01 选择【开始】|【所有程序】|【附件】|【截图工具】命令，启动截图工具程序。单击【新建】旁的按钮，在弹出的下拉菜单中选择【任意格式截图】命令，如图 2-72 所示。

STEP 02 此时屏幕画面变成蒙上一层白色的样式，鼠标指针变为剪刀形状，在屏幕上按住鼠标左键拖动，鼠标轨迹为红线状态，如图 2-73 所示。

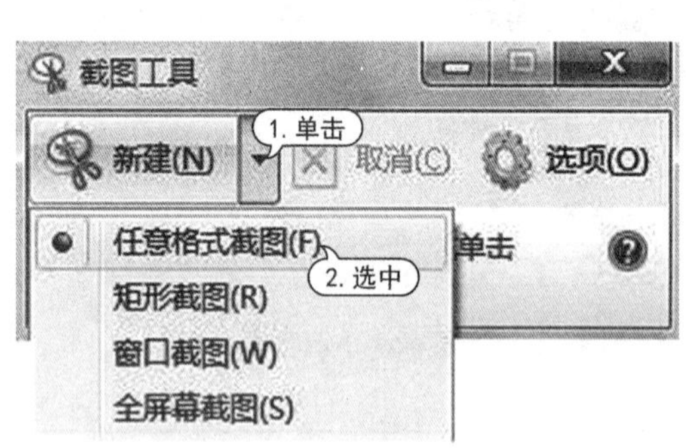

图 2-72 【截图工具】界面

图 2-73 使用鼠标截取任意画图

STEP 03 释放鼠标时，即把红线内部分截取到截图工具中，打开【截图工具】窗口。

STEP 04 在【截图工具】窗口中，还有 3 个编辑工具按钮:【笔】、【荧光笔】、【橡皮擦】，可以使用这些工具对截图进行编辑。【笔】可以随意在截图上绘画，还可以更换笔的颜色和样式;【荧光笔】和现实荧光笔相似，无法更改颜色和样式;【橡皮擦】只能擦除【笔】和【荧光笔】编辑效果，无法改变截图的初始效果。

STEP 05 编辑完毕后，可以选择【文件】|【另存为】命令，将截图文件保存在硬盘上，如图 2-74 所示。

图 2-74 保存截图文件

2. 矩形截图

【矩形截图】命令就是以用鼠标拖拉出矩形虚线框，框内所选择的即为截图内容。其步骤和【任意格式截图】命令相似，打开截图工具后，选择【矩形截图】命令，此时鼠标变成十字形状，按住鼠标左键拖动选择矩形框大小，释放鼠标后即可截图到【截图工具】编辑窗口，如图 2-75 所示。

图 2-75　矩形截图过程

3. 窗口和全屏截图

窗口截图能截取所有打开窗口中某个窗口的内容画面。其步骤也很简单，打开截图工具后选择【窗口截图】命令，此时当前窗口周围出现红色边框，表示该窗口为截图窗口，单击该窗口后弹出【截图工具】编辑窗口，该窗口内所有内容画面都截取下来，如图 2-76 所示。

全屏截图和窗口截图类似，也是打开截图工具后选择【全屏截图】命令，程序会立刻将当前屏幕所有内容画面存放到【截图工具】编辑窗口中。

图 2-76　窗口截图过程

2.7　案例演练

本章的上机练习通过实例，介绍使用 Windows 7 系统的方法与技巧，帮助用户进一步巩固所学的知识。

2.7.1 使用 Tablet PC 输入面板

Tablet PC 即是平板计算机的意思，Windows 7 操作系统可以通过 Tablet PC 组件在电脑上利用手写笔、触摸屏、笔记识别功能直接写入内容。即使用户的电脑不是平板电脑，也能使用 Tablet PC 组件。

【例 2-13】 使用 Tablet PC 输入面板在写字板中输入“Windows 7 系统附件”。视频

STEP 01 选择【开始】|【所有程序】|【附件】|【写字板】命令，启动写字板程序。选择【开始】|【所有程序】|【附件】|【Tablet PC】|【Tablet PC 输入面板】命令，启动 Tablet PC 输入面板程序。

STEP 02 将鼠标光标插入点定位于写作板中，再单击输入面板左下角的【英文词汇】按钮，用鼠标拖动在输入区域内写入“Windows”。书写完毕后，系统自动识别输入的文本，并显示识别的文本，如图 2-77 所示。

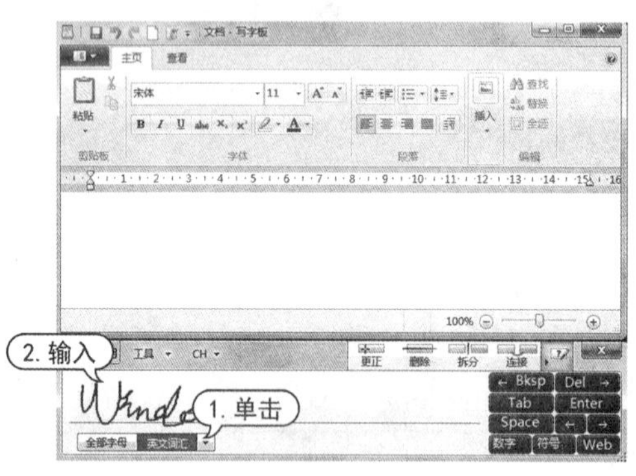

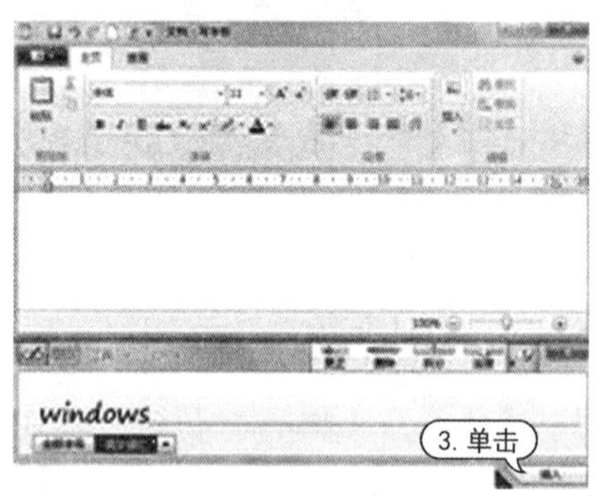

图 2-77 Tablet PC 输入面板识别输入的文本

STEP 03 单击右下角的【插入】按钮，即可将当前文本插入到写字板中，如图 2-78 所示。

STEP 04 单击输入面板中的 Space 空格键，再写入“7”，单击【插入】按钮，如图 2-79 所示，写字板的文本变为了“Windows 7”。

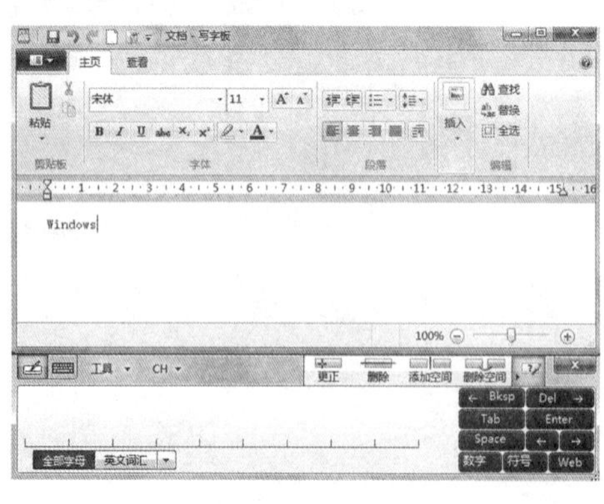

图 2-78 插入文本

图 2-79 输入空格和“7”

STEP 05 单击输入面板中的【全部字母】按钮，用鼠标写入“系统附件”。

STEP 06 如果此时书写得不规范，系统识别为别的文本，如将“件”识别为“仟”，此时可以单击更正视频按钮中的【更正】按钮，然后直接在错字那一格里修改，如图 2-80 所示。

STEP 07 修改完毕，单击【插入】按钮，则写字板上文本“Windows 7 系统附件”输入完毕，如图 2-81所示。

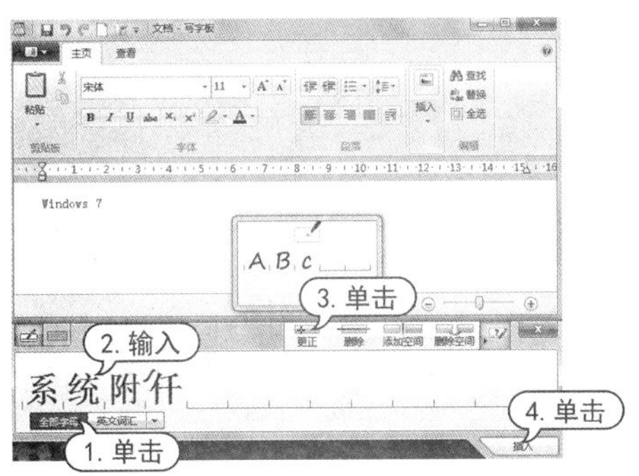

图 2-80　更正错字

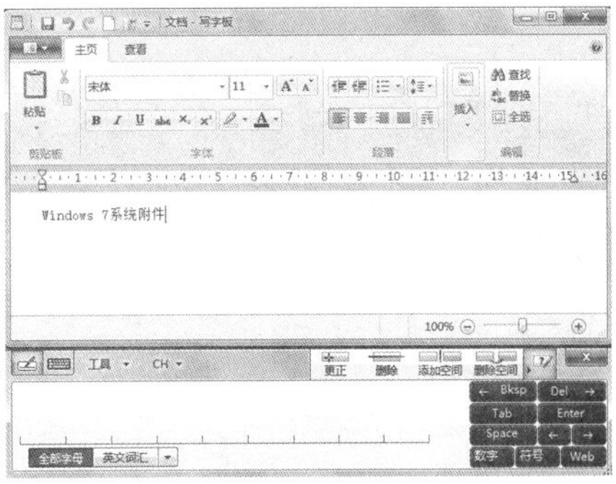

图 2-81　文本输入效果

2.7.2　安装 Windows 7 操作系统

Windows 7 系统的安装方式包括全新安装和升级安装两种，下面将介绍全新安装的过程。全新安装是指在启动电脑时，利用光驱启动 Windows 7 安装光盘来安装系统的过程。以下情况适合全新安装：

- 硬盘是全新的，没有安装操作系统。
- 不保留现存的数据和系统，格式化硬盘，重新安装新系统。

同全新安装其他操作系统一样，全新安装 Windows 7 系统之前也需要将 BIOS 设置成由光驱启动，然后通过 Windows 7 安装光盘启动进入系统安装程序。下面我们用安装光盘在没有操作系统的电脑上安装 Windows 7。

【例 2-14】 在电脑中安装 Windows 7 系统。

STEP 01 打开电脑电源，在启动电脑时，按下 Delete 键进入 BIOS 设置程序，如图 2-82 所示。

STEP 02 在 BIOS 主界面中，选择 Advanced BIOS Feature 选项后，按 Enter 键，进入【BIOS 功能设置】界面，如图 2-83 所示。

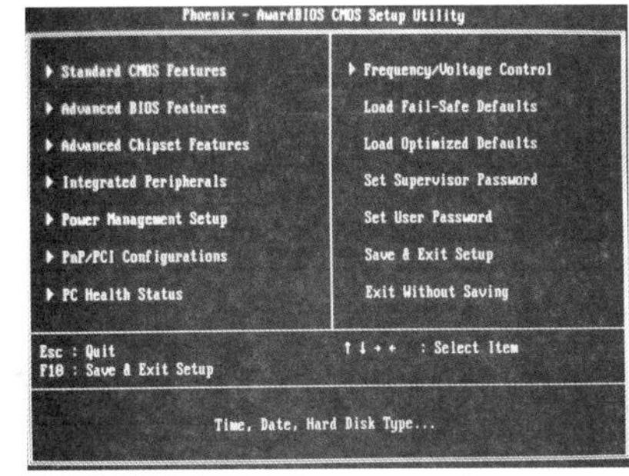

图 2-82　设置主界面

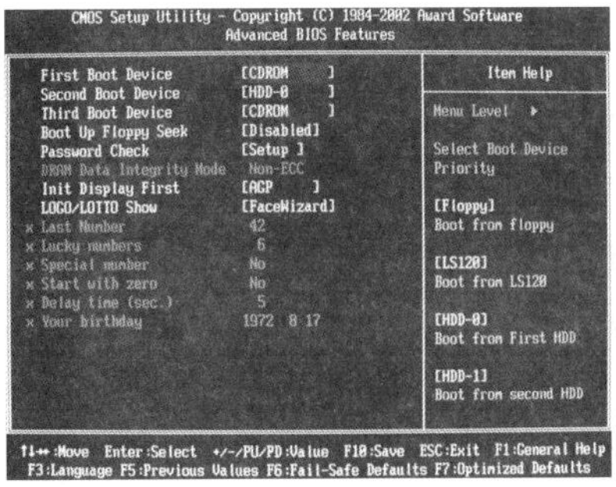

图 2-83　BIOS 功能设置

STEP 03 使用上下方向键将“First Boot Device”选项设置为“CD－ROM”，即把光驱启动设置为第一启动选择，如图 2-84 所示。

STEP 04 按 ESC 键返回至步骤(1)中的 BIOS 设置主界面。

STEP 05 按 F10 键保存 BIOS 设置，界面中将会显示“SAVE to COMS AND EXIT (Y/N)?”提示，如图 2-85 所示。用户根据提示按“Y 键”确认并退出 BIOS 设置程序。这时电脑将重启，也说明 BIOS 设置完成。

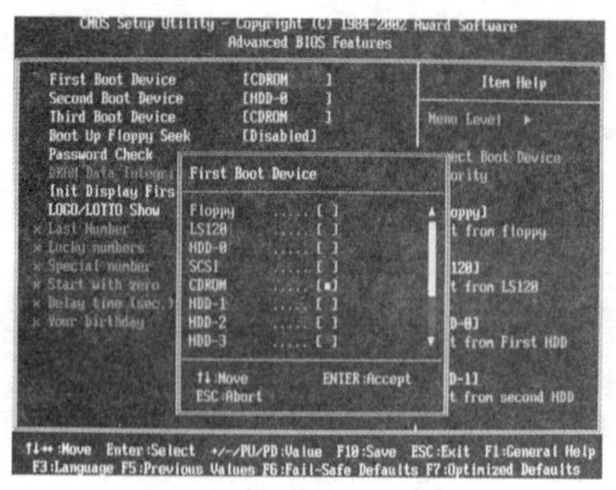

图 2-84 CD-ROM 设置

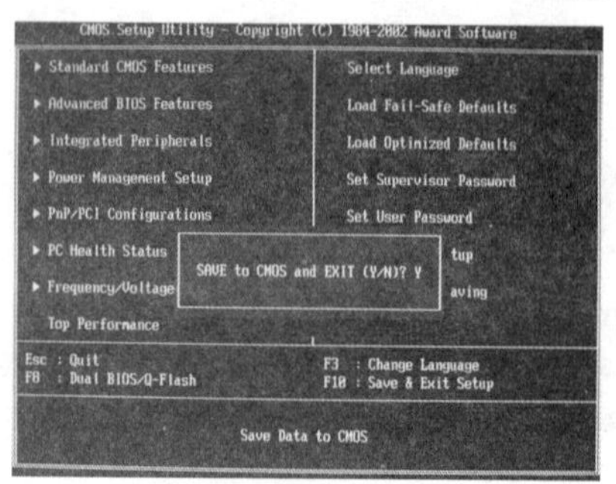

图 2-85 显示界面提示

STEP 06 将 Windows 7 安装光盘放入光驱，重新启动电脑，等系统加载完毕后，进入 Windows 7 安装界面，用户可在该界面内设置时间等选项，如图 2-86 所示。

STEP 07 选择完成后，单击【下一步】按钮，打开如图 2-87 所示的界面。

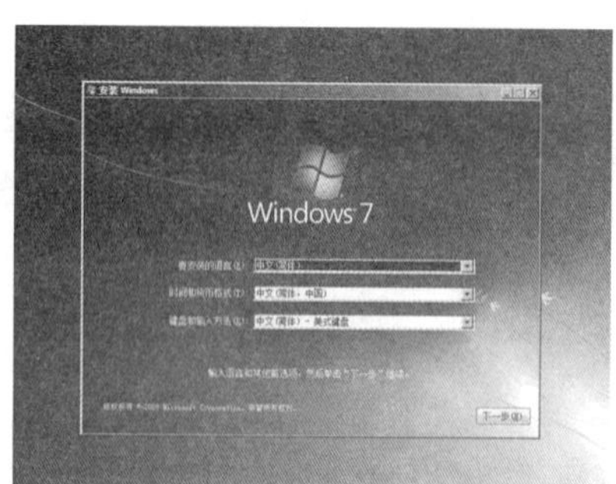

图 2-86 安装界面

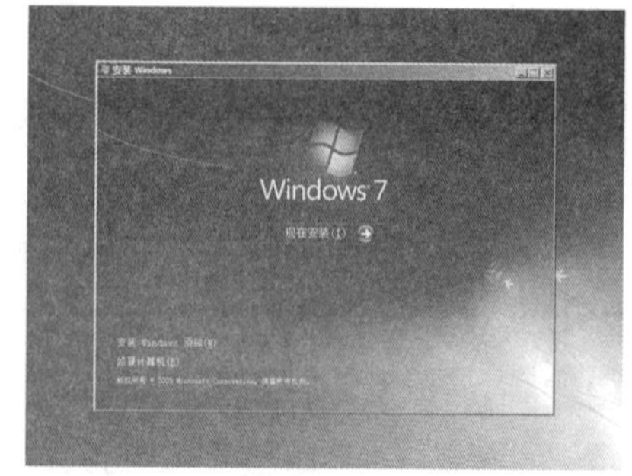

图 2-87 等待安装界面

STEP 08 单击【现在安装】按钮，打开【请阅读许可条款】界面，在该界面中必须要选中【我接受许可条款】复选框，才能继续安装，如图 2-88 所示。

STEP 09 单击【下一步】按钮，打开【你想进行何种类型的安装】界面，有【升级】和【自定义(高级)】两种选择，选择【自定义】选项，如图 2-89 所示。

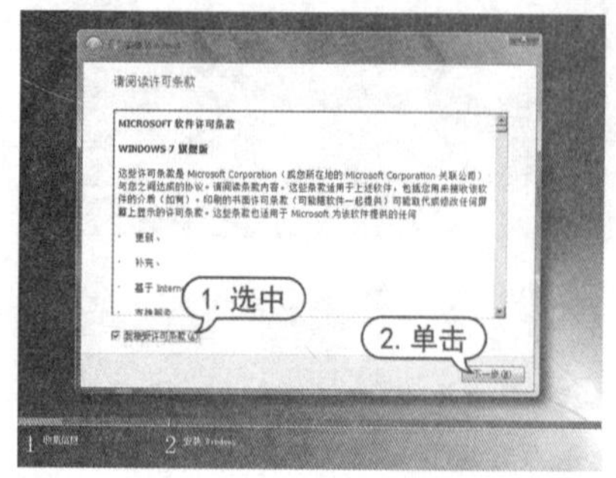

图 2-88 同意许可条款

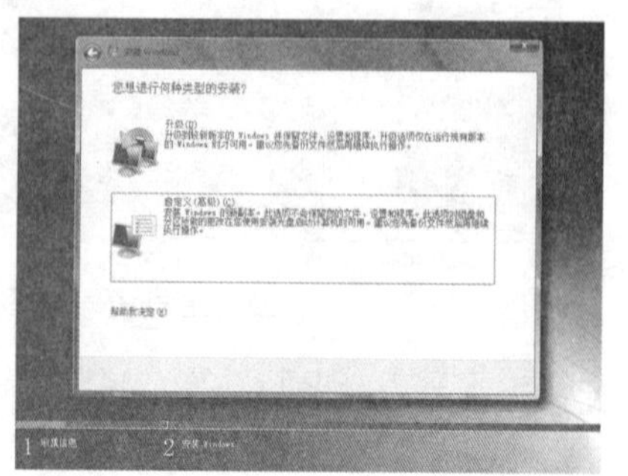

图 2-89 选择【自定义】选项

STEP 10 选择要安装的目标分区，在此选择系统分区选项，如图 2-90 所示。

STEP 11 单击【下一步】按钮，开始复制文件并安装 Windows 7，这个过程大概需要 15～25 分钟的时间。在安装的过程中，系统会多次重新启动，用户无需参与，如图 2-91 所示。

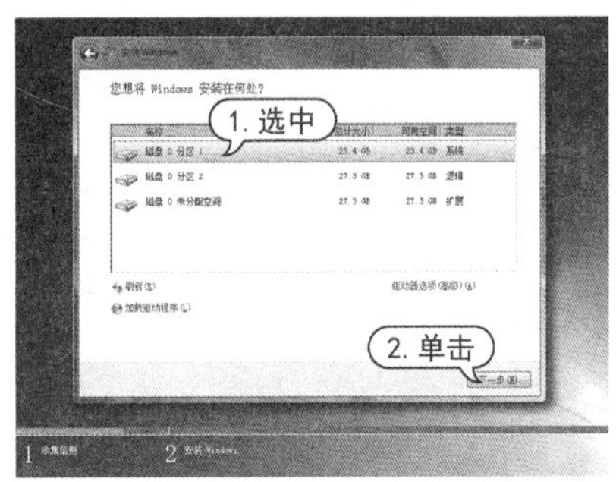

图 2-90　选择目标分区

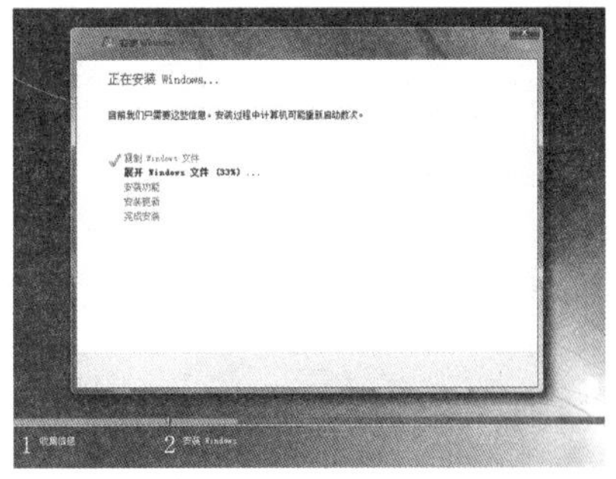

图 2-91　系统安装过程

STEP 12 单击【下一步】按钮，在打开的界面中可根据需要设置用户密码，如图 2-92 所示。

STEP 13 单击【下一步】按钮，要求用户输入产品密钥（产品密钥用户可在光盘的包装盒上找到），也可单击【下一步】按钮跳过，待登录桌面后再进行操作，如图 2-93 所示。

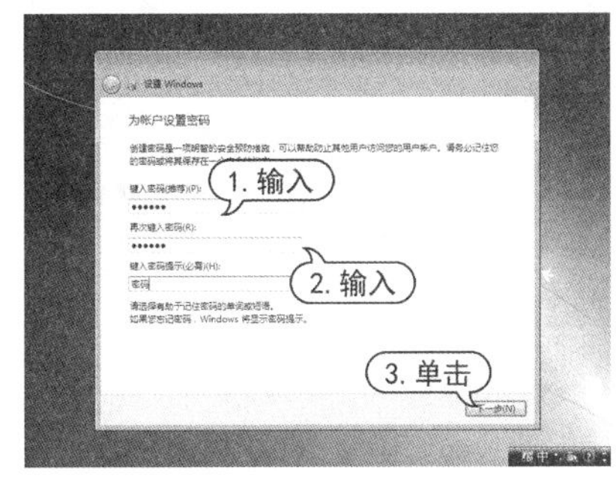

图 2-92　设置密码

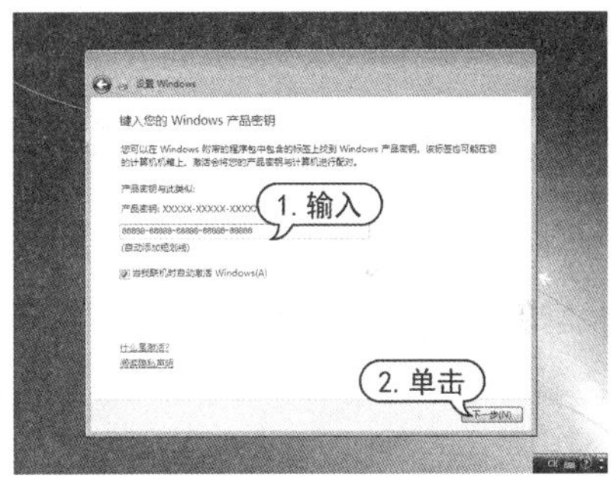

图 2-93　输入密钥

STEP 14 设置 Windows 更新，这里选择【使用推荐设置】选项，如图 2-94 所示。

STEP 15 设置系统的日期和时间，通常保持默认设置即可，如图 2-95 所示。

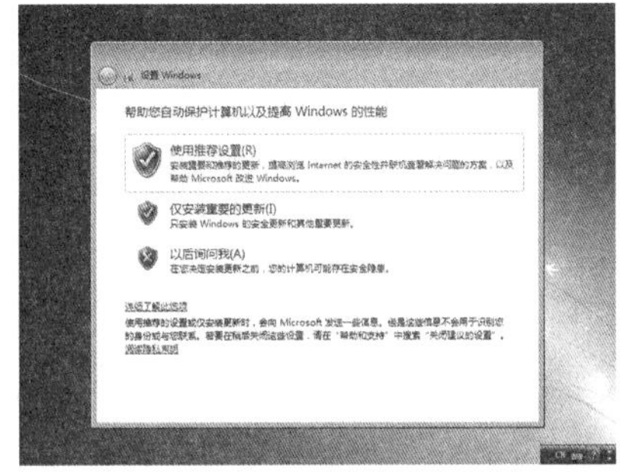

图 2-94　选择【使用推荐设置】选项

图 2-95　设置日期和时间

STEP 16 单击【下一步】按钮，设置电脑的网络位置，本例题选择【家庭网络】选项，如图 2-96

所示。

STEP 17 接下来 Windows 7 会启用刚刚的设置，并显示下图所示的界面，如图 2-97 所示。

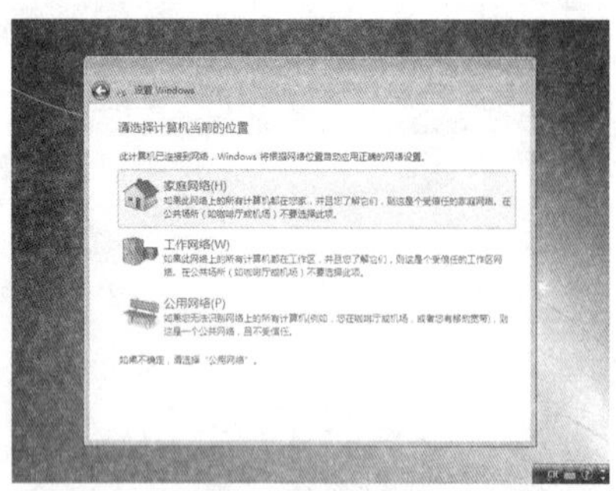

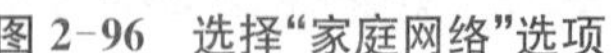
图 2-96　选择"家庭网络"选项

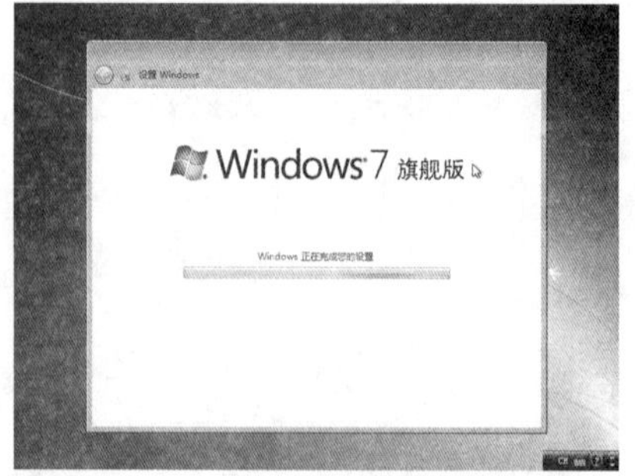

图 2-97　Windows 7 启动

STEP 18 当 Windows 7 的登录界面出现后，如图 2-98 所示，输入登录密码，再按下 Enter 键，即可进入 Windows 7 的桌面系统。

STEP 19 完成以上操作后，将进入如图 2-99 所示的 Windows 7 的默认桌面。

图 2-98　输入密码

图 2-99　进入 Windows 7 桌面

第 3 章

高效管理文件和文件夹

文件和文件夹是电脑中最基本的两个概念。电脑中存储着大量的文件和文件夹，如果这些文件和文件夹胡乱地存放在电脑中，不但看起来杂乱无章，还给查找文件造成了极大的困难，因此用户需要掌握如何管理文件和文件夹。

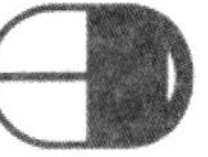

对应的光盘视频

例 3-1　使用 Windows 7 地址栏
例 3-2　使用 Windows 7 搜索栏
例 3-3　使用 Windows 7 导航窗格
例 3-4　创建文件和文件夹
例 3-5　重命名文件和文件夹
例 3-6　复制文件和文件夹
例 3-7　移动文件和文件夹
例 3-8　文件和文件夹排序
例 3-9　隐藏文件和文件夹
例 3-10　显示隐藏的文件和文件夹
例 3-11　加密文件和文件夹
例 3-12　共享文件和文件夹
例 3-13　使用【开始】菜单中的搜索框
例 3-14　创建搜索文件夹
例 3-15　使用回收站还原文件
例 3-16　清空回收站
例 3-17　恢复资源管理器菜单栏
例 3-18　使用 Windows 7 库功能
例 3-19　快速查看文件路径

3.1 文件和文件夹简介

电脑中的一切数据都是以文件的形式存放在电脑中的，而文件夹则是文件的集合。文件和文件夹是 Windows 操作系统中的两个重要的概念。

3.1.1 认识文件

文件是 Windows 中基本的存储单位，包含文本、图像及数值数据等信息，不同的信息种类保存在不同类型的文件中。Windows 中的任何文件都由文件名来标识。文件名的格式为“文件名.扩展名”。通常，文件类型是用文件的扩展名来区分的，根据保存的信息和方式的不同，将文件分为不同的类型，并在电脑中以不同的图标显示。例如“企鹅.jpg”文件，“企鹅”表示文件的名称；“.jpg”表示文件的扩展名，代表该文件是 jpg 格式的图片文件。

Windows 文件的最大改进是使用长文件名，使文件名更容易识别，文件的命名规则如下。

- 在文件或文件夹名称中，用户最多可使用 255 个字符。
- 用户可使用多个间隔符“.”的扩展名，例如“report.lj.oct98”。
- 名字可以有空格但不能有字符“\”、“/”、“:”、“*”、“ ”、“"”、“ <”、“ >”和“ | ”等。
- Windows 7 系统保留了文件名的大小写格式，但不能利用大小写区分文件名。例如，“README.TXT”和“readme.txt”被认为是同一文件名字。
- 当搜索和显示文件时，用户可使用通配符“?”和“*”。其中，问号“?”代表任意一个字符，星号“*”代表一系列字符。

在 Windows 7 系统中常用的文件扩展名及其表示的文件类型如表 3-1 所示。

表 3-1 常用的文件扩展名及其表示的文件类型

扩展名	文件类型	扩展名	文件类型
AVI	视频文件	DAT	数据文件
BAK	备份文件	DCX	传真文件
BAT	批处理文件	DLL	动态链接库
BMP	位图文件	DOC	Word 文件
EXE	可执行文件	DRV	驱动程序文件
FON	字体文件	RTF	文本格式文件
HLP	帮助文件	SCR	屏幕文件
INF	信息文件	TTF	TrueType 字体文件
MID	乐器数字接口文件	TXT	文本文件
MMF	Mail 文件	WAV	声音文件

3.1.2 认识文件夹

为了便于管理文件，在 Windows 系列操作系统中引入了文件夹的概念。

简单地说，文件夹就是文件的集合。如果电脑中的文件过多，则会显得杂乱无章，要想查找某个文件也不太方便，这时用户可将相似类型的文件整理起来，统一地放置在一个文件夹

中。这样不仅可以方便用户查找文件，还能有效地管理好电脑中的资源。

3.1.3　文件和文件夹的关系

文件和文件夹都是存放在电脑的磁盘中的。文件夹中可以包含文件和子文件夹，子文件夹中又可以包含文件和子文件夹。依此类推，即可形成文件和文件夹的树形关系，如图 3-1 所示。

文件夹中可以包含多个文件和文件夹，也可以不包含任何文件和文件夹。不包含任何文件和文件夹的文件夹称为空文件夹。

3.1.4　文件和文件夹的路径

路径指的是文件或文件夹在电脑中存储的位置。当打开某个文件夹时，在资源管理器的地址栏中即可看到该文件夹的路径。

路径的结构一般包括磁盘名称、文件夹名称和文件名称，各部分之间用“\”隔开。例如，在图 3-2 中，“画心. mp3”音乐文件的路径为“D:\我的音乐\画心. mp3”。

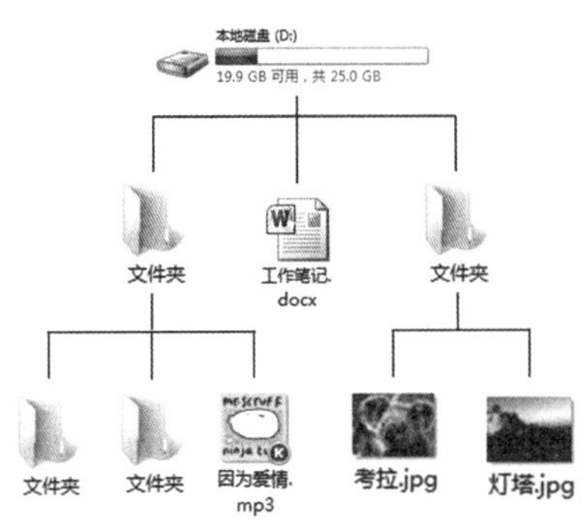

图 3-1　文件与文件夹的关系

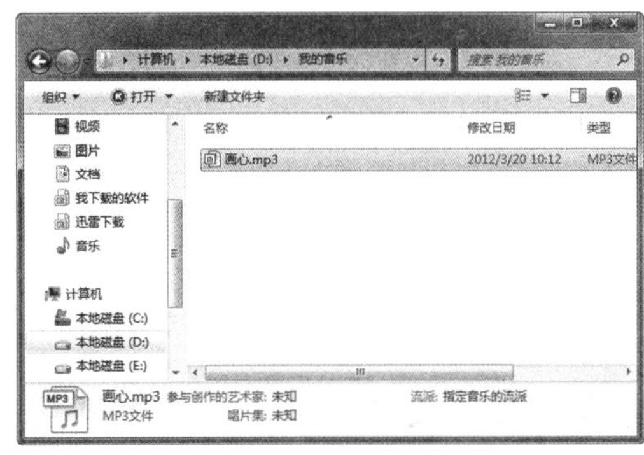

图 3-2　文件与文件夹的路径

实用技巧

在地址栏的空白处单击鼠标，路径即可以标准格式显示。

3.2　认识管理文件窗口

在 Windows 7 中要管理文件和文件夹就离不开【计算机】窗口、【资源管理器】窗口和用户文件夹窗口，它们是文件和文件夹管理的核心窗口。

3.2.1　【计算机】窗口

【计算机】窗口是管理文件和文件夹的主要场所，它的功能与 Windows XP 系统中的【我的电脑】窗口相似。在 Windows 7 中打开【计算机】窗口的方法有以下几种。

- 双击桌面上的【计算机】图标。
- 右击桌面上的【计算机】图标，选择【打开】命令。
- 单击【开始】按钮，选择【计算机】命令。

【计算机】窗口主要由两部分组成：导航窗格和工作区域，如图 3-3 所示。

- 导航窗格：以树形目录的形式列出了当前磁盘中包含的文件类型，其默认选中【计算机】选

项，并显示该选项下的所有磁盘。单击磁盘左侧的三角形图标，可展开该磁盘，并显示其中的文件夹，单击某一文件夹左侧的三角形图标，可展开该文件夹中的所有文件列表。

- 工作区域：一般分为【硬盘】、【有可移动存储的设备】和【网络位置】3 栏。其中，【硬盘】栏中显示了电脑当前的所有磁盘分区，双击任意一个磁盘分区，可在打开的窗口中显示该磁盘分区下包含的文件和文件夹。再次双击文件或文件夹图标，可打开应用程序的操作窗口或者该文件夹下的子文件和子文件夹。在【有可移动存储的设备】栏中，显示当前电脑中连接的可移动存储设备，包括光驱和 U 盘等。

3.2.2 【资源管理器】窗口

Windows 7 的资源管理器功能十分强大，与以往 Windows 操作系统相比，在界面和功能上有了很大的改进，例如增加了【预览窗格】以及内容更加丰富的【详细信息栏】等，如图 3-4 所示。

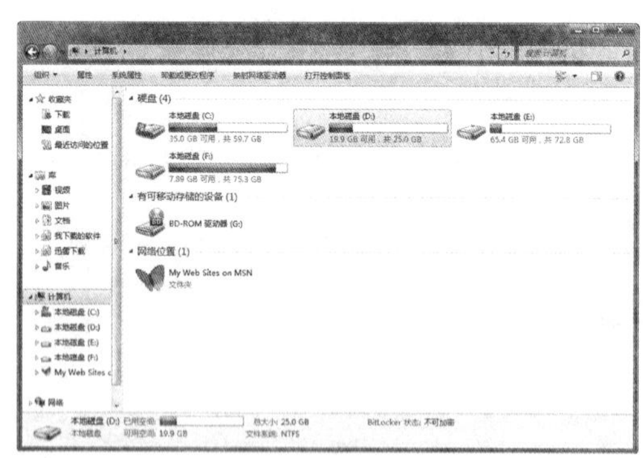

图 3-3 【计算机】窗口

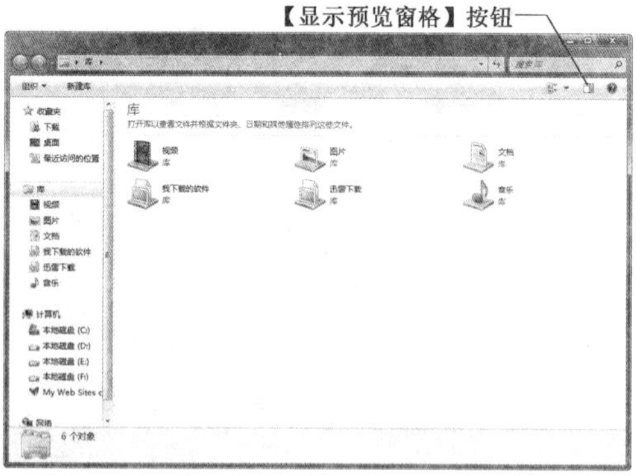

【显示预览窗格】按钮

图 3-4 【资源管理器】窗口

打开【资源管理器】窗口的方法主要有以下两种。

- 右击【开始】按钮，选择【打开 Windows 资源管理器】命令，如图 3-5 所示。
- 单击任务栏快速启动区中的【Windows 资源管理器】图标，如图 3-6 所示。

图 3-5 右击【开始】按钮

图 3-6 任务栏中的快速启动区

实用技巧

单击资源管理器右上角的【显示预览窗格】按钮，可打开【预览窗格】预览文件图形。

【资源管理器】窗口和【计算机】窗口类似，但是两者的打开方式不同，并且在打开后，两者左侧导航窗格中默认选择的选项也不同。【资源管理器】的导航窗格中默认选中的是【库】选项，其中包含了【视频】、【图片】、【文档】和【音乐】文件夹，并且每个文件夹中都包含了 Windows 7 自带的相应文件。另外，用户也可单击导航窗格中的【计算机】选项，对文件进行管理。

下面将针对【资源管理器】窗口进行详细的介绍，其内容同样适用于【计算机】窗口。

1. 地址栏

Windows 7 默认的地址栏用【按钮】的形式取代了传统的纯文本方式，并且在地址栏的周围取消了【向上】按钮，仅有【前进】和【后退】按钮。

按钮形式的地址栏的好处是，用户可以轻松地实现跨越性目录跳转和并行目录快速切换，这也是 Windows 7 中取消【向上】按钮的原因。下面以具体实例说明新地址栏的用法。

【例 3-1】 在 Windows 7 中通过地址栏访问系统中的资源。素材

STEP 01 在桌面上双击【计算机】图标，打开【计算机】窗口，如图 3-7 所示。双击【本地磁盘(D:)】图标，进入到 D 盘界面。

STEP 02 双击【图片收藏】图标，如图 3-8 所示，查看【图片收藏】文件夹的内容。

图 3-7　【计算机】窗口

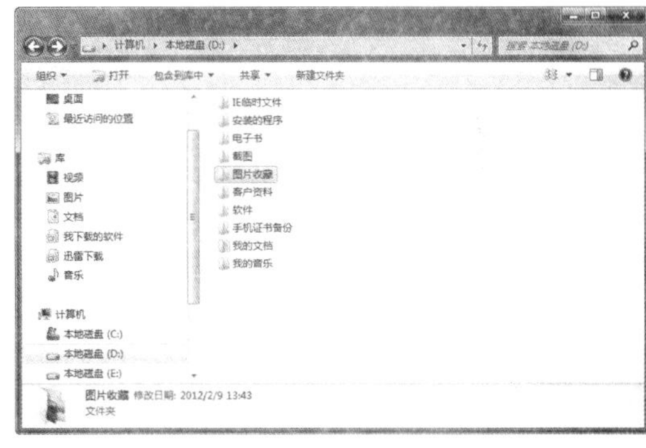

图 3-8　打开【图片收藏】文件夹

STEP 03 当前文件夹的目录为【D:\图片收藏】，在地址栏中共有 3 个按钮，分别是【计算机】、【本地磁盘(D:)】和【图片收藏】，如图 3-9 所示。

STEP 04 用户若要返回 D 盘的根目录，只需按下返回按钮即可，若要返回【计算机】界面可直接单击【计算机】按钮，即可实现跨越式跳转。

STEP 05 若要立即进入 C 盘的根目录，可单击【计算机】按钮右边的三角形按钮，在弹出的下拉菜单中选择【本地磁盘(C:)】即可，如图 3-10 所示。

图 3-9　【图片收藏】文件夹中的图片文件

【返回】按钮

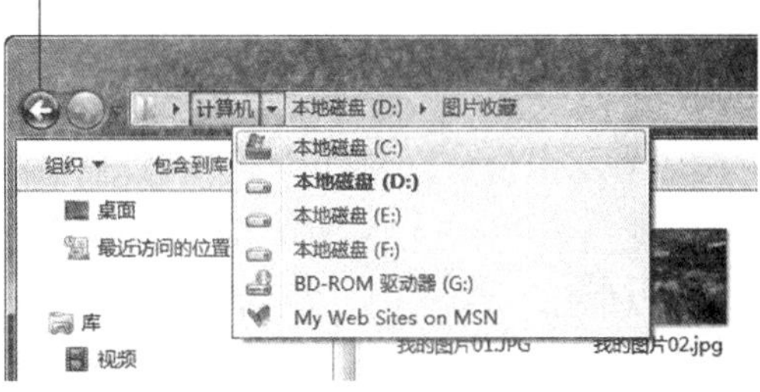

图 3-10　窗口地址栏

2. 搜索栏

在 Windows 7 操作系统中，搜索栏遍布资源管理器的各种视图的右上角，当用户需要查找某个文件时，无需像在 Windows XP 中那样要先打开搜索面板，直接在搜索框中输入要查找的内容即可。

【例 3-2】 使用搜索栏搜索与“报表”相关的文件或文件夹。 素材

STEP 01 打开资源管理器，在导航窗格中单击【计算机】选项，然后在搜索框中输入“报表”。

STEP 02 输入完成后，用户无需其他操作，系统即可自动搜索出与“报表”相关的文件和文件夹，搜索结果中数据名称与搜索关键词匹配的部分会以黄色高亮显示，如图 3-11 所示。

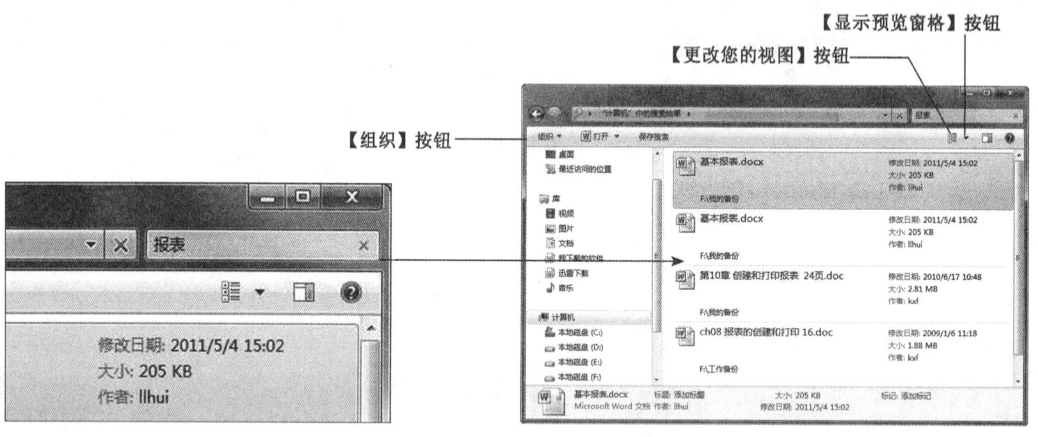

图 3-11 使用搜索栏搜索文件与文件夹

3. 工具栏

工具栏位于地址栏的下方，当用户打开不同的窗口或选择不同类型的文件时，工具栏中的按钮也会有所变化，但是其中有 3 项始终不变，分别是【组织】按钮、【更改您的视图】按钮和【显示预览窗格】按钮。

- 通过【组织】按钮，用户可完成对文件和文件夹的许多常用操作，例如剪切、复制、粘贴和删除等。
- 通过【更改您的视图】按钮，用户可调整文件和文件夹的显示方式。
- 通过单击【显示预览窗格】按钮，可打开或关闭【预览窗格】。

实用技巧

工具栏中除了上述通用的按钮外，当选中不同类型的文件或文件夹时，会出现一些对应的功能按钮，例如【打开】、【包含到库中】和【共享】等。

4. 导航窗格

相对于 Windows XP 的资源管理器来说，Windows 7 资源管理器中的导航窗格功能更加强大和实用。新增加了【收藏夹】、【库】、【家庭组】和【网络】等节点，用户可通过这些节点快速地切换到需要跳转的目录。其中，比较值得一提的功能是【收藏夹】节点，它允许用户将常用的文件夹以链接的形式加入到此节点，可通过它快速地访问常用的文件夹。

【收藏夹】节点中默认有【下载】、【桌面】和【最近访问的位置】几个目录。用户可根据需要

将不同的文件夹加入到相应的目录中。

【例 3-3】　**将 D 盘中的【学生资料】文件夹加入到【收藏夹】节点中。** 素材

STEP 01　打开资源管理器，双击【本地磁盘(D:)】图标，进入到 D 盘根目录。

STEP 02　将 D 盘目录下【学生资料】文件夹图标拖动到【收藏夹】节点中，如图 3-12 所示，即可将【学生资料】文件夹以链接的形式加入到【收藏夹】节点中。

STEP 03　单击【收藏夹】节点中的【学生资料】链接，即可查看【学生资料】文件夹中的内容，如图 3-13 所示。

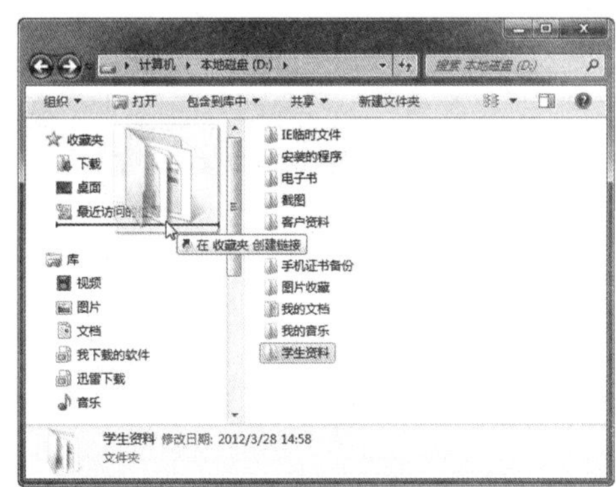

图 3-12　拖动文件夹

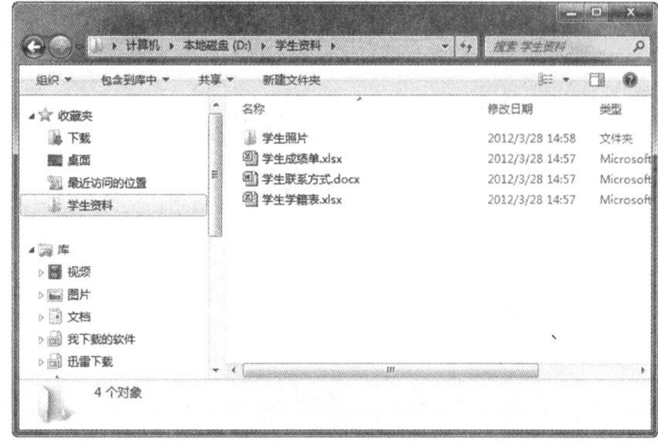

图 3-13　查看【学生资料】文件夹中的文件

5. 详细信息栏

Windows 7 的详细信息栏可以看做是 Windows XP 系统中状态栏的升级版，它能够为用户提供更为丰富的文件信息，如图 3-14 所示。

另外，通过详细信息栏，用户还可直接修改文件的各种附加信息并添加标记，非常方便。

3.2.3 【用户文件夹】窗口

在 Windows 7 中，每一个用户账户都有对应的文件夹窗口，其打开方法有如下几种。

▽ 当桌面上显示了用户文件夹图标，双击以当前用户名命名的文件夹图标，如图 3-15 所示。

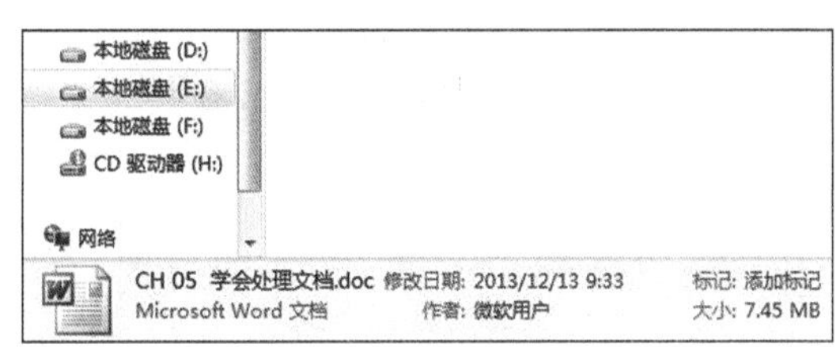

图 3-14　详细信息栏

图 3-15　打开用户文件夹窗口

- 单击【开始】按钮，选择【开始】菜单右上角的当前用户名命名的命令。

打开用户文件夹窗口后，默认显示的是【收藏夹】中的内容。单击导航窗格中的【库】和【计算机】选项会切换到相应的【资源管理器】窗口或【计算机】窗口。

3.3 文件和文件夹的基础操作

要想把电脑中的资源管理得井然有序，首先要掌握文件和文件夹的基本操作方法。文件和文件夹的基本操作主要包括新建文件和文件夹，文件和文件夹的选定、重命名、移动、复制、删除和排序等。

3.3.1 创建文件和文件夹

在使用应用程序编辑文件时，通常需要新建文件。例如，用户需要编辑文本文件，可以在要创建文件的窗口中右击鼠标，在弹出的快捷菜单中选择【新建】|【文本文档】命令，即可新建一个【记事本】文件。

要创建文件夹，用户可在想要创建文件夹的地方直接右击鼠标，然后在弹出的快捷菜单中选择【新建】|【文件夹】命令即可。

【例 3-4】 在 D 盘根目录下创建一个名为【我的备忘录】的文件夹，并在该文件夹中创建一个名为【日程安排】的文本文档。 素材

STEP 01 打开资源管理器，双击【本地磁盘(D:)】图标，进入到 D 盘根目录。

STEP 02 在 D 盘的空白处右击鼠标，在弹出的快捷菜单中选择【新建】|【文件夹】命令，如图 3-16所示。

STEP 03 此时，在 D 盘中将新建一个文件夹，并且该文件夹的名称以高亮状态显示。输入文件夹的名称“我的备忘录”，然后按 Enter 键即可完成文件夹的新建和命名，如图 3-17 所示。

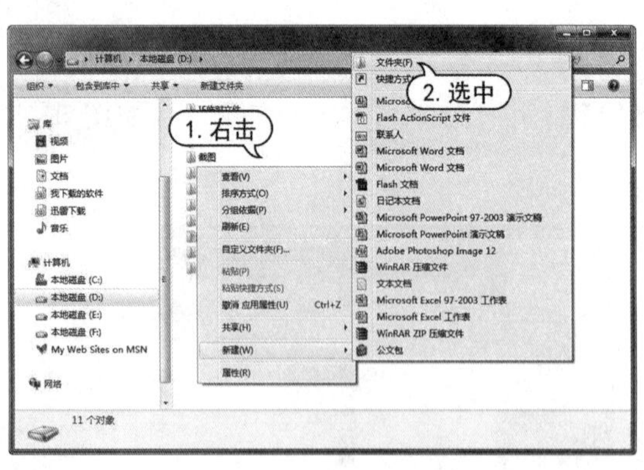

图 3-16 通过右键菜单创建文件夹

图 3-17 输入文件夹名称

STEP 04 双击打开“我的备忘录”文件夹，然后在窗口空白处右击鼠标，在弹出的快捷菜单中选择【新建】|【文本文档】命令，如图 3-18 所示，新建一个文本文档。

STEP 05 此时新建文本文档的名称以高亮状态显示，输入“日程安排”命名文件，然后按 Enter 键即可，如图 3-19 所示。

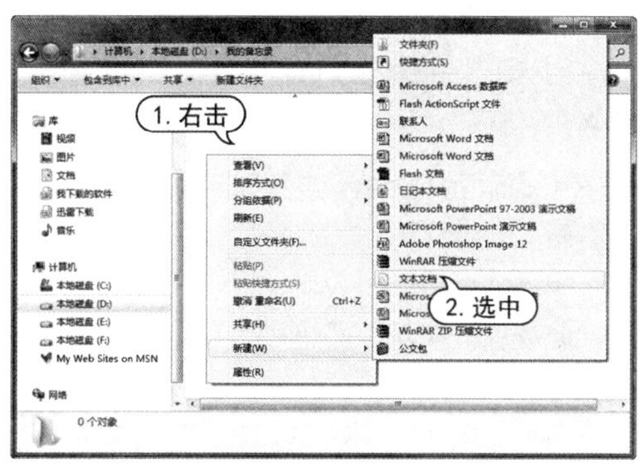

图 3-18　创建一个文本文档

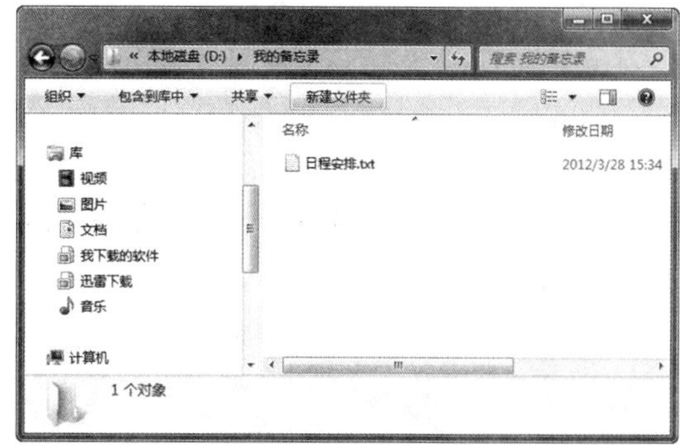

图 3-19　文件创建效果

3.3.2　选择文件和文件夹

要对文件或文件夹进行操作，首先要选定文件或文件夹。Windows 7 系统提供了多种文件和文件夹的选择方法。

- 选择一个文件或者文件夹：直接用鼠标单击要选定的文件或文件夹即可。
- 选择文件夹窗口中的所有文件和文件夹：选择【组织】|【全选】命令或者按 Ctrl+A 组合键，这样系统会自动将所有非隐藏属性的文件与文件夹选定，如图 3-20 所示。
- 选择某一区域的文件和文件夹：可以在按住鼠标左键不放的同时进行拖拉操作来完成选择，如图 3-21 所示。

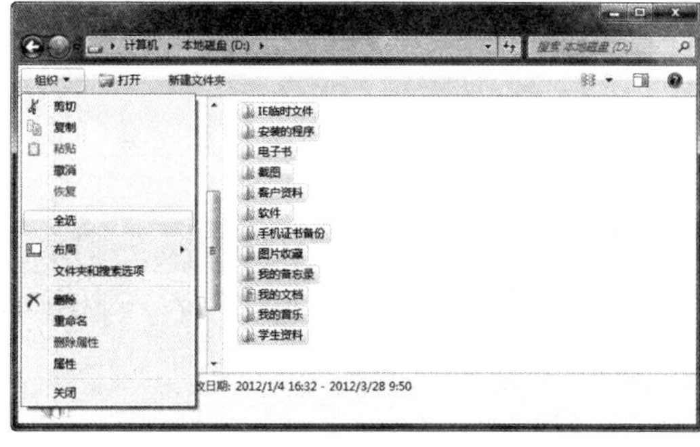
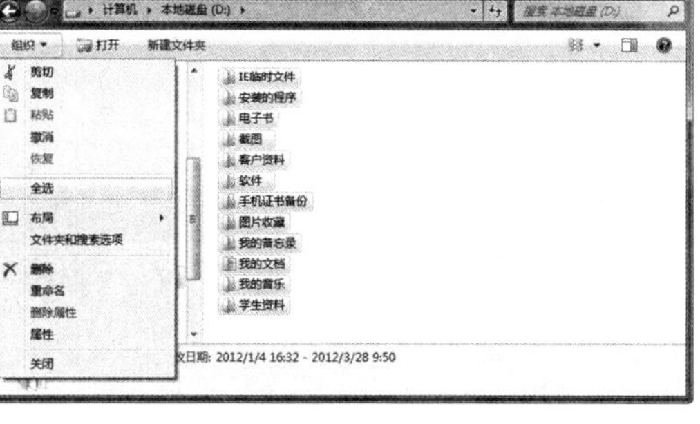

图 3-20　选择窗口中所有的文件

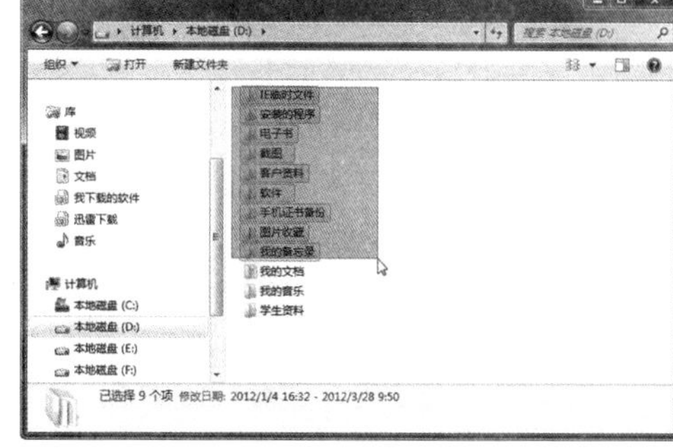

图 3-21　选择区域中的文件和文件夹

- 选择文件夹窗口中多个不连续的文件和文件夹：按住 Ctrl 键，然后单击要选择的文件和文件夹。
- 选择图标排列连续的多个文件和文件夹：可先按下 Shift 键，并单击第一个文件或文件夹图标，然后单击最后一个文件或文件夹图标即可选定它们之间的所有文件或文件夹。另外，用户还可以使用 Shift 键配合键盘上的方向键来选定。

3.3.3　重命名文件和文件夹

在 Windows 7 中，允许用户根据实际需要更改文件和文件夹的名称，以方便对文件和文件夹进行统一的管理。

【例 3-5】 **将 D 盘中的【音乐】文件夹重新命名为【古典音乐】。** 素材

STEP 01 按下 Win+E 组合键打开【计算机】窗口，然后双击【本地磁盘(D:)】图标，进入到 D 盘目录。

STEP 02 右击【音乐】文件夹，在弹出的快捷菜单中选择【重命名】命令(或者选中【音乐】文件夹后按下 F2 键)。

STEP 03 此时【音乐】文件夹的名称以高亮状态显示。直接输入新的文件夹名称“古典音乐”，然后按 Enter 键即可完成对文件夹的重命名。

实用技巧

在重命名文件或文件夹时需要注意的是，如果文件已经被打开或正在被使用，则不能重命名；不要对系统中自带的文件或文件夹以及其他程序安装时所创建的文件或文件夹重命名，否则有可能引起系统或其他程序的运行错误。

3.3.4 复制文件和文件夹

复制文件和文件夹是为了将一些比较重要的文件和文件夹加以备份，也就是将文件或文件夹复制一份到硬盘的其他位置上，使文件或文件夹更加安全，以免丢失而造成不必要的损失。

【例 3-6】 **将桌面上的【租赁协议】文档备份至 D 盘【重要文件】文件夹中。** 素材

STEP 01 右击【租赁协议】文档，在弹出的快捷菜单中选择【复制】命令(或在选中【租赁协议】文档后按下 Ctrl+C 组合键)。

STEP 02 按下 Win+E 组合键打开【计算机】窗口，然后双击【本地磁盘(D:)】进入到 D 盘根目录，双击【重要文件】文件夹，在打开的【重要文件】窗口的空白处右击鼠标，在弹出的快捷菜单中选择【粘贴】命令(或按下 Ctrl+V 组合键)。

STEP 03 此时【租赁协议】文档已经被备份到 D 盘【重要文件】文件夹中。

3.3.5 移动文件和文件夹

在 Windows 7 操作系统中，用户可以使用鼠标拖动的方法，或菜单中的【剪切】和【粘贴】命令，对文件或文件夹进行移动操作

【例 3-7】 **将桌面上的【租赁协议】文档移动至 D 盘【重要文件】文件夹中。** 素材

STEP 01 右击【租赁协议】文档，在弹出的快捷菜单中选择【剪切】命令(或在选中【租赁协议】文档后，按下 Ctrl+X 组合键)。

STEP 02 按下 Win+E 组合键打开【计算机】窗口，并进入到【重要文件】文件夹中。在窗口空白处右击鼠标，在弹出的快捷菜单中选择【粘贴】命令(或按下 Ctrl+V 组合键)。

STEP 03 此时【租赁协议】文档已经被移动到 D 盘【重要资料】文件夹中，原桌面上的【租赁协议】文档将消失。

在复制或移动文件时，如果目标位置有相同类型并且名字相同的文件，系统会发出提示，用户可在弹出的对话框中选择【移动和替换】同名文件、【请勿移动】或者是【移动，但保留这两个文件】3 个选项，如图 3-22 所示。

另外，用户还可以使用鼠标拖动的方法，移动文件或文件夹。例如，用户可将 D 盘【家庭

健康营养全书】文件拖动至【电子书】文件夹中，如图 3-23 所示。

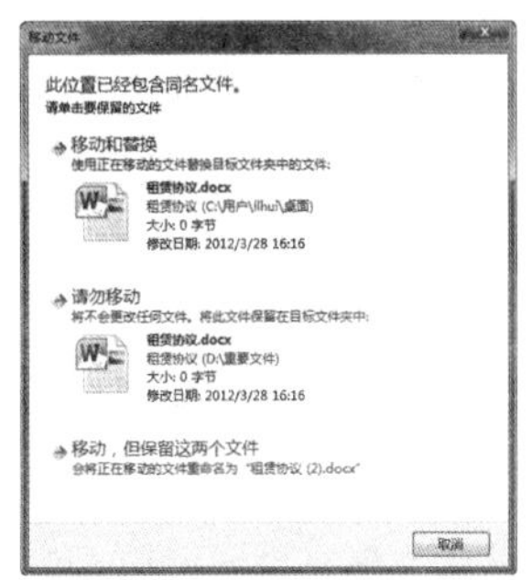

图 3-22　【移动文件】提示对话框

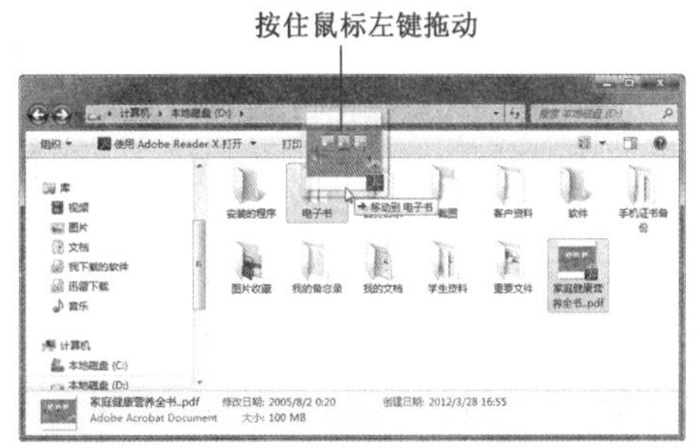

图 3-23　通过拖动移动文件或文件夹

要在不同的磁盘之间或文件夹之间执行拖动操作，可同时打开两个窗口，然后将文件从一个窗口拖动至另一个窗口。

实用技巧

将文件和文件夹在不同磁盘分区之间进行拖动时，Windows 的默认操作是复制。在同一分区中拖动时，Windows 的默认操作是移动。如果要在同一分区中从一个文件夹复制对象到另一个文件夹，必须在拖动时按住 Ctrl 键，否则将会移动文件。同样，若要在不同的磁盘分区之间移动文件，必须要在拖动的同时按下 Shift 键。

3.3.6　删除文件和文件夹

为了保持电脑中文件系统的整洁、有条理，同时也为了节省磁盘空间，用户经常需要删除一些已经没有用的或损坏的文件和文件夹。要删除文件或文件夹，可以执行下列操作之一。

- 用鼠标右击要删除的文件或文件夹(可以是选中的多个文件或文件夹)，然后在弹出的快捷菜单中选择【删除】命令。
- 在【Windows 资源管理器】中选中要删除的文件或文件夹，然后选择【组织】|【删除】命令。
- 选中想要删除的文件或文件夹，然后按键盘上的 Delete 键。
- 用鼠标将要删除的文件或文件夹直接拖动到桌面的【回收站】图标上。

按以上方式执行删除操作后，文件或文件夹并没有被彻底删除，而是放在了回收站中。若误删了某些文件或文件夹，可在回收站中将其恢复。若想彻底删除这些文件，可清空回收站。回收站清空后，这些文件将不可用一般的方法恢复。

3.4　查看文件和文件夹

通过 Windows 7 操作系统的资源管理器来查看电脑中的文件和文件夹，在查看的过程中可以更改文件和文件夹的显示方式与排列方式，以满足用户的不同需求。

3.4.1　设置显示方式

在【资源管理器】窗口中查看文件或文件夹时，系统提供了多种文件和文件夹的显示方式，

用户可单击工具栏中的图标，在弹出的快捷菜单中有 8 种显示方式可供选择，如图 3-24 所示。下面就以其中常用的几种进行简单介绍。

▽ 超大图标、大图标和中等图标：【超大图标】、【大图标】和【中等图标】这 3 种方式类似于 Windows XP 中的【缩略图】显示方式。它们将文件夹中所包含的图像文件显示在文件夹图标上，方便用户快速识别文件夹中的内容。这 3 种排列方式的区别只是图标大小的不同，如图 3-24 所示的为【大图标】显示方式。

▽ 小图标方式：【小图标】方式类似于 Windows XP 中的【图标】方式，以图标形式显示文件和文件夹，并在图标右侧显示文件或文件夹的名称，如图 3-25 所示。

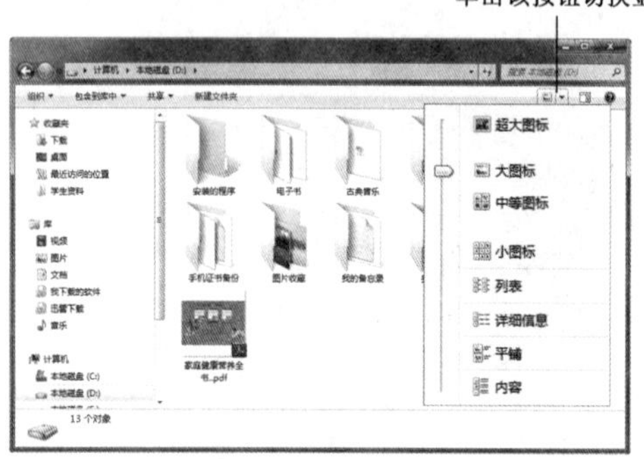

图 3-24 8 种方式显示文件

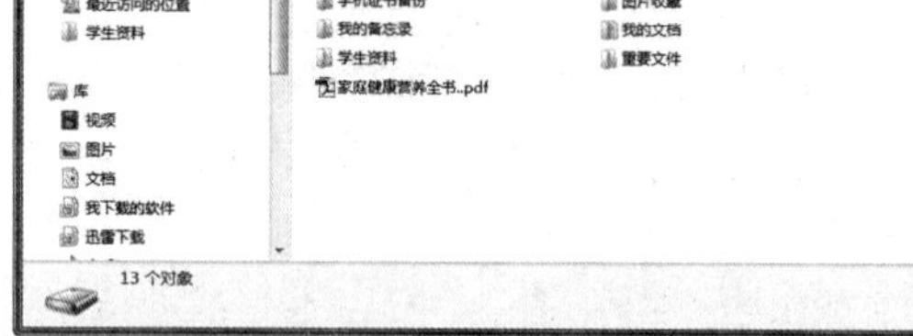

图 3-25 以小图标方式显示文件

▽ 列表方式：【列表】方式下，文件或文件夹以列表的方式显示，文件夹的顺序按纵向方式排列，文件或文件夹的名称显示在图标的右侧，如图 3-26 所示。

▽ 详细信息方式：【详细信息】方式下文件或文件夹整体以列表形式显示，除了显示文件图标和名称外，还显示文件的类型、修改日期等相关信息，如图 3-27 所示。

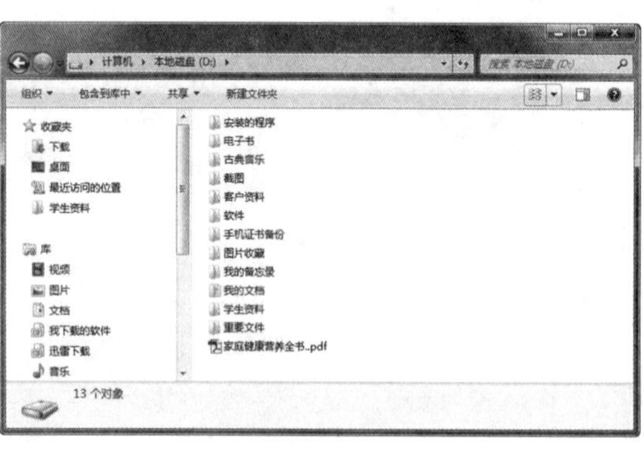

图 3-26 以列表方式显示文件

图 3-27 以详细信息方式显示文件

▽ 平铺方式：【平铺】方式类似于【中等图标】显示方式，只是比【中等图标】显示更多的文件信息。文件和文件夹的名称显示在图标的右侧，如图 3-28 所示。

▽ 内容方式：【内容】显示方式是【详细信息】显示方式的增强版，文件和文件夹将以缩略图的方式显示，如图 3-29 所示。

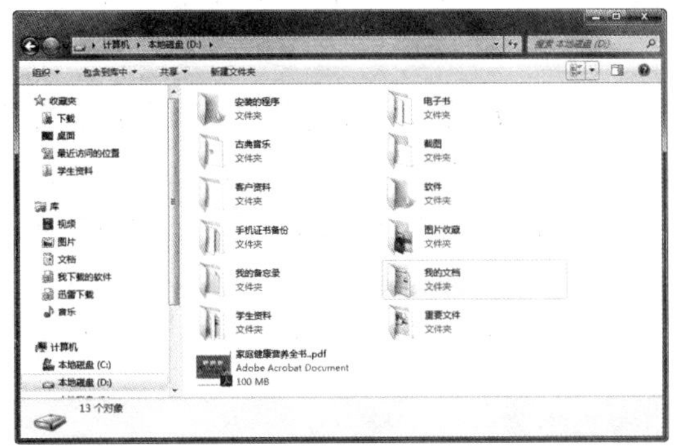

图 3-28　以平铺方式显示文件

图 3-29　以内容方式显示文件

3.4.2　文件和文件夹排序

在 Windows 中，用户可方便地对文件或文件夹进行排序，如按【名称】排序、按【修改日期】排序、按【类型】排序和按【大小】排序等。具体排序方法是在【资源管理器】窗口的空白处右击鼠标，在弹出的快捷菜单中，选择【排序方式】子菜单中的某个选项即可实现对文件和文件夹的排序。

【例 3-8】 将 D 盘中的文件和文件夹按照修改时间递增的方式进行排序。素材

STEP 01 按下 Win+E 组合键打开【计算机】窗口，然后双击【本地磁盘(D:)】图标，进入到 D 盘的根目录。

STEP 02 在窗口空白处右击鼠标，在弹出的快捷菜单中选择【排序方式】|【修改日期】选项。

STEP 03 按照同样的方法选择【排序方式】|【递增】命令，可将 D 盘中的文件和文件夹按照修改时间递增的方式进行排序，效果如图 3-30 所示。

在如图 3-30 所示的菜单中选择【排序方式】|【更多】命令，可以在打开的【选择详细信息】对话框中设置更多的排序方式，如图 3-31 所示。

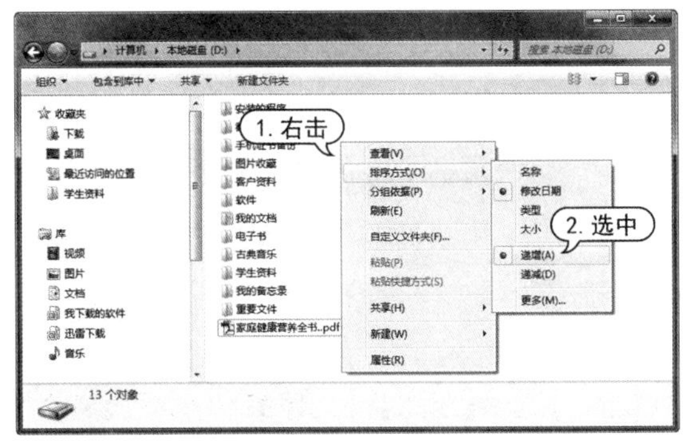

图 3-30　设置文件和文件夹的排序方式

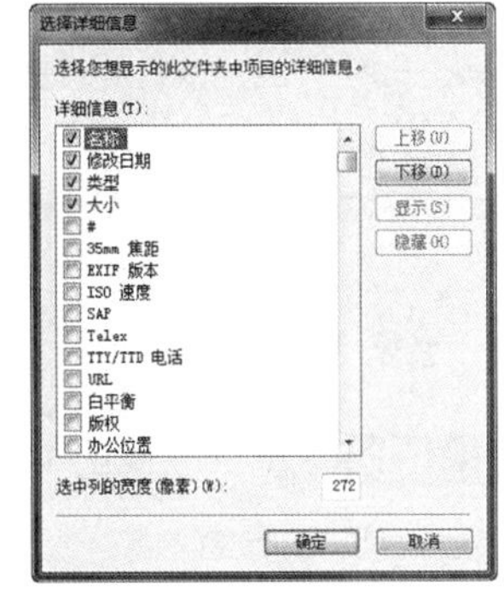

图 3-31　自定义排序方式

3.5　隐藏和显示文件和文件夹

对于电脑中比较重要的文件，例如系统文件、用户自己的密码文件或用户的个人资料等，

如果用户不想让别人看到和更改这些文件,可以将它们隐藏起来,等到需要时再显示它们。

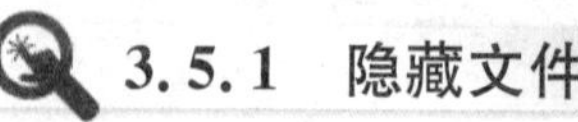

3.5.1 隐藏文件和文件夹

Windows 7 为文件和文件夹提供了两种属性:即只读和隐藏。它们的含义如下。

- 只读:用户只能对文件或文件夹的内容进行查看而不能进行修改。
- 隐藏:在默认设置下,设置为隐藏属性的文件或文件夹将不可见。

默认情况下,被设置为隐藏属性的文件或文件夹将不再显示在资源管理器窗口中,从一定程度上保护了这些文件资源的安全。

【例 3-9】 将 D 盘的【重要文件】文件夹设置为隐藏属性。 素材

STEP 01 按下 Win+E 组合键打开【计算机】窗口,然后双击【本地磁盘(D:)】图标,进入到 D 盘的根目录。

STEP 02 右击【重要文件】文件夹,在弹出的快捷菜单中选择【属性】命令,如图 3-32 所示。

STEP 03 在打开的【重要文件 属性】对话框的【常规】选项卡中,选中【隐藏】复选框,然后单击【确定】按钮。

STEP 04 在打开的【确认属性更改】对话框中,选中【将更改应用于此文件夹、子文件夹和文件】单选按钮,然后单击【确定】按钮,如图 3-33 所示。

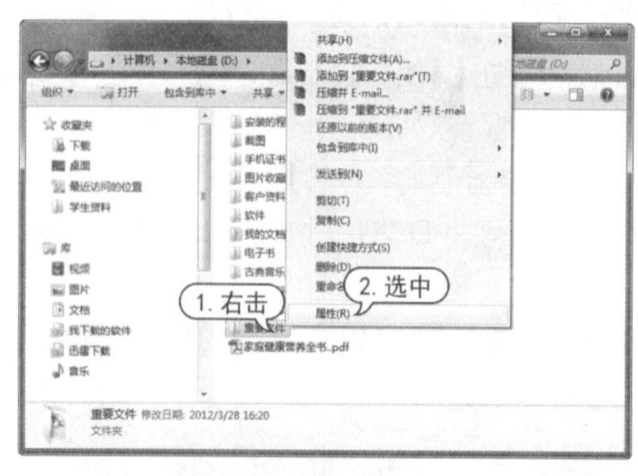

图 3-32 设置文件夹属性

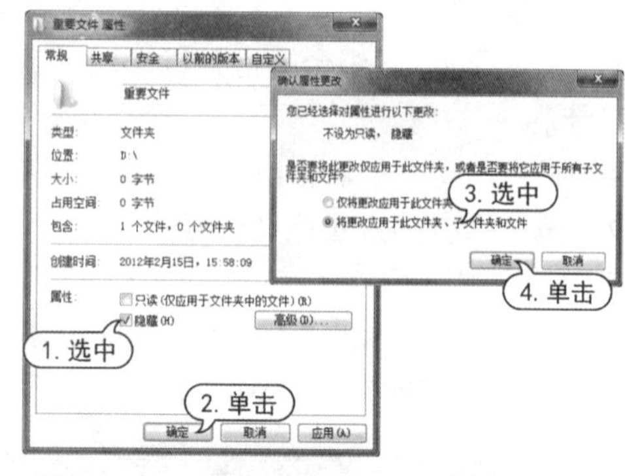

图 3-33 设置隐藏文件夹

3.5.2 显示隐藏的文件和文件夹

文件和文件夹被隐藏后,如果想再次访问它们,可以在 Windows 7 系统中开启查看隐藏文件功能。

【例 3-10】 显示隐藏的文件和文件夹。 素材

STEP 01 按下 Win+E 组合键打开【计算机】窗口,选择【组织】|【文件夹和搜索选项】命令,打开【文件夹选项】对话框。

STEP 02 切换至【查看】选项卡,在【高级设置】列表中选中【显示隐藏的文件、文件夹和驱动器】单选按钮。

STEP 03 单击【确定】按钮,完成显示隐藏文件和文件夹的设置,如图 3-34 所示。

STEP 04 双击打开【本地磁盘(D:)】窗口,此时用户即可看到被隐藏的文件或文件夹呈半透明状显示,如图 3-35 所示。

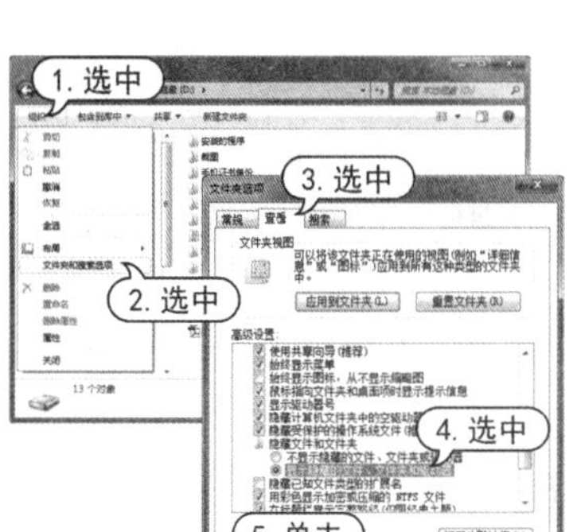

图 3-34　设置显示隐藏文件和文件夹

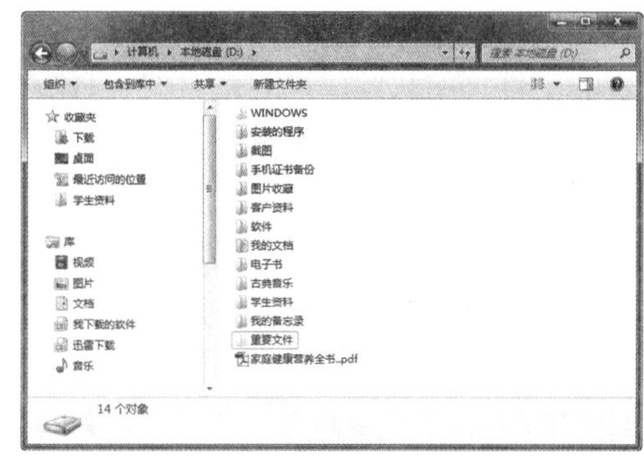

图 3-35　显示被隐藏的文件或文件夹

实用技巧

用户在【控制面板】窗口中单击【文件夹选项】图标，也可打开【文件夹选项】对话框。在该对话框中进行的设置，默认情况下将应用到所有文件和文件夹中。

3.6　文件和文件夹的高级设置

学会了文件和文件夹的基础操作后，用户还可以对文件和文件夹进行各种设置，以便于更好地管理文件和文件夹。这些设置包括改变文件或文件夹的外观、设置文件或文件夹的只读属性、加密文件和文件夹等。

3.6.1　设置文件和文件夹外观

文件和文件夹的图标外形都可以进行改变。由于文件是由各种应用程序生成，都有相应固定的程序图标，所以一般无需更改图标。文件夹图标系统默认下都很相似，用户如果想要将某个文件夹更加醒目特殊，可以更改其图标外形。

用鼠标右击某个文件夹，在弹出的快捷菜单中选择【属性】命令，打开该文件夹的【属性】对话框，选择其中的【自定义】选项卡，单击【文件夹图标】栏里的【更改图标】按钮，如图 3-36 所示，在打开的【更改图标】对话框内选择一张图片作为该文件夹图标，如图 3-37 所示，或者单击【浏览】按钮，在电脑硬盘里寻找一张图片作为该文件夹的图标。

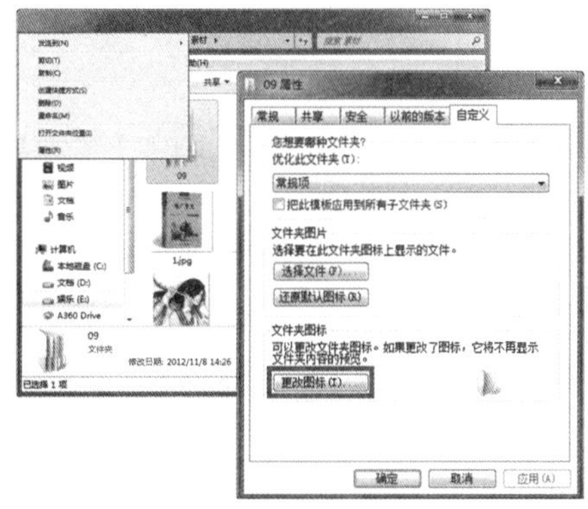

图 3-36　【自定义】选项卡

图 3-37　为文件夹更改图标

 3.6.2 更改文件和文件夹只读属性

文件和文件夹的只读属性表示:用户只能对文件或文件夹的内容进行查看访问而无法进行修改。一旦文件和文件夹被设置了只读属性,就可以防止用户误操作删除,损坏该文件或文件夹。

要设置文件和文件夹的只读属性,只需右击文件或文件夹,在弹出的快捷菜单中选择【属性】命令,打开【属性】对话框,在【常规】选项卡的【属性】栏中选中【只读】复选框,单击【确定】按钮,如图 3-38 所示。如果文件夹内有文件或子文件夹,还会打开【确认属性更改】对话框,选择【将更改应用于此文件夹、子文件夹和文件】单选按钮,如图 3-39 所示,然后单击【确定】按钮,返回【属性】对话框,单击【确定】按钮即可完成设置。

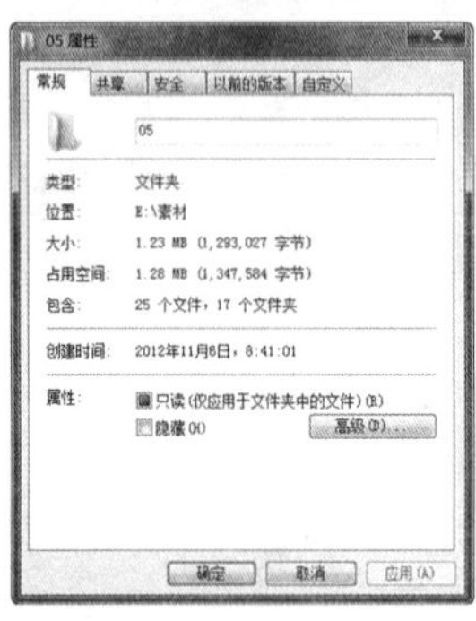

图 3-38 【常规】选项卡

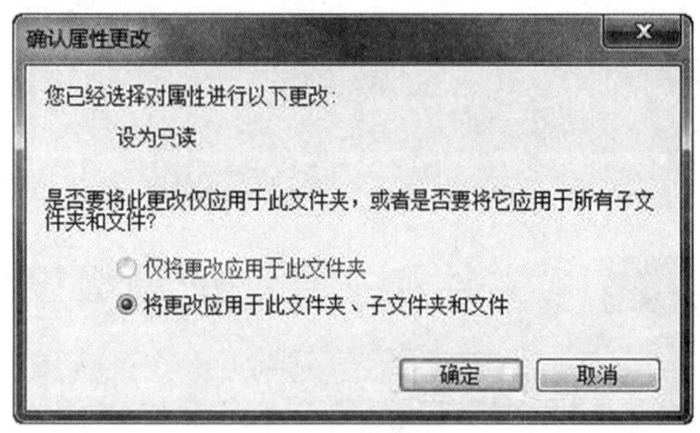

图 3-39 确认属性更改

如果用户想取消文件和文件夹的只读属性,步骤和设置只读属性一样,只是要取消图 3-38的【只读】复选框即可。

 3.6.3 加密文件和文件夹

加密文件和文件夹是将文件和文件夹加以保护,使得其他用户无法访问该文件或文件夹,保证文件和文件夹的安全性和保密性。

Windows 7 系统的文件和文件夹加密方式和以往 Windows 系统有所不同。它提供了一种基于 NTFS 文件系统的加密方式,称为 EFS(Encrypting File System,全称加密文件系统)。EFS 加密可以保证在系统启动以后,继续对用户数据进行保护。当一个用户采用 EFS 加密数据后,其他任何未授权的用户,甚至是管理员,都无法访问其数据。

【例 3-11】 利用 EFS 加密文件夹。素材

STEP 01 右击窗口中的文件夹,从弹出的快捷菜单中选择【属性】命令,打开【属性】对话框,单击【高级】按钮,打开【高级属性】对话框。

STEP 02 选中【加密内容以便保护数据】复选框,单击【确定】按钮,返回至【属性】对话框,如图 3-40所示。

STEP 03 单击【确定】按钮,打开【确认属性更改】对话框,选中【将更改应用于此文件、子文件夹和文件】单选按钮,并单击【确定】按钮,加密该文件夹下的所有内容,如图 3-41 所示。

加密后的文件或文件夹变为绿色,表明加密成功,该加密文件夹只能在该用户名下访问,其余用户无法查看和修改。

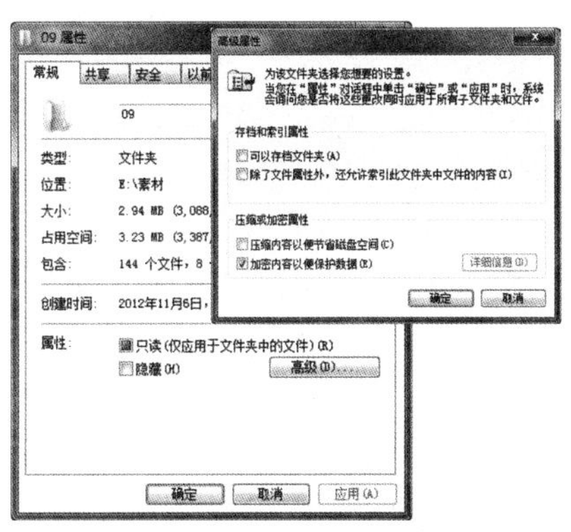

图 3-40 设置【高级属性】对话框

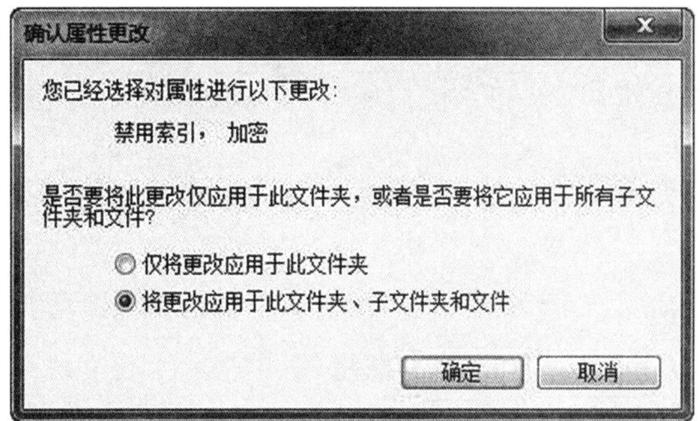

图 3-41 【确认属性更改】对话框

实用技巧

并不是所有的 Window 7 版本都支持 EFS 加密功能。目前，只有 Window 7 商业版、Window 7 企业版和 Window 7 旗舰版等 3 个版本拥有 EFS 加密功能。

3.6.4 共享文件和文件夹

现在家庭或办公生活环境里经常使用多台电脑，而多台电脑里的文件和文件夹可以通过局域网供多用户共同享用。用户只需将文件或文件夹设置为共享属性，其他用户即可查看、复制或者修改该文件或文件夹。

【例 3-12】 设置共享窗口中的文件夹。素材

STEP 01 右击窗口中的文件夹，从弹出的快捷菜单中选择【属性】命令，打开【属性】对话框，选择【共享】选项卡，单击【高级共享】按钮，如图 3-42 所示，打开【高级共享】对话框。

STEP 02 选中【共享此文件夹】复选框，设置【共享名】、【共享用户数量设置】、【注释】，然后单击【权限】按钮。

STEP 03 打开【权限】对话框，可以在【组或用户名】区域里看到组里成员，默认【Everyone】，即所有的用户。在【Everyone】的权限里，【完全控制】是指其他用户可以删除修改本机上共享文件夹里的文件；【更改】可以修改，不可以删除；【读取】只能浏览复制，不得修改。一般选择【读取】后的【允许】复选框，如图 3-43 所示。

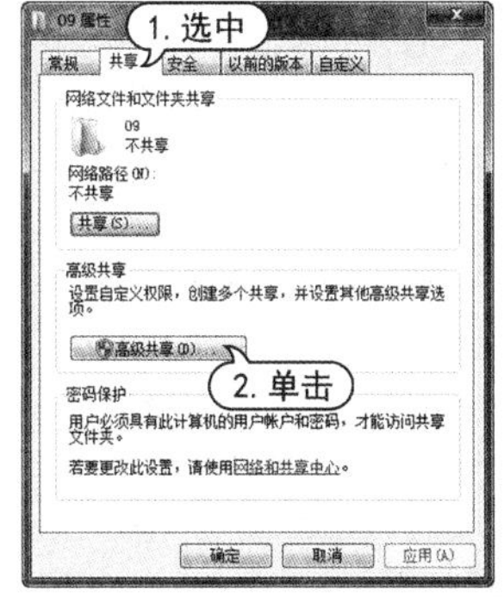

图 3-42 【共享】选项卡

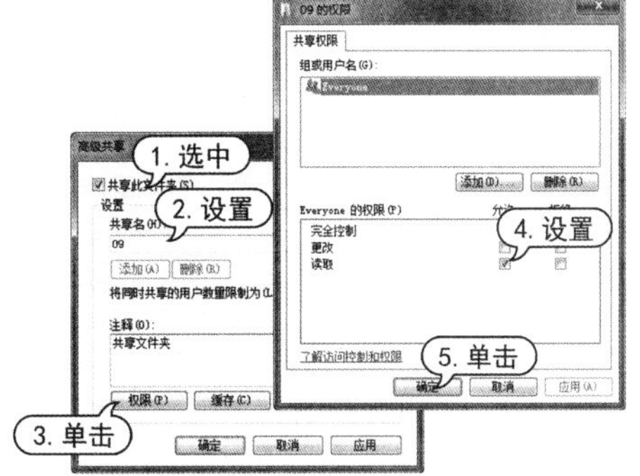

图 3-43 设置共享权限

STEP 04 最后单击【确定】按钮，文件夹即成为共享文件夹。

实用技巧

用户必须先允许来宾账户访问，方可让局域网内其他用户访问共享文件夹。

3.7 文件和文件夹的搜索功能

Windows 7 系统的搜索功能非常方便快捷，用户要搜索文件和文件夹很简单，只需在窗口或【开始】菜单中的搜索框里输入该文件或文件夹的名称或名称的部分内容关键字，系统会根据输入内容自动进行搜索，搜索完成会在窗口或【开始】菜单内显示搜索到的全部内容。

3.7.1 文件和文件夹的搜索方式

Windows 7 的搜索功能很强大，搜索的方式主要有两种，一种是使用【开始】菜单中的【搜索】文本框进行搜索，另一种是使用【计算机】窗口【搜索】文本框进行搜索，下面分别予以介绍。

1. 【开始】菜单中的搜索框

【开始】菜单中的搜索框位于菜单的最下方，它能够在全局范围内进行搜索。

【例 3-13】 从【开始】菜单里搜索【影视剧】文件夹。 素材

STEP 01 单击【开始】按钮，在弹出的【开始】菜单找到最底部的搜索框。

STEP 02 在框内输入“影视剧”，当输入完毕时搜索就已经开始，搜索结果很快就显现在【开始】菜单中，如图 3-44 所示

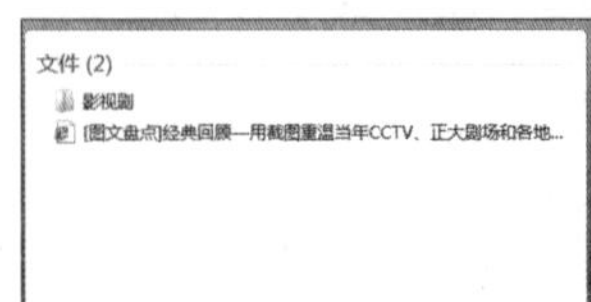

图 3-44　通过【开始】菜单搜索文件夹

STEP 03 单击【影视剧】文件夹，即可打开该文件夹窗口。

2. 【计算机】窗口中的搜索框

在【计算机】窗口右上角的搜索框内，可以输入查询的关键字，在输入关键字的同时系统开始自动搜索，而地址栏在搜索时显示为搜索进度条，如图 3-45 所示。

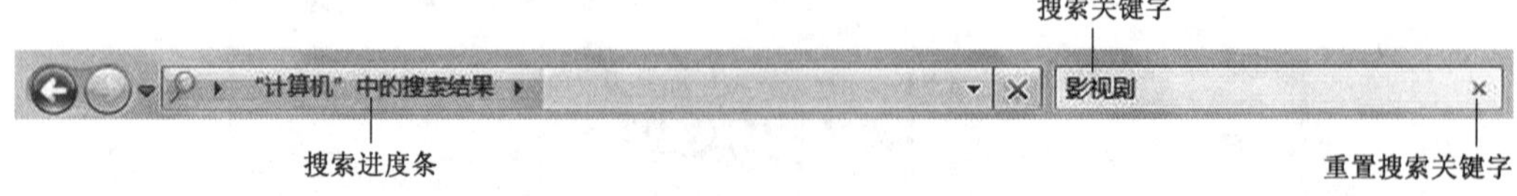

图 3-45　通过窗口搜索框搜索文件

窗口中的【搜索】文本框仅在当前目录中搜索，因此只有在根目录【计算机】窗口下搜索才会以整个计算机为搜索目标。如果想在某个特定的文件夹下搜索文件，应该先进入该文件夹目录，然后在搜索框中输入关键字即可。

 3.7.2　创建搜索文件夹

在用户使用【搜索】窗口搜索文件后，如果以后经常要用同样的搜索操作，则可以把该搜索操作保存下来，显示为一个文件夹。只要双击这个文件夹，就可以快捷查看搜索结果。

【例 3-14】　创建“图片”搜索文件夹。 素材

STEP 01 在窗口搜索框中搜索“图片”文件完毕后，在搜索结果的窗口中单击【保存搜索】按钮，如图 3-46 所示。

STEP 02 打开【另存为】对话框，单击【保存】按钮，即可创建“图片”搜索文件夹。

STEP 03 此时，在导航窗格中的【收藏夹】一栏内出现【图片】选项，单击它即可打开上次的搜索结果，如图 3-47 所示。

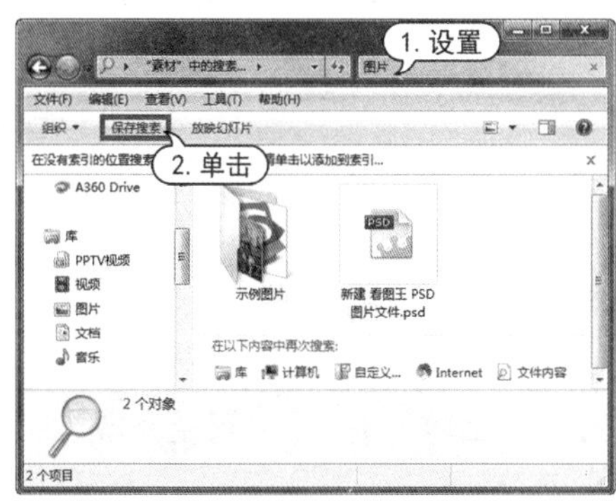

图 3-46　保存搜索

图 3-47　在【收藏夹】栏创建【图片】选项

3.8　使用回收站

回收站是 Windows 7 系统用来存储被删除文件的场所。在管理文件和文件夹过程中，系统将被删除的文件移动到回收站中，用户可以根据需要选择将回收站中的文件彻底删除或者恢复到原来的位置，这样可以保证数据的安全性和可恢复性，避免因误操作而带来的麻烦。

 3.8.1　利用回收站还原文件

从回收站中还原文件有两种方法：一种是右击准备还原的文件，在弹出的快捷菜单中选择【还原】命令，即可将该文件还原到被删除之前所在的位置；另一种是直接使用回收站窗口中的菜单命令还原文件。

【例 3-15】　将回收站中的文件还原。 素材

STEP 01 双击桌面上的【回收站】图标，打开【回收站】窗口，右击【回收站】中要还原的文件，在弹出的快捷菜单中选择【还原】命令，即可将该文件还原到删除前的位置，如图 3-48 所示。

STEP 02 在回收站窗口选中要还原的文件后，单击【还原此项目】按钮，也可将文件还原，如图

3-49所示。

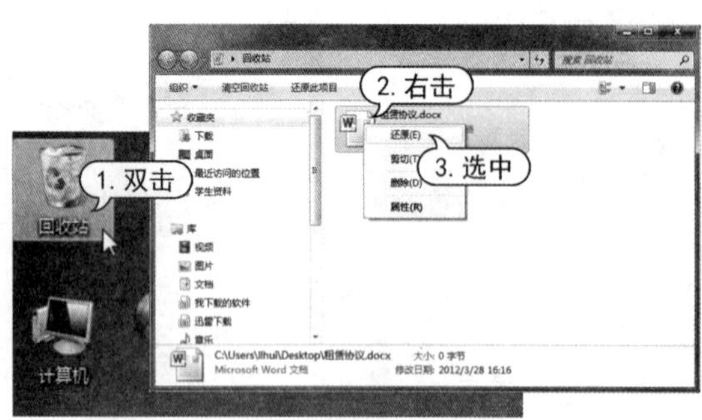

图 3-48　打开回收站还原被删除的文件

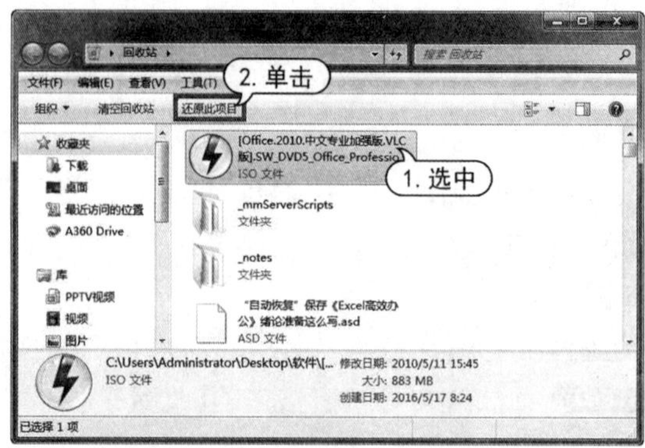

图 3-49　使用【还原此项目】选项

3.8.2　清除回收站

如果回收站中的文件太多，会占用大量的磁盘空间。这时可以将回收站清空，以释放磁盘空间(注意，回收站被清空后，其中的文件将被永久删除，无法还原)。

【例 3-16】　清空回收站中的所有文件。素材

STEP 01　右击桌面上的【回收站】图标，在弹出的快捷菜单中选择【清空回收站】命令。

STEP 02　另外，用户还可打开【回收站】，通过单击【清空回收站】按钮来清空回收站，如图 3-50 所示。

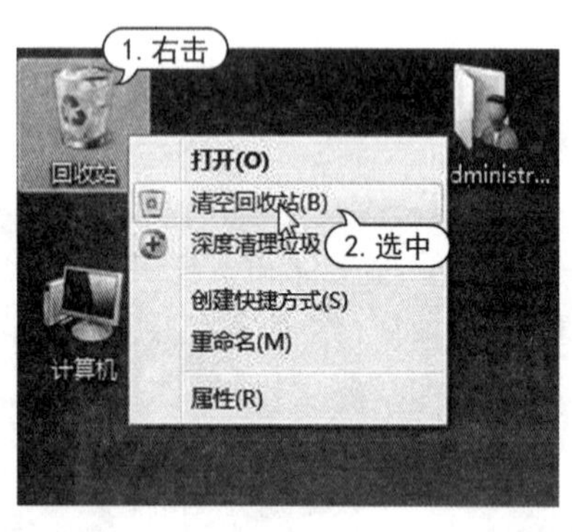

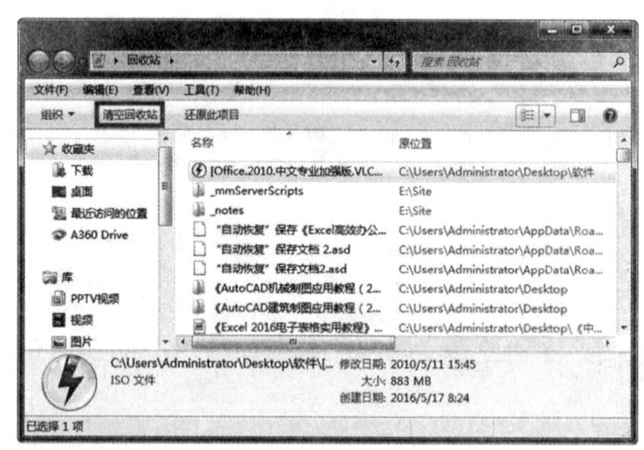

图 3-50　清空回收站内容的两种方法

STEP 03　在清空回收站时，系统会打开【删除多个项目】对话框，单击【是】按钮，即可执行回收站清空操作。

3.8.3　删除回收站中的文件

在回收站中，不仅可以清空所有的内容，还可以对某些文件做针对性的删除。

要删除特定文件，只需右击该文件，然后选择【删除】命令。此时，系统会打开【删除文件】对话框，单击【是】按钮即可。

3.9　案例演练

本章介绍了在 Windows 7 操作系统中如何管理文件和文件夹，主要包括【资源管理器】的介绍、文件和文件夹的基本操作等内容。本次上机练习通过几个具体实例来使读者进一步巩固本章所学的内容.

3.9.1　恢复资源管理器菜单栏

对于很多熟悉 Windows XP 操作系统的用户来说，系统中的很多文件夹操作都可以通过菜单完成，Windows 7 系统的资源管理器中默认不显示菜单栏，这使得操作很不方便。其实用户可通过以下方式来重新显示菜单栏。

【例 3-17】　在 Windows 7 的资源管理器中重新显示菜单栏。素材

STEP 01 打开资源管理器，然后选择【组织】|【布局】|【菜单栏】命令。

STEP 02 此时即可在资源管理器中重新显示菜单栏，如图 3-51 所示。

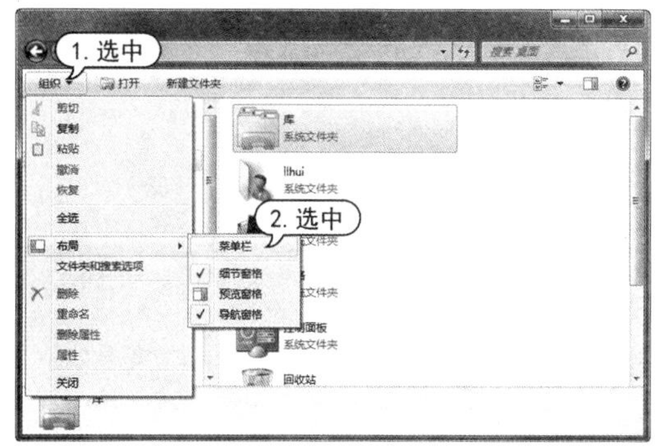

图 3-51　显示资源管理器中的菜单栏

3.9.2　使用 Windows 7 库功能

在 Windows 7 中新引入了一个库的概念，它具有强大的功能，运用它可以大大提高用户使用电脑的方便程度，它被称为是“Windows 资源管理器的革命”。

简单地讲，Windows 7 库可以将用户需要的文件和文件夹全部集中到一起，就像是网页收藏夹一样，只要单击库中的链接，就能快速打开添加到库中的文件夹(不管这些文件夹原来深藏在本地电脑或局域网当中的哪个位置)。另外，库中的链接会随着原始文件夹的变化而自动更新，并且可以以同名的形式存在于库中。

在默认情况下，Windows 7 系统取消了快速启动栏，【库】文件夹(也称为是【资源管理器】按钮)显示在任务栏左侧的位置。这样方便用户快速启动库。在各个文件夹或计算机窗口的左侧任务窗格中也可以快速启动库或库文件夹。另外，在保存文件的时候，也可以清楚看到保存到【库】的选项。可以说，在 Windows 7 中，库无处不在。

如果用户觉得系统默认提供的库目录还不够使用，还可以新建库目录，下面通过一个具体实例来介绍如何新建库。

【例 3-18】 在 Windows 7 操作系统中新建一个【素材】库。素材

STEP 01 单击任务栏中的【库】选项，打开【库】窗口，在空白处右击鼠标，在弹出的快捷菜单中选择【新建】|【库】命令。

STEP 02 此时，在【库】窗口中即可自动出现一个名为“新建库”的库图标，并且其名称处于可编辑状态，如图 3-52 所示。

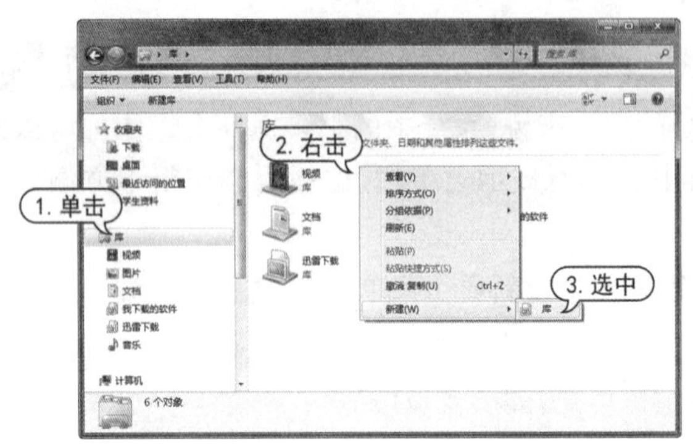

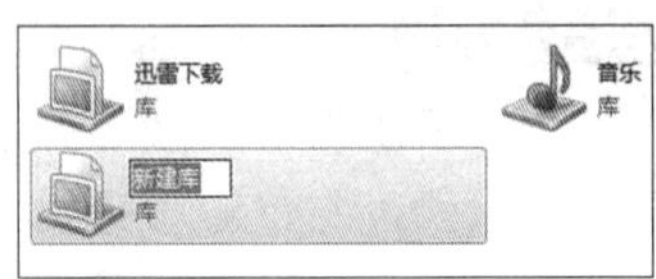

图 3-52 新建库

STEP 03 直接输入新库的名称“素材”，然后按下 Enter 键，即可新建一个库，此时在左侧的导航窗格中也会显示【素材】选项，如图 3-53 所示。

STEP 04 单击导航窗格中的【素材】选项，进入素材库，此时新建的库中并未包含任何文件夹，我们可单击【包括一个文件夹】按钮，如图 3-54 所示，打开【将文件夹包含在“素材”中】对话框。

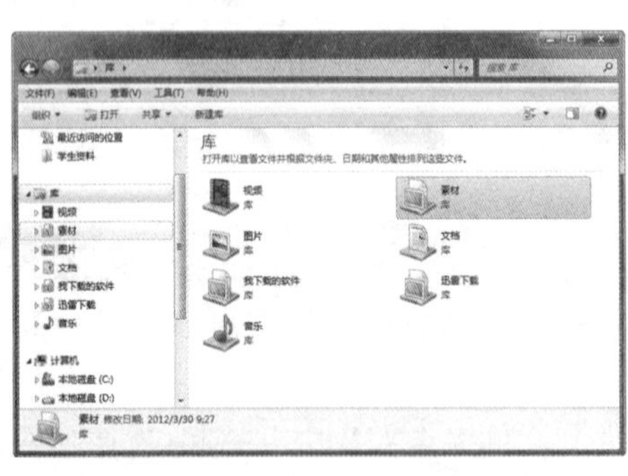

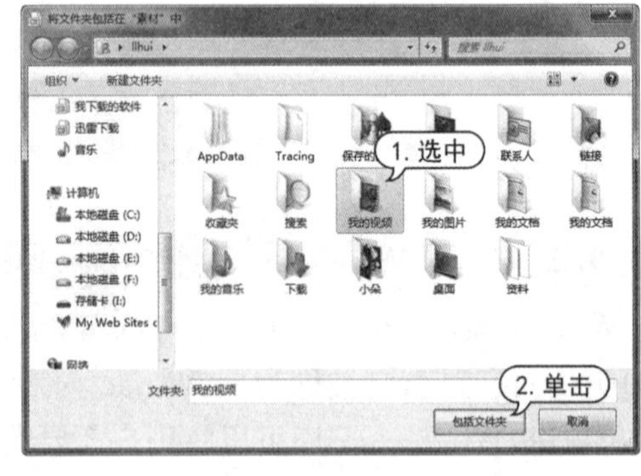

图 3-53 显示【素材】选项

图 3-54 打开【将文件夹包含在“素材”中】对话框

STEP 05 在对话框中选择一个想要包括的文件夹，例如本例选择【我的视频】文件夹，然后单击【包括文件夹】按钮。

STEP 06 此时【我的视频】文件夹被包括在【素材】库中，单击导航窗格中的【素材】选项，即可查看【我的视频】文件夹中的所有文件，如图 3-55 所示。

STEP 07 如果用户想在【素材】库中包括更多的文件夹，可在导航窗格中右击【素材】选项，选择【属性】命令，打开【素材 属性】对话框。

STEP 08 在【素材 属性】对话框中单击【包含文件夹】按钮，可在打开的对话框中继续设置所要包含的文件夹，如图 3-56 所示。

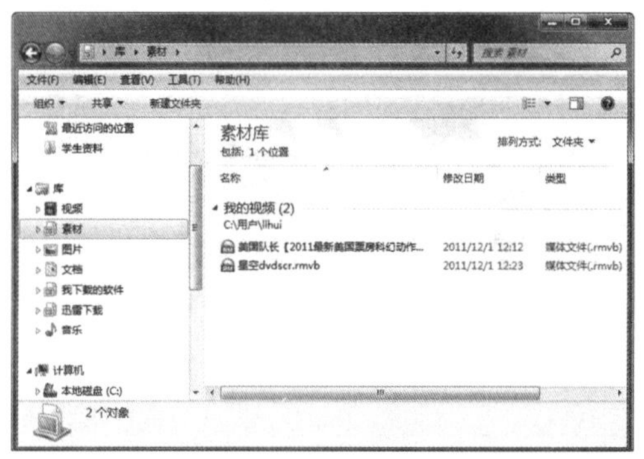

图 3-55 查看【我的视频】文件夹中的文件

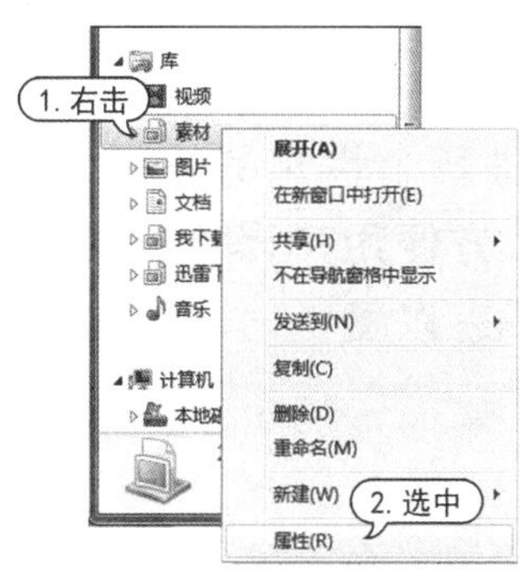

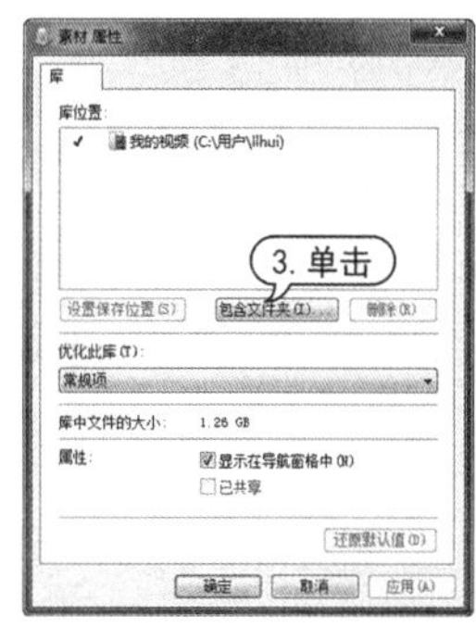

图 3-56 设置【素材 属性】对话框

3.9.3 快速查看文件路径

在 Windows 7 中，要查看文件的完整路径，可以参考下列步骤操作。

【例 3-19】 在 Windows 7 系统中查看文件的完整路径。素材

STEP 01 右击文件夹中的文件，在弹出的菜单中选择【属性】命令。

STEP 02 打开【属性】对话框，选择【常规】选项卡，在【位置】栏中即可查看文件在电脑中的完整路径，如图 3-57 所示。

STEP 03 选中【位置】栏中的路径，按下 Ctrl + C 组合键复制，然后打开任意一个窗口，将鼠标放置在地址栏中按下 Ctrl + V 组合键粘贴并按下 Enter 键，即可快速访问文件路径。

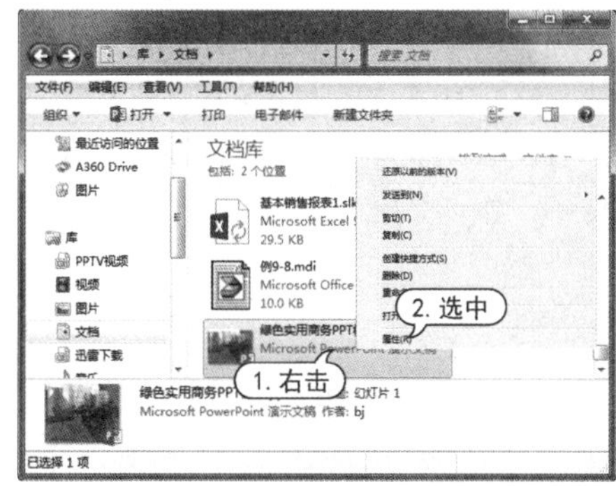

图 3-57 查看文件路径

轻松学电脑教程系列

第 4 章

Windows 7 个性化设置

Windows 7 操作系统允许用户对系统进行个性化的设置,例如设置主题、更改系统操作声音、设置用户账户等操作,方便用户操作和美化电脑的使用环境。除此之外,用户还可以将设置保存下来以便随时调用或共享给其他电脑。

对应的光盘视频

例 4-1　更改系统界面外观
例 4-2　设置系统声音
例 4-3　设置屏幕保护程序
例 4-4　设置显示分辨率
例 4-5　更换 Windows 7 主题
例 4-6　更改系统日期和时间
例 4-7　添加附加时钟
例 4-8　自动隐藏任务栏
例 4-9　在任务栏使用小图标
例 4-10　更改图标显示方式
例 4-11　自定义任务栏通知区域
例 4-12　更改鼠标指针形状
例 4-13　设置 Windows 7 电源计划
例 4-14　创建新用户账户
例 4-15　更改用户账户
例 4-16　删除用户账户
例 4-17　设置家长控制
例 4-18　自定义【开始】菜单
例 4-19　自定义程序快捷键
例 4-20　自定义 Windows 7 启动画面

4.1　设置外观和主题

桌面的外观元素和主题是用户个性化工作环境的最明显体现，用户可以根据自己的喜好和需求来改变桌面图标、桌面背景、系统声音、屏幕保护程序的设置，让 Windows 7 系统更加适合用户自己的习惯。

4.1.1　更改系统界面外观

在 Windows 7 系统里，用户可以自定义窗口、【开始】菜单以及任务栏的颜色和外观。Windows 7 提供了丰富的颜色类型，甚至可以采用半透明的效果。

【例 4-1】　改变 Windows 7 系统窗口的颜色和外观。素材

STEP 01　在桌面上右击鼠标，在弹出的快捷菜单中选择【个性化】命令，打开【个性化】窗口，单击窗口下方的【窗口颜色】图标，打开【窗口颜色和外观】窗口。

STEP 02　在【更改窗口边框、"开始"菜单和任务栏的颜色】选项栏里选择一种颜色，单击【保存修改】按钮，如图 4-1 所示，则窗口边框、"开始"菜单、任务栏颜色都会变成"叶"绿色。

STEP 03　单击窗口下方的【高级外观设置】选项，打开【窗口颜色和外观】窗口，在【项目】下拉菜单里选择【活动窗口标题栏】选项。

STEP 04　在【颜色 1】下拉菜单中选择【绿色】，在【颜色 2】下拉菜单中选择【蓝色】，如图 4-2 所示。

图 4-1　打开【窗口颜色和外观】窗口

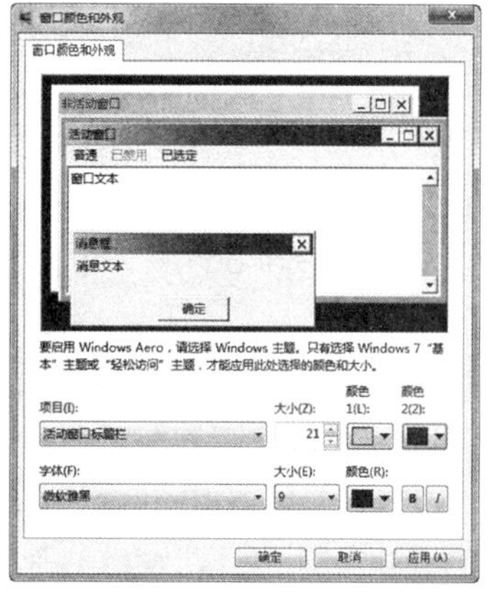

图 4-2　设置活动窗口标题栏

STEP 05　完成以上操作后，单击【确定】按钮即可。

实用技巧

在如图 4-2 所示的【窗口颜色和外观】对话框内，还可以设置任务栏、窗口内部、【开始】菜单等界面元素的颜色和字体。

4.1.2　设置系统声音

系统声音是在系统操作过程中发出的声音，比如启动系统的声音、关闭程序的声音、主题自带声音、操作错误系统提示音等。用户可以根据自己的喜好设置特别的声音，在【个性化】窗

口里快速设置系统声音。

【例 4-2】 **设置 Windows 7 设备连接的系统声音。** 素材

STEP 01 在桌面上右击鼠标，在弹出的菜单中选择【个性化】命令，打开【个性化】窗口。

STEP 02 单击窗口下方的【声音】超链接，进入【声音】对话框选中【声音】选项卡，如图 4-3 所示。

STEP 03 在【程序事件】列表里选择【关键性停止】选项，单击【浏览】按钮，打开【浏览新的设备连接】对话框，在里面选择一首乐曲，然后单击【打开】按钮，如图 4-4 所示，返回到【声音】对话框，最后单击【确定】按钮，即可完成【设备连接】声音的更改。

图 4-3 打开【声音】选项卡

图 4-4 设置设备连接的系统声音

4.1.3 设置屏幕保护

屏幕保护是指在一定时间内没有使用鼠标或键盘进行任何操作时自动在屏幕上显示的画面。设置屏幕保护程序可以对显示器起到保护作用，使显示器处于节能状态。

【例 4-3】 **在 Windows 7 中，使用【气泡】作为屏幕保护程序。** 素材

STEP 01 在桌面上右击鼠标，从弹出的快捷菜单中选择【个性化】命令，打开【个性化】窗口。

STEP 02 单击【个性化】窗口下方的【屏幕保护程序】图标，打开【屏幕保护程序设置】对话框。

STEP 03 在【屏幕保护程序设置】对话框中单击【屏幕保护程序】按钮，在弹出的下拉列表中选择【气泡】选项，在【等待】微调框中设置时间为 1 分钟，设置完成后单击【确定】按钮，如图 4-5 所示。

STEP 04 当屏幕静止时间超过设定的等待时间时（鼠标和键盘均没有任何动作），系统即可自动启动屏幕保护程序，如图 4-6 所示。

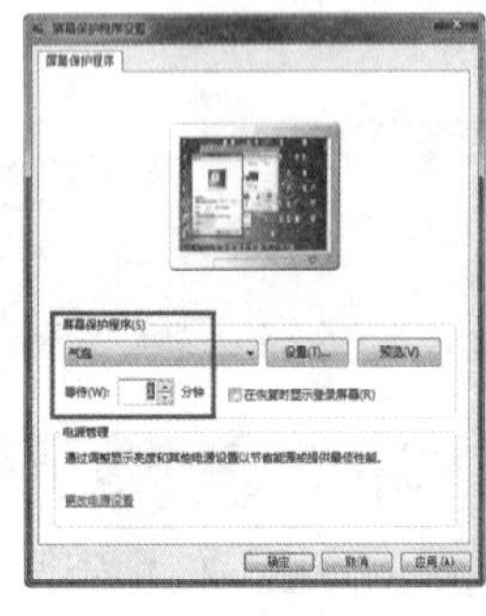

图 4-5 设置屏幕保护程序为“气泡”

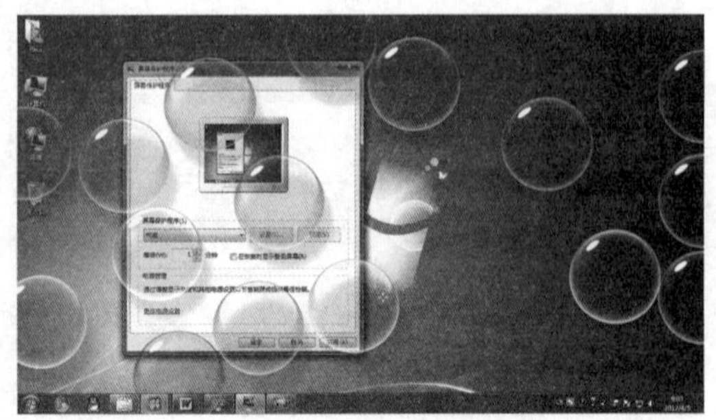

图 4-6 屏幕保护效果

 4.1.4　设置显示分辨率

显示器分辨率是指显示器所能显示的像素点的数量。显示器可显示的像素点数越多，画面就越清晰，屏幕区域内能够显示的信息也就越多。

【例 4-4】　设置屏幕的显示分辨率为 1360× 768。 素材

STEP 01　在桌面上右击鼠标，在弹出的快捷菜单中选择【个性化】命令，打开【个性化】窗口。

STEP 02　单击【个性化】窗口左边的【显示】，打开【显示】窗口。单击【显示】窗口左侧的【调整分辨率】，打开【屏幕分辨率】窗口，如图 4-7 所示。

STEP 03　点击【分辨率】下拉菜单中的滑块，调整至“1360×768”，单击【确定】按钮，完成屏幕分辨率的设置，如图 4-8 所示。

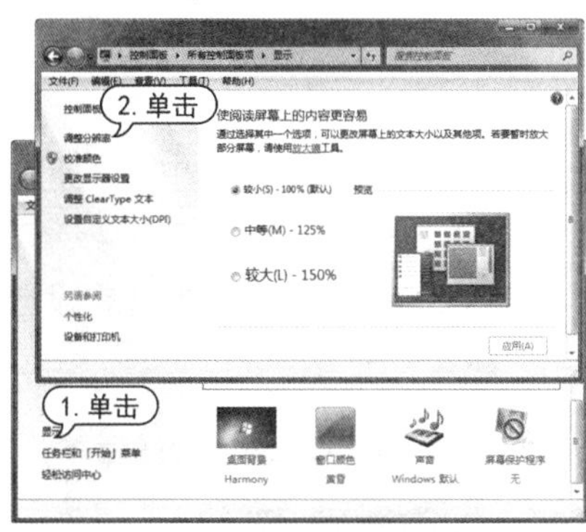

图 4-7　打开【屏幕分辨率】窗口

图 4-8　设置显示分辨率

 4.1.5　更换 Windows 7 主题

在 Windows 7 操作系统中，系统为用户提供了多种风格的桌面主题，可分为【Aero 主题】和【基本和高对比度主题】两大类。其中，Aero 主题可为用户提供高品质的视觉体验，它独有的 3D 渲染和半透明效果，可使桌面看起来更加美观流畅。

【例 4-5】　在 Windows 7 操作系统中使用【风景】风格的 Aero 主题。 素材

STEP 01　在桌面上右击，选择【个性化】命令，打开【个性化】窗口。在【Aero 主题】选项区域中单击一种主题，即可应用该主题，如图 4-9 所示。

STEP 02　此时在桌面上右击鼠标，在弹出的快捷菜单中选择【下一个背景】命令，即可更换该系列主题中的壁纸，如图 4-10 所示。

图 4-9　更改主题

图 4-10　主题效果

4.2 设置系统日期和时间

当启动计算机后,便可以通过任务栏的通知区域查看当前系统的时间。此外,还可以根据需要重新设置系统的日期和时间以及选择适合自己的时区。

4.2.1 更改系统日期和时间

默认情况下,系统日期和时间将显示在任务栏的通知区域,用户可根据实际情况更改系统的日期和时间。

【例 4-6】 将系统的时间更改为 2018 年 12 月 25 日 0:00:00。素材

STEP 01 单击任务栏最右侧的时间显示区域,打开日期和时间窗口,如图 4-11 所示,单击【更改日期和时间设置】链接。

STEP 02 在打开的【日期和时间】对话框中单击【更改日期和时间】按钮,打开【日期和时间设置】对话框。

STEP 03 在日期选项区域设置系统的日期为 2018 年 12 月 25 日,在时间文本框中设置时间为"0:00:00",如图 4-12 所示。

图 4-11 更改日期和时间设置

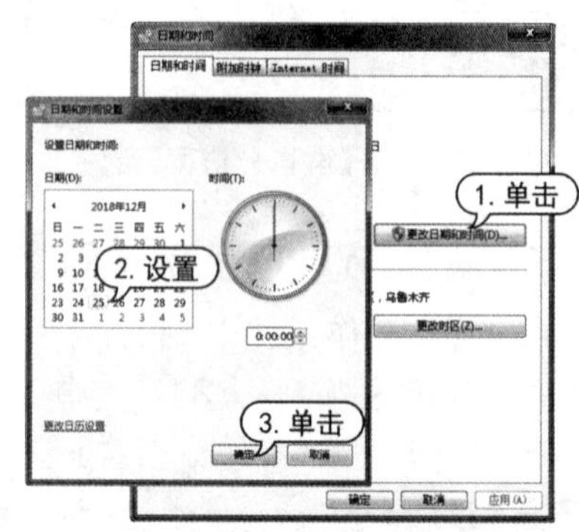

图 4-12 【日期和时间设置】对话框

STEP 04 设置完成后,单击【确定】按钮,返回【日期和时间】对话框,再次单击【确定】按钮,完成日期和时间的更改。

4.2.2 添加附加时钟

在 Windows 7 操作系统中可以设置多个时钟,设置了多个时钟后可以同时查看多个不同时区的时间。

【例 4-7】 在 Windows 7 中添加一个附加时钟。素材

STEP 01 单击任务栏最右侧的时间显示区域,打开日期和时间窗口。单击【更改日期和时间设置】链接,打开【日期和时间】对话框。

STEP 02 切换至【附加时钟】选项卡,选中【显示此时钟】复选框,然后在【选择时区】下拉菜单中选择一个时区,在【输入显示名称】文本框中输入时钟的名称。

STEP 03 使用同样的方法设置第二个时钟,如图 4-13 所示。

STEP 04 设置完成后，单击【确定】按钮关闭对话框。再单击任务栏右边的时间区域，在打开的时间窗口中可看到同时显示的 3 个时钟，其中最大的一个显示的是本地时间，另外两个是刚刚添加的附加时钟，如图 4-14 所示。

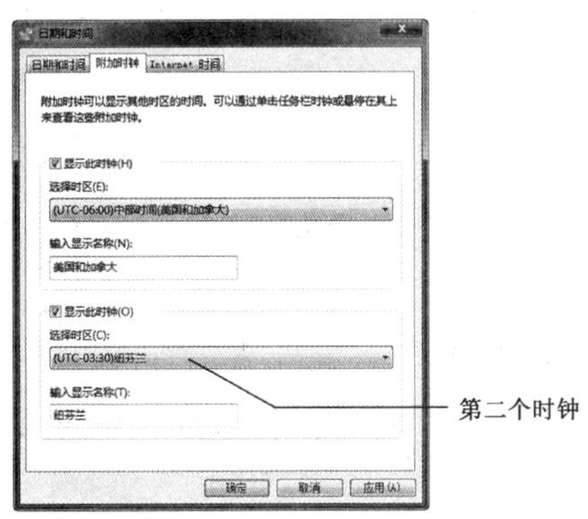

图 4-13 设置第二个时钟

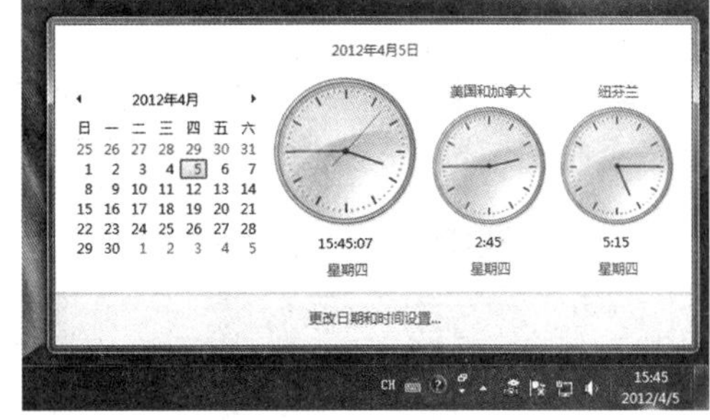

图 4-14 附加时钟效果

4.2.3 设置时间同步

在 Windows 7 操作系统中可将系统的时间和 Internet 的时间同步。方法是在【日期和时间】对话框中切换至【Internet 时间】选项卡，然后单击【更改设置】按钮。在打开的【Internet 时间设置】对话框中，选中【与 Internet 时间服务器同步】复选框，然后单击【立即更新】按钮即可，如图 4-15 所示。

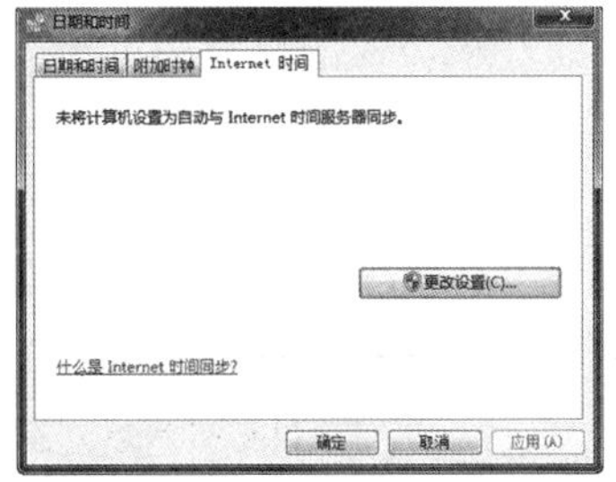

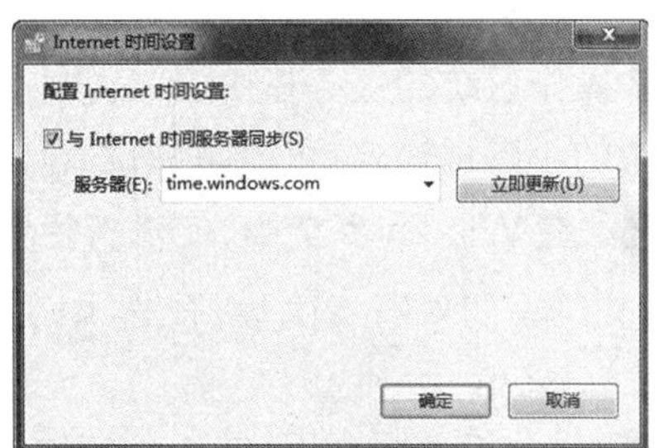

图 4-15 设置时间与 Internet 时间服务器同步

通过设置可以使计算机时钟与 Internet 时间服务器同步。这意味着可以更新计算机上的时钟，以便与时间服务器上的时钟匹配。时钟通常每周更新一次，如果要进行同步，必须将计算机连接到 Internet。

4.3 设置桌面任务栏

任务栏就是位于桌面下方的小长条。作为 Windows 系统的超级助手，用户可以对任务栏进行个性化的设置，使其更加符合用户的使用习惯。

4.3.1 自动隐藏任务栏

如果用户打开的窗口过大，窗口的下方将被任务栏覆盖，因此需要将任务栏隐藏，这样可以给桌面提供更多的视觉空间。

【例 4-8】 在 Windows 7 中将任务栏设置为自动隐藏。素材

STEP 01 在任务栏的空白处右击鼠标，在弹出的快捷菜单中选择【属性】命令，打开【任务栏和「开始」菜单属性】对话框。

STEP 02 在【任务栏】选项卡中选中【自动隐藏任务栏】复选框，然后单击【确定】按钮完成设置，如图 4-16 左图所示。

STEP 03 此时任务栏即可自动隐藏，如图 4-16 右图所示。若要显示任务栏，只需将鼠标指针移动至原任务栏的位置，任务栏即可自动显示出来。当鼠标指针离开时，任务栏会重新隐藏。

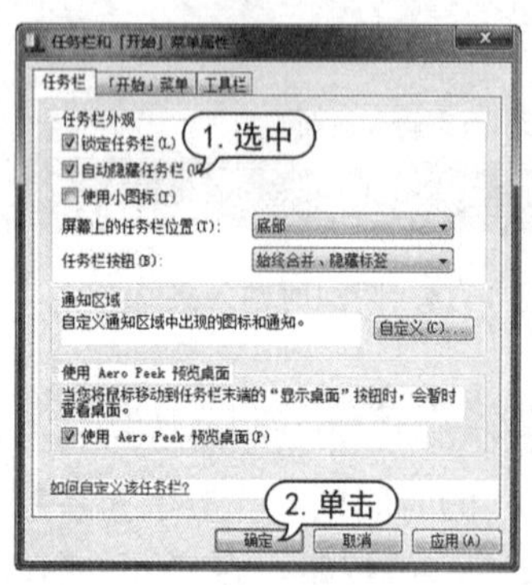

图 4-16 设置鼠标离开任务栏时自动隐藏

4.3.2 在任务栏中使用小图标

Windows 7 操作系统的任务栏中，默认设置时显示的都是大图标，如果用户习惯了 Windows XP 系统中的小图标模式，可以重新设置任务栏，使其显示小图标。

【例 4-9】 在 Windows 7 中，使任务栏重新显示小图标。素材

STEP 01 在任务栏的空白处右击鼠标，在弹出的快捷菜单中选择【属性】命令，打开【任务栏和「开始」菜单属性】对话框。

STEP 02 在【任务栏】选项卡中选中【使用小图标】复选框，然后单击【确定】按钮完成设置，如图 4-17 所示。

STEP 03 此时任务栏中将重新显示小图标，如图 4-18 所示。

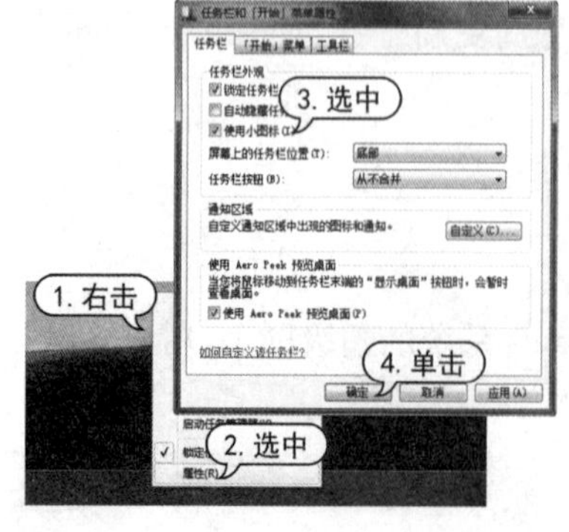

图 4-17 设置在任务栏使用小图标

图 4-18 显示小图标的任务栏效果

4.3.3　调整任务栏位置

任务栏的位置并非只能在桌面的最下方，用户可根据喜好将任务栏摆放到桌面的上方、左侧或右侧。

要调整任务栏的位置，应先鼠标右击任务栏的空白处，在弹出的快捷菜单中取消选中【锁定任务栏】选项，如图 4-19 所示。

取消锁定任务栏后，就可以将任务栏任意摆放了。例如，要将任务栏摆放在桌面的左侧，可将鼠标指针移至任务栏的空白处，按住鼠标左键不放并拖动鼠标至桌面的左侧，即可将任务栏放置在桌面的左侧，如图 4-20 所示。

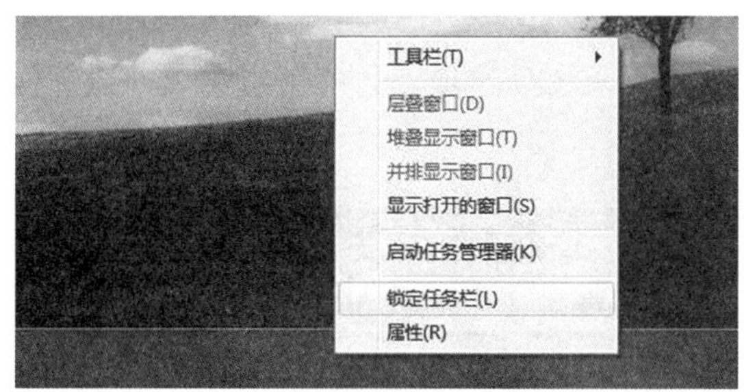

图 4-19　取消锁定任务栏

图 4-20　调整任务栏在桌面上的位置

4.3.4　更改图标显示方式

Windows 7 任务栏中的应用程序图标会默认合并。如果用户觉得这种方式不符合自己的使用习惯，可通过设置来更改任务栏中应用程序图标的显示方式。

【例 4-10】　使 Windows 7 任务栏中的应用程序图标不再自动合并。素材

STEP 01　在任务栏的空白处右击鼠标，在弹出的快捷菜单中选择【属性】命令，打开【任务栏和「开始」菜单属性】对话框。

STEP 02　在【任务栏】选项卡的【任务栏按钮】下拉菜单中选择【从不合并】选项，然后单击【确定】按钮完成设置，如图 4-21 所示。

STEP 03　此时，任务栏中相似的应用程序图标将不再自动合并，如图 4-22 所示。

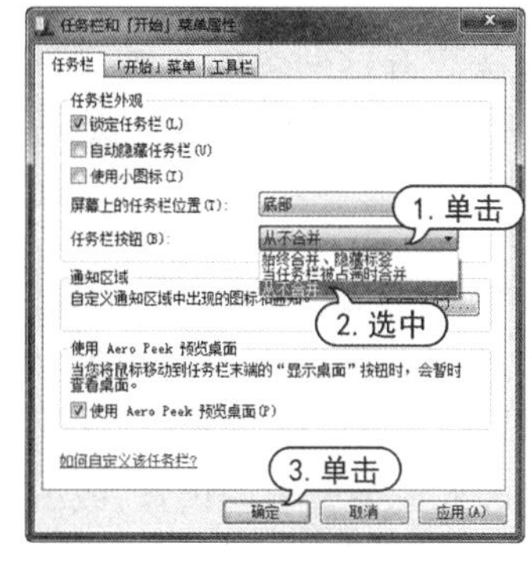

图 4-21　设置图标不合并

图 4-22　取消合并后的任务栏显示效果

轻松学电脑教程系列

4.3.5 自定义任务栏通知区域

任务栏的通知区域显示的是电脑中当前运行的某些程序的图标，例如QQ、迅雷、瑞星杀毒软件等。

如果打开的程序过多，通知区域会显得杂乱无章。Windows 7操作系统为通知区域设置了一个小面板，程序的图标都存放在这个小面板中，这为任务栏节省了大量的空间。另外，用户还可自定义任务栏通知区域中图标的显示方式，方便操作。

【例4-11】 自定义通知区域中图标的显示方式。素材

STEP 01 单击通知区域的【显示隐藏的图标】按钮，打开通知区域面板。单击【自定义】链接，打开【通知区域图标】窗口。

STEP 02 如果想要在通知区域重新显示QQ图标，可在QQ选项后方的下拉菜单中选择【显示图标和通知】选项即可，如图4-23所示。

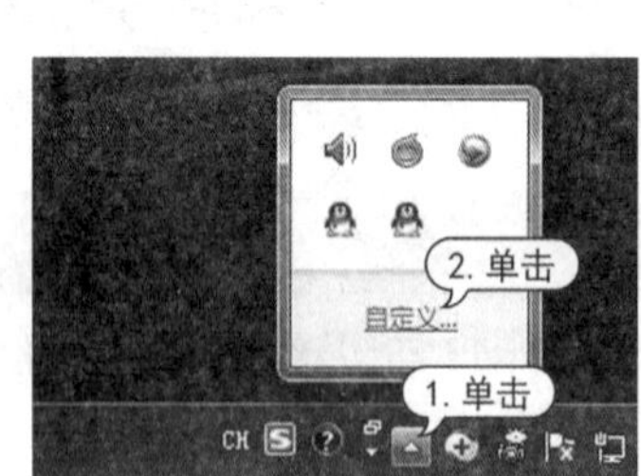

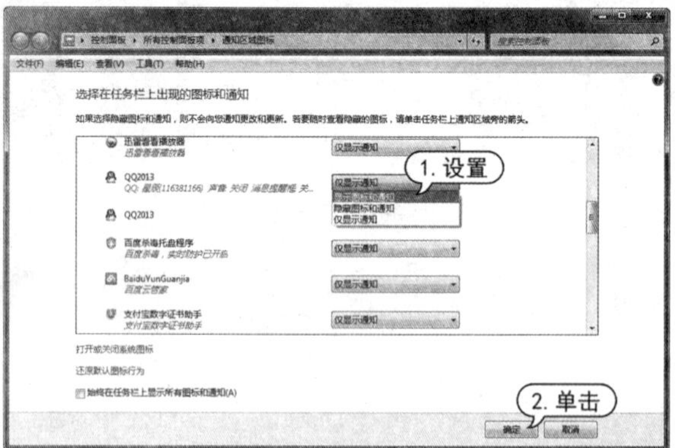

图4-23 自定义通知区域中图标的显示方式

STEP 03 设置完成后，通知区域中将重新显示QQ图标。另外，若想重新隐藏QQ图标，直接将QQ图标拖动至通知区域面板中即可。

4.4 设置鼠标和键盘

鼠标和键盘是电脑最常用的输入工具，电脑操作是无法离开这两者的。鼠标和键盘的默认设置无法满足用户的需求时，可以通过对鼠标和键盘进行个性化的设置，使其更适合用户习惯，操作更加顺畅无阻。

4.4.1 设置鼠标

启动电脑后即可使用鼠标，用户可以更改鼠标的某些功能和鼠标指针的外观。例如更改鼠标上按键的功能、调整单击的速度、更改鼠标指针的样式等。用户可以通过右键鼠标，在快捷菜单中选择【个性化】命令，点击【更改鼠标】超链接可以进入鼠标属性的设置；或者通过控制面板里的【鼠标】图标也可以进入鼠标属性的设置。

1. 更改鼠标指针形状

在默认情况下，Windows 7操作系统中的鼠标指针的外形为形状。此外，系统也自带了

很多鼠标形状，用户可以根据自己的喜好来更改鼠标指针外形。

【例 4-12】　更改 Windows 7 系统中鼠标指针的形状。素材

STEP 01 在桌面上右击鼠标，在弹出的快捷菜单中选择【个性化】令，打开【个性化】窗口。

STEP 02 单击窗口左边的【更改鼠标指针】超链接，打开【鼠标属性】对话框，进入【指针】选项卡，如图 4-24 所示。

STEP 03 在【方案】下拉列表框内选择【Windows Aero(特大)(系统方案)】，鼠标即变为特大鼠标样式。

STEP 04 在【自定义】列表中选中【正常选择】选项，然后单击【浏览】按钮，打开【浏览】对话框，在该对话框中选择笔样式，如图 4-25 所示。

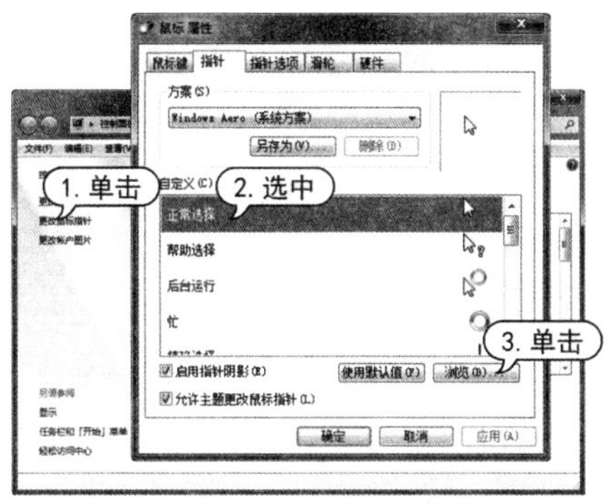

图 4-24　打开【鼠标属性】对话框

图 4-25　【浏览】对话框

STEP 05 单击【打开】按钮，返回至【鼠标属性】对话框，再按【确定】按钮，则鼠标样式改变成笔，形状也变得更大。

2. 更改鼠标按键属性

在现实生活中，有些用户是左撇子，习惯用左手使用鼠标。这时用户可以根据自己的需求将鼠标的左键和右键功能互换。此外，还可以调整鼠标双击速度和单击锁定。

用户在【鼠标属性】对话框内切换至【鼠标键】选项卡，如图 4-26 所示，其中的选项作用如下。

- 鼠标键配置：选中【切换主要和次要的按钮】复选框，即可将鼠标的左右键功能互换。
- 双击速度：在【速度】滑块上用鼠标左右拖动，可以调整鼠标双击的速度。
- 单击锁定：选中该单选按钮，可以锁定单击按钮。启用【单击锁定】功能后，单击鼠标即进入锁定状态，不必一直按着鼠标左键即可执行例如拖拽、高亮显示等操作。

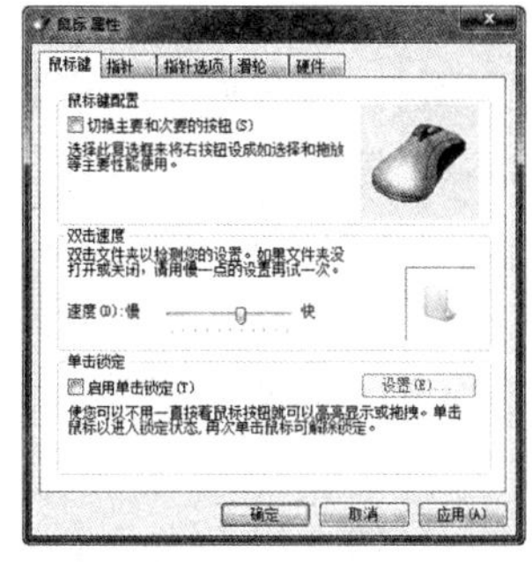

图 4-26　【鼠标键】选项卡

图 4-27　【指针选项】选项卡

3. 更改鼠标灵敏度

鼠标的灵敏度是用户移动鼠标时，显示器上鼠标指针的移动速度。要设置鼠标的灵敏度，用户只需要在【鼠标属性】对话框中切换至【指针选项】选项卡，在【移动】区域里拖动滑块进行快慢设置即可。此外用户还可以在【可见性】区域里设置鼠标踪迹的可见性和踪迹的长短等属性，如图 4-27 所示。

4.4.2 设置键盘

Windows 7 系统中的设置键盘主要是调整键盘的字符重复和光标的闪烁速度，用户可以单击【开始】按钮，选择【控制面板】命令，打开【控制面板】窗口，单击【键盘】图标，进入【键盘属性】对话框，如图 4-28 所示。

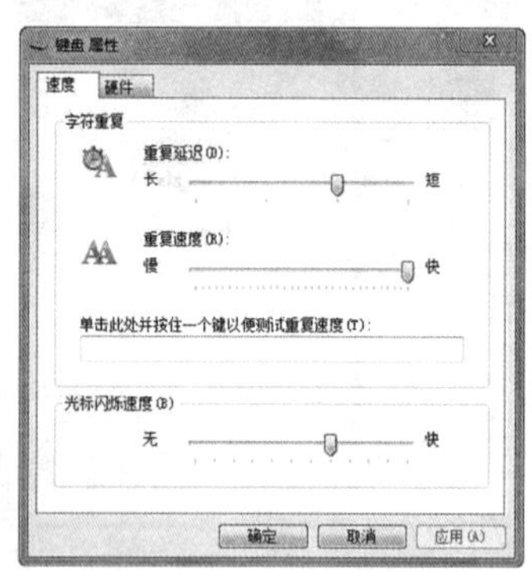

图 4-28　打开【键盘属性】对话框

在【键盘属性】对话框的【速度】选项卡中主要设置项有：

- 拖动【重复延迟】滑块，可以更改键盘重复输入一个字符的延迟时间。
- 拖动【重复速度】滑块，可以改变重复输入字符的速度。
- 拖动【光标闪烁速度】滑块，可以改变文本编辑时文本插入点光标的闪烁速度。

4.5 设置区域和语言

Windows 7 系统里除了有默认的英文和中文语言，还可以安装其他语言，如日语、韩语、俄语、法语等，这就需要利用控制面板中的【区域和语言】。例如创建文档时，可以选择使用某种语言，然后系统会为该语言设置字符，这样就可以输入其他语言了。

打开【控制面板】窗口，单击里面的【区域和语言】图标，打开【区域和语言】对话框。切换至【键盘和语言】选项卡，在【显示语言】栏里单击【安装/卸载语言】按钮，可以选择上网【安装显示语言】，如图 4-29 所示。

在【键盘和语言】选项卡里单击【更改键盘】按钮，进入【文本服务和输入语言】对话框。单击【添加】按钮，进入【添加输入语言】对话框，选中要添加的键盘布局或输入语言，再单击【确定】按钮，完成语言添加，如图 4-30 所示。

在【区域和语言】对话框中切换至【格式】选项卡，用户可以在里面设置电脑日期、时间的显示格式，单击【其他设置】按钮，可以对数字、货币等格式进行设置，如图 4-31 所示。

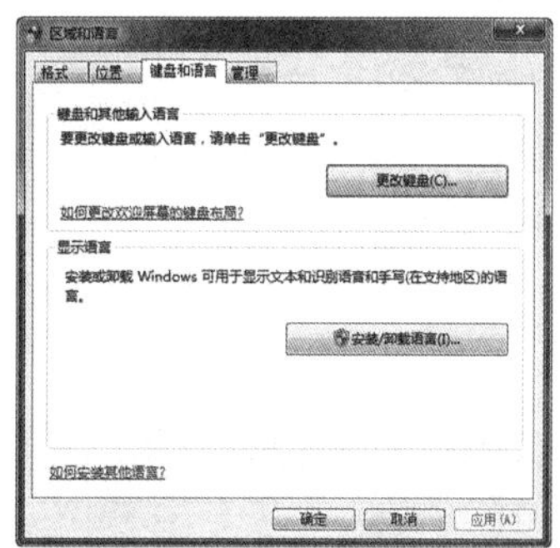

图 4-29　设置【区域和语言】

图 4-30　添加输入语言

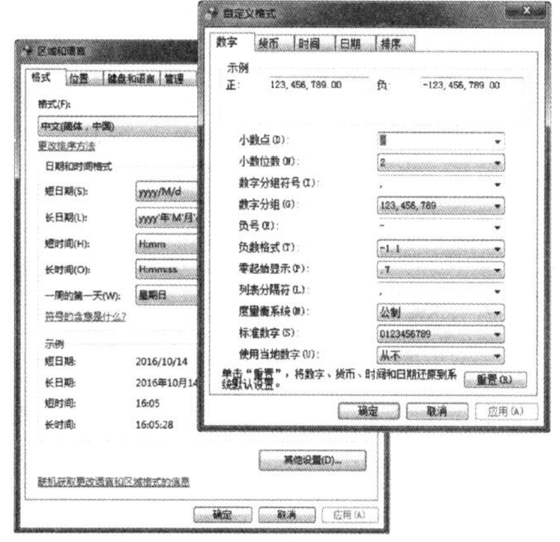

图 4-31　时间、数字、货币的格式设置

轻松学电脑教程系列

4.6　设置电源管理

如今的社会提倡节能减排，如何消耗更少的能源来完成更多的工作，是个需要关心的问题。电脑也不例外，再加上现在笔记本电脑的普及也使得用户对电池续航时间提出来了新要求，要避免无谓的电力消耗，可以通过 Windows 7 系统里的电源管理来实现。

利用电源设置，用户可以减少电脑的功耗，延长显示器和硬盘的寿命，还可以防止在用户离开时电脑被其他人使用，保护用户的隐私。

4.6.1　设置电源计划

在 Windows 7 中是通过不同的电源计划决定硬件的能耗和性能，能耗越高，硬件性能越好，Windows 7 自带了 3 个电源计划："高性能"、"平衡"、"节能"，按此顺序这 3 个计划的能耗和性能是递减的。用户可以按照自己的实际需求来选择不同的内置电源计划。

【例 4-13】　更改 Windows 7 电源计划。素材

STEP 01 打开【控制面板】窗口，单击其中的【电源选项】图标，如图 4-32 所示，打开【电源选项】窗口，在【首选计划】选项栏里选中【平衡】单选框，然后单击旁边的【更改计划设置】超链接，打

开【编辑计划设置】窗口。

STEP 02 在【关闭显示器】下拉列表中，可以调整关闭显示器的等待时间；在【使计算机进入睡眠状态】下拉列表里，可以调整电脑进入睡眠状态的等待时间，此例我们分别设为【10 分钟】和【1 小时】，单击【保存修改】按钮，如图 4-33 所示。

图 4-32 【控制面板】窗口

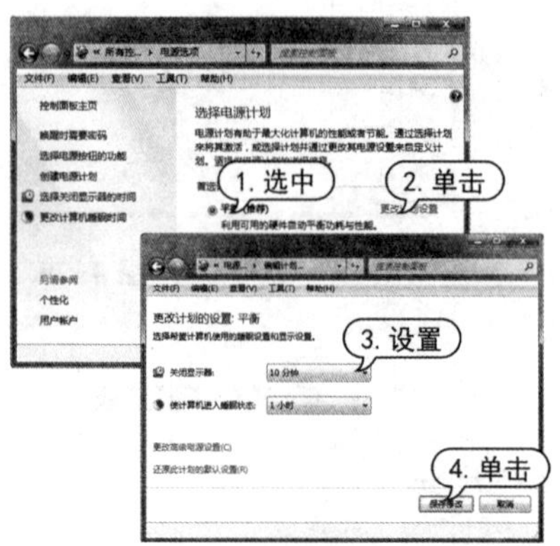

图 4-33 在【编辑计划设置】窗口设置

4.6.2 设置电源按钮

Windows 7 系统在默认设置下，开启后的台式机的电源按钮为关机操作，可以在电源设置里将之调整为睡眠状态。在【电源选项】窗口里单击【选择电源按钮的功能】超链接，打开【系统设置】窗口。在该窗口中的【电源按钮设置】选项区域里可以修改【按电源按钮时】的设置。设置完成后单击【保存修改】按钮即可，如图 4-34 所示。

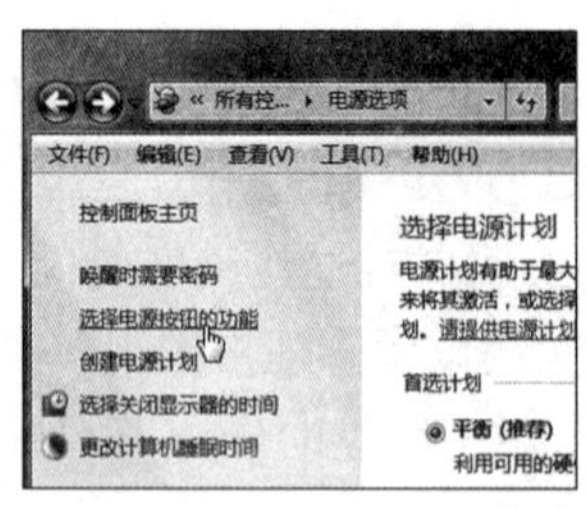

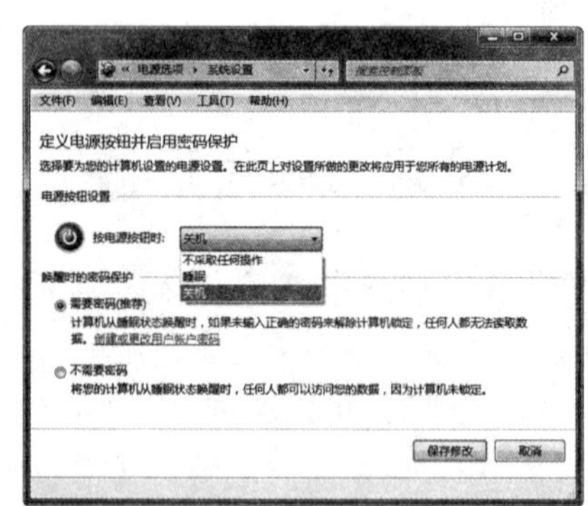

图 4-34 设置电源按钮的功能

4.7 设置用户账户

Windows 7 是一个多用户、多任务的操作系统，它允许每个使用电脑的用户建立自己的专用工作环境。每个用户都可以为自己建立一个用户账户并设置密码，只有在正确输入用户名和密码之后，才可以进入到系统中。每个账户登录之后都可以对系统进行自定义设置，其中一些隐私信息也必须登录才能看见，这样使用同一台电脑的每个用户都不会相互干扰。

4.7.1　用户账户的种类

设置用户账户之前需要先弄清楚 Windows 7 有几种账户类型。一般来说，用户账户有以下 3 种：计算机管理员账户、标准用户账户和来宾账户。

1. 计算机管理员账户

计算机管理员账户拥有对全系统的控制权：能改变系统设置，可以安装和删除程序，能访问计算机上所有的文件。除此之外，它还拥有控制其他用户的权限：可以创建和删除计算机上的其他用户账户，可以更改其他人的账户名、图片、密码和账户类型等。

Windows 7 至少要有一个计算机管理员账户。在只有一个计算机管理员账户的情况下，该账户不能将自己改成受限制账户。

2. 标准用户账户

标准用户账户是权力受到限制的账户，这类用户可以访问已经安装在计算机上的程序，可以更改自己的账户图片，还可以创建、更改或删除自己密码，但无权更改大多数计算机的设置，不能删除重要文件，无法安装软件或硬件，也不能访问其他用户的文件。

3. 来宾账户

来宾账户则是给那些在计算机上没有用户账户的人用的，是一个临时用户，因此来宾账户的权力最小，它没有密码，可以快速登录，能做的事情仅限于查看电脑中的资源、检查电子邮件、浏览 Internet，或者玩玩 Windows 自带的小游戏等。

默认情况下，来宾账户是没有被激活的，因此必须要激活后才能使用。

4.7.2　创建新用户账户

管理用户账户的最基本操作就是创建新账户。用户在安装 Windows 7 的过程中，第一次启动时建立的用户账户就属于“管理员”类型，在系统中只有“管理员”类型的账户才能创建新账户。

【例 4-14】 在 Windows 7 中创建一个用户名为“小朵”的用户账户。素材

STEP 01 在【控制面板】窗口中单击【用户账户】图标，打开【用户账户】窗口。单击【管理其他账户】超链接，如图 4-35 所示。

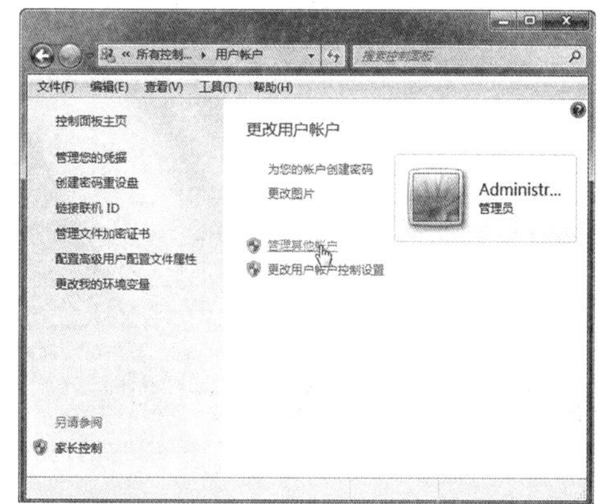

图 4-35　在【用户账户】窗口中打开【管理账户】窗口

STEP 02 在打开的【管理账户】窗口中单击【创建一个新账户】超链接，打开【命名账户并选择账

户类型】窗口，在【新账户名】文本框中输入新用户的名称“小朵”，然后选中【管理员】单选按钮，单击【创建账户】按钮，如图 4-36 所示。

STEP 03 新创建的用户名为【小朵】的管理员账户，已出现在【管理账户】窗口中，如图 4-37 所示。

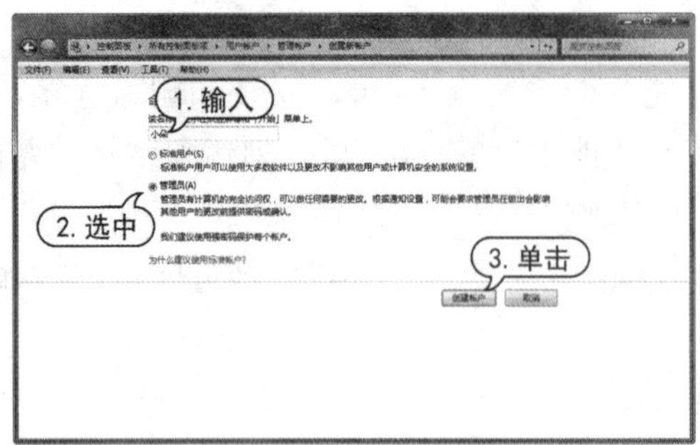

图 4-36 创建新账户

图 4-37 账户创建结果

4.7.3 更改用户账户

刚刚创建好的用户还没有进行密码等有关选项的设置，所以应对新建的用户信息进行修改。要修改用户基本信息，只需在【管理账户】窗口中选定要修改的用户名图标，然后在新打开的窗口中修改即可。

【例 4-15】 将“小朵”账户设置头像，并为该账户设置密码。 素材

STEP 01 在【用户账户】窗口中单击【管理其他账户】超链接，如图 4-38 所示。

STEP 02 在打开的【管理账户】窗口中单击“小朵”账户的图标。在打开的【更改 小朵 的账户】窗口中，单击【更改图片】超链接，如图 4-39 所示。

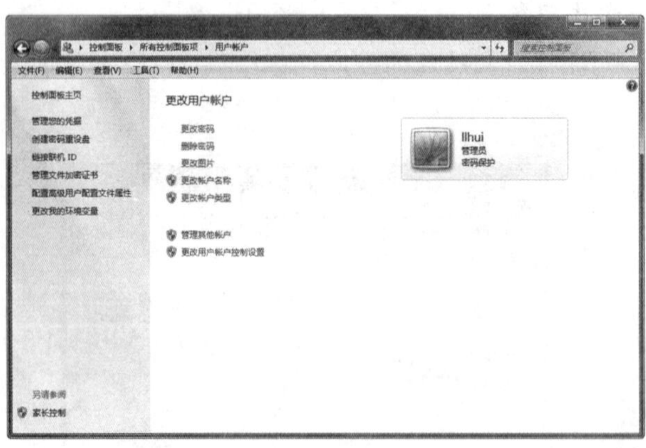

图 4-38 【用户账户】窗口

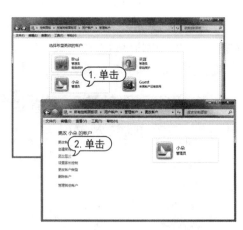

图 4-39 更改用户账户图片

STEP 03 打开【为小朵的账户选择一个新图片】窗口，在该窗口中系统提供了许多图片供用户选择。在此单击【浏览更多图片】超链接，打开【打开】对话框，在【打开】对话框中选择名称为“小朵”的图片，如图 4-40 所示。

STEP 04 单击【打开】按钮，完成头像的更改。

STEP 05 单击【创建密码】超链接，打开【为小朵的账户创建一个密码】窗口，在【新密码】文本框

中输入一个密码，在其下方的文本框中再次输入密码进行确认，然后在【密码提示】文本框中输入相关提示信息(也可不设置)。

STEP 06 设置完成后，单击【创建密码】按钮即可完成密码的设置，如图 4-41 所示。

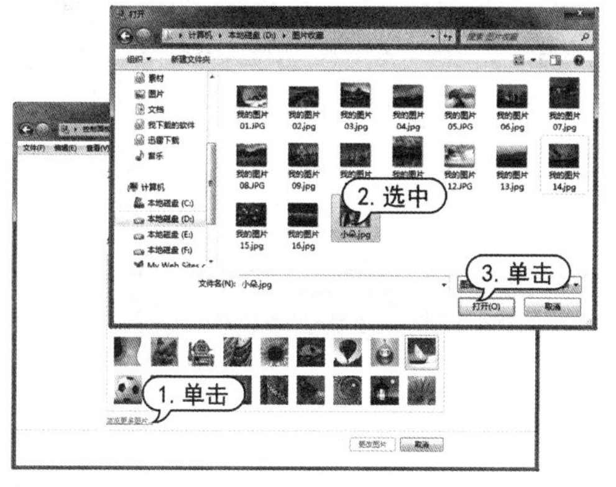

图 4-40　选择账户头像图片

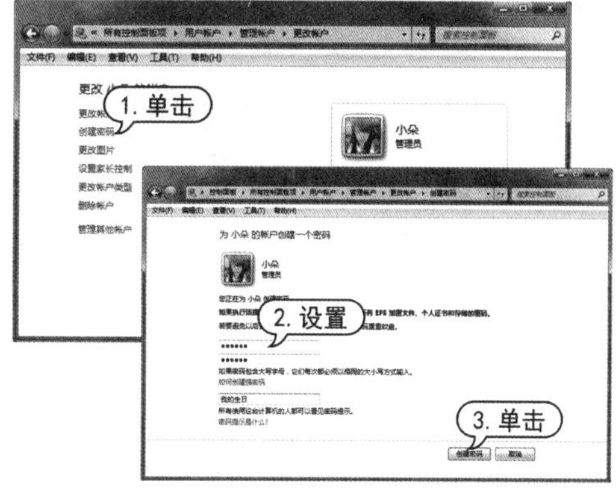

图 4-41　设置用户账户密码

STEP 07 再次开机时即可看到“小朵”的用户账户，单击账户的头像，输入正确的密码后按 Enter 键即可登录系统。

4.7.4　删除用户账户

用户可以删除多余的账户，但是在删除账户之前，必须先登录到具有“管理员”类型的账户。

【例 4-16】　在 Windows 7 中删除“小朵”用户账户。素材

STEP 01 首先登录到管理员账户，并打开【用户账户】窗口。单击【管理其他账户】超链接，打开【管理账户】窗口，窗口中有所有用户账户，如图 4-42 所示。

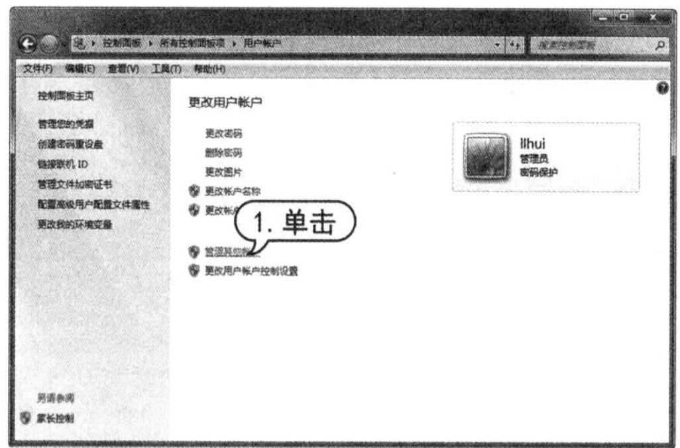

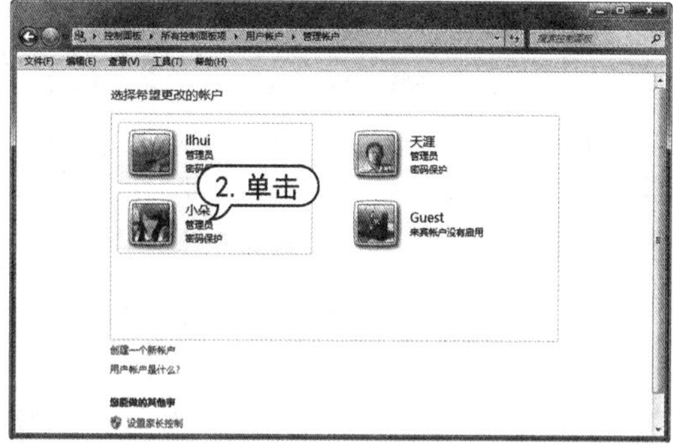

图 4-42　【管理账户】窗口

STEP 02 单击“小朵”账户的图标，打开【更改 小朵 的账户】窗口。

STEP 03 单击【删除账户】超链接，打开【是否保留 小朵 的文件】窗口，用户可根据需要单击【删除文件】或【保留文件】按钮，如图 4-43 所示。

STEP 04 若单击【删除文件】按钮，随后会打开【确实要删除 小朵 的账户吗】窗口。单击【删除账户】按钮，完成账户的删除操作，如图 4-44 所示。

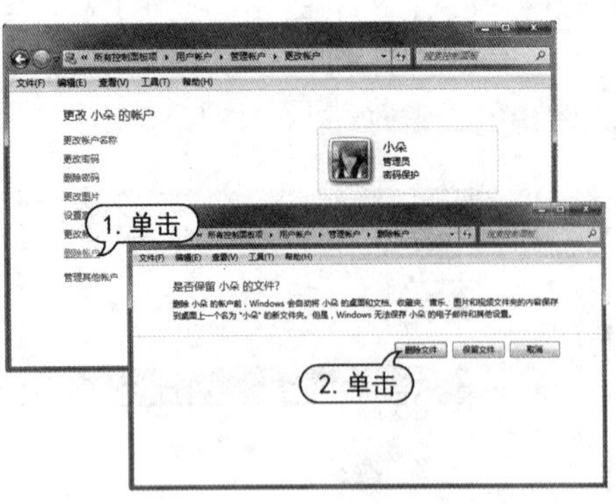

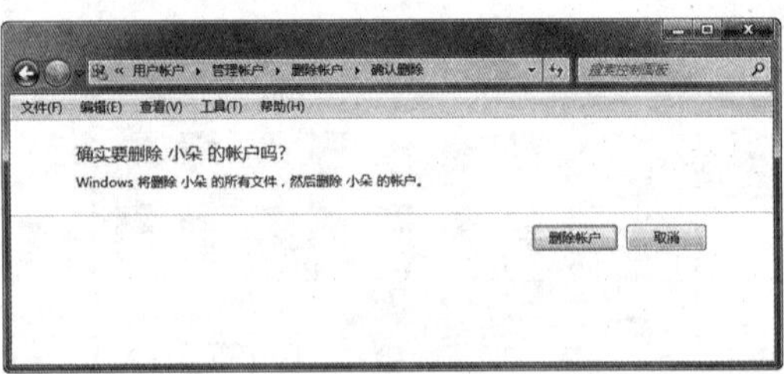

图 4-43　删除“小花”账户

图 4-44　确认删除账户

4.8　设置家长控制

家长控制，顾名思义就是指在家庭中，家长们不能全程指导儿童使用电脑的时候所采取的协助管理功能。例如，限制儿童对某些网站的访问权限、使用电脑时间的长度、可登录软件的级别等。Windows 7 系统在用户账户设置中提供了家长控制功能，可以让家长很方便地对孩子使用的电脑进行各方面的限制，确保儿童安全健康地使用电脑。

在默认系统下家长控制是未被启用的。要启用家长控制功能，必须满足以下几个条件：

- 必须为孩子单独创建一个标准用户账户。
- 家长的用户账户或者管理员账户必须设置密码，以防孩子通过管理员账户对家长控制进行修改。
- 先禁用系统内置的来宾账户，之后再启用家长控制功能。
- 家长控制管理的程序必须安装在 NTFS 格式的分区中。

【例 4-17】　对“孙立”标准用户账户启用家长控制并进行设置。素材

STEP 01 打开【管理账户】窗口，单击【设置家长控制】超链接。打开【家长控制】窗口，单击【合作用户】账户图标，如图 4-45 所示。

STEP 02 在打开的【用户控制】窗口中选中【启用，应用当前设置】单选按钮，表示启用家长控制功能，如图 4-46 所示。

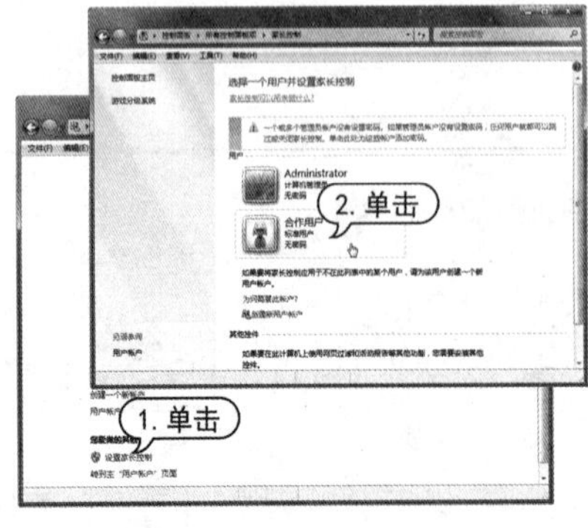

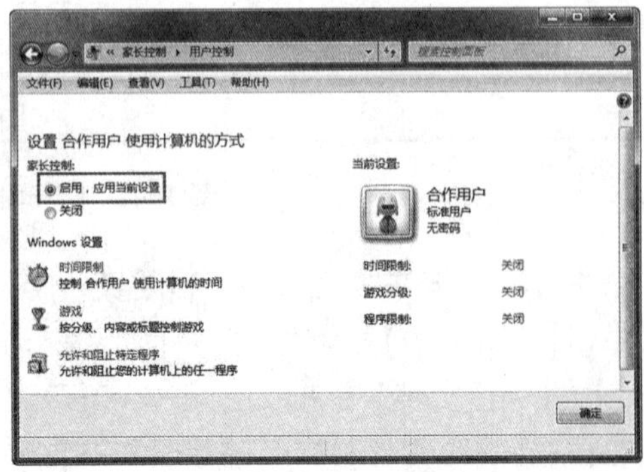

图 4-45　打开【家长控制】窗口

图 4-46　开启家长控制

STEP 03 单击【时间限制】超链接，打开该账户的【时间限制】窗口。

STEP 04 拖动鼠标设定该账户的使用时间，然后单击【确定】按钮即可。如图 4-47 所示为允许在周一至周五 19:00～21:00 和周六的 10:00～21:00 时间段内使用电脑。

STEP 05 在【用户控制】窗口中单击【游戏】超链接，打开该账户的【游戏控制】窗口，如果家长需要阻止该账户玩游戏，可以选中【是否允许 合作用户 玩游戏】栏中的【否】单选按钮。这里选中【是】单选按钮，如图 4-48 所示。

图 4-47　设置账户使用电脑的时间

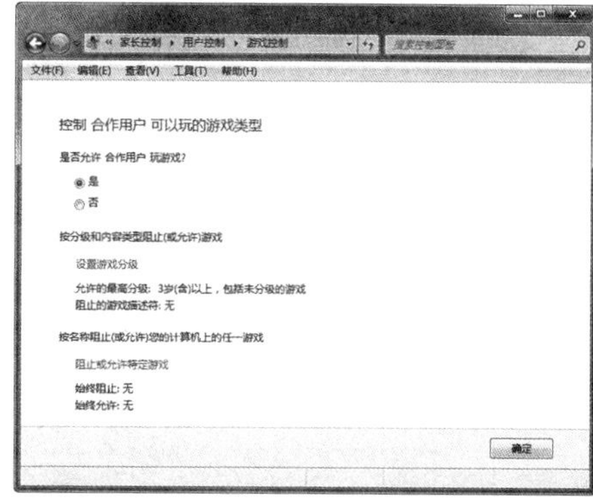

图 4-48　【游戏控制】窗口

STEP 06 单击【设置游戏分级】超链接，打开【游戏限制】窗口，设置允许的游戏分级，这里选中【儿童】选项前的单选按钮，单击【确定】按钮，如图 4-49 所示。

STEP 07 在【游戏控制】窗口里单击【阻止或允许特定游戏】超链接，打开【游戏覆盖】窗口，可以在进一步设置【儿童】级别游戏的可否运行状态。

STEP 08 返回至【用户控制】窗口，单击【允许和阻止特定程序】超链接，打开【应用程序限制】窗口。

STEP 09 选中【合作用户 只能使用允许的程序】单选按钮，系统将会搜索程序，显示电脑上所有的应用程序，如图 4-50 所示。

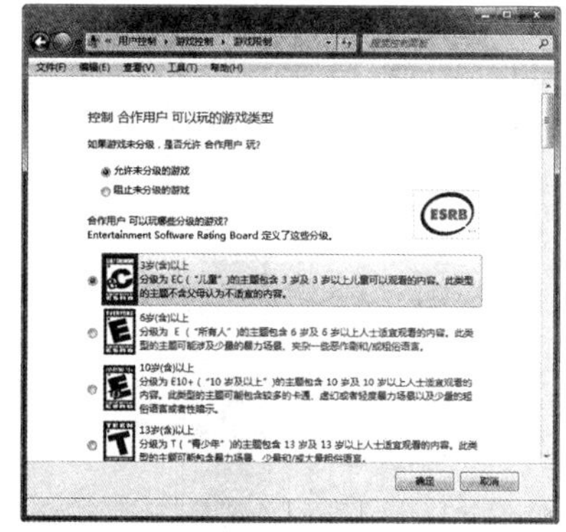

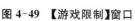

图 4-49　【游戏限制】窗口

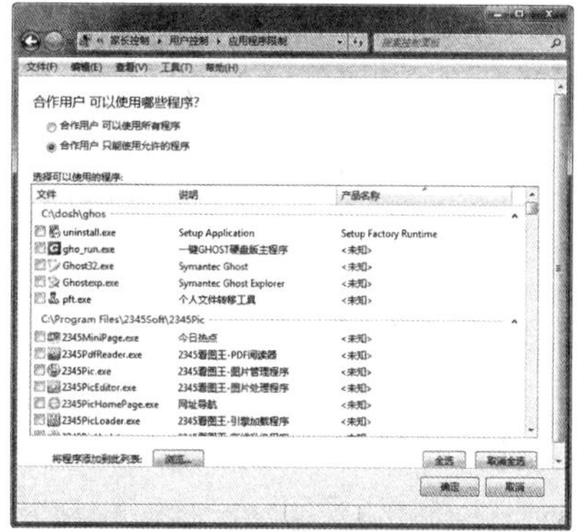

图 4-50　允许使用的程序

STEP 10 在【选择可以使用的程序】列表框里选中允许使用的程序选项前的复选框，然后单击【确定】按钮，返回至【用户控制】窗口，至此家长控制设置完成。

4.9 案例演练

本章的上机练习通过实例进一步介绍自定义 Windows 7 操作系统的方法，帮助用户进一步巩固所学的知识。

4.9.1 自定义 Windows 7【开始】菜单

在 Windows 7 中，用户可以用鼠标右键单击任务栏，在弹出快捷菜单中单击【属性】命令，打开【任务栏和「开始」菜单属性】对话框，选择【「开始」菜单】选项卡，对【开始】菜单进行设置。

【例 4-18】 设置在【开始】菜单中将【控制面板】显示为菜单。 素材

STEP 01 右击任务栏，在弹出的菜单中选择【属性】命令，在打开的对话框中选择【「开始」菜单】选项卡，并单击【自定义】按钮，如图 4-51 所示。

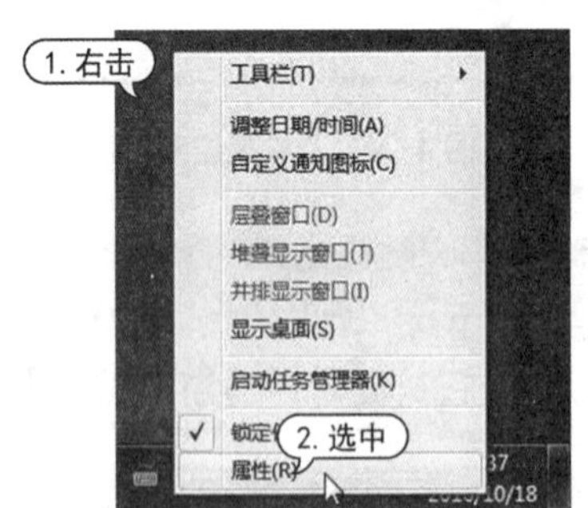

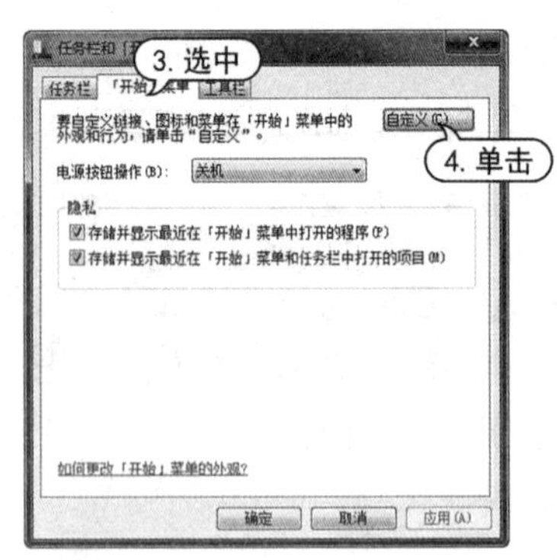

图 4-51 打开【任务栏和「开始」菜单】对话框

STEP 02 打开【自定义「开始」菜单】对话框，在【控制面板】选项区域中选中【显示为菜单】单选按钮，然后单击【确定】按钮，如图 4-52 所示。

STEP 03 单击【开始】按钮，在弹出的菜单中选择【控制面板】命令，将会显示如图 4-53 所示的菜单，显示了【控制面板】窗口中的各项命令。

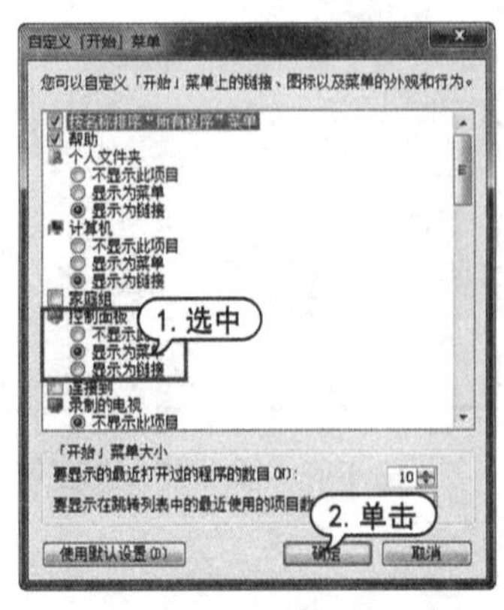

图 4-52 【自定义开始菜单】对话框　　图 4-53 【控制面板】子菜单

STEP 04 在【自定义「开始」菜单】中，可以进一步对【开始】菜单中的其他命令进行设置，包括【不显示此项目】、【显示为菜单】或者【显示为链接】。

4.9.2　自定义 Windows 7 程序快捷键

下面将通过实例操作，介绍在 Windows 7 中为程序设置启动快捷键的方法。

【例 4-19】　为"画图"程序设置启动快捷键。 素材

STEP 01 单击【开始】按钮，在弹出的菜单中选择【所有程序】|【附件】命令，在展开的子菜单中右击【画图】命令，在弹出的菜单中选择【属性】命令。

STEP 02 在打开的【画图属性】对话框中的【快捷键】栏输入一个快捷键，如图 4-54 所示。

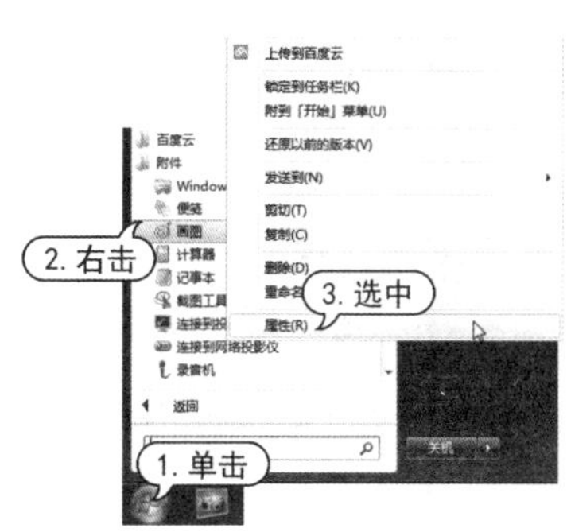

图 4-54　设置程序启动快捷键

STEP 03 单击【确定】按钮，按下步骤 2 中设置的快捷键即可启动【画图】程序。

4.9.3　自定义 Windows 7 启动画面

Windows 7 系统的启动界面一般包含操作系统名称、商标、版号、加载进度条等元素。对于千篇一律的启动界面，如果用户感到厌烦，可以参考下列操作自定义其画面显示。

【例 4-20】　自定义 Windows 7 系统的启动界面。 素材

STEP 01 按下 Win+E 组合键打开【计算机】窗口，选择【工具】|【文件夹选项】命令，如图 4-55 所示。

STEP 02 在【文件夹选项】对话框中选择【查看】选项卡，取消【隐藏已知文件类型的扩展名】复选框，然后单击【确定】按钮，如图 4-56 所示。

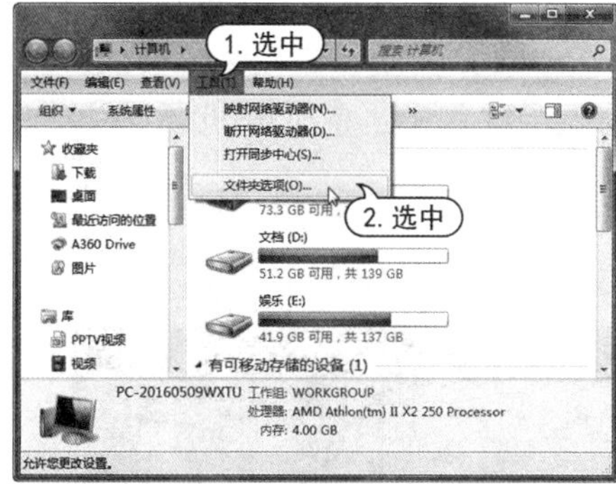

图 4-55　【计算机】窗口

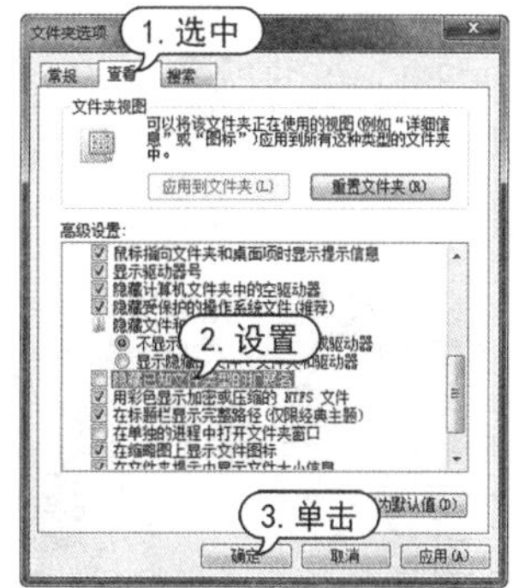

图 4-56　【文件夹选项】对话框

轻松学电脑教程系列

STEP 03 按下 Win+R 组合键打开【运行】对话框，输入 regedit，单击【确定】按钮，如图 4-57 所示。

STEP 04 打开【注册表编辑器】窗口，依次展开 HKEY_LOCAL_MACHINE\SOFTWARE\Microsoft\Windows\CurrentVersion\Authentication\LogonUI\Background，然后双击右边窗格中的 OEMBackground 选项，如图 4-58 所示。

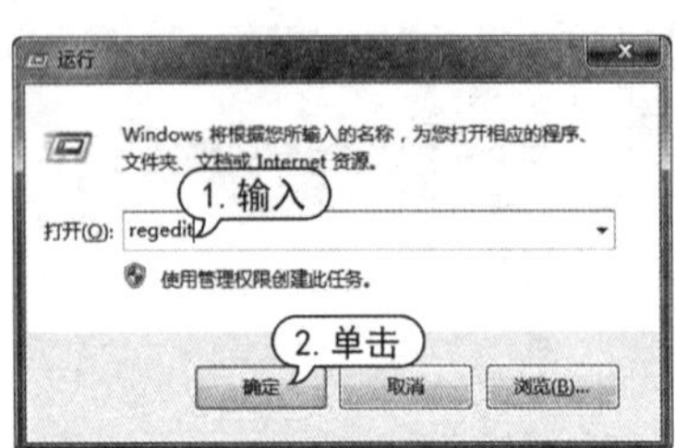

图 4-57 【允许】对话框

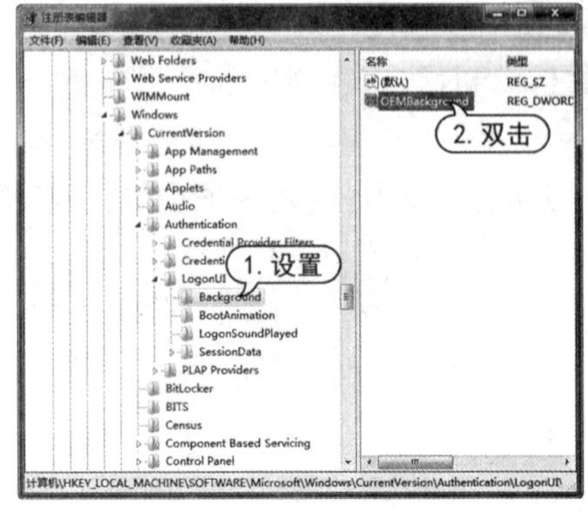

图 4-58 【注册表编辑器】窗口

STEP 05 打开【编辑 DWORD(32 位)值】对话框，在【数值数据】文本框中输入 1，然后单击【确定】按钮，如图 4-59 所示。

STEP 06 修改完文件夹选项和注册表后，打开 C:\Windows\System32\oobe，新建 info 和 Backgrounds 文件夹，如图 4-60 所示。

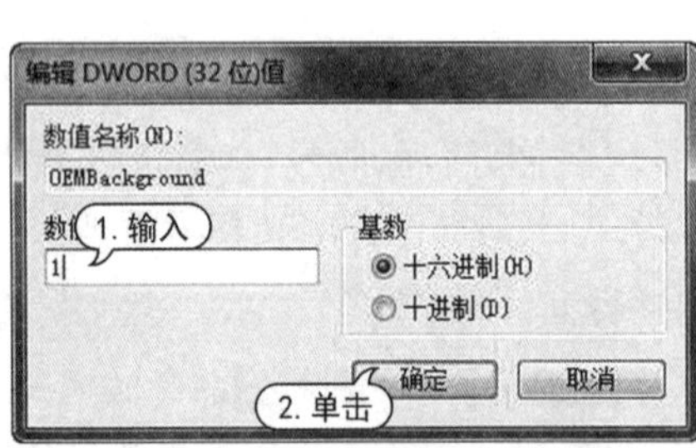

图 4-59 【编辑 DWORD(32 位)值】对话框

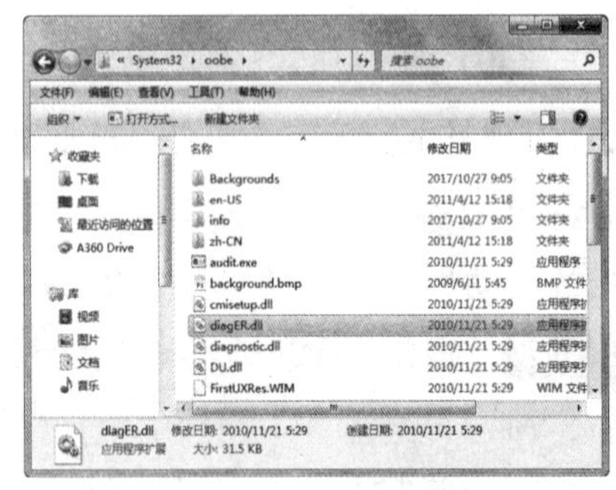

图 4-60 创建文件夹

STEP 07 准备一个作为 Windows 7 开机启动时显示的图片文件，这里我们选择键盘图片，并将其复制到 Backgrounds 文件夹中。

STEP 08 完成以上操作后，可以按下 win + 1 组合键测试当前的开机画面效果，如图 4-61 所示。若呈现的是修改后的画面，则说明设置成功。

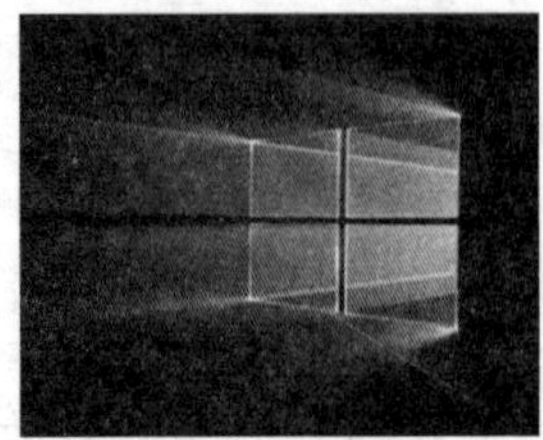

图 4-61 测试自定义 Windows 7 开启画面

第 5 章

Word 无纸办公

Word 2010 是微软公司推出的文字处理软件。它继承了 Windows 友好的图形界面，可方便地进行文字、图形、图像和数据处理，是最常使用的文字处理软件之一。本章将介绍 Word 2010 的基本使用方法。

对应的光盘视频

例 5-1　创建文档
例 5-2　设置字体格式
例 5-3　设置段落对齐方式
例 5-4　设置段落间距
例 5-5　使用项目符号和编号
例 5-6　快速插入表格
例 5-7　调整行高和列宽
例 5-8　设置表格外观
例 5-9　在文档中插入图片
例 5-10　在文档中插入艺术字
例 5-11　编辑艺术字
例 5-12　在文档中插入文本框
例 5-13　绘制文本框
例 5-14　设置文本框格式
例 5-15　设置页面大小和方向
例 5-16　设置页边距
例 5-17　设置装订线
例 5-18　在文档中插入封面
例 5-19　使用 Word 制作考勤表
例 5-20　使用 Word 制作调查表

5.1 创建和编辑文档

无论是一份简单的工作报告，还是一份图文并茂的精美海报，使用 Word 2010 都能轻松完成。要使用 Word 2010 编辑文档，必须先创建文档。本节先来认识一下 Word 2010 的工作界面，然后学习如何创建和编辑文档。

启动 Windows 7 后，选择【开始】|【所有程序】|【Microsoft Office】|【Microsoft Office Word 2010】命令，启动 Word 2010。

Word 2010 的软件界面如图 5-1 所示，该界面主要由标题栏、快速访问工具栏、功能区、导航窗格、文档编辑区、状态栏与视图栏组成。

▽ 快速访问工具栏：包含最常用操作的快捷按钮，方便用户使用。在默认状态中，快速访问工具栏中包含 3 个快捷按钮，分别为【保存】按钮、【撤销】按钮和【恢复】按钮，如图 5-2 所示。

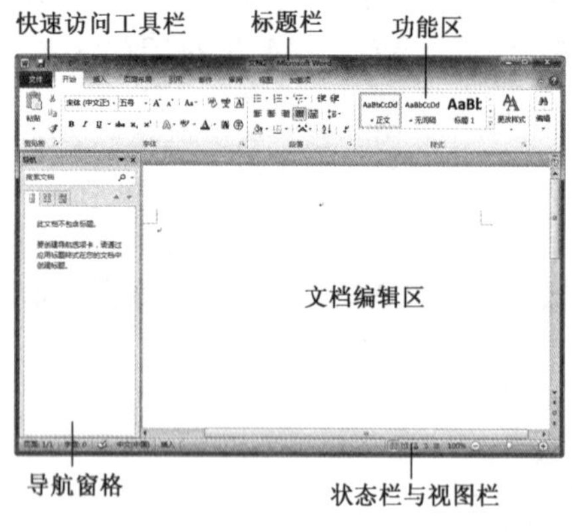

图 5-1 Word 2010 软件界面

保存 恢复 撤销

图 5-2 快速访问工具栏

▽ 标题栏：位于窗口的顶端，用于显示当前正在运行的程序名及文件名等信息。标题栏最右端有 3 个按钮，分别用来控制窗口的最小化、最大化和关闭，如图 5-3 所示。

▽ 功能区：在 Word 2010 中，功能区是完成文本格式操作的主要区域。在默认状态下，功能区主要包含【文件】、【开始】、【插入】、【页面布局】、【引用】、【邮件】、【审阅】、【视图】和【加载项】9 个基本选项卡，如图 5-4 所示。

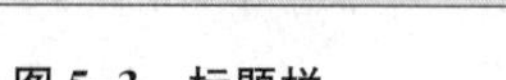

图 5-3 标题栏

图 5-4 功能区

▽ 导航窗格：主要显示文档的标题级文字，以方便用户快速查看文档。单击其中的标题，即可快速跳转到相应的位置。

▽ 文档编辑区：是输入文本、添加图形、添加图像以及编辑文档的区域，用户对文本进行的操作结果都将显示在该区域。

▽ 状态栏与视图栏：位于 Word 窗口的底部，显示了当前文档的信息，如当前显示的是文档

第几页、第几节和当前文档的字数等。在状态栏中还可以显示一些特定命令的工作状态，如录制宏、当前使用的语言等，当这些命令的按钮为高亮时，表示目前正处于工作状态；若变为灰色，则表示未在工作状态下。用户还可以通过双击这些按钮来设定对应的工作状态。另外，在视图栏中通过拖动【显示比例滑杆】中的滑块，可以直观地改变文档编辑区的大小。

5.1.1 创建文档

在 Word 2010 中可以创建空白文档，也可以根据现有的内容创建文档。空白文档是最常使用的文档。要创建空白文档，可以按下 Ctrl+N 组合键，或者单击【文件】按钮，在打开的页面中选择【新建】命令，打开【新建文档】页面，在【可用模板】列表框中选择【空白文档】选项，然后单击【创建】按钮。

【例 5-1】 在 Word 2010 中创建一个“个人简历”文档。 视频+素材

STEP 01 启动 Word 2010，单击【文件】按钮，打开【文件】页面。单击【新建】按钮，打开【新建】页面。

STEP 02 在【Office.com 模板】区域的搜索文本框中输入“个人简历”，然后单击【搜索】按钮，开始搜索模板，如图 5-5 所示。

STEP 03 搜索完成后，显示搜索到的结果，然后选择【个人简历】选项。单击【下载】按钮，系统开始自动下载该模板，下载完成后即可创建一个个人简历文档，如图 5-6 所示。

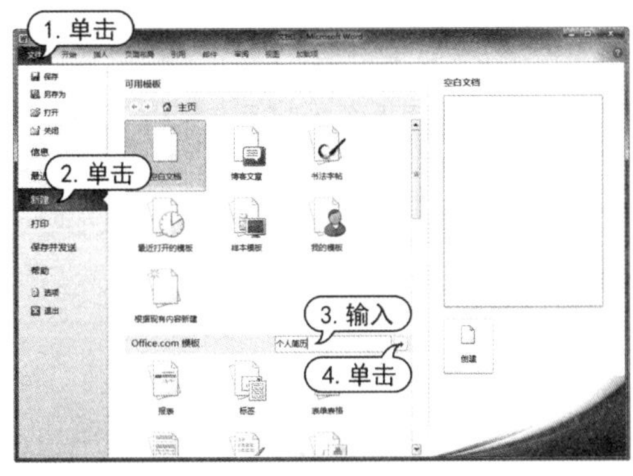

图 5-5 在【新建】页面搜索模板

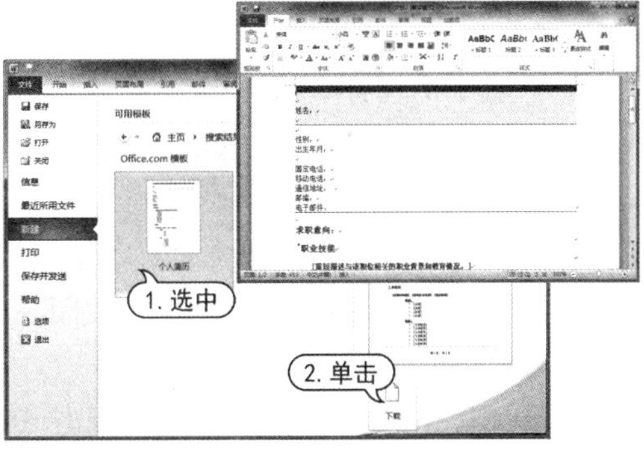

图 5-6 使用模板创建文档

5.1.2 保存文档

对于新建的 Word 文档或正在编辑的某个文档，如果出现了计算机突然死机、停电等非正常关闭的情况，文档中的信息就会丢失。因此，为了保护劳动成果，做好文档的保存工作是十分重要的。

1. 保存新建的文档

如果要对新建的文档进行保存，可以按下 Ctrl+S 组合键，或者单击【文件】按钮，在打开的页面中选择【保存】命令，或单击快速访问工具栏上的【保存】按钮，打开【另存为】对话框，设置保存路径、名称及格式，如图 5-7 所示，然后单击【保存】按钮。

在保存新建的文档时，如果在文档中已输入了一些内容，Word 2010 自动将输入的第一行内容作为文件名。

2. 保存已保存过的文档

要对已保存过的文档进行再保存，可单击【文件】按钮，在打开的页面中选择【保存】命令，或单击快速访问工具栏上的【保存】按钮，就可以按照原有的路径、名称以及格式进行保存。

3. 另存为其他文档

如果文档已保存过，但在进行了一些编辑操作后，需要将其保存为其他文档，并且希望仍能保存以前的文档，这时就需要对文档进行另存为操作。

要将当前文档另存为其他文档，可按下 F12 键，或者单击【文件】按钮，在打开的页面中选择【另存为】命令，如图 5-8 所示，打开【另存为】对话框，在其中设置保存路径、名称及格式，然后单击【保存】按钮即可。

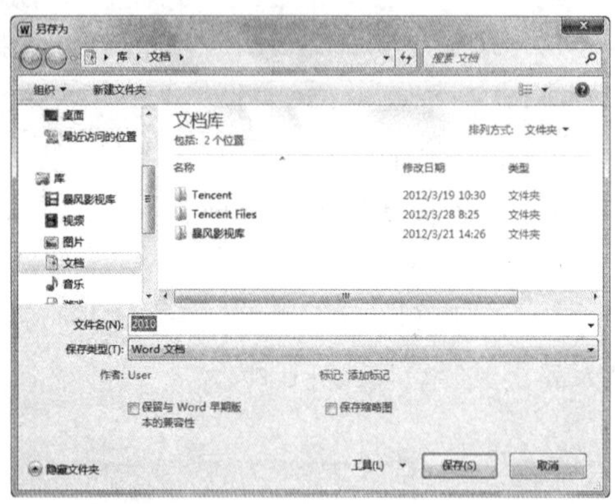

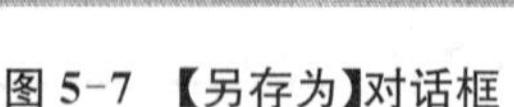

图 5-7 【另存为】对话框

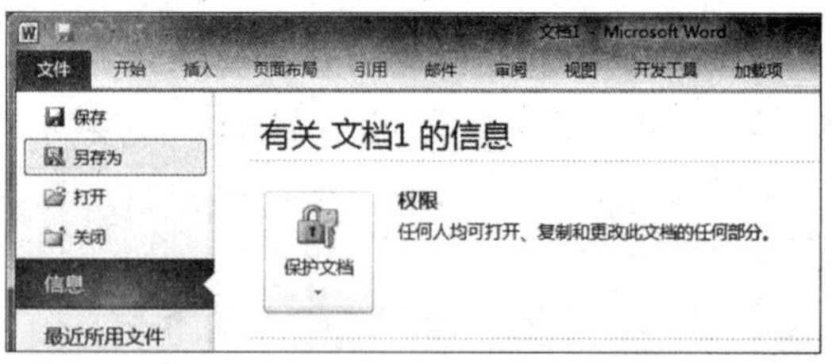

图 5-8 使用界面上的【另存为】选项

5.1.3 打开与关闭文档

打开文档是 Word 的一项基本的操作。对于任何文档来说都需要先将其打开，然后才能对其进行编辑。编辑完成后，可将文档关闭。

1. 打开文档

对于已经存在的 Word 文档，只需双击该文档的图标即可打开该文档。另外，用户还可在一个已打开的文档中打开另外一个文档。

要打开文档，可按下 Ctrl＋O 组合键，或者单击【文件】按钮，在打开的页面中选择【打开】命令，打开【打开】对话框，在其中选择所需的文件，然后单击【打开】按钮即可，如图 5-9 所示。

在【打开】对话框中单击【打开】按钮右侧的小三角按钮，在弹出的下拉菜单中可以选择文档的打开方式，有【以只读方式打开】、【以副本方式打开】等多种打开方式，如图 5-10 所示。

2. 关闭文档

对文档完成所有的操作后，要关闭文档时，可单击【文件】按钮，在打开的页面中选择【关闭】命令，或单击窗口右上角的【关闭】按钮。在关闭文档时，如果没有对文档进行编辑、修改操作，可直接关闭；如果对文档做了修改，但还没有保存，系统将会打开一个提示对话框，询问用户是否保存对文档所做的修改。单击【保存】按钮即可保存并关闭该文档。

图 5-9　【打开】对话框

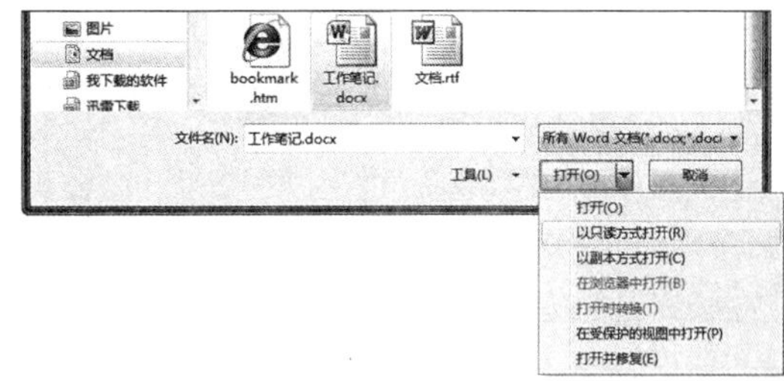

图 5-10　选择文档打开方式

5.1.4　在文档中输入文本

输入文本是使用 Word 的基本操作。文档中的插入点指示了文字的输入位置，每输入一个文字，插入点会自动向后移动。在文档中除了可以输入汉字、数字、字母外，也可以插入一些特殊的符号，还可以在文档中插入日期和时间。

在输入文本过程中，Word 2010 将遵循以下原则：

- 按 Enter 键，将在插入点的下一行重新创建一个新的段落，并在上一个段落的结束处显示“↵”符号。
- 按 Space 键，将在插入点的左侧插入一个空格符号，其宽度将由当前输入法的全角、半角状态而定。
- 按 Backspace 键，将删除插入点左侧的一个字符。
- 按 Delete 键，将删除插入点右侧的一个字符。

5.2　设置文档格式

初始输入的文本一般来说编排比较混乱，格式布局也不尽如人意，此时可以对文本的格式进行设置，以使文档结构更加合理，条理更加清晰。对文档格式的设置主要包括文档中字符格式、段落间距以及段落对齐和缩进等的设置。

5.2.1　设置字体格式

对于一些常用的字体格式，可直接通过【开始】选项卡的【字体】组或者【字体】对话框中的相关按钮或下拉列表框进行设置。

【例 5-2】　在 Word 2010 中输入文本并设置字体格式。 视频+素材

STEP 01　启动 Word 2010，新建一个 Word 文档，然后在文档中输入如图 5-11 所示的文本。

STEP 02　选中标题文本“香水的使用方法”，在【开始】选项卡的【字体】组中单击【字体】下拉按钮，在弹出的下拉列表框中选择【华文隶书】选项；单击【字号】下拉按钮，从弹出的下拉列表框中选择【一号】选项，如图 5-12 所示。

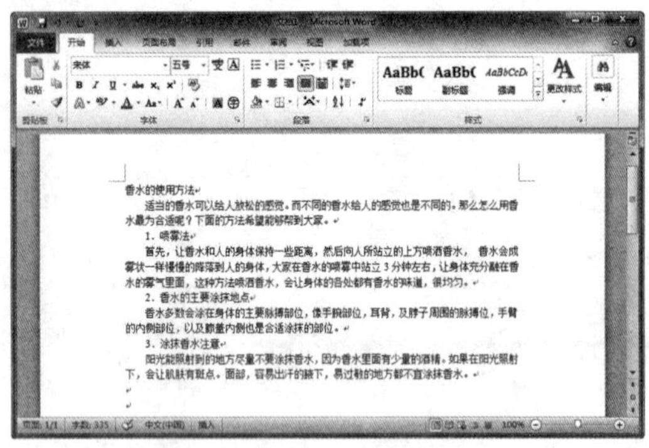

图 5-11　在文档中输入文本

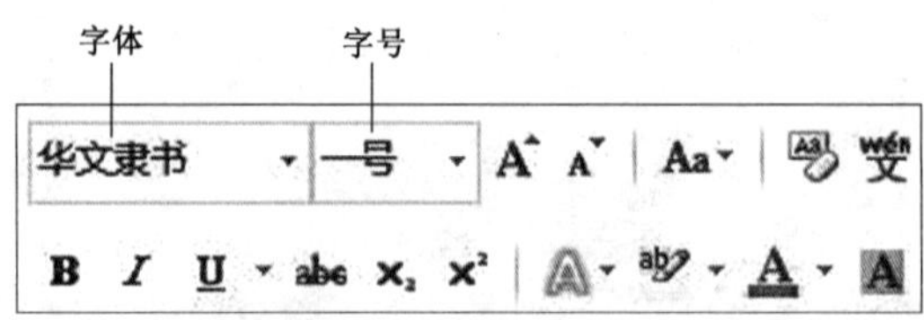

图 5-12　设置字体和字号

STEP 03　设置完成后，在【段落】组中单击【居中】按钮，效果如图 5-13 所示。

STEP 04　继续选中标题文本，在【开始】选项卡的【字体】组中单击【字体颜色】下拉按钮。在打开的颜色面板中选择【橙色，强调文字颜色 6，深色 25%】选项，为文本应用字体颜色，如图 5-14 所示。

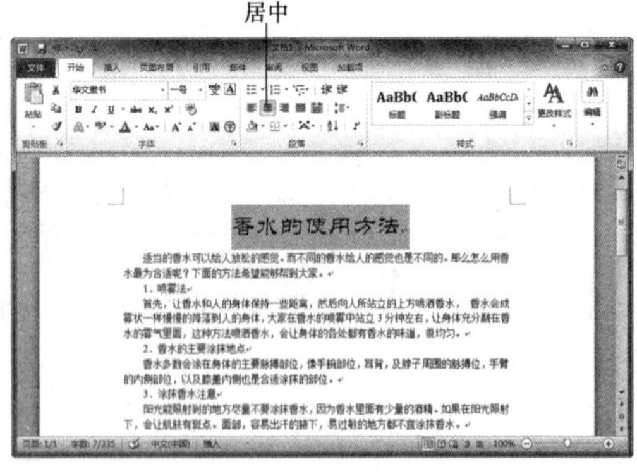

图 5-13　设置段落居中

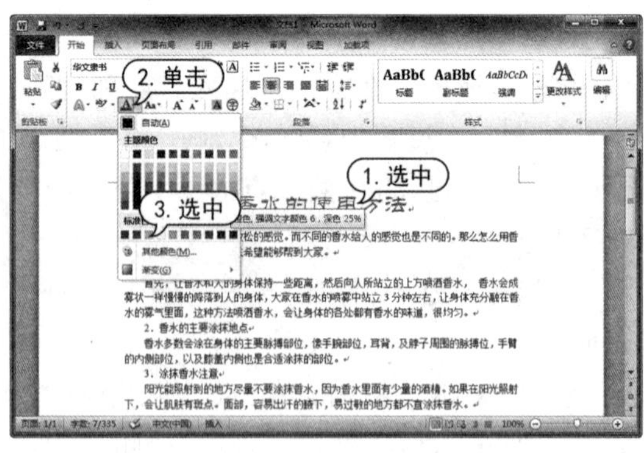

图 5-14　设置文本颜色

STEP 05　选中正文的第一段文本，在【字体】组中单击对话框启动器按钮，如图 5-15 所示，打开【字体】对话框。

STEP 06　单击【字体】选项卡，在【中文字体】下拉列表框中选择【楷体】选项，在【字形】列表框中选择【加粗】选项；在【字号】列表框中选择【小四】选项。单击【字体颜色】下拉按钮，从打开的颜色面板中选择【紫色，强调文字颜色 4，深色 25%】选项，单击【确定】按钮，如图 5-16 所示。

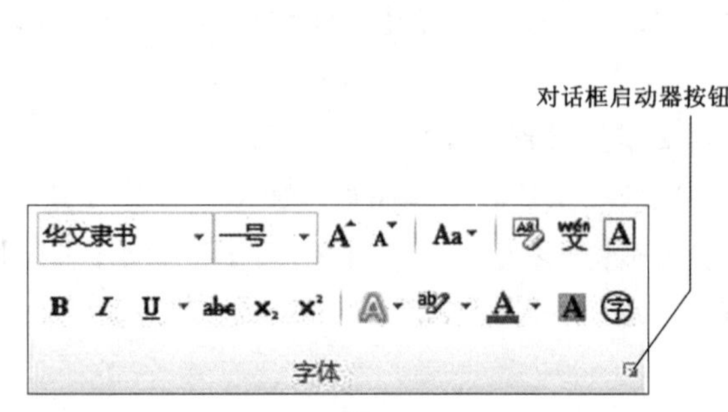

图 5-15　【字体】命令组

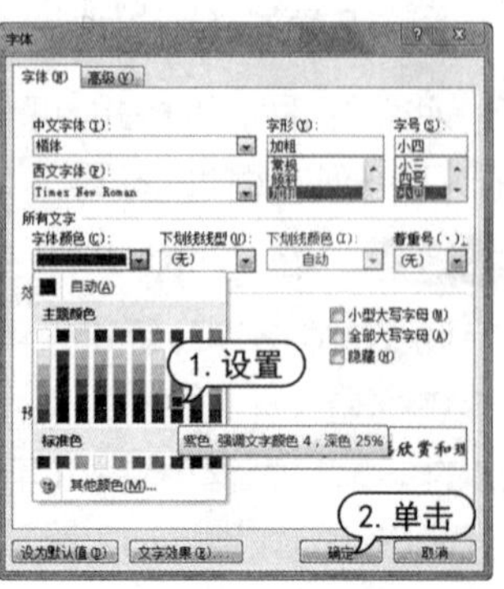

图 5-16　【字体】对话框

STEP 07　使用同样的方法，设置标题文本“1. 喷雾法”的字体为【华文行楷】，字号为【四号】，字体颜色为【红色，强调文字颜色 2，深色 25%】，如图 5-17 所示。

STEP 08　使用同样的方法，设置其他对应文本的格式，如图 5-18 所示。完成所有设置后，在快速访问工具栏中单击【保存】按钮，将文档保存为“香水的使用方法”。

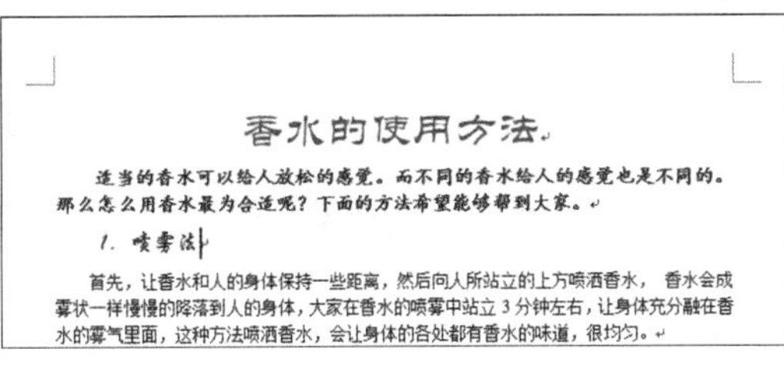

图 5-17　设置标题文本格式

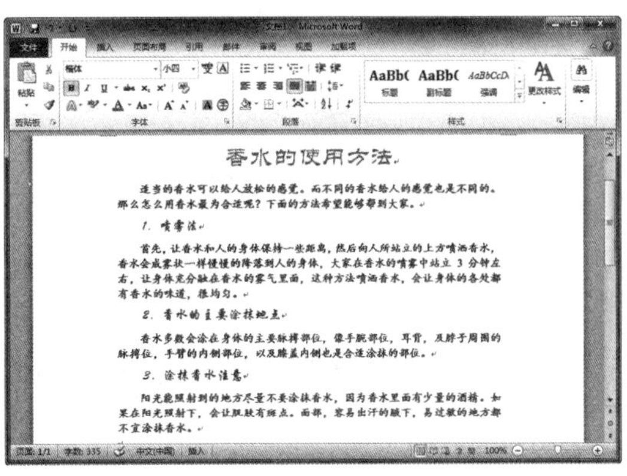

图 5-18　文档效果

5.2.2　设置段落对齐方式

段落是构成整个文档的骨架，由正文、图表和图形等加上一个段落标记构成。为了使文档的结构更清晰、层次更分明，可对段落格式进行设置。

段落对齐指文档边缘的对齐方式，包括两端对齐、左对齐、右对齐、居中对齐和分散对齐。这 5 种对齐方式的说明如下。

- 两端对齐：默认设置，两端对齐时文本左右两端均对齐，但是段落最后不满一行的文字，其右边是不对齐的。
- 左对齐：文本的左边对齐，右边参差不齐。
- 右对齐：文本的右边对齐，左边参差不齐。
- 居中对齐：文本居中排列。
- 分散对齐：文本左右两边均对齐，而且每个段落的最后一行不满一行时，将拉开字符间距使该行均匀分布。

设置段落对齐方式时，先选定要对齐的段落，或将插入点移到新段落的开始位置，然后可以通过单击【开始】选项卡【段落】组（或浮动工具栏）中的相应按钮来实现，也可以通过【段落】对话框来实现。使用【段落】组是最快捷方便的，也是最常用的方法。

【例 5-3】　在“香水的使用方法”文档中，设置段落对齐方式。 视频+素材

STEP 01　打开“香水的使用方法”文档，将插入点定位在文本“1. 喷雾法”的前方，然后按 Backspace 键使其和左边对齐。

STEP 02　保持插入点位置不变，在【开始】选项卡的【段落】组中单击【居中】按钮，设置其对齐方式为居中对齐，如图 5-19 所示。

STEP 03　使用同样的方法，设置“2. 香水的主要涂抹地点”和“3. 涂抹香水注意”文本的对齐方式为居中。

STEP 04 另外，用户还可以在【开始】选项卡的【段落】组中单击对话框启动器按钮，打开【段落】对话框，在【缩进和间距】选项卡中设置段落的对齐方式，如图 5-20 所示。

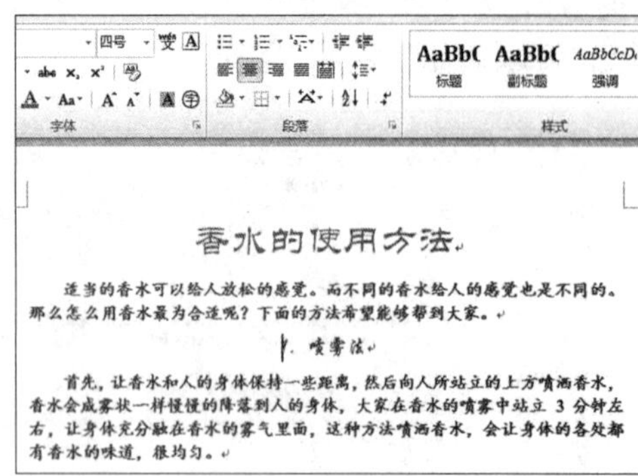

图 5-19 在【段落】命令组中设置标题居中

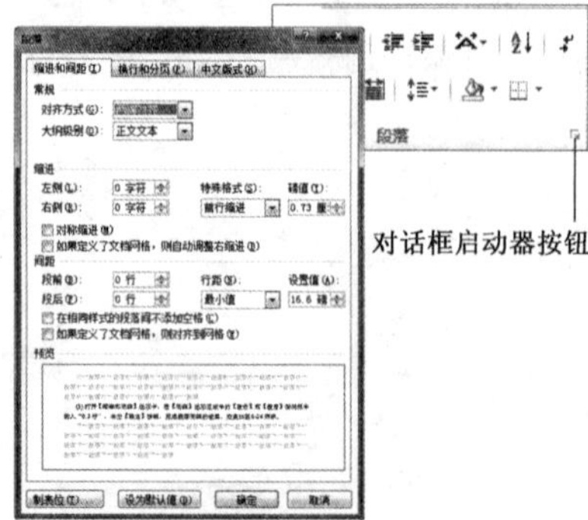

图 5-20 打开【段落】对话框

STEP 05 完成所有设置后，在快速访问工具栏中单击【保存】按钮保存文档。

实用技巧

按 Ctrl + E 组合键，可以设置段落居中对齐；按 Ctrl + Shift + J 组合键，可以设置段落分散对齐；按 Ctrl + L 组合键，可以设置段落左对齐；按 Ctrl + R 组合键，可以设置段落右对齐；按 Ctrl + J 组合键，可以设置段落两端对齐。

5.2.3 设置段落缩进

段落缩进是指段落中的文本与页边距之间的距离。Word 2010 提供了以下 4 种段落缩进的方式。

- 左缩进：设置整个段落左边界的缩进位置。
- 右缩进：设置整个段落右边界的缩进位置。
- 悬挂缩进：设置段落中除首行以外的其他行的起始位置。
- 首行缩进：设置段落中首行的起始位置。

1. 使用标尺设置段落缩进

通过水平标尺可以快速设置段落的缩进方式及缩进量。水平标尺中包括首行缩进标尺、悬挂缩进、左缩进和右缩进 4 个标记。拖动各个标尺即可设置相应的段落缩进方式，如图 5-21 所示。

在使用水平标尺格式化段落时，按住 Alt 键不放，使用鼠标拖动标记，水平标尺上将显示具体的数值，用户可以根据该值更精确地设置缩进量。使用标尺设置段落缩进时，先在文档中选择要改变缩进的段落，然后拖动缩进标记到缩进位置，可以使某些行缩进。在拖动鼠标时，整个页面上出现一条垂直虚线，以显示新边距的位置。

2. 使用【段落】对话框

使用【段落】对话框可以精确地设置缩进尺寸。打开【开始】选项卡，在【段落】组中单击对话框启动器按钮，打开【段落】对话框的【缩进和间距】选项卡，在该选项卡中可以进行相关设置，如图 5-22 所示。

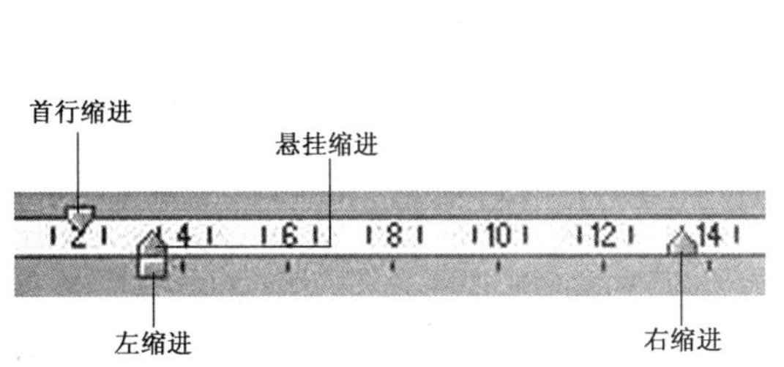

图 5-21 标尺

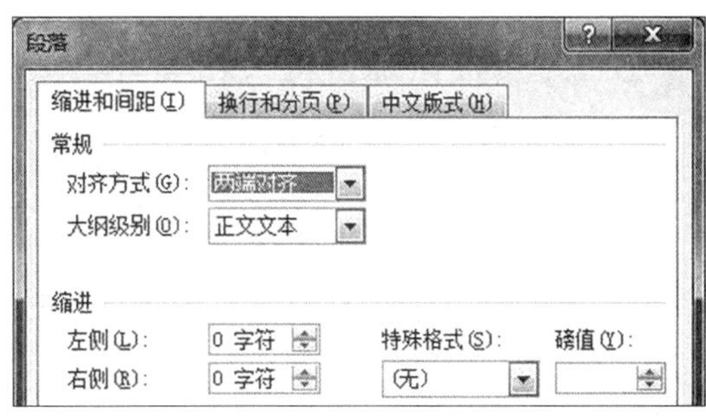

图 5-22 【缩进和间距】选项卡

5.2.4 设置段落间距

段落间距的设置包括文档行间距与段间距的设置。行间距是指段落中行与行之间的距离;段间距是指前后相邻的段落之间的距离。

Word 2010 默认的行间距值是单倍行距。打开【段落】对话框的【缩进和间距】选项卡,在【行距】下拉列表中选择所需的选项,并在【设置值】微调框中输入值,可以设置行间距;在【段前】和【段后】微调框中输入值,可以设置段间距。

【例 5-4】 在"香水的使用方法"文档中,将 3 个二级标题的段前、段后设为 0.5 行,将正文行距设为固定值 18 磅。 视频+素材

STEP 01 启动 Word 2010,打开"香水的使用方法"文档,将插入点定位在二级标题"1. 喷雾法"的前面。

STEP 02 打开【开始】选项卡,在【段落】组中单击对话框启动器按钮,打开【段落】对话框。选择【缩进和间距】选项卡,在【间距】选项区域中的【段前】和【段后】微调框中输入"0.5 行",单击【确定】按钮,完成段落间距的设置。

STEP 03 按照同样的方法设置另外两个标题的段落间距。

STEP 04 按住 Ctrl 键选中所有正文,打开【段落】对话框的【缩进和间距】选项卡,在【行距】下拉列表框中选择【固定值】选项,在其右侧的【设置值】微调框中输入"18 磅",如图 5-23 所示。

STEP 05 单击【确定】按钮,完成行距的设置,最终效果如图 5-24 所示。

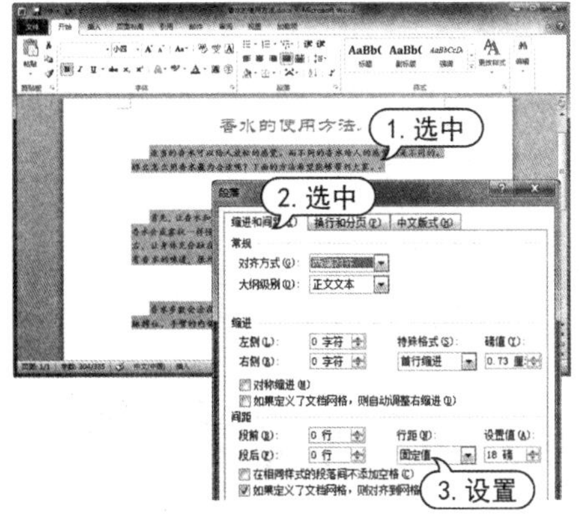

图 5-23 设置行距

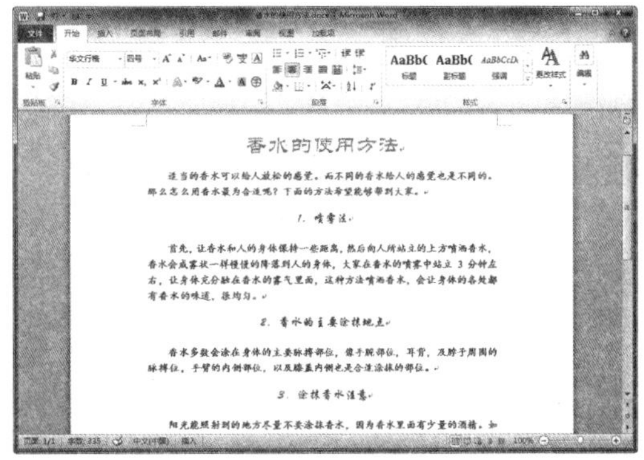

图 5-24 文档效果

轻松学电脑教程系列

5.2.5 使用项目符号和编号

为了使文章的内容条理更清晰,需要使用项目符号或编号来标识。可以使用项目符号和编号列表来组织文档中并列的项目,或者将顺序的内容进行编号。Word 2010 提供了 7 种标准的项目符号和编号,并且允许用户自定义项目符号和编号。

Word 2010 提供了自动添加项目符号和编号的功能。在以“1.”、“(1)”、“a”等字符开始的段落中按 Enter 键换行,在下一段的开始将会自动出现“2.”、“(2)”、“b”等字符。

【例 5-5】 在“如何冲咖啡”文档中添加项目符号和编号。 视频+素材

STEP 01 启动 Word 2010,打开“如何冲咖啡”文档,选中需要添加编号的文本。

STEP 02 打开【开始】选项卡,在【段落】组中单击【编号】下拉按钮,从弹出的列表框中选择一种编号样式。Word 会自动为所选段落添加编号,如图 5-25 所示。

STEP 03 选中最后 5 段文本,在【段落】组中单击【项目符号】下拉按钮,从弹出的列表框中选择一种项目样式,为段落自动添加项目符号。

STEP 04 完成设置后,在快速访问工具栏中单击【保存】按钮,保存修改后的文档,效果如图 5-26所示。

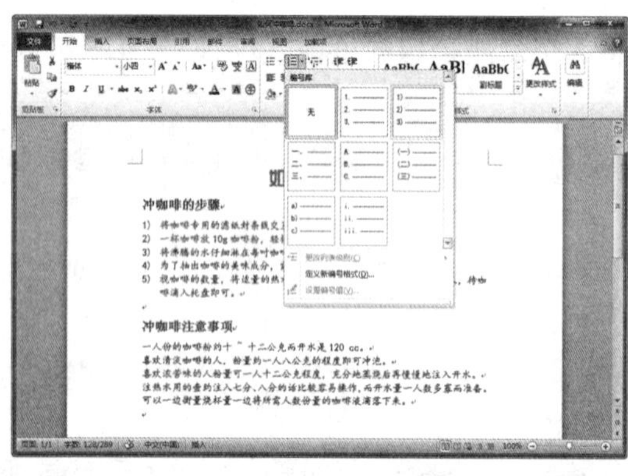

图 5-25 应用编号

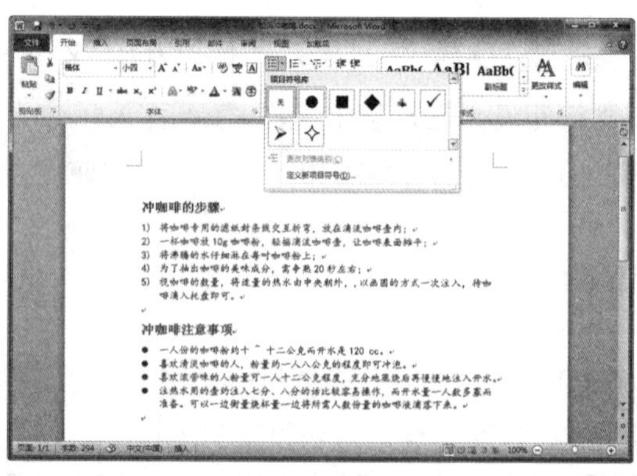

图 5-26 应用项目符号

实用技巧

要结束自动创建的项目符号或编号,可以连续按 Enter 键两次进行消除,也可以按 Backspace 键将新创建的项目符号或编号删除。

5.3 创建与使用表格

为了更形象地说明问题,常常需要在文档中制作各种各样的表格。Word 2010 提供了强大的表格功能,可以快速创建与编辑表格。

5.3.1 创建表格

在 Word 2010 中可以使用多种方法来创建表格,例如按照指定的行、列插入表格,绘制不规则表格等。

1. 使用表格网格框创建表格

利用表格网格框可以直接在文档中插入表格，这是最快捷的方法。

将光标定位在需要插入表格的位置，然后打开【插入】选项卡，单击【表格】组中的【表格】按钮，在弹出的下拉菜单中会出现一个网格框。在其中拖动鼠标确定要创建表格的行数和列数，然后单击就可以完成一个规则表格的创建，如图 5-27 所示。

2. 通过【插入表格】对话框创建表格

使用【插入表格】对话框创建表格时，可以在建立表格的同时设置表格的大小。

单击【插入】选项卡，在【表格】组中单击【表格】按钮，在弹出的下拉菜单中选择【插入表格】命令，打开【插入表格】对话框。在【列数】和【行数】微调框中可以设置表格的列数和行数，在【“自动调整”操作】选项区域中可以根据内容设置或者调整表格的尺寸，如图 5-28 所示。

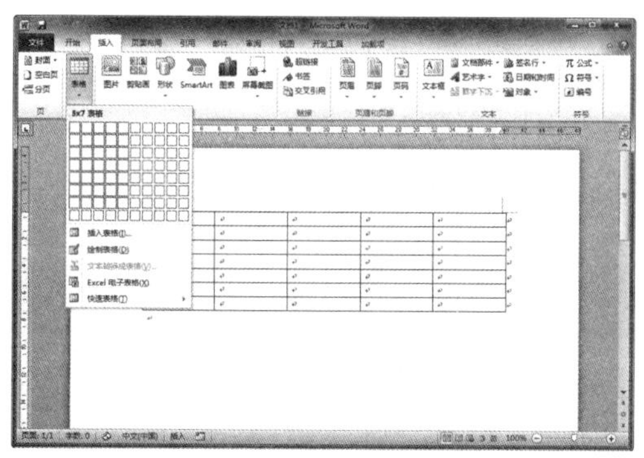

图 5-27　利用表格网格创建表格

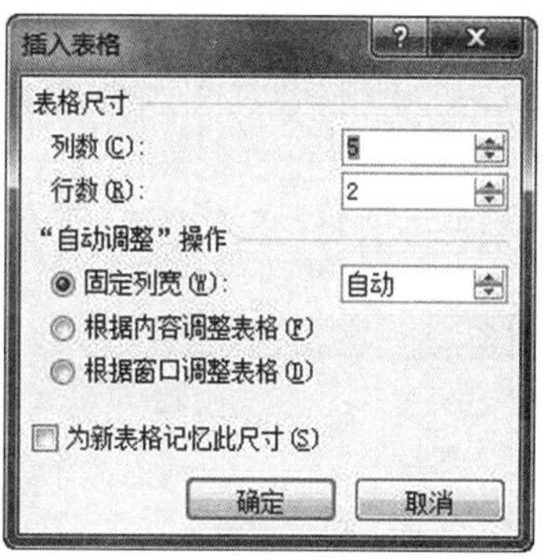

图 5-28　【插入表格】对话框

3. 绘制不规则表格

很多情况下，需要创建各种栏宽、行高都不等的不规则表格。这时，通过 Word 2010 中的绘制表格功能可以创建不规则的表格。

选择【插入】选项卡，在【表格】组中单击【表格】按钮，从弹出的下拉菜单中选择【绘制表格】命令，此时鼠标指针变为 ✎ 形状，按住鼠标左键不放并拖动鼠标，会出现一个表格的虚框，待到合适大小后，释放鼠标即可生成表格的边框，如图 5-29 所示。

在表格边框上任意位置单击选择一个起点，按住鼠标左键不放向右(或向下)拖动绘制出表格中的横线(或竖线)，如图 5-30 所示。

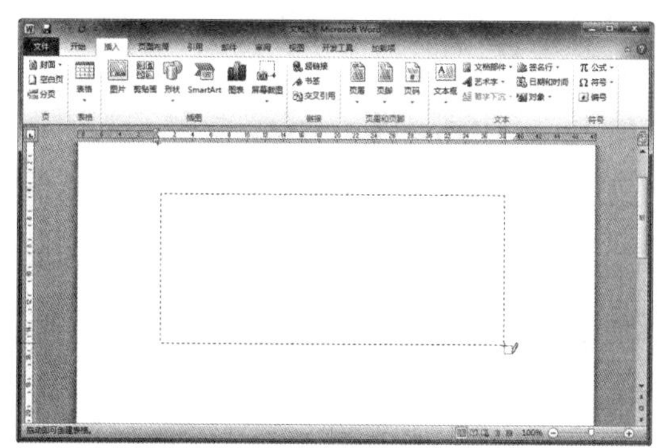

图 5-29　绘制表格外边框

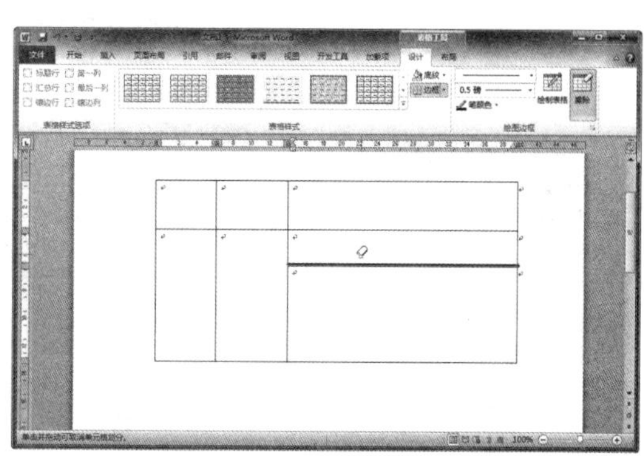

图 5-30　绘制表格内边框

如果在绘制过程中出现了错误，用户可以打开【表格工具】的【设计】选项卡，在【绘图边框】组中单击【擦除】按钮。此时鼠标指针将变成橡皮形状，单击要删除的表格线段，按照线段的方向拖动鼠标，该线会呈高亮显示，释放鼠标后该线段将被删除。

4. 快速插入表格

为了快速制作出美观的表格，Word 2010 提供了许多的内置表格，可以快速地插入内置表格并输入数据。

打开【插入】选项卡，在【表格】组中单击【表格】按钮，选择【快速表格】的子命令，即可在文档中插入内置表格。

【例 5-6】 新建一个"江苏好声音选手评分表"文档，在其中插入 6×10 的表格，并在表格内输入文本。 视频+素材

STEP 01 启动 Word 2010，新建一个"江苏好声音选手评分表"文档，输入表格标题"江苏好声音选手评分表"，并设置其文本格式，如图 5-31 所示。

STEP 02 将插入点定位在标题的下一行，打开【插入】选项卡，在【表格】组中单击【表格】按钮，在弹出的列表中选择【插入表格】命令，打开【插入表格】对话框，如图 5-32 所示。

图 5-31 设置文档标题

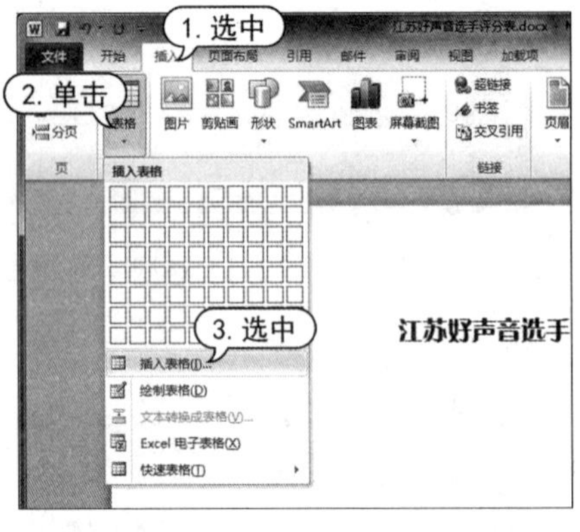

图 5-32 插入表格

STEP 03 在【列数】和【行数】文本框中分别输入"6"和"10"，然后选中【固定列宽】单选按钮，在其后的微调框中选择【自动】选项，如图 5-33 所示。

STEP 04 单击【确定】按钮关闭对话框，即可在文档中插入一个 6×10 的规则表格。

STEP 05 将鼠标插入点定位到表格的单元格中，分别输入文本，效果如图 5-34 所示。

插入表格
表格尺寸
列数(C): 6
行数(R): 10
"自动调整"操作
固定列宽(W): 自动
根据内容调整表格(F)

图 5-33 设置表格行列数和列宽

江苏好声音选手评分表

选手姓名	评委 1	评委 2	评委 3	评委 4	最终得分
王莉莉					
李 雪					
王钰棋					
尚文丽					
刘小凡					
韩国华					
曹玉环					
刘双双					
张艳丽					

图 5-34 表格效果

STEP 06 完成以上操作后，在快速访问工具栏中单击【保存】按钮，将“江苏好声音选手评分表”文档进行保存。

5.3.2　选取表格元素

对表格进行格式化之前，首先要选定表格编辑对象，然后才能对表格进行操作。

- 选定一个单元格：将鼠标移动至该单元格的左侧区域，当光标变为➚形状时单击鼠标，如图 5-35 所示。
- 选定整行：将鼠标移动至该行的左侧，当光标变为 ↗ 形状时单击鼠标，如图 5-36 所示。

江苏好声音选

选手姓名	评委 1	评委 2	评委
王莉莉			

图 5-35　选取一个单元格

江苏好声音选

选手姓名	评委 1	评委 2	评委
王莉莉			
李　雪			
王钰棋			

图 5-36　选取整行

- 选定整列：将鼠标移动至该列的上方，当光标变为⬇形状时单击鼠标，如图 5-37 所示。
- 选定多个连续单元格：沿被选区域左上角向右下拖曳鼠标。
- 选定多个不连续单元格：选取第 1 个单元格后，按住 Ctrl 键不放，再分别选取其他的单元格，如图 5-38 所示。

江苏好声音选手评分表

选手姓名	评委 1	评委 2	评委 3	评委 4	最终得分
王莉莉					
李　雪					
王钰棋					
尚文丽					
刘小凡					
韩国华					
曹王环					
刘双双					
张艳丽					

图 5-37　选取整列

江苏好声音选手评分表

选手姓名	评委 1	评委 2	评委 3	评委 4	最终得分
王莉莉					
李　雪					
王钰棋					
尚文丽					
刘小凡					
韩国华					
曹玉环					
刘双双					
张艳丽					

图 5-38　选取不连续的单元格

- 选定整个表格：移动鼠标到表格左上角出现⊞图标时单击鼠标。

5.3.3　表格元素的插入和删除

要向表格中添加行，应先在表格中选定与需要插入行的位置相邻的行。然后打开表格工具的【布局】选项卡，在【行和列】命令组中单击【在上方插入】或【在下方插入】按钮即可。插入列的操作与插入行基本类似，如图 5-39 所示。

另外，单击【行和列】命令组中的对话框启动器按钮，打开【插入单元格】对话框，选中【整行插入】或【整列插入】单选按钮，同样也可以插入行和列，如图 5-40 所示。

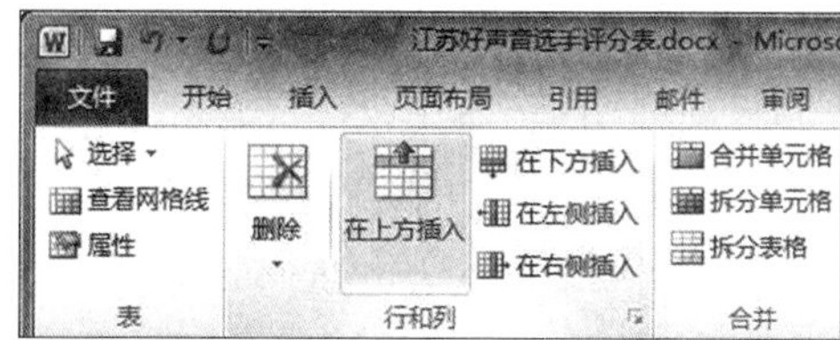

图 5-39　【行和列】命令组

插入单元格

- 活动单元格右移(I)
- 活动单元格下移(D)
- 整行插入(R)
- 整列插入(C)

确定　取消

图 5-40　插入单元格

当插入的行或列过多时，就需要删除多余的行和列。选定需要删除的行，或将插入点放置在该行的任意单元格中，在【行和列】命令组中单击【删除】按钮，在打开的下拉菜单中选择【删除行】命令即可。删除列的操作与删除行基本类似。

实用技巧

在表格中右击单元格，在弹出的快捷菜单中选择【删除单元格】命令，在打开的【删除单元格】对话框中选中【删除整行】单选按钮，也可以删除行。另外，如果选中某个单元格后，按 Delete 键，则只会删除该单元格中的内容，而不会从结构上删除单元格。

5.3.4 合并与拆分单元格

选取要合并的单元格，单击【表格工具】的【布局】选项卡，在【合并】组中单击【合并单元格】按钮；或右击鼠标，在弹出的快捷菜单中选择【合并单元格】命令，如图 5-41 所示。此时 Word 就会删除所选单元格之间的边界，建立起一个新的单元格，并将原来单元格的列宽和行高合并为当前单元格的列宽和行高。

选取要拆分的单元格，单击【表格工具】的【布局】选项卡，在【合并】组中单击【拆分单元格】按钮；或右击鼠标，在弹出的快捷菜单中选择【拆分单元格】命令，打开【拆分单元格】对话框，在【列数】和【行数】文本框中分别输入需要拆分的列数和行数，然后单击【确定】按钮即可，如图 5-42所示。

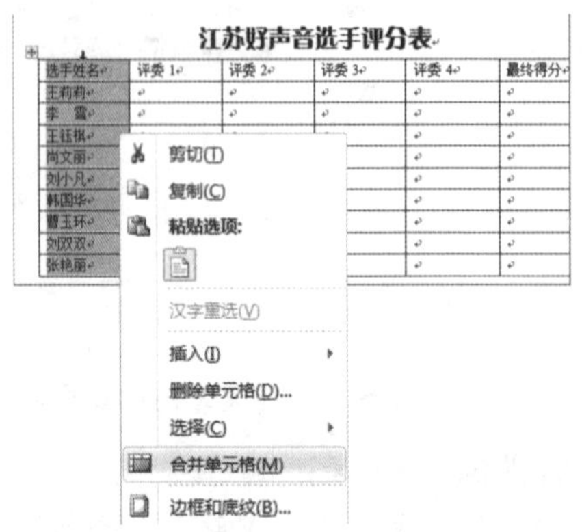

图 5-41 通过右键菜单合并单元格

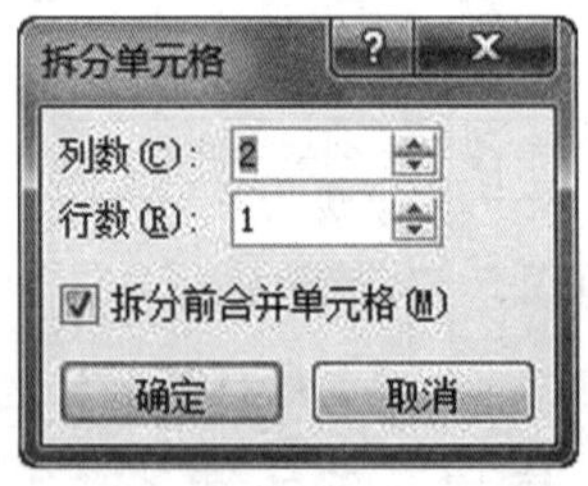

图 5-42 【拆分单元格】对话框

5.3.5 调整行高和列宽

在 Word 中创建表格时，表格的行高和列宽都是默认值，而在实际工作中常常需要随时调整表格的行高和列宽。

使用鼠标可以快速地调整表格的行高和列宽。先将鼠标指针指向需调整的行的下边框，然后拖动鼠标至所需位置，整个表格的高度会随着行高的改变而改变。在使用鼠标拖动调整列宽时，先将鼠标指针指向表格中所要调整列的边框，使用不同的操作方法，可以达到不同的效果：

- 以鼠标指针拖动边框，则边框左右两列的宽度发生变化，而整个表格的总体宽度不变。
- 按住 Shift 键，然后拖动鼠标，则边框左边一列的宽度发生改变，整个表格的总体宽度随之改变。

☑ 按住 Ctrl 键，然后拖动鼠标，边框左边一列的宽度发生改变，边框右边各列也相应发生均匀的变化，而整个表格的总体宽度不变。

如果表格尺寸要求的精确度较高，可以使用对话框，以输入数值的方式精确地调整行高与列宽。将插入点定位在表格需要设置的行中，打开【表格工具】的【布局】选项卡。在【单元格大小】组中单击对话框启动器按钮，打开【表格属性】对话框的【行】选项卡，选中【指定高度】复选框，在其后的数值微调框中输入数值，单击【下一行】按钮，将鼠标指针定位在表格的下一行，进行相同的设置即可，如图 5-43 所示。

打开【列】选项卡，选中【指定宽度】复选框，在其后的数值微调框中输入数值，单击【后一列】按钮，将鼠标指针定位在表格的下一列，可以进行相同的设置，如图 5-44 所示。

图 5-43　【行】选项卡

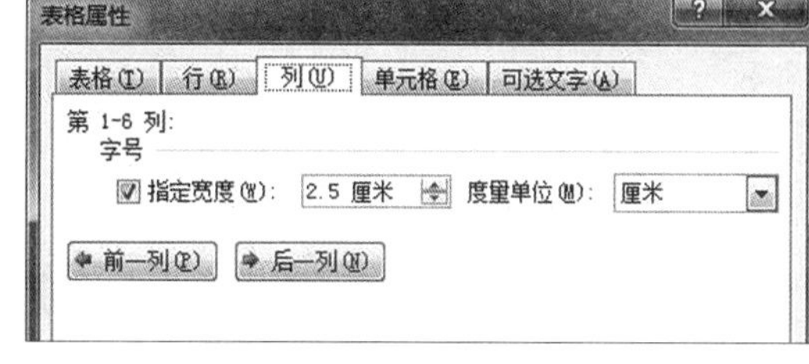

图 5-44　【列】选项卡

【例 5-7】　将表格"江苏好声音选手评分表"第 1 行的行高设置为 0.8 厘米，将第 2、3、4、5、6 列的列宽设置为 2 厘米。 视频+素材

STEP 01 启动 Word 2010，打开"江苏好声音选手评分表"文档，选定表格第 1 行。

STEP 02 打开【表格工具】的【布局】选项卡，在【单元格大小】组中单击对话框启动器按钮，打开【表格属性】对话框。

STEP 03 打开【行】选项卡，在【尺寸】选项区域中选中【指定高度】复选框，在其右侧的数值微调框中输入"0.8 厘米"，在【行高值是】下拉列表中选择【固定值】选项，单击【确定】按钮，即可完成行高的设置，如图 5-45 所示。

STEP 04 选定表格的第 2、3、4、5、6 列，打开【表格属性】对话框的【列】选项卡。

STEP 05 选中【指定宽度】复选框，在其右侧的数值微调框中输入"2 厘米"，单击【确定】按钮，完成列宽的设置，如图 5-46 所示。

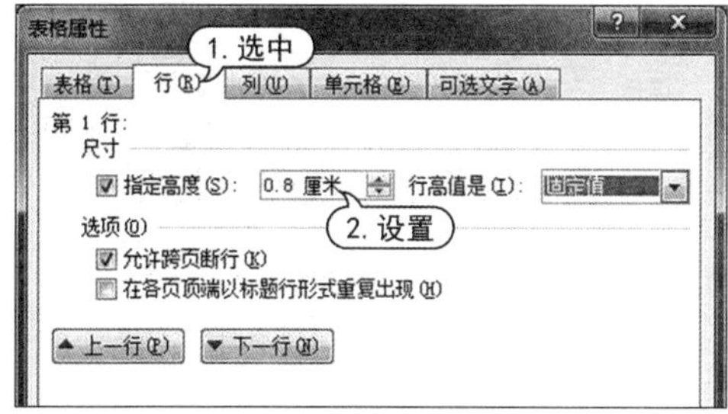

图 5-45　设置表格的行高

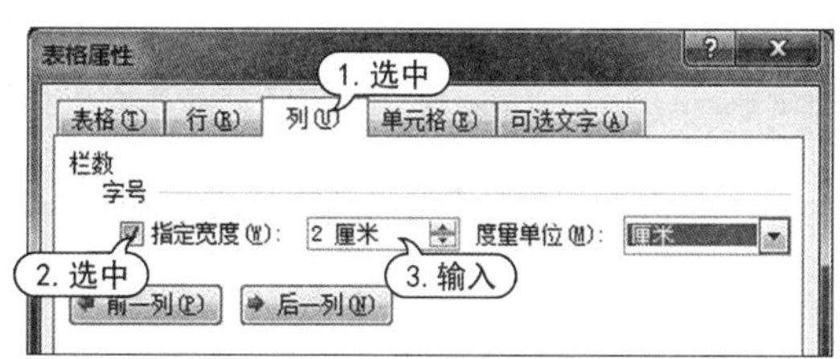

图 5-46　设置表格的列宽

 5.3.6 设置表格外观

在制作表格时，可以通过功能区的操作命令对表格进行设置。例如设置表格边框和底纹、设置表格的对齐方式等，使表格的结构更为合理、外观更为美观。

【例 5-8】 **在表格“江苏好声音选手评分表”中，设置单元格的对齐方式以及表格的样式。** 视频

STEP 01 启动 Word 2010，打开“江苏好声音选手评分表”文档。

STEP 02 选定整个表格，打开【开始】选项卡，在【段落】组中单击【居中】按钮，使整个表格页面居中，如图 5-47 所示。

STEP 03 保持表格的选中状态，打开【表格工具】的【布局】选项卡。在【对齐方式】组中单击【水平居中】按钮，设置表格文本居中对齐，如图 5-48 所示。

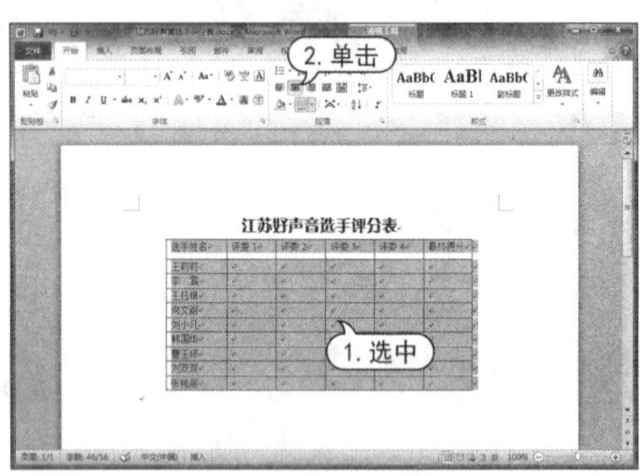

图 5-47 设置表格居中

图 5-48 设置表格中的文本居中对齐

STEP 04 打开【表格工具】的【设计】选项卡，在【表格样式】组中单击【其他】按钮，从弹出的列表框中选择【中等深浅网格 3-强调文字颜色 6】选项，对表格快速应用该底纹和边框样式，如图 5-49 所示。

STEP 05 设置完成后文档效果如图 5-50 所示，按下 Ctrl + S 组合键保存编辑过的文档。

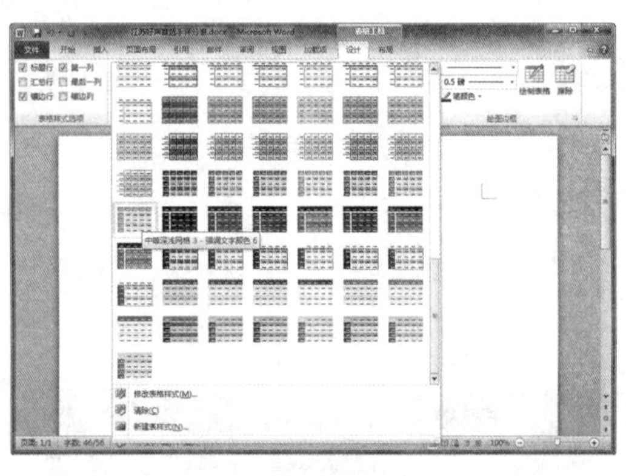

图 5-49 选择表格样式

江苏好声音选手评分表

选手姓名	评委 1	评委 2	评委 3	评委 4	最终得分
王莉莉					
李　雪					
王钰棋					
尚文丽					
刘小凡					
韩国华					
曹玉环					
刘双双					
张艳丽					

图 5-50 表格效果

实用技巧

打开【表格工具】的【布局】选项卡，在【表】组中单击【属性】按钮，打开【表格属性】对话框的【表格】选项卡。在【文字环绕】选项区域中，选择【环绕】选项，可以设置表格环绕文字。

5.4　文档的图文混排

如果整篇文章都是文字，没有任何修饰性的内容，这样的文档在阅读时不仅缺乏吸引力，而且会使读者阅读起来劳累不堪。Word 2010 具有强大的图文混排功能，不仅提供了大量图形以及多种形式的艺术字，而且支持多种绘图软件创建的图形以及屏幕截图功能，从而轻而易举地实现图片和文字的混合排版。

5.4.1　插入电脑中的图片

用户可以直接将保存在计算机中的图片插入至 Word 文档中，也可以从扫描仪或其他图形软件插入图片到 Word 文档中。下面以实例来介绍插入电脑中已保存的图片的方法。

【例 5-9】　新建一个文档，在其中插入电脑中已保存的图片。视频+素材

STEP 01　启动 Word 2010，新建一个名为“小伙伴们都惊呆了”的文档，然后输入正文文本，如图 5-51 所示。

STEP 02　将插入点定位在文档正文的最后，然后按 Enter 键另起一行。打开【插入】选项卡，在【插图】组中单击【图片】按钮，打开【插入图片】对话框。

STEP 03　找到图片的存放位置，选中图片，单击【插入】按钮，即可将其插入到文档中。

STEP 04　使用鼠标拖动的方法调整两张图片的大小和位置，最终效果如下图所示，如图 5-52 所示。

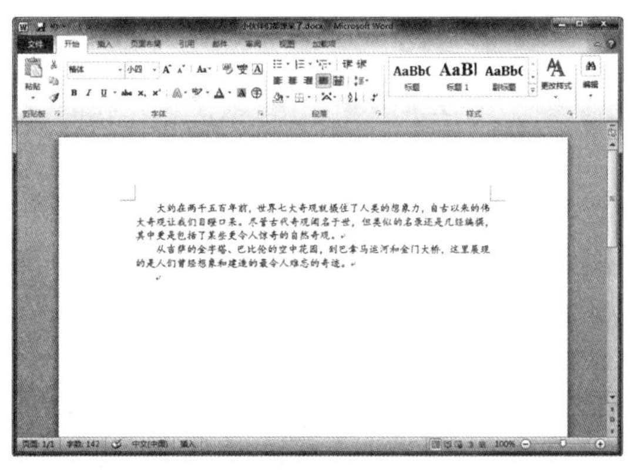

图 5-51　创建文档并输入文本

图 5-52　在文档中插入并调整图片

实用技巧

在【插入图片】对话框中，按住 Shift 键的同时选择图片，可以选择多张连续的图片；按住 Ctrl 键的同时选择图片，可以选择多张不连续的图片。

5.4.2　插入艺术字

在流行的报纸、杂志上常常会看到各种各样的艺术字，这些艺术字给文章增添了强烈的视觉冲击效果。使用 Word 2010 可以创建出各种文字的艺术效果，甚至可以把文本扭曲成各种各样的形状或设置为具有三维轮廓的效果。

1. 插入艺术字

插入艺术字的方法有两种：一种是先输入文本，再将输入的文本应用为艺术字样式；另一

种是先选择艺术字样式，再输入需要的文本。

【例 5-10】 在“小伙伴们都惊呆了”文档中插入艺术字。视频+素材

STEP 01 启动 Word 2010，打开“小伙伴们都惊呆了”文档。打开【插入】选项卡，在【文本】组中单击【艺术字】按钮，从弹出的列表框中选择【填充－红色，强调文字颜色 2，粗糙棱台】选项，如图 5-53 所示。

STEP 02 此时在文档中插入了所选的艺术字。

STEP 03 切换至搜狗拼音输入法，在提示文本“请在此放置您的文字”处输入“我和我的小伙伴们都惊呆了”，然后拖动鼠标调节艺术字的位置和大小，效果如图 5-54 所示。

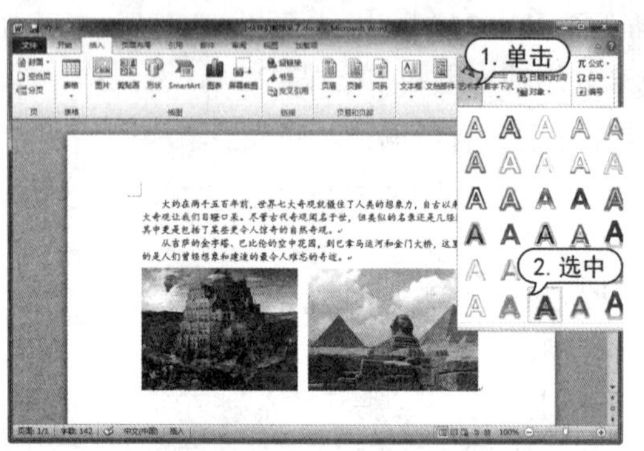

图 5-53 选择艺术字样式

图 5-54 文档中的艺术字效果

2. 编辑艺术字

在【绘图工具】选项卡的【格式】组中也可以对艺术字进行编辑，包括形状样式的设置及艺术字样式的设置。

【例 5-11】 在“小伙伴们都惊呆了”文档中，对艺术字进行编辑。视频+素材

STEP 01 启动 Word 2010，打开“小伙伴们都惊呆了”文档。选中“我和我的小伙伴们都惊呆了”艺术字，在【开始】选项卡的【字体】组中设置艺术字的字体为【方正粗倩简体】(该字体需用户自行安装)。

STEP 02 选择【格式】选项卡，在【艺术字样式】组中单击【文字效果】按钮，从弹出的下拉菜单中选择【映像】|【紧密映像，4pt 偏移量】选项，为艺术字应用映像效果，如图 5-55 所示。

STEP 03 艺术字格式设置完成后，文档的最终效果如图 5-56 所示.

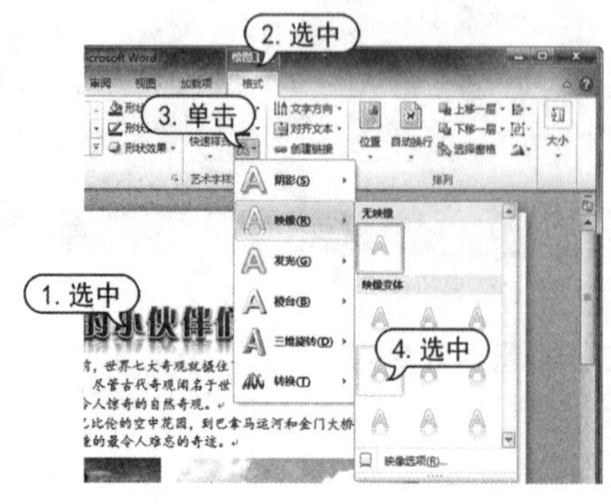

图 5-55 设置艺术字效果

我和我的小伙伴们都惊呆了

大约在两千五百年前，世界七大奇观就攫住了人类的想象力，自古以来的伟大奇观让我们目瞪口呆。尽管古代奇观闻名于世，但类似的名录还是几经编撰，其中更是包括了某些更令人惊奇的自然奇观。

从吉萨的金字塔、巴比伦的空中花园，到巴拿马运河和金门大桥，这里展现的是人们曾经想象和建造的最令人难忘的奇迹。

图 5-56 文档最终效果

5.4.3 使用文本框

文本框是一种图形对象。它作为存放文本或图形的容器，可置于页面中的任何位置，并可随意地调整其大小。在 Word 2010 中，文本框用来建立特殊的文本，并且可以对其进行一些特殊的处理，如设置边框、颜色、版式格式。

1. 插入内置文本框

Word 2010 提供了 44 种内置文本框，例如简单文本框、边线型提要栏和大括号型引述等。通过插入这些内置文本框，可快速制作出优秀的文档。

【例 5-12】 在文档中插入【运动型引述】文本框。 视频+素材

STEP 01 启动 Word 2010，打开“夏季青年奥林匹克运动会”文档。将插入点定位在图片的后方，打开【插入】选项卡，在【文本】组中单击【文本框】下拉按钮，从弹出的列表框中选择【运动型引述】选项，将其插入到文档中，如图 5-57 所示。

STEP 02 切换至搜狗拼音输入法，在文本框中输入文本，并通过拖动鼠标将其调整到合适的位置，效果如图 5-58 所示。

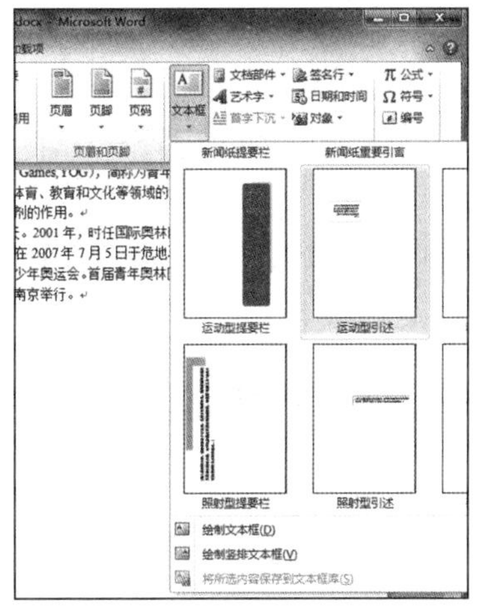

图 5-57 选择文本框样式

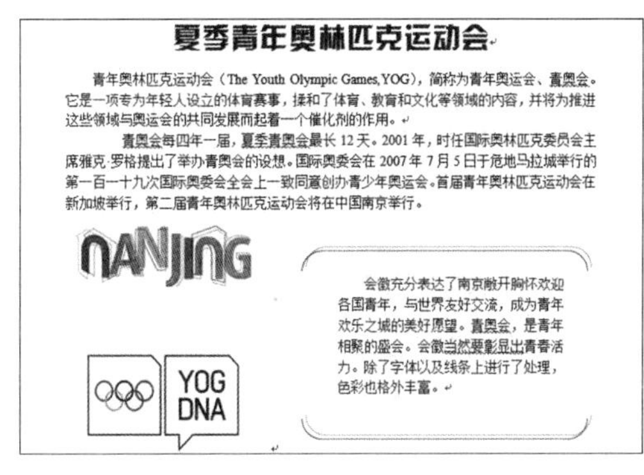

图 5-58 在文档中插入文本框的效果

2. 绘制文本框

除了插入文本框外，还可以根据需要手动绘制横排或竖排文本框。该文本框主要用于插入图片和文本等。

【例 5-13】 在“夏季青年奥林匹克运动会”文档中插入横排文本框。 视频

STEP 01 启动 Word 2010，打开“夏季青年奥林匹克运动会”文档。

STEP 02 打开【插入】选项卡，在【文本】组中单击【文本框】按钮，从弹出的下拉菜单中选择【绘制文本框】命令。

STEP 03 将鼠标移动到合适的位置，此时鼠标指针变成“十”字形时，拖动鼠标指针绘制横排文本框，如图 5-59 所示。

STEP 04 释放鼠标指针，完成绘制操作。此时在文本框中将出现闪烁的插入点。切换至搜狗拼音输入法，在文本框的插入点处输入文本，如图 5-60 所示。

STEP 05 选取文本框中的文本，右击，从弹出的浮动工具栏中的【字体】下拉列表中选择【华文琥珀】选项；【字号】下拉列表框中选择【一号】选项；单击【居中】按钮，使文本居中；单击【字体颜色】按钮，从打开的颜色面板中选择【橙色】选项。

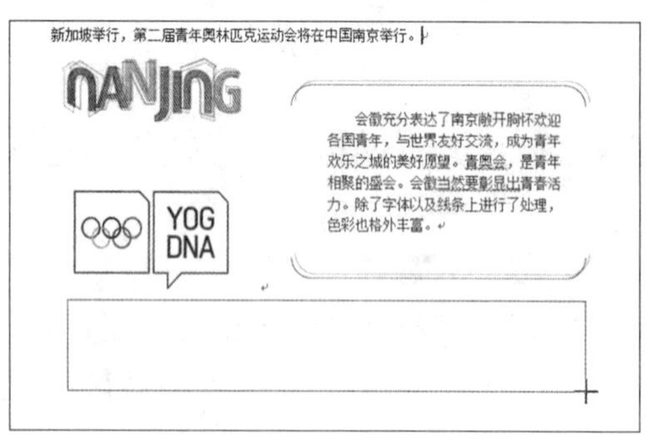

图 5-59　绘制横排文本框

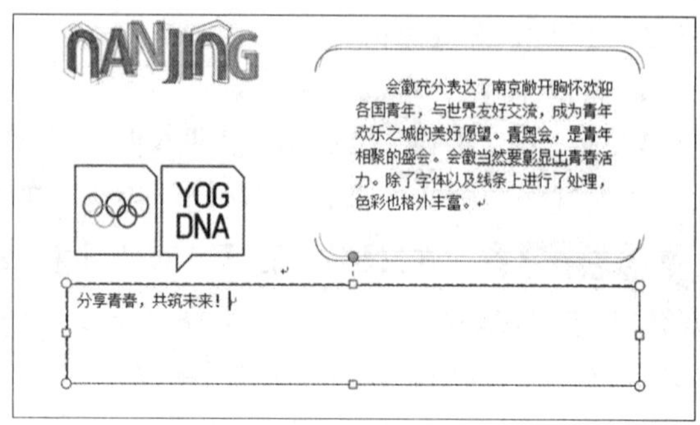

图 5-60　在文本框中输入文本

STEP 06 设置完成后，调整文本框的大小和位置。按 Ctrl + S 组合键保存文档。

实用技巧

打开【插入】选项卡，在【文本】组中单击【文本框】按钮，从弹出的下拉菜单中选择【绘制竖排文本框】命令，将鼠标指针移至合适位置，拖动鼠标即可绘制竖排文本框。

3. 设置文本框格式

绘制文本框后，【绘图工具】的【格式】选项卡会自动被激活，在该选项卡中可以设置文本框的各种效果，如图 5-61 所示。

图 5-61　【绘图工具】|【格式】选项卡

【例 5-14】　在"夏季青年奥林匹克运动会"文档中设置文本框格式。 视频+素材

STEP 01 启动 Word 2010，打开"夏季青年奥林匹克运动会"文档。选中绘制的横排文本框，右击鼠标，从弹出的快捷菜单中选择【设置形状格式】命令，打开【设置形状格式】对话框。

STEP 02 单击【填充】选项，选中【图片或纹理填充】单选按钮，然后在【纹理】下拉列表框中选择如图 5-62 所示的纹理样式。

STEP 03 单击【线条颜色】选项，选择【无线条】单选按钮，如图 5-63 所示。

STEP 04 单击【文本框】选项，在【垂直对齐方式】列表中选择【中部对齐】选项，如图 5-64 所示。

STEP 05 设置完成后，关闭【设置形状格式】对话框，然后使用鼠标调整文本框的大小和位置，效果如图 5-65 所示。

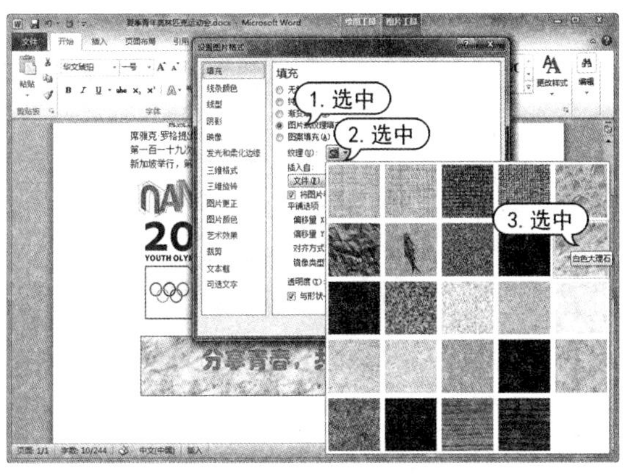

图 5-62　设置文本框填充纹理样式

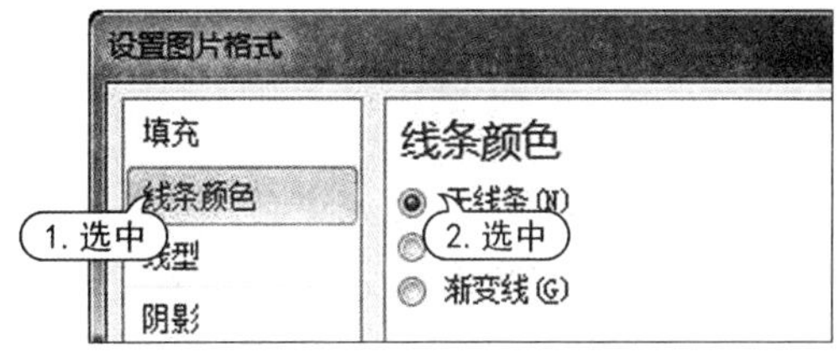

图 5-63　【线条颜色】选项

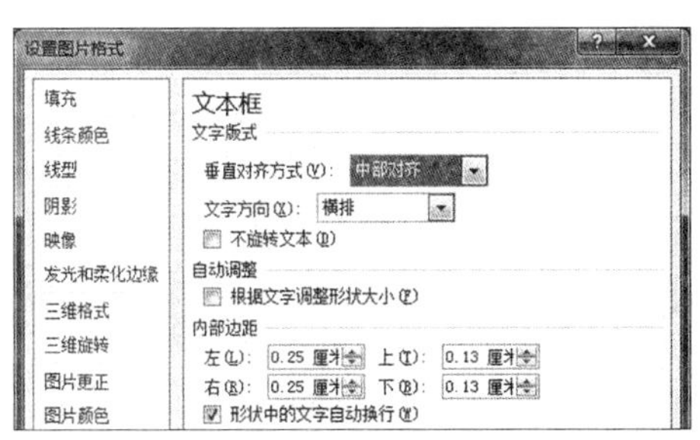

图 5-64　【文本框】选项

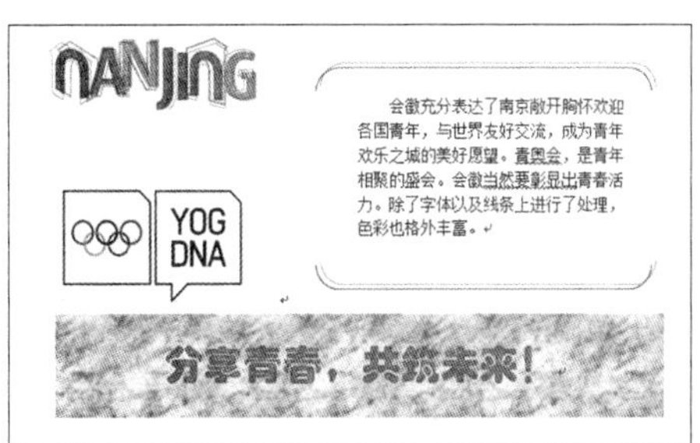

图 5-65　调整文本框的大小和位置

5.5　设置页面版式

在编辑文档的过程中，为了使文档页面更加美观，可以根据需求对文档的页面进行布局，如设置页面大小和方向、设置页边距、设置装订线、设置文档网格和信纸页面等，从而制作出一个要求较为严格的文档版面。

5.5.1　设置页面大小和方向

在 Word 2010 中，默认的页面方向为纵向，其大小为 A4。在制作某些特殊文档(如名片、贺卡)时，为了满足文档的需要可对其页面大小和方向进行更改。

下面通过一个具体实例来介绍如何更改页面的大小和方向。

【例 5-15】　新建一个名为“恭贺新春”的贺卡文档，并对其纸张大小和方向进行设置。 视频+素材

STEP 01　启动 Word 2010，新建一个空白文档，将其命名为“恭贺新春”。打开【页面布局】选项卡，在【页面设置】组中单击【纸张大小】按钮，从弹出的下拉菜单中选择【其他页面大小】命令，如图 5-66 所示，打开【页面设置】对话框。

STEP 02　在【页面设置】对话框中单击【纸张】选项卡，在【纸张大小】下拉列表框中选择【自定义大小】选项，在【宽度】和【高度】微调框中分别输入“20 厘米”和“15 厘米”，单击【确定】按钮完成设置，如图 5-67 所示。

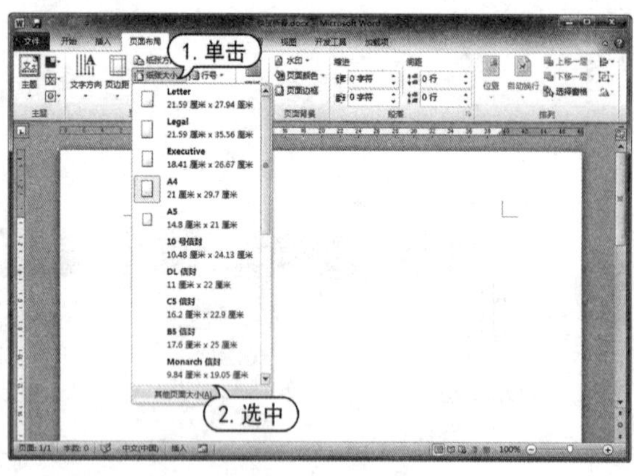

图 5-66　新建文档并选择【其他页面大小】命令

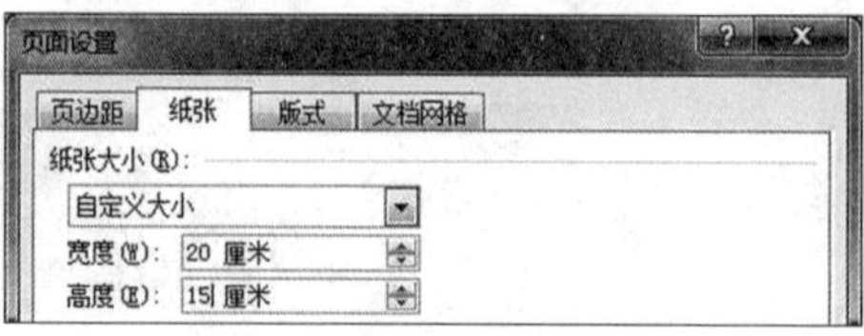

图 5-67　设置纸张大小

STEP 03 在【页面设置】组中单击【纸张方向】按钮，从弹出的下拉菜单中选择【纵向】命令，此时之前的横向页面将自动切换至纵向页面。

在【页面设置】组中单击对话框启动器按钮，打开【页面设置】对话框，选择【页边距】选项卡，在【纸张方向】选项区域中同样可以设置纸张的方向。

5.5.2　设置页边距

页边距是指文本与纸张边缘的距离。为了使页面更为美观，可以根据需求对页边距进行设置。

【例 5-16】　在"恭贺新春"文档中设置页边距。视频+素材

STEP 01 启动 Word 2010，打开"恭贺新春"文档。打开【页面布局】选项卡，在【页面设置】组中单击【页边距】按钮，从弹出的列表框中可选择内置的页边距样式，本例中选择【自定义边距】命令，如图 5-68 所示，打开【页面设置】对话框。

STEP 02 打开【页边距】选项卡，在【页边距】选项区域中的【上】、【下】、【左】、【右】微调框中依次输入"3 厘米"、"3 厘米"、"2 厘米"和"2 厘米"，然后单击【确定】按钮完成设置，如图 5-69 所示。

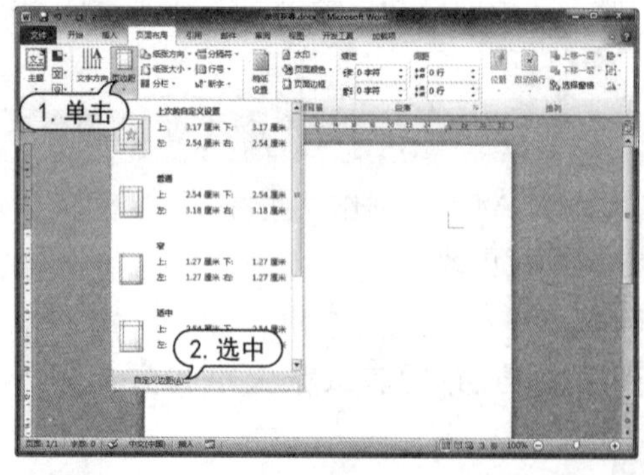

图 5-68　选择【自定义页边距】命令

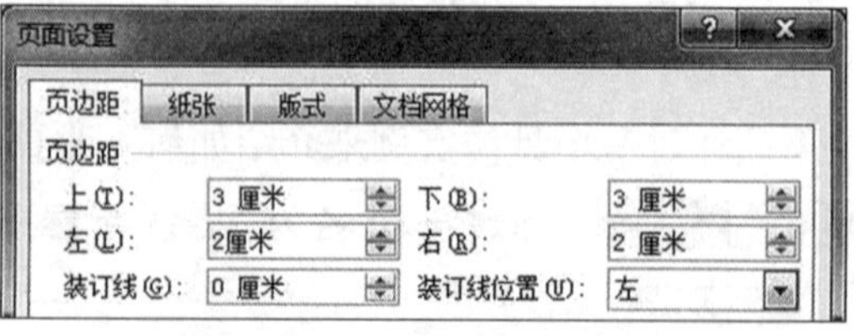

图 5-69　【页边距】选项卡

5.5.3　设置装订线

Word 2010 提供了添加装订线功能，使用该功能可以为页面设置装订线，以便日后装订长文档。

【例 5-17】　在"恭贺新春"文档中设置装订线。视频+素材

STEP 01 启动 Word 2010，打开"新年快乐"文档。打开【页面布局】选项卡，单击【页面设置】对

话框启动器，打开【页面设置】对话框。

STEP 02 打开【页边距】选项卡，在【页边距】选项区域中的【装订线】微调框中输入“1.5 厘米”；在【装订线位置】下拉列表框中选择【上】选项，单击【确定】按钮完成设置。

5.5.4　插入封面

通常情况下，在书籍的首页可以插入封面，用于说明文档的主要内容和特点。

封面是文档给人的第一印象，因此必须做得美观。封面主要包括标题、副标题、编写时间、编著者及公司名称等信息。下面通过一个具体实例介绍插入封面的方法。

【例 5-18】　新建一个文档并插入封面。视频

STEP 01 启动 Word 2010，新建一个空白文档，并将其保存为“封面”。打开【插入】选项卡，在【页】组中单击【封面】按钮，从弹出的【内置】列表框中选择【新闻纸】选项，即可快速插入封面，如图 5-70 所示。

STEP 02 根据提示内容，在封面中输入相关的信息，其预览效果如图 5-71 所示。

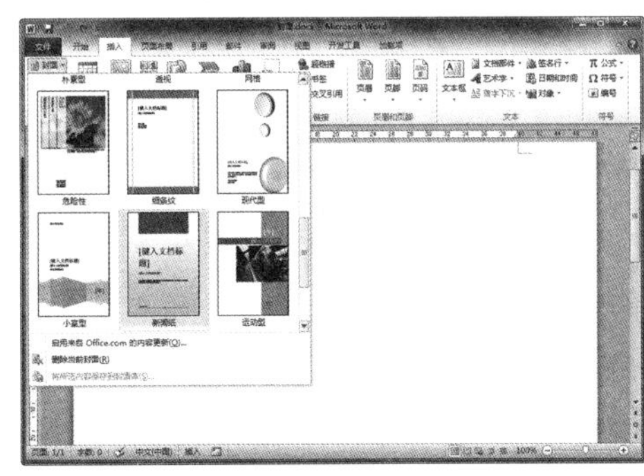

图 5-70　在文档中快速插入封面

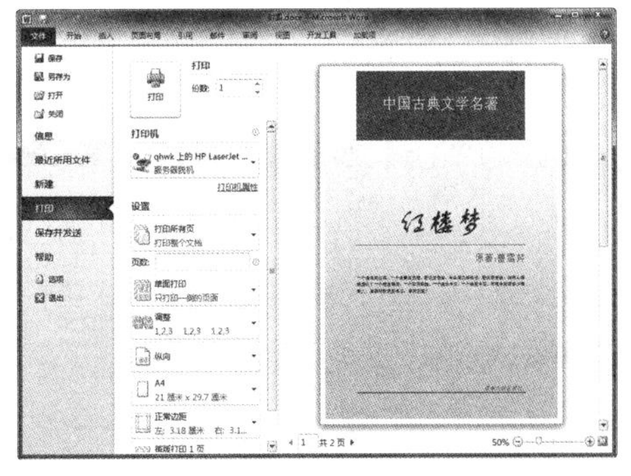

图 5-71　预览封面效果

5.5.5　插入页码

要插入页码，可以打开【插入】选项卡，在【页眉和页脚】组中单击【页码】按钮，在弹出的下拉列表中选择页码的位置和样式，如图 5-72 所示。

插入页码后，在【页眉和页脚】组中单击【页码】按钮，选择【设置页码格式】命令，可打开【页码格式】对话框，在该对话框中可设置页码的编号格式和页码的起始数值等参数，如图 5-73 所示。

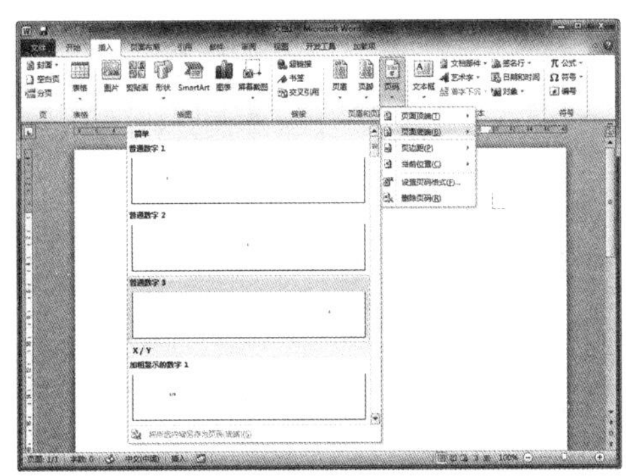

图 5-72　在页面中插入页码

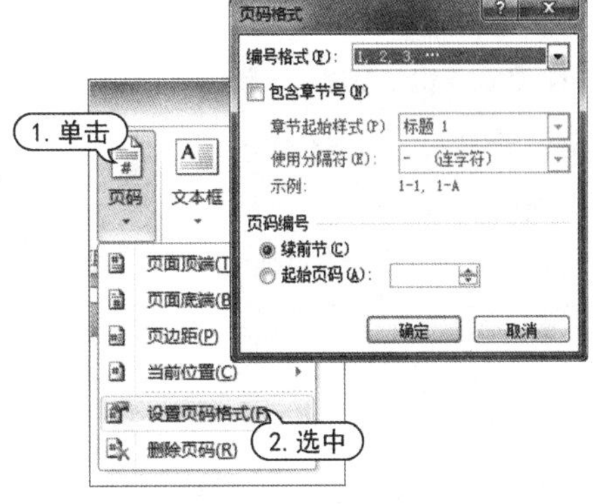

图 5-73　设置页码格式

5.6 预览和打印文档

完成文档的制作后，在打印前可以先对其进行打印预览。再按照用户的不同需求进行修改和调整，然后对打印文档的页面范围、打印份数和纸张大小等进行设置，再将文档打印出来。

5.6.1 打印预览

在打印文档之前，如果想预览打印效果，可以使用打印预览功能，利用该功能查看文档效果。打印浏览的效果与实际打印的真实效果非常相近，使用该功能可以避免打印失误或不必要的损失。

在 Word 2010 窗口中，单击【文件】按钮，从弹出的下拉菜单中选择【打印】命令，在右侧的预览窗格中可以预览打印文档的效果，如图 5-74 所示。

如果看不清楚预览的文档，可以单击多次预览窗格下方的缩放比例工具右侧的按钮，以达到合适的缩放比例进行查看。单击按钮，可以将文档缩小至合适大小，以多页方式查看文档效果。另外，拖动滑块同样可以对文档的显示比例进行调整，如图 5-75 所示。

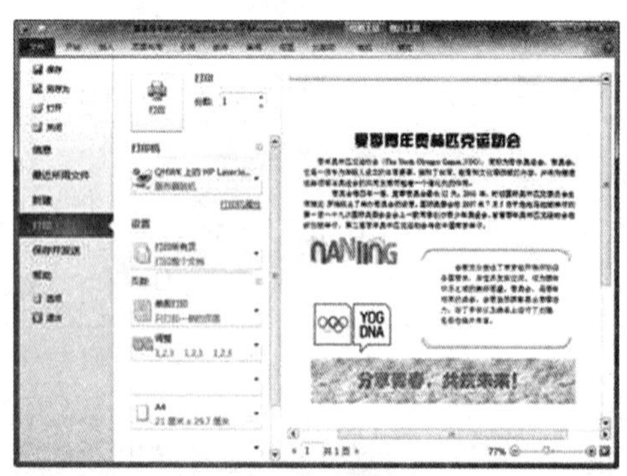
图 5-74 预览打印效果

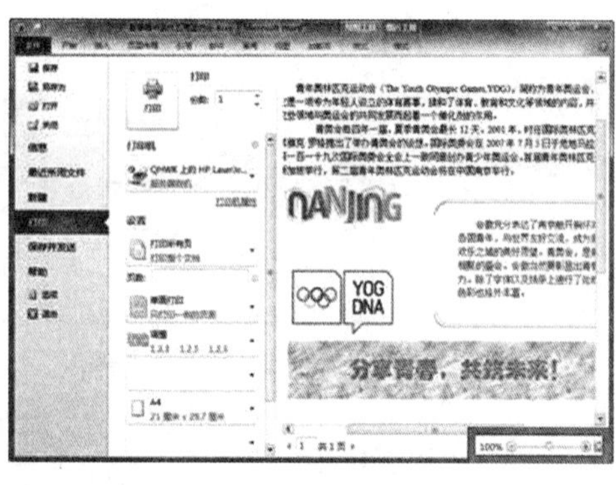
图 5-75 调整打印预览显示比例

在打印预览窗格中可以进行如下操作：

- 查看文档的总页数，以及当前预览的页码。
- 可通过缩放比例工具设置显示比例进行查看。
- 可以多页、单页或双页多种方式进行查看。

5.6.2 打印文档

如果一台打印机与计算机已正常连接，并且安装了所需的驱动程序，就可以在 Word 2010 中打印出所需的文档。

在文档中，单击【文件】按钮，在弹出的下拉菜单中选择【打印】命令，可在打开的视图中设置打印份数、打印机属性、打印页数等，如图 5-76 所示。

设置完成后，直接单击【打印】按钮，即可开始打印文档。

如果需要对打印机属性进行设置，单击【打印机属性】链接，打开【\\qhwk\ HP LaserJet 1018 属性】对话框（“\\qhwk\ HP LaserJet 1018”是笔者使用的打印机的名称），在该对话框中可以进行纸张尺寸、水印效果、打印份数、纸张方向等参数的设置，如图 5-77 所示。

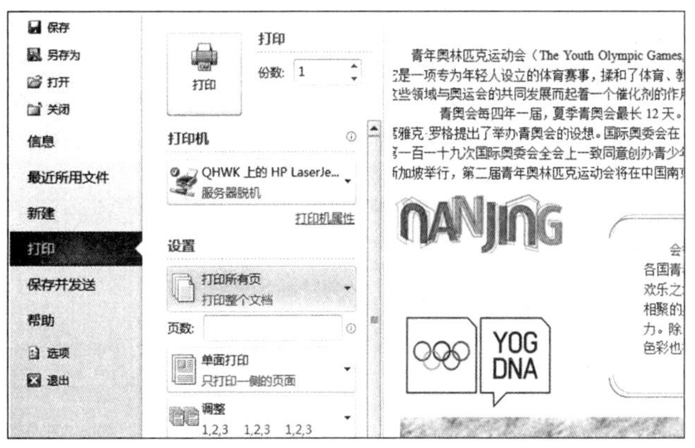

图 5-76　设置文档打印参数

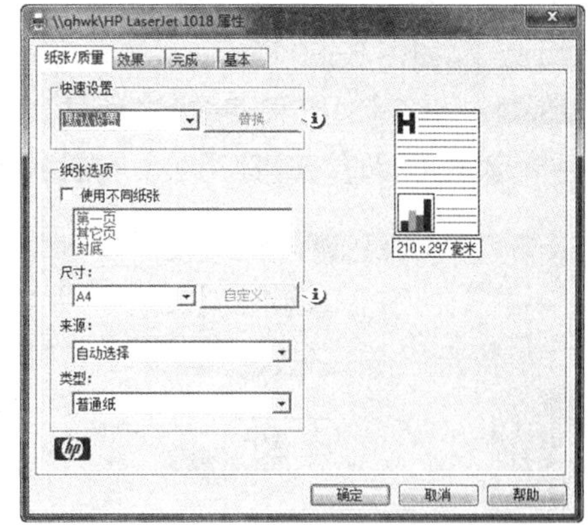

图 5-77　【打印机属性】对话框

5.7　案例演练

本章的上机练习将通过具体的实例操作，制作各类 Word 文档，帮助用户进一步巩固所学的知识。

5.7.1　使用 Word 制作考勤表

下面将介绍在 Word 2010 中制作考勤表的具体操作。

【例 5-19】　使用 Word 2010 制作一个考勤表。视频+素材

STEP 01　启动 Word 2010，按下 Ctrl + N 组合键新建一个空白文档，并将其保存为“考勤表”。

STEP 02　输入标题“公司考勤表”，然后设置其字体为【方正粗活意简体】、字号为【二号】、对齐方式为【居中】。

STEP 03　将光标定位在第 2 行，输入相关文本，如图 5-78 所示。其中下划线可配合【下划线】按钮 U· 和空格键来完成。

STEP 04　选中“公司考勤表”文本，在【段落】组中单击对话框启动器按钮，打开【段落】对话框，设置段后间距为【0.5 行】，行距为【最小值】、【0 磅】，如图 5-79 所示。

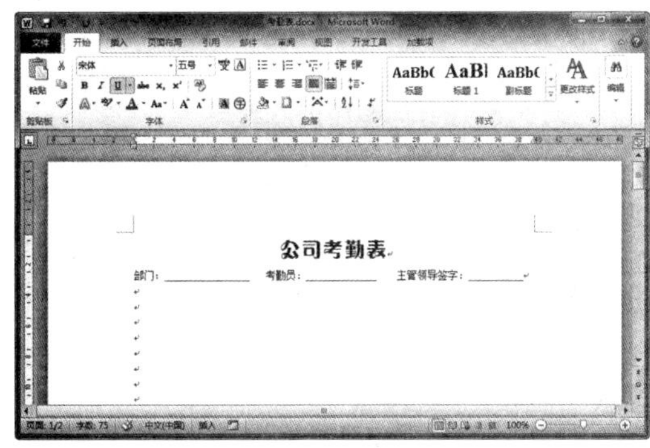

图 5-78　在第 2 行输入文本

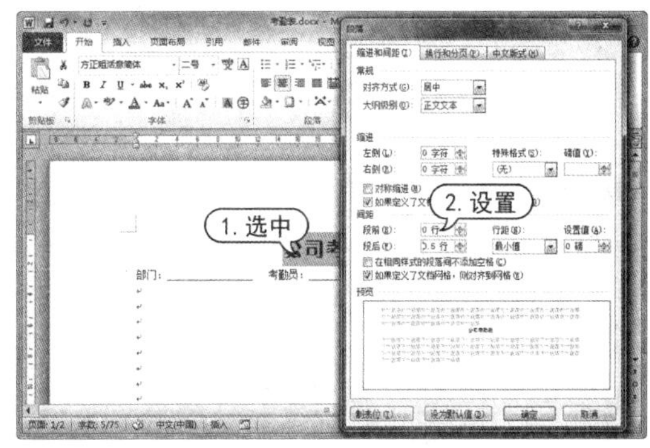

图 5-79　设置文本的段落属性

STEP 05 继续保持选中标题文本，在【段落】组中单击【边框和底纹】下拉按钮，选择【边框和底纹】命令，如图 5-80 所示。

STEP 06 打开【边框和底纹】对话框，切换至【底纹】选项卡，在【填充】下拉列表中选择【深蓝，文字 2，淡色 80%】，在【应用于】下拉列表框中选择【段落】选项，如图 5-81 所示。

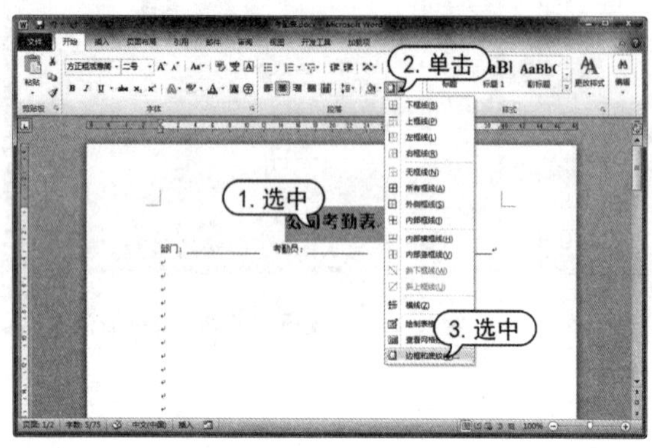

图 5-80　设置文本的边框和底纹

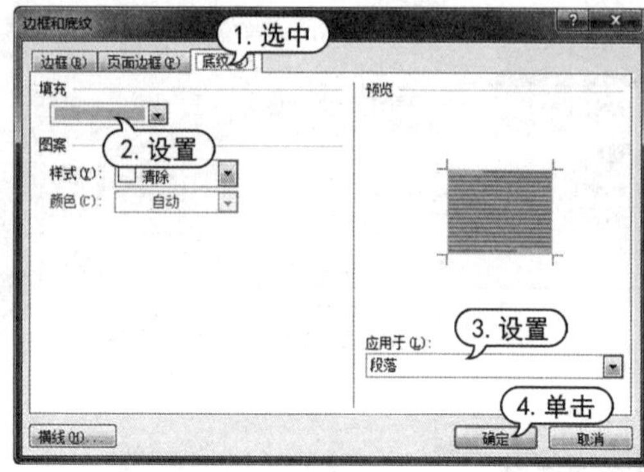

图 5-81　设置【底纹】选项卡

STEP 07 设置完成后，单击【确定】按钮，如图 5-82 所示。

STEP 08 将光标定位在第 3 行，打开【插入】选项卡，在【表格】组中单击【表格】按钮，选择【插入表格】命令，打开【插入表格】对话框，在【列数】微调框中输入“11”，【行数】微调框中输入“16”，如图 5-83 所示。

图 5-82　文本的底纹效果

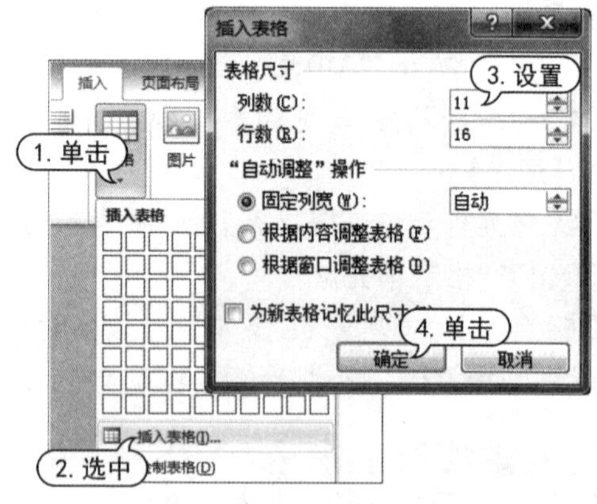

图 5-83　在文档中插入表格

STEP 09 单击【确定】按钮，插入一个 11×16 的表格，如图 5-84 所示。

STEP 10 选中图中所示单元格，打开【表格工具】的【布局】选项卡，在【合并】组中单击【合并单元格】按钮，合并单元格，如图 5-85 所示。

STEP 11 按照步骤 10 的方法合并其他单元格，并输入相应文本，效果如图 5-86 所示。

STEP 12 选中整个表格，打开【表格工具】的【布局】选项卡，在【对齐方式】组中单击【水平居中】按钮，设置表格中文本的对齐方式，如图 5-87 所示。

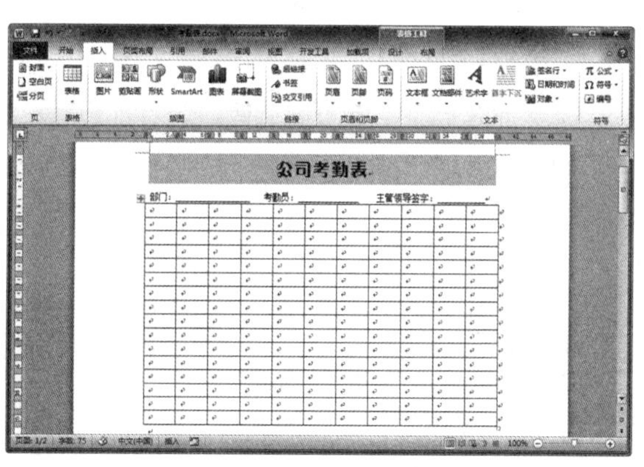

图 5-84　文档中的表格效果

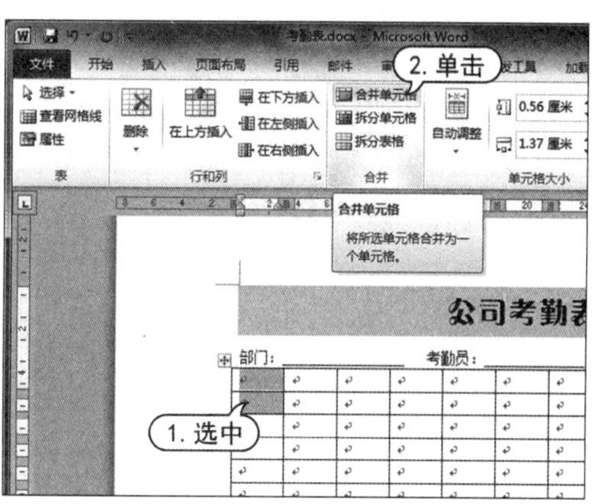

图 5-85　合并单元格

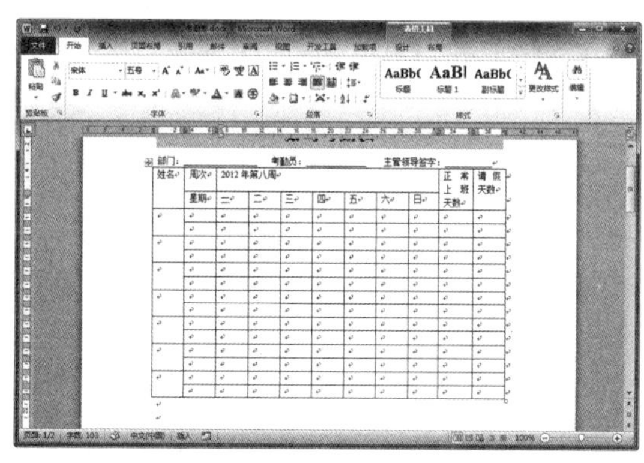

图 5-86　在表格中输入文本

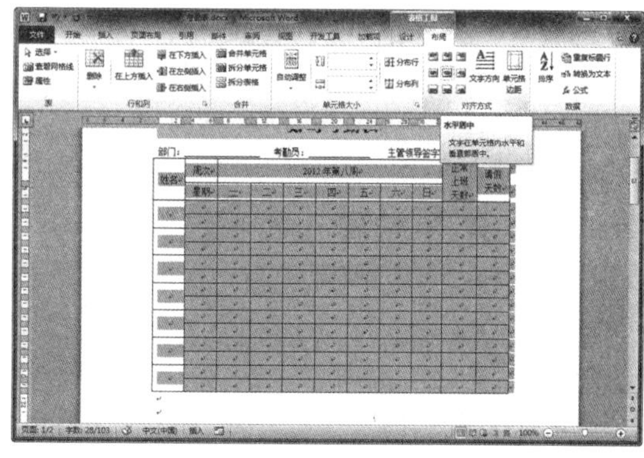

图 5-87　设置表格文本对齐方式

STEP 13 在【开始】选项卡中设置表格内文本的字体格式，并使用鼠标拖动的方法调整表格的行高和列宽，效果如图 5-88 所示。

STEP 14 选中“六”和“日”两个单元格，在【开始】选项卡的【段落】组中单击【底纹】下拉按钮，为单元格设置【深红色】底纹，如图 5-89 所示。

公司考勤表

部门:　　　　考勤员:　　　　主管领导签字:

姓名	周次	2012 年第八周							正常上班天数	请假天数
	星期	一	二	三	四	五	六	日		

图 5-88　表格效果

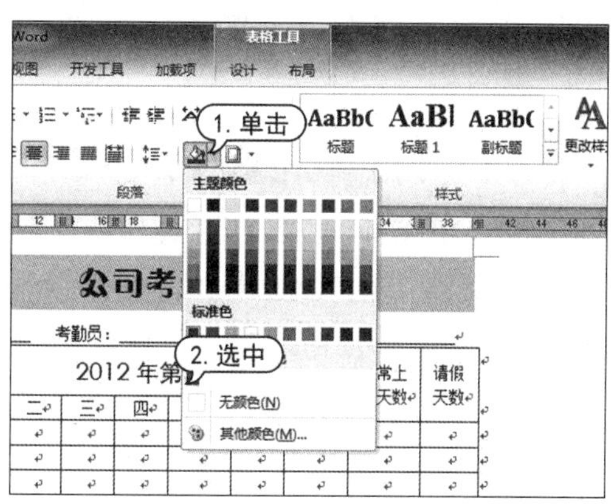

图 5-89　设置单元格底纹

STEP 15 重复以上方法为其他单元格设置底纹颜色,效果图 5-90 所示。

STEP 16 选中整个表格,打开【边框和底纹】对话框并选择【边框】选项卡。在左侧选中【全部】选项,在【颜色】下拉列表中选择【深蓝,文字 2,淡色 40%】选项,如图 5-91 所示。

图 5-90 表格底纹效果

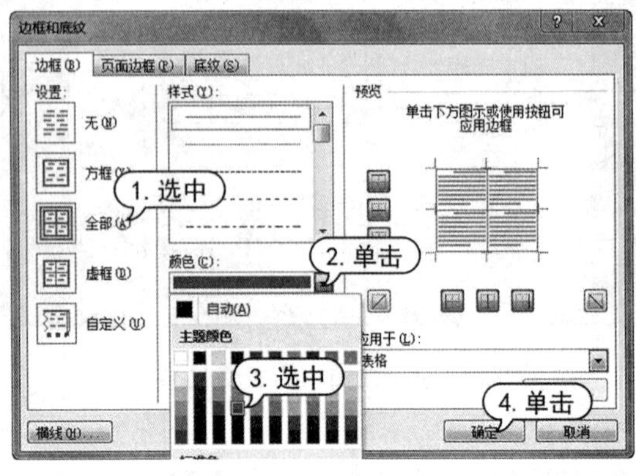

图 5-91 【边框和底纹】对话框

STEP 17 选择完成后,单击【确定】按钮,为边框设置颜色,然后补充相应的文本。整个文档的最终效果如图 5-92 所示。

STEP 18 单击【文件】按钮,选择左侧的【打印】选项,可对文档进行预览,单击【打印】按钮可打印文档,如图 5-93 所示。

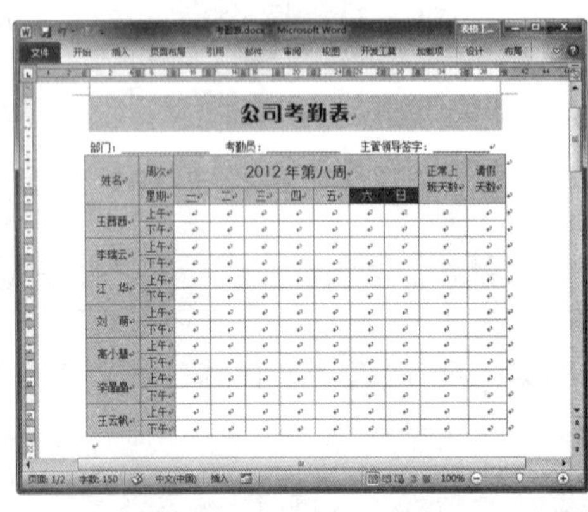

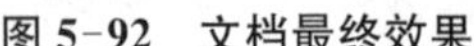

图 5-92 文档最终效果

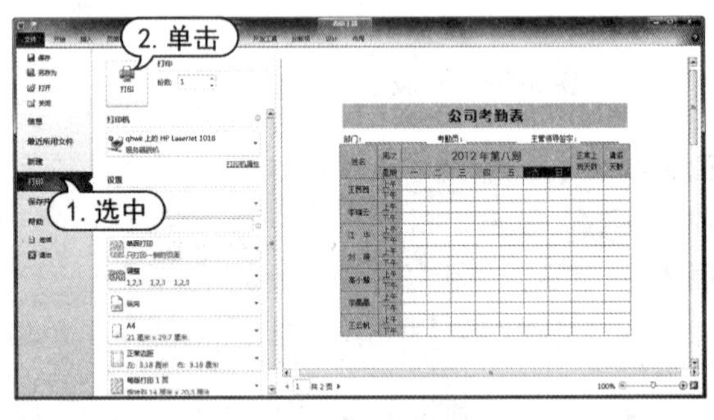

图 5-93 打印文档

5.7.2 使用 Word 制作调查表

下面将介绍在 Word 2010 中制作调查表的具体操作。

【例 5-20】 使用 Word 2010 制作一个调查表。素材

STEP 01 启动 Word 2010,新建一个空白文档,将其以"调查表"为名进行保存。

STEP 02 输入文档标题"飞翔公司顾客满意度调查表",然后在【开始】选项卡的【字体】组中设置其字体为【华文细黑】、大小为【小二】、字形为【加粗】、对齐方式为【居中】。设置完成后,输入正文第一段内容,效果如图 5-94 所示。

STEP 03 将光标定位在新的 1 行,打开【插入】选项卡,在【表格】组中单击【表格】按钮,插入一

个 8 行 1 列的表格，如图 5-95 所示。

STEP 04 将光标定位在正文的第 1 段，右击鼠标，选择【段落】命令，打开【段落】对话框，设置【段前】间距为【1 行】，【段后】间距为【0.5 行】。

STEP 05 将光标定位在表格的第 1 行，输入文本“您的姓名”。接下来在【开始】选项卡的【字体】组中单击【下划线】按钮，多次按下空格键，输入一条下划线。

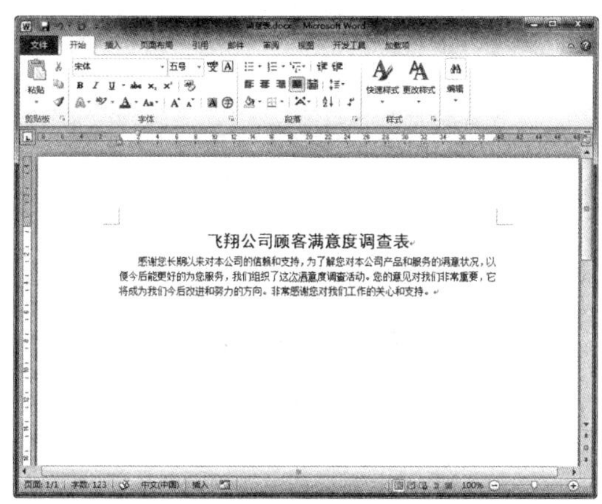

图 5-94　输入文本

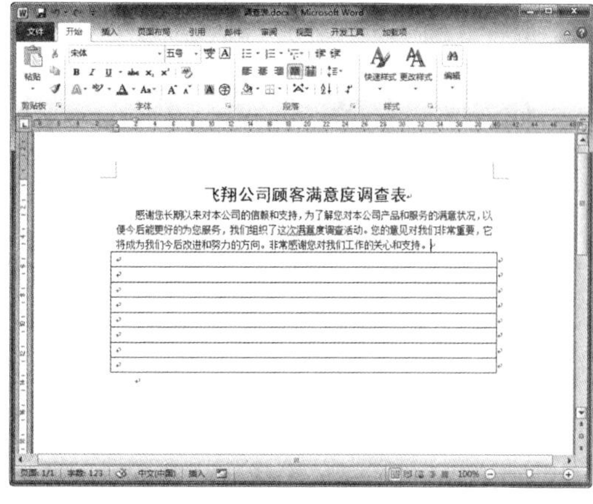

图 5-95　插入表格

STEP 06 下划线输入完成后，再次单击【下划线】按钮，停止使用下划线格式。然后按照同样的方法输入其他文本和下划线，效果如图 5-96 所示

STEP 07 在表格的第 2 行和第 3 行输入文本，将光标定位在文本“卧室用品”的前方，打开【插入】选项卡，在【符号】组中单击【符号】下拉按钮，选择“□”符号。

STEP 08 按照步骤(7)的方法，在其他文本前方添加“□”符号并完善表格内容(在表格中添加行并输入文本)，效果如图 5-97 所示。

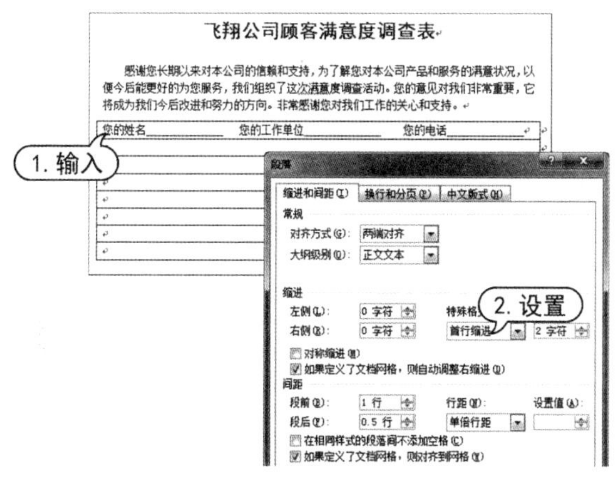

图 5-96　输入文本并插入下划线

飞翔公司顾客满意度调查表

感谢您长期以来对本公司的信赖和支持，为了解您对本公司产品和服务的满意状况，以便今后能更好的为您服务，我们组织了这次满意度调查活动。您的意见对我们非常重要，它将成为我们今后改进和努力的方向。非常感谢您对我们工作的关心和支持。

您的姓名______　您的工作单位______　您的电话______
1. 您使用过我们公司的那些产品？
□卧室用品　□厨房用品　□洁具　□户外　□创意家居用品
2. 您是通过什么方式知道飞翔公司的？
□电视广告　□报纸　□网络　□朋友介绍　□无意中看到的
3. 您对我们公司的产品满意吗？
□非常满意　□满意　□一般　□不太满意　□非常不满意
4. 您对我们公司服务人员的态度满意吗？
□非常满意　□满意　□一般　□不太满意　□非常不满意
5. 您对我们公司产品的质量满意吗？
□非常满意　□满意　□一般　□不太满意　□非常不满意
6. 您对我们公司的售后服务满意吗？
□非常满意　□满意　□一般　□不太满意　□非常不满意

图 5-97　在表格中插入文本和符号

STEP 09 将光标定位在新的空白行中，输入文本，然后调整下一行的高度，如图 5-98 所示。将光标定位在文档的末尾(表格以外)，打开【插入】选项卡，在【文本】组中单击【艺术字】按钮，从弹出的列表框中选择【填充-蓝色，强调文字颜色 1】选项。

轻松学电脑教程系列

STEP 10 输入艺术字文本后,拖动鼠标调整艺术字的大小和位置,效果如图 5-99 所示。设置完成后,在快速访问工具栏中单击【保存】按钮,将所制作的“调查表”文档保存。

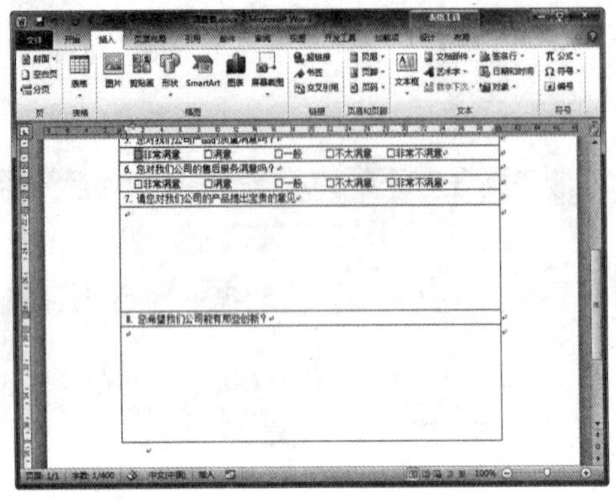

图 5-98　调整空白行的行高并输入文本

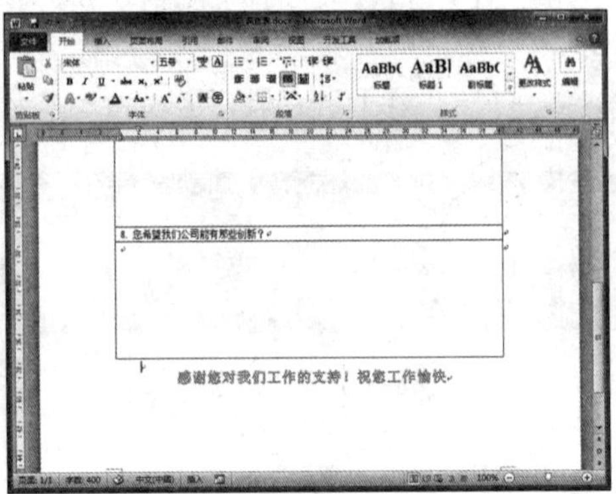

图 5-99　艺术字文本效果

第 6 章

Excel 表格专家

Excel 2010 是一款功能强大的电子表格制作软件，该软件不仅具有强大的数据组织、计算、分析和统计的功能，还可以通过图表、图形等多种形式显示数据的处理结果，帮助用户轻松地制作各类电子表格，并进一步实现数据的管理与分析。

对应的光盘视频

例 6-1 重命名工作表
例 6-2 合并单元格
例 6-3 填充相同的数据
例 6-4 填充有规律的数据
例 6-5 自动计算数据
例 6-6 复制与填充公式
例 6-7 相对引用
例 6-8 绝对引用
例 6-9 混合引用
例 6-10 合并区域引用
例 6-11 交叉引用
例 6-12 引用其他工作表中的数据
例 6-13 在表格中使用函数
例 6-14 编辑单元格中的函数
例 6-15 创建图表
例 6-16 更改图表数据源
例 6-17 在表格中插入形状
例 6-18 按单一条件排序数据
例 6-19 按多个条件排序数据
例 6-20 自动筛选数据
例 6-21 多条件筛选数据
例 6-22 筛选不重复值
例 6-23 创建分类汇总
例 6-24 隐藏分类汇总
例 6-25 删除分类汇总
例 6-26 使用公式计算产品价格

6.1 操作工作簿与工作表

在使用 Excel 制作表格前，首先应认识该软件的工作界面，并掌握它的基本操作方法，包括操作工作簿、工作表的方法。

Excel 2010 的工作界面主要由标题栏、【文件】按钮、功能区、工作表格区、滚动条和状态栏等元素组成，如图 6-1 所示。

▽ 标题栏：标题栏位于应用程序窗口的最上面，用于显示当前正在运行的程序名及文件名等信息。如果是刚打开的新工作簿文件，用户所看到的是【工作簿 1】，它是 Excel 2010 默认建立的文件名。

▽【文件】按钮：标 Excel 2010 中的新功能是【文件】按钮，它取代了 Excel 2007 中的 Office 按钮和 Excel 2010 的【文件】菜单。单击【文件】按钮，会弹出【文件】菜单，其中显示了一些基本命令，包括新建、打开、保存、打印、选项以及其他一些命令。

▽ 功能区：Excel 2010 的功能区和 Excel 2007 的功能区一样，都是由功能选项卡和选项卡中的各种命令按钮组成。使用 Excel 2010 功能区可以轻松地查找以前版本中隐藏在复杂菜单和工具栏中的命令和功能。

▽ 状态栏：状态栏位于 Excel 窗口底部，用来显示当前工作区的状态。在大多数情况下，状态栏的左端显示【就绪】，表明工作表正在准备接收新的信息；在向单元格中输入数据时，在状态栏的左端将显示【输入】字样；对单元格中的数据进行编辑时，状态栏显示【编辑】字样。

▽ 其他组件：Excel 2010 工作界面中，除了包含与其他 Office 软件相同界面元素外，还有许多其他特有的组件，如编辑栏、工作表编辑区、工作表标签、快速访问工具栏、行号与列标等，如图 6-2 所示。

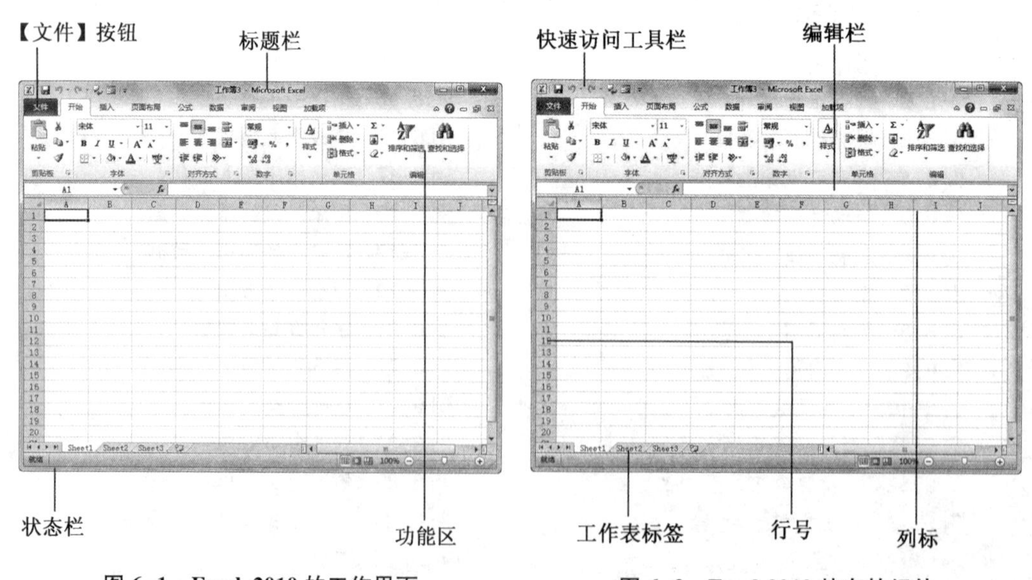

图 6-1 Excel 2010 的工作界面　　图 6-2 Excel 2010 特有的组件

一个完整的 Excel 电子表格文档主要由三个部分组成，分别是工作簿、工作表和单元格，这三个部分相辅相成缺一不可。在使用 Excel 软件之前，用户需要认识工作簿、工作表和单元

格的含义,并了解它们之间的关系。

▽ 工作簿:Excel 以工作簿为单元来处理工作数据并存储数据文件。工作簿文件是 Excel 存储在磁盘上的最小独立单位,其扩展名为“. xlsx”。工作簿窗口是 Excel 打开的工作簿文档窗口,它由多个工作表组成。刚启动 Excel 时,系统默认打开一个名为“工作簿 1”的空白工作簿。

▽ 工作表:工作表是在 Excel 中用于存储和处理数据的主要文档,也是工作簿中的重要组成部分,它又称为电子表格。工作表是 Excel 的工作平台,若干个工作表构成一个工作簿。在默认情况下,Excel 中只有一个名为 Sheet1 的工作表,单击工作表标签右侧的【新工作表】按钮⊕,可以添加新的工作表。不同的工作表可以在工作表标签中通过单击进行切换,但在使用工作表时,只能有一个工作表处于当前活动状态。

▽ 单元格:单元格是工作表中的小方格,它是工作表的基本元素,也是 Excel 独立操作的最小单位。单元格的定位是通过它所在的行号和列标来确定的,每一列的列标由 A、B、C 等字母表示;每一行的行号由 1、2、3 等数字表示。行与列的交叉形成一个单元格。

6.1.1 操作工作簿

工作簿(Workbook)是用户使用 Excel 进行操作的主要对象和载体,本节将介绍 Excel 工作簿的基础知识与常用操作。

1. 工作簿的类型

在 Excel 中,用于存储并处理工作数据的文件被称为工作簿。工作簿有多种类型,当保存一个新的工作簿时,可以在【另存为】对话框的【保存类型】下拉列表中选择所需要保存的 Excel 文件格式,如图 6-3 所示。默认情况下,Excel 保存的文件类型为“Excel 工作簿(*. xlsx)”,如果用户需要和使用 Excel 早期版本的用户共享电子表格,或者需要制作包含宏代码的工作簿时,可以通过在【Excel 选项】对话框中选择【保存】选项卡,设置工作簿的默认保存文件格式,如图 6-4 所示。

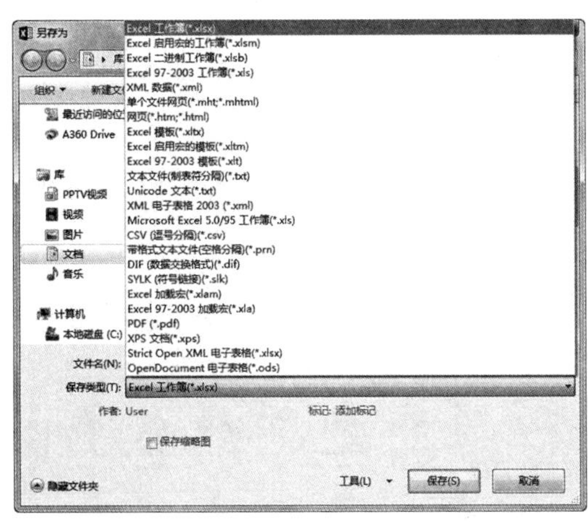

图 6-3 Excel 工作簿的保存格式

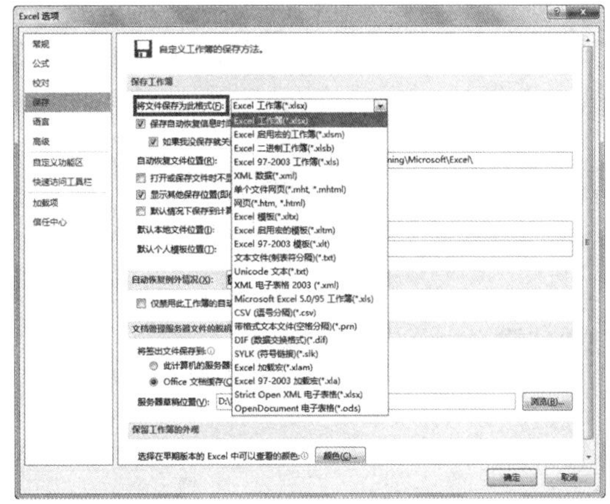

图 6-4 设置默认的文件保存类型

2. 创建工作簿

在 Excel 2010 中,用户可以通过以下几种方法创建新的工作簿:

▽ 在 Excel 工作窗口中创建工作簿：按下 Ctrl+N 组合键，或者在功能区上方选择【文件】菜单，然后选择【新建】选项，在【可用模板】栏中选中【空白工作簿】选项，再单击【创建】按钮。

▽ 在操作系统中创建工作簿文件：在 Windows 操作系统中安装了 Excel 2010 软件后，鼠标右击桌面，在弹出的菜单中选择【新建】命令，在该命令的子菜单中选择【Microsoft Excel 工作表】命令，该命令将在桌面上创建一个 Excel 工作表文件。

3. 保存工作簿

当用户需要将工作簿保存在计算机硬盘中时，可以参考以下几种方法：

▽ 在功能区中选择【文件】菜单，在打开的菜单中选择【保存】或【另存为】选项。

▽ 单击快速访问工具栏中的【保存】按钮。

▽ 按下 Ctrl+S 组合键。

▽ 按下 Shift+F12 组合键。

此外，经过编辑修改却未经保存的工作簿在被关闭时，将自动弹出一个警告对话框，询问用户是否需要保存工作簿，单击其中的【保存】按钮，也可以保存当前工作簿。

4. 打开工作簿

经过保存的工作簿在计算机磁盘上形成文件，用户使用标准的计算机文件管理操作方法就可以对工作簿文件进行管理，例如复制、剪切、删除、移动、重命名等。无论工作簿被保存在何处，或者被复制到不同的计算机中，只要所在的计算机上安装有 Excel 软件，工作簿文件就可以被再次打开执行读取和编辑等操作。

在 Excel 2010 中，打开现有工作簿的方法如下：

▽ 直接双击 Excel 文件打开工作簿：找到工作簿的保存位置，直接双击其文件图标，Excel 软件将自动识别并打开该工作簿。

▽ 使用【最近使用的工作簿】列表打开工作簿：在 Excel 2010 中单击【文件】菜单，在弹出的菜单中单击【最近所用文件】选项，即可显示 Excel 软件最近打开的工作簿列表，单击列表中的工作簿名称，可以打开相应的工作簿文件，如图 6-5 所示。

▽ 通过【打开】对话框打开工作簿：在 Excel 2010 中单击【文件】菜单，在弹出的菜单中单击【打开】选项，即可打开【打开】对话框，在该对话框中选中文件后，单击【打开】按钮，即可将该文件在 Excel 2010 中打开，如图 6-6 所示。

图 6-5　使用【最近使用的工作簿】列表

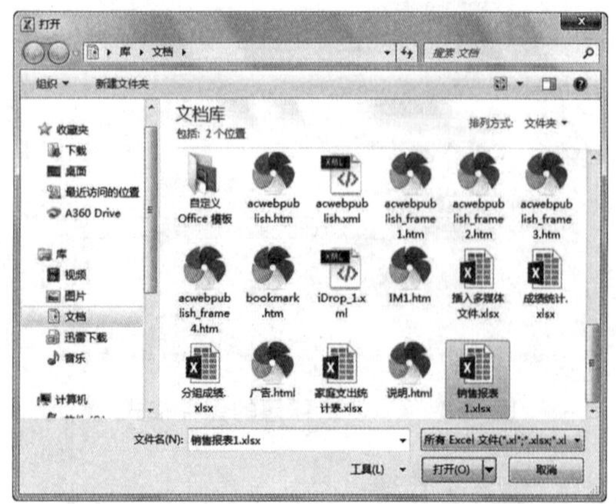

图 6-6　【打开】对话框

5. 关闭工作簿

在完成工作簿的编辑、修改及保存后，需要将工作簿关闭，以便下次再进行操作。在Excel 2010中常用关闭工作簿的方法有以下几种：

- 单击【关闭】按钮⊠：单击标题栏右侧的⊠按钮，将直接退出Excel软件。
- 双击文件图标：双击标题栏上的文件图标，将关闭当前工作簿。
- 按下快捷键：按下Alt+F4组合键将强制关闭所有工作簿并退出Excel软件。按下Alt+空格组合键，在弹出的菜单中选择【关闭】命令，将关闭当前工作簿。

6.1.2 操作工作表

Excel工作表包含于工作簿之中，是工作簿的必要组成部分，工作簿总是包含一个或者多个工作表，它们之间的关系就好比是书本与图书中书页的关系。

1. 创建工作表

若工作簿中的工作表数量不够，用户可以在工作簿中创建新的工作表，不仅可以创建空白的工作表，还可以根据模板插入带有样式的新工作表。Excel中常用创建工作表的方法有四种，分别如下：

- 在工作表标签栏中单击【新工作表】按钮⊕。
- 右击工作表标签，在弹出的菜单中选择【插入】命令，然后在打开的【插入】对话框中选择【工作表】选项，并单击【确定】按钮即可，如图6-7所示。此外，在【插入】对话框的【电子表格方案】选项卡中，还可以设置要插入工作表的样式。
- 按下Shift+F11键，则会在当前工作表前插入一个新工作表。
- 在【开始】选项卡的【单元格】组中单击【插入】下拉按钮，在弹出的下拉列表中选择【插入工作表】命令，如图6-8所示。

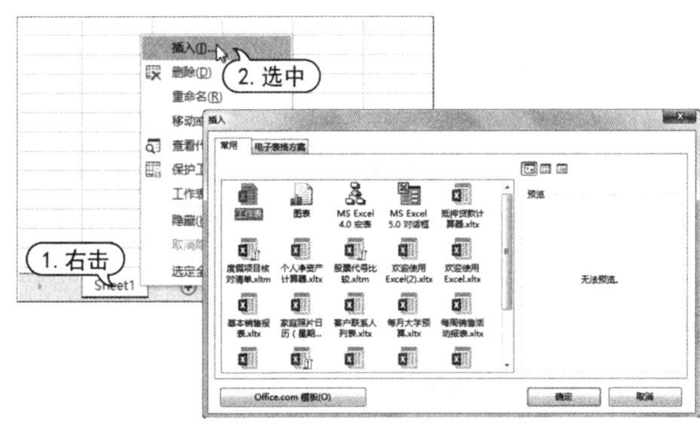

图6-7 打开【插入】对话框

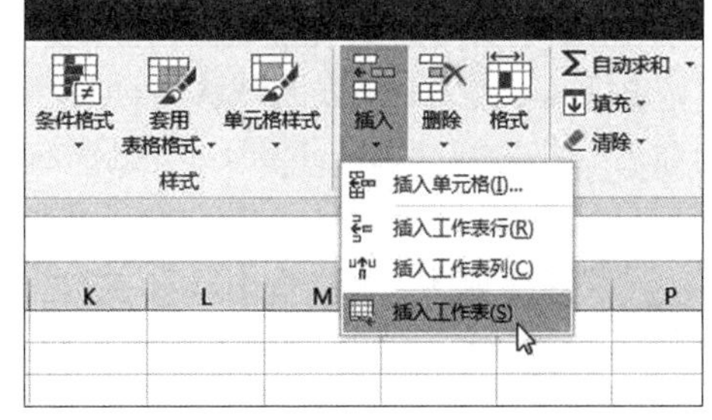

图6-8 通过【单元格】组插入工作表

2. 选取工作表

在实际工作中，由于一个工作簿中往往包含多个工作表，因此操作前需要选取工作表。选取工作表的常用操作包括以下4种：

- 选定一张工作表，直接单击该工作表的标签即可，如图6-9所示。
- 选定相邻的工作表，首先选定第一张工作表标签，然后按住Shift键不松并单击其他相邻工作表的标签即可，如图6-10所示。

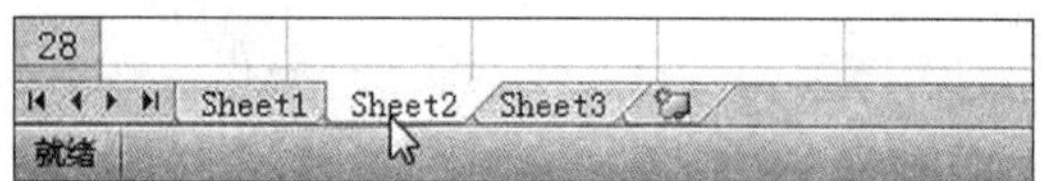

图 6-9　选定一张工作表

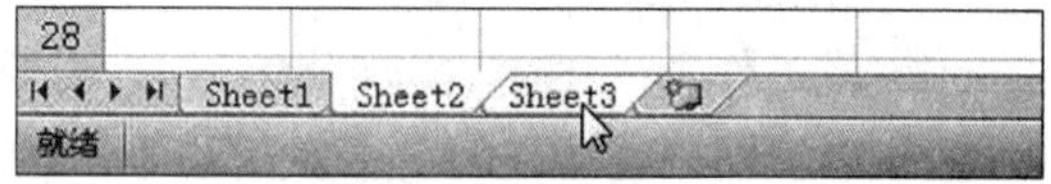

图 6-10　选定相邻的工作表

▽ 选定不相邻的工作表，首先选定第一张工作表，然后按住 Ctrl 键不松并单击其他任意一张工作表标签即可，如图 6-11 所示。

▽ 选定工作簿中的所有工作表，鼠标右击任意一个工作表标签，在弹出的菜单中选择【选定全部工作表】命令即可，如图 6-12 所示。

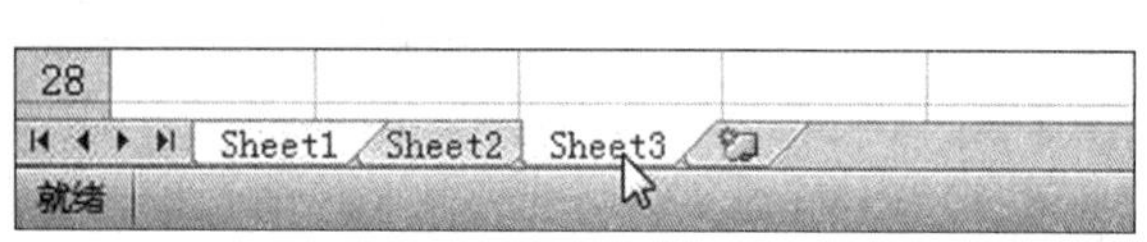

图 6-11　选定不相邻的工作表

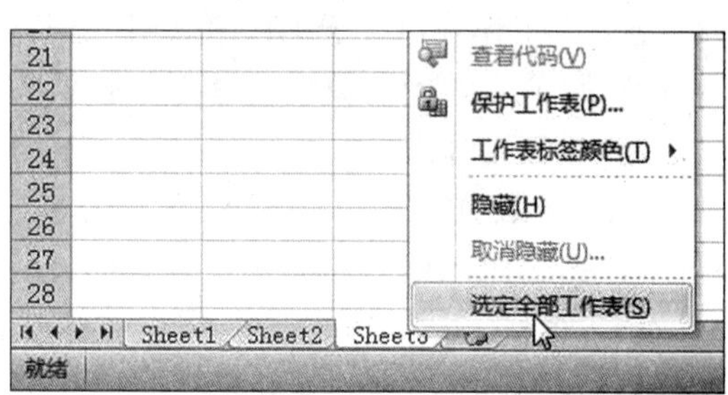

图 6-12　选定全部工作表

3. 删除工作表

对工作表进行编辑操作时，可以删除一些多余的工作表。这样不仅可以方便用户对工作表进行管理，也可以节省系统资源。在 Excel 2010 中删除工作表的常用方法有如下两种：

▽ 在工作簿中选定要删除的工作表，在【开始】选项卡的【单元格】组中单击【删除】按钮，在弹出的下拉列表中选中【删除工作表】选项即可。

▽ 右击要删除工作表的标签，在弹出的快捷菜单中选择【删除】命令，即可删除该工作表。

4. 重命名工作表

在 Excel 中，工作表的默认名称为 Sheet1、Sheet2、…为了便于记忆与使用工作表，可以重新命名工作表。在 Excel 2010 中鼠标右击要重命名工作表的标签，在弹出的快捷菜单中选择【重命名】命令，即可为该工作表自定义名称。

【例 6-1】 将“家庭支出统计表”工作簿中的工作表依次命名为“春季”、“夏季”、“秋季”与“冬季”。 视频

STEP 01 在 Excel 2010 中打开“家庭支出统计表”工作簿，在工作表标签栏中连续单击 3 次【新工作表】按钮，创建 Sheet1、Sheet2 和 Sheet3 等 3 个工作表，如图 6-13 所示。

STEP 02 在工作表标签中通过单击，选定“Sheet1”工作表，然后右击鼠标，在弹出的菜单中选择【重命名】命令，如图 6-14 所示。

STEP 03 输入工作表名称“夏季”，按 Enter 键即可完成重命名工作表的操作。

STEP 04 重复以上操作，将“一周”工作表重命名为“春季”，将 Sheet2 工作表重命名为“秋季”，将 Sheet3 工作表重命名为“冬季”。

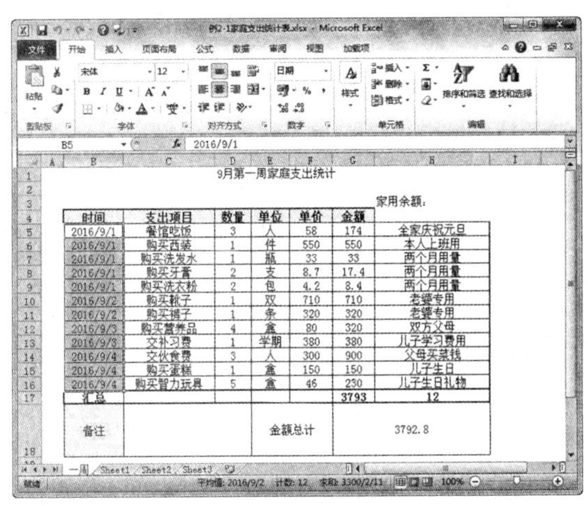

图 6-13　创建工作表

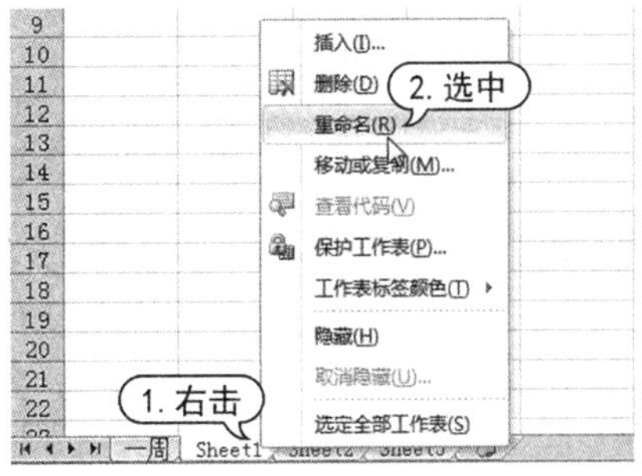

图 6-14　重命名工作表

5. 移动或复制工作表

在 Excel 2010 中,工作表的位置并不是固定不变的,为了操作需要可以移动或复制工作表,以提高制作表格的效率。

在工作表标签栏中右击工作表标签,在弹出的菜单中选中【移动或复制】命令,可以打开【移动或复制工作表】对话框。在该对话框中可以将工作表移动或复制到其他位置。

6.2　单元格的基本操作

单元格是工作表的基本单位。在 Excel 2010 中,绝大多数的操作都是针对单元格来完成的。对单元格的操作主要包括单元格的选定、合并与拆分等。

6.2.1　单元格的命名原则

工作表是由单元格组成的,每个单元格都有其独一无二的名称。在学习单元格的基本操作前,用户首先应掌握单元格的命名规则。

在 Excel 中,单元格的命名主要是通过行号和列标来完成的,其中又分为单个单元格的命名和单元格区域的命名两种方式。

单个单元格的命名是选取【列标+行号】的方法。例如,A3 单元格指的是第 A 列,第 3 行的单元格,如图 6-15 所示。

多个连续的单元格区域的命名规则是【单元格区域中左上角的单元格名称+":"+单元格区域中右下角的单元格名称】。例如,在图 6-16 中选定单元格区域的名称为 A1:E6。

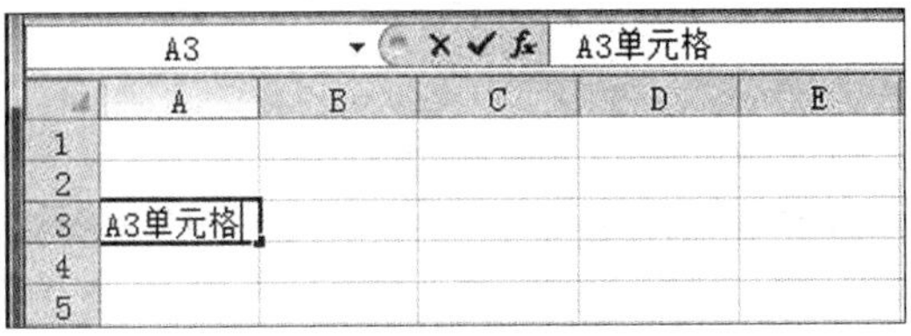

图 6-15　单个单元格的命名

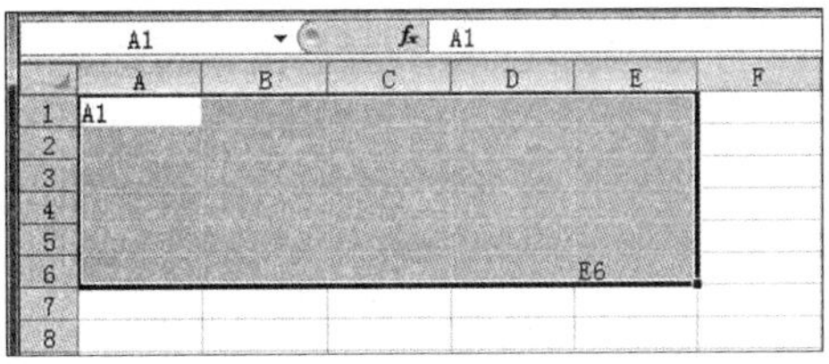

图 6-16　多个连续单元格区域的命名

6.2.2 选取单元格

要对单元格进行操作，首先要选定单元格，对单元格的选定操作主要包括选定单个单元格、选定连续的单元格区域和选定不连续的单元格。

要选定单个单元格，只需用鼠标单击该单元格即可。按住鼠标左键拖动鼠标可选定一个连续的单元格区域，如图 6-17 所示。

按住 Ctrl 键配合鼠标操作，可选定不连续的单元格或单元格区域，如图 6-18 所示。

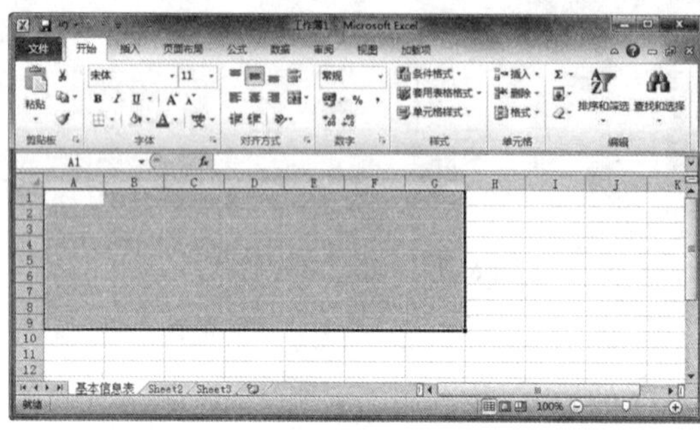

图 6-17 选取连续的单元格区域

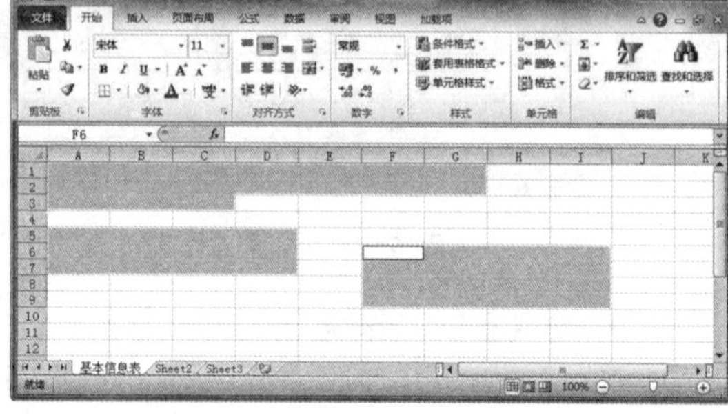

图 6-18 选取不连续的单元格区域

另外，单击工作表中的行标，可选定整行；单击工作表中的列标，可选定整列；单击工作表左上角行标和列标的交叉处，即全选按钮，可选定整个工作表。

6.2.3 合并与拆分单元格

在编辑表格的过程中，有时需要对单元格进行合并或者是拆分操作，以方便对单元格的编辑。

1. 合并单元格

要合并单元格，先将要合并的单元格选定，然后打开【开始】选项卡，在【对齐方式】组中单击【合并并居中】按钮即可。下面通过实例介绍合并单元格的方法。

【例 6-2】 合并工作表中的单元格。 视频

STEP 01 打开一个工作簿，选定 A1:G2 单元格区域，打开【开始】选项卡，在【对齐方式】组中单击【合并并居中】按钮，即可将该单元格区域合并为一个单元格，如图 6-19 所示。

STEP 02 选定 A4:A12 单元格区域，在【开始】选项卡的【对齐方式】组中单击【合并后居中】下拉按钮，从弹出的下拉菜单中选择【合并单元格】命令，即可将 A4:A12 单元格区域合并为一个单元格。

STEP 03 选定 C11:H12 单元格区域，在【开始】选项卡中单击【对齐方式】对话框启动器按钮，弹出【设置单元格格式】对话框，单击【对齐】选项卡，选中【合并单元格】复选框，单击【确定】按钮，此时 C11:H12 单元格区域即可合并为一个单元格，如图 6-20 所示。

实用技巧

包含数据的多个单元格被合并后，原单元格中的数据将不会被保留，仅保留选定区域左上角的第一个单元格中的数据。

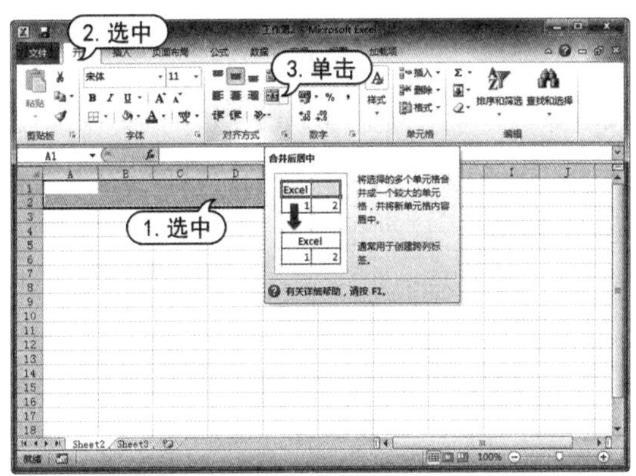

图 6-19 通过【对齐方式】组合并单元格

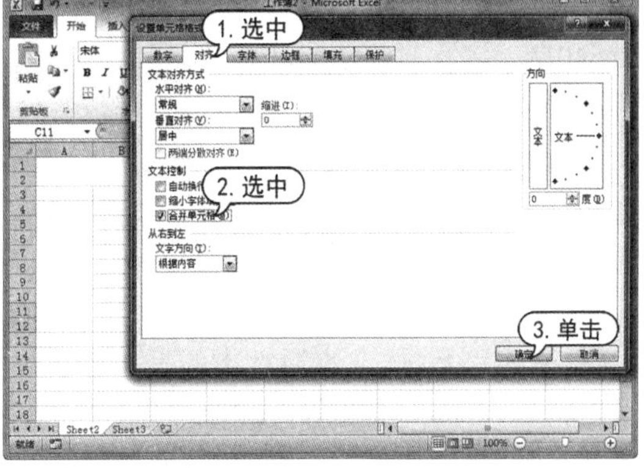

图 6-20 使用【设置单元格格式】对话框

2. 拆分单元格

拆分单元格是合并单元格的逆操作，只有合并后的单元格才能够进行拆分。

要拆分单元格，用户只需选定要拆分的单元格，在【开始】选项卡的【对齐方式】组中再次单击【合并并居中】按钮，即可将已经合并的单元格拆分为合并前的状态。或者可单击【合并后居中】下拉按钮，选择【取消单元格合并】命令，也可拆分单元格。

另外，用户也可打开【设置单元格格式】对话框，在该对话框的【对齐】选项卡中取消选中【文本控制】选项区域中的【合并单元格】复选框，然后单击【确定】按钮，同样可以将单元格拆分为合并前的状态，如图 6-21 所示。

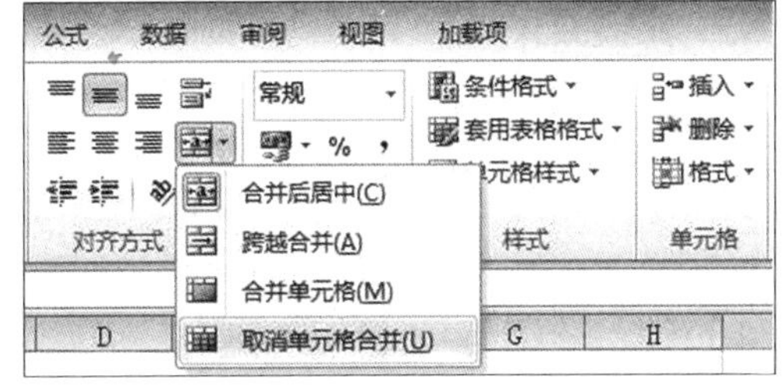

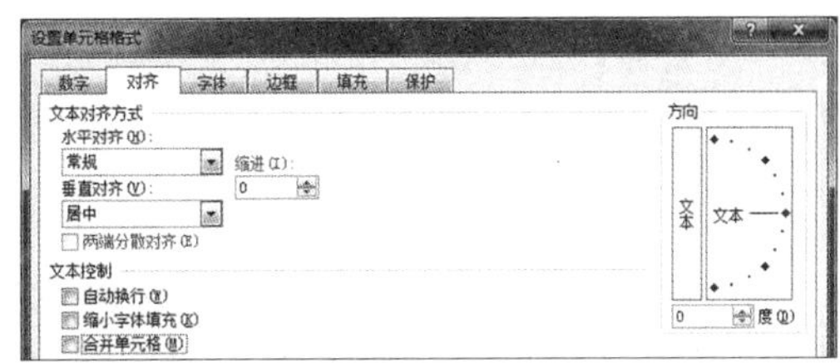

图 6-21 拆分单元格

6.3 快速输入与编辑数据

正确地输入和合理地编辑数据，对于表格数据采集和后续的处理与分析具有非常重要的作用。当用户掌握了科学的方法并运用一定的技巧，可以使数据的输入与编辑变得事半功倍。本节将重点介绍 Excel 中的各种数据类型，以及在表格中输入与编辑各类数据的方法。

6.3.1 认识 Excel 数据类型

在工作表中输入和编辑数据是用户使用 Excel 时最基础的操作之一。工作表中的数据都保存在单元格内，单元格内可以输入和保存的数据包括数值、日期、文本和公式等 4 种基本类型。除此以外，还有逻辑型、错误值等一些特殊的数值类型。

- 数值型数据：数值指的是所代表数量的数字形式，例如企业的销售额、利润等。数值可以是正数，也可以是负数，都可以用于进行数值计算，例如加、减、求和、求平均值等。除了普通的数字以外，还有一些使用特殊符号的数字也被 Excel 理解为数值，例如百分比符号“%”、货币符号“¥”、千分间隔符“,”以及科学计数符号“E”等。

▽ 日期和时间：在 Excel 中，日期和时间是以一种特殊的数值形式存储的，这种数值形式被称为“序列值”(Series)，在早期的版本中也被称为“系列值”。序列值是介于一个大于等于 0，小于 2 958 466 的数值区间的数值，因此，日期型数据实际上是一个包括在数值型数据范畴中的数值区间。

▽ 文本型数据：文本通常指的是一些非数值型文字、符号等，例如企业的部门名称、员工的考核科目、产品的名称等。除此之外，许多不代表数量不需要进行数值计算的数字也可以保存为文本形式，例如电话号码、身份证号码、股票代码等。所以，文本型数据并没有严格意义上的概念。事实上，Excel 将许多不能理解为数值(包括日期时间)和公式的数据都视为文本。文本不能用于数值计算，但可以比较大小。

▽ 逻辑值：逻辑值是一种特殊的参数，它只有 TRUE(真)和 FALSE(假)两种类型。例如，在公式：“=IF(A3=0,"0",A2/A3)”中，“A3=0”就是一个可以返回 TRUE(真)或 FLASE(假)两种结果的参数。当“A3=0”为 TRUE 时，公式返回结果为“0”，否则返回“A2/A3”的计算结果。

▽ 错误值：经常使用 Excel 的用户可能都会遇到一些错误信息，例如“#N/A!”、“#VALUE!”等，出现这些错误的原因有很多种，如果公式不能计算出结果，Excel 将显示一个错误值。例如，在需要数字的公式中使用文本、删除了被公式引用的单元格等。

▽ 公式：公式是 Excel 中一种非常重要的数据。Excel 作为一种电子数据表格，其许多强大的计算功能都是通过公式来实现的。公式通常以“=”号开头，它的内容可以是简单的数学公式，例如：“=16*62*2600/60-12”。公式也可以包括 Excel 的内嵌函数，甚至是用户自定义的函数，例如：“=IF(F3<H3,"",IF(MINUTE(F3-H3)>30,"50 元","20 元"))”。

6.3.2 输入与编辑数据

本节将详细介绍在 Excel 中输入与编辑数据的方法。

1. 在单元格中输入数据

要在单元格内输入数值和文本类型的数据，用户可以在选中目标单元格后，直接在单元格内输入数据。数据输入结束后按下 Enter 键或者使用鼠标单击其他单元格就可以确认完成输入。要在输入过程中取消本次输入的内容，则可以按下 ESC 键退出输入状态。

当用户输入数据的时候(Excel 工作窗口底部状态栏的左侧显示“输入”字样，如图 6-22 所示)，原有编辑栏的左边出现两个新的按钮，分别是 ✕ 和 ✓，如图 6-23 所示。如果用户单击 ✓ 按钮，可以对当前输入的内容进行确认，如果单击 ✕ 按钮，则表示取消输入。

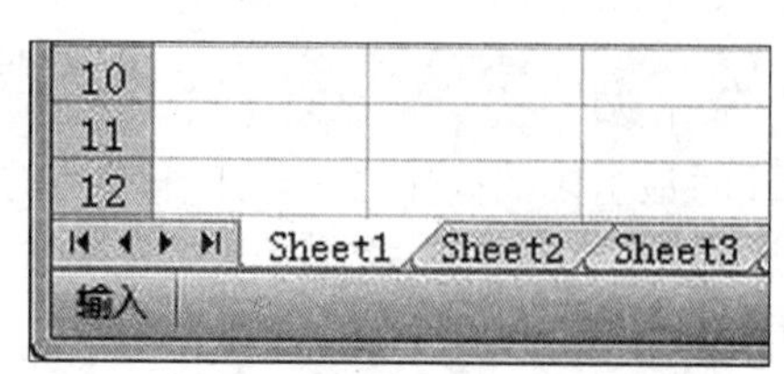

图 6-22 状态栏显示“输入”

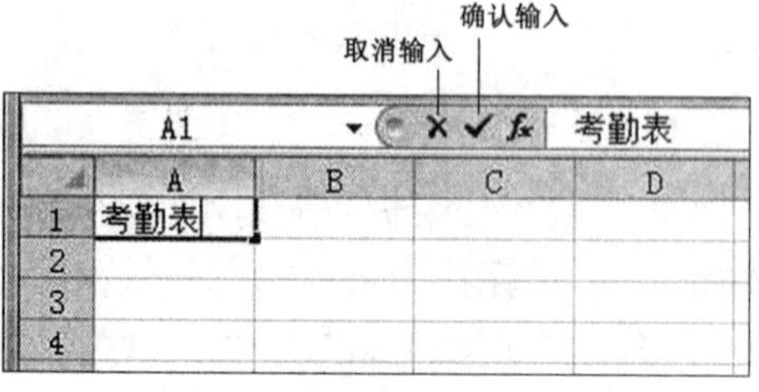

图 6-23 编辑栏左侧的按钮

虽然单击✔按钮和按下 Enter 键同样都可以对输入内容进行确认，但两者的效果并不完全相同。当用户按下 Enter 键确认输入后，Excel 会自动将下一个单元格激活为活动单元格，这为需要连续数据输入的用户提供了便利。而当用户单击✔按钮确认输入后，Excel 不会改变当前选中的活动单元格。

2. 编辑单元格中的内容

对于已经存放数据的单元格，用户可以在激活目标单元格后，重新输入新的内容来替换原有数据。但是，如果用户只想对其中的部分内容进行编辑修改，则可以激活单元格进入编辑模式。有以下几种方式可以进入单元格编辑模式：

- 双击单元格，在单元格中的原有内容后会出现竖线光标，提示当前进入编辑模式，光标所在的位置为数据插入位置。在内容中的不同位置单击鼠标或者右击鼠标，可以移动鼠标光标插入点的位置。用户可以在单元格中直接对其内容进行编辑修改。
- 激活目标单元格后按下 F2 快捷键，进入编辑单元格模式。
- 激活目标单元格，然后单击 Excel 编辑栏内部。这样可以将竖线光标定位在编辑栏中，激活编辑栏的编辑模式。用户可以在编辑栏中对单元格原有的内容进行编辑修改。对于数据内容较多的单元格进行编辑修改，特别是对公式的修改，建议用户使用编辑栏的编辑方式。

进入单元格的编辑模式后，工作窗口底部状态栏的左侧会出现“编辑”字样，用户可以在键盘上按下 Insert 键切换“插入”或者“改写”模式。用户也可以使用鼠标或者键盘选取单元格中的部分内容进行复制和粘贴操作。

另外，按下 Home 键可以将光标定位到单元格内容的开头，按下 End 键则可以将光标插入点定位到单元格内容的末尾。在编辑修改完成后，按下 Enter 键或者使用✔按钮同样可以对编辑的内容进行确认输入。

如果在单元格中输入的是一个错误的数据，用户可以再次输入正确的数据覆盖它，也可以单击【撤销】按钮或者按下 Ctrl＋Z 组合键撤销本次输入。

3. 日期和时间的输入和识别

日期和时间属于一类特殊的数值类型，其特殊的属性使此类数据的输入以及 Excel 对输入内容的识别，都有一些特别之处。

在中文 Windows 系统的默认日期设置下，可以被 Excel 自动识别为日期数据的输入形式如下。

- 使用短横线分隔符“-”的输入形式，如表 6-1 所示。

表 6-1　日期输入形式 1

单元格输入	Excel 识别为
2017-1-2	2017 年 1 月 2 日
17-1-2	2017 年 1 月 2 日
90-1-2	1990 年 1 月 2 日
2017-1	2017 年 1 月 1 日
1-2	当前年份的 1 月 2 日

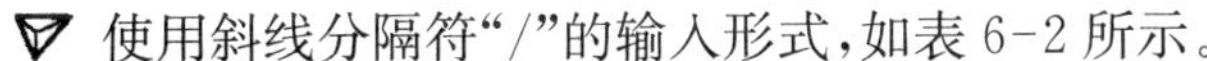

- 使用斜线分隔符“/”的输入形式，如表 6-2 所示。

表 6-2　日期输入形式 2

单元格输入	Excel 识别为
2017/1/2	2017 年 1 月 2 日
17/1/2	2017 年 1 月 2 日
90/1/2	1990 年 1 月 2 日
2017/1	2017 年 1 月 1 日
1/2	当前年份的 1 月 2 日

▽ 使用中文“年月日”的输入形式，如表 6-3 所示。

表 6-3　日期输入形式 3

单元格输入	Excel 识别为
2017 年 1 月 2 日	2017 年 1 月 2 日
17 年 1 月 2 日	2017 年 1 月 2 日
90 年 1 月 2 日	1990 年 1 月 2 日
2017 年 1 月	2017 年 1 月 1 日
1 月 2 日	当前年份的 1 月 2 日

▽ 使用包括英文月份的输入形式，如表 6-4 所示。

表 6-4　日期输入形式 4

单元格输入	Excel 识别为
March 2	当前年份的 3 月 2 日
Mar 2	当前年份的 3 月 2 日
2 Mar	当前年份的 3 月 2 日
Mar-2	当前年份的 3 月 2 日
2-Mar	当前年份的 3 月 2 日
Mar/2	当前年份的 3 月 2 日
2/Mar	当前年份的 3 月 2 日

对于以上 4 类可以被 Excel 识别的日期输入形式，有以下几点补充说明。

年份的输入方式包括短日期(如 90 年)和长日期(如 1990 年)两种。当用户以两位数字的短日期方式来输入年份时，软件默认将 0～29 之间的数字识别为 2000 年～2029 年，而将 30～99 之间的数字识别为 1930 年～1999 年。为了避免系统自动识别造成的错误理解，建议在输入年份的时候，使用 4 位完整数字的长日期方式，以确保数据的准确性。

▽ 短横线“-”分隔符与斜线分隔符“/”可以结合使用。例如“2017-1/2”与“2017/1/2”都可以表示“2017 年 1 月 2 日”。

▽ 当用户输入的数据只包含年份和月份时，Excel 会自动以这个月的 1 号作为它的完整日

期值。例如，输入“2017-1”时，会被系统自动识别为“2017年1月1日”。

▽ 当用户输入的数据只包含月份和日期时，Excel会自动以系统当年年份作为这个日期的年份值。例如输入“1-2”，如果当前系统年份为2017年，则Excel会自动识别为“2017年1月2日”。

▽ 包含英文月份的输入方式可以用于只包含月份和日期的数据输入，其中月份的英文单词可以使用完整拼写，也可以使用标准缩写。

除了上面介绍的可以被Excel自动识别为日期的输入方式以外，其他不被识别的日期输入方式则会被识别为文本形式的数据。例如使用“.”分隔符来输入日期“2017.1.2”，这样输入的数据只会被Excel识别为文本格式，而不是日期格式，这样的数据无法参与各种运算，会对数据的处理和计算造成不必要的麻烦。

4. 数据的快速填充

当需要在连续的单元格中输入相同或者有规律的数据(等差或等比)时，可以使用Excel提供的快速填充数据的功能来实现。

在使用数据的快速填充功能时，必须先认识一个名词——“填充柄”。当选择一个单元格时，在这个单元格的右下角会出现一个与单元格黑色边框不相连的黑色小方块，拖动这个小方块即可实现数据的快速填充，这个黑色小方块就叫“填充柄”。

(1) 填充相同的数据

在处理数据的过程中，有时候需要连续输入相同的数据，这时可使用数据的快速填充功能来简化操作。

【例6-3】 在“全年工作量统计表”的“业绩评定”列中填充相同的文本“优秀”。视频+素材

STEP 01 打开“全年工作量统计表.xlsx”工作簿，选定I4单元格，然后在单元格中输入文本“优秀”。将鼠标指针移至I4单元格右下角的小方块处，当鼠标的指针变为“+”形状时，按住鼠标左键不放并拖动至I15单元格，如图6-24所示。

STEP 02 释放鼠标左键，在I4:I15单元格区域中即可填充相同的文本“优秀”，如图6-25所示。

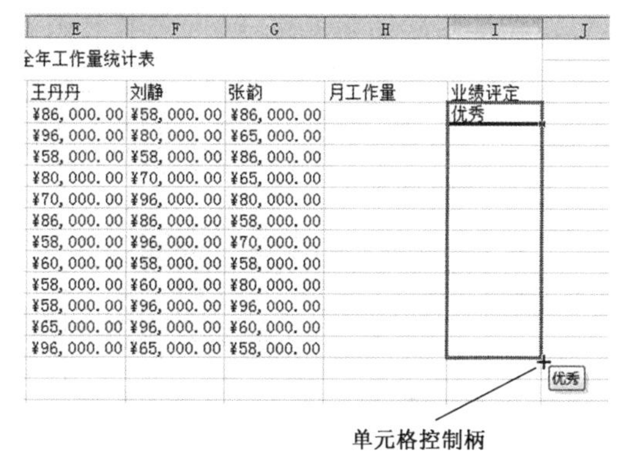

E	F	G	H	I	J
年工作量统计表					
王丹丹	刘静	张韵	月工作量	业绩评定	
¥86,000.00	¥58,000.00	¥86,000.00		优秀	
¥96,000.00	¥80,000.00	¥65,000.00			
¥58,000.00	¥58,000.00	¥86,000.00			
¥80,000.00	¥70,000.00	¥65,000.00			
¥70,000.00	¥96,000.00	¥80,000.00			
¥86,000.00	¥86,000.00	¥58,000.00			
¥58,000.00	¥96,000.00	¥70,000.00			
¥60,000.00	¥58,000.00	¥58,000.00			
¥58,000.00	¥60,000.00	¥80,000.00			
¥58,000.00	¥96,000.00	¥96,000.00			
¥65,000.00	¥96,000.00	¥60,000.00			
¥96,000.00	¥65,000.00	¥58,000.00			

图6-24 拖动单元格控制柄

E	F	G	H	I	J
年工作量统计表					
王丹丹	刘静	张韵	月工作量	业绩评定	
¥86,000.00	¥58,000.00	¥86,000.00		优秀	
¥96,000.00	¥80,000.00	¥65,000.00		优秀	
¥58,000.00	¥58,000.00	¥86,000.00		优秀	
¥80,000.00	¥70,000.00	¥65,000.00		优秀	
¥70,000.00	¥96,000.00	¥80,000.00		优秀	
¥86,000.00	¥86,000.00	¥58,000.00		优秀	
¥58,000.00	¥96,000.00	¥70,000.00		优秀	
¥60,000.00	¥58,000.00	¥58,000.00		优秀	
¥58,000.00	¥60,000.00	¥80,000.00		优秀	
¥58,000.00	¥96,000.00	¥96,000.00		优秀	
¥65,000.00	¥96,000.00	¥60,000.00		优秀	
¥96,000.00	¥65,000.00	¥58,000.00		优秀	

图6-25 数据填充效果

(2) 填充有规律的数据

有时候需要在表格中输入有规律的数字，例如“星期一、星期二……”，或“一月、二月、三

月……”等，此时可以使用 Excel 特殊类型数据的填充功能进行快速填充。

【例 6-4】 在“全年工作量统计表”中填充月份。 视频+素材

STEP 01 打开“全年工作量统计表.xlsx”工作簿，然后选定文本“一月”所在的 A4 单元格。将鼠标指针移至 A4 单元格右下角的小方块处，当鼠标指针变为“十”形状时，按住鼠标的左键不放并拖动鼠标至 A15 单元格中。

STEP 02 释放鼠标左键，即可在 A5:A15 单元格区域中填充月份“二月、三月、四月……十二月”，如图 6-26 示。

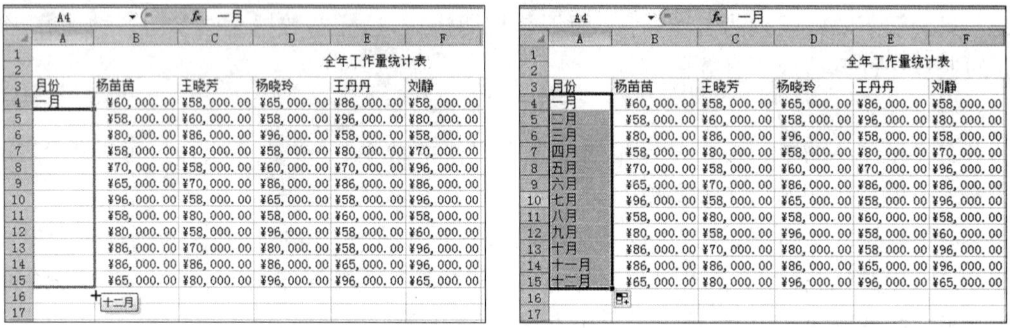

A4 | fx 一月

	A	B	C	D	E	F
1					全年工作量统计表	
2						
3	月份	杨苗苗	王晓芳	杨晓玲	王丹丹	刘静
4	一月	¥60,000.00	¥58,000.00	¥65,000.00	¥86,000.00	¥58,000.00
5		¥58,000.00	¥60,000.00	¥58,000.00	¥96,000.00	¥80,000.00
6		¥80,000.00	¥86,000.00	¥96,000.00	¥58,000.00	¥58,000.00
7		¥58,000.00	¥80,000.00	¥58,000.00	¥80,000.00	¥70,000.00
8		¥70,000.00	¥58,000.00	¥60,000.00	¥70,000.00	¥96,000.00
9		¥65,000.00	¥70,000.00	¥86,000.00	¥86,000.00	¥86,000.00
10		¥96,000.00	¥58,000.00	¥65,000.00	¥58,000.00	¥96,000.00
11		¥58,000.00	¥80,000.00	¥58,000.00	¥60,000.00	¥58,000.00
12		¥80,000.00	¥58,000.00	¥96,000.00	¥58,000.00	¥60,000.00
13		¥86,000.00	¥70,000.00	¥80,000.00	¥58,000.00	¥96,000.00
14		¥86,000.00	¥86,000.00	¥86,000.00	¥65,000.00	¥96,000.00
15		¥65,000.00	¥80,000.00	¥96,000.00	¥96,000.00	¥65,000.00
16		十二月				
17						

A4 | fx 一月

	A	B	C	D	E	F
1					全年工作量统计表	
2						
3	月份	杨苗苗	王晓芳	杨晓玲	王丹丹	刘静
4	一月	¥60,000.00	¥58,000.00	¥65,000.00	¥86,000.00	¥58,000.00
5	二月	¥58,000.00	¥60,000.00	¥58,000.00	¥96,000.00	¥80,000.00
6	三月	¥80,000.00	¥86,000.00	¥96,000.00	¥58,000.00	¥58,000.00
7	四月	¥58,000.00	¥80,000.00	¥58,000.00	¥80,000.00	¥70,000.00
8	五月	¥70,000.00	¥58,000.00	¥60,000.00	¥70,000.00	¥96,000.00
9	六月	¥65,000.00	¥70,000.00	¥86,000.00	¥86,000.00	¥86,000.00
10	七月	¥96,000.00	¥58,000.00	¥65,000.00	¥58,000.00	¥96,000.00
11	八月	¥58,000.00	¥80,000.00	¥58,000.00	¥60,000.00	¥58,000.00
12	九月	¥80,000.00	¥58,000.00	¥96,000.00	¥58,000.00	¥60,000.00
13	十月	¥86,000.00	¥70,000.00	¥80,000.00	¥58,000.00	¥96,000.00
14	十一月	¥86,000.00	¥86,000.00	¥86,000.00	¥65,000.00	¥96,000.00
15	十二月	¥65,000.00	¥80,000.00	¥96,000.00	¥96,000.00	¥65,000.00
16						
17						

图 6-26 在单元格区域中填充有规律的数据

实用技巧

对于星期、月份等常用的规律性数据，Excel 会自动对其进行识别，用户只需输入其中的一个数值后使用自动填充功能即可进行填充。

(3) 填充等差数列

如果一个数列从第二项起，每一项与它的前一项的差等于同一个常数，那么这个数列就叫做等差数列，这个常数叫做等差数列的公差。

在 Excel 中也经常会遇到填充等差数列的情况，例如员工编号“1、2、3、…”等，此时就可以使用 Excel 的自动累加功能来进行填充了。

例如，要填充员工编号 1001、1002、1003、…，可以先选定起始单元格，输入文本 1001，然后将鼠标指针移至该单元格右下角的小方块处。当鼠标指针变为“+”形状时，按住 Ctrl 键，同时按住鼠标左键不放拖动鼠标至目标单元格中。释放鼠标左键，即可自动填充等差数列，如图6-27所示。

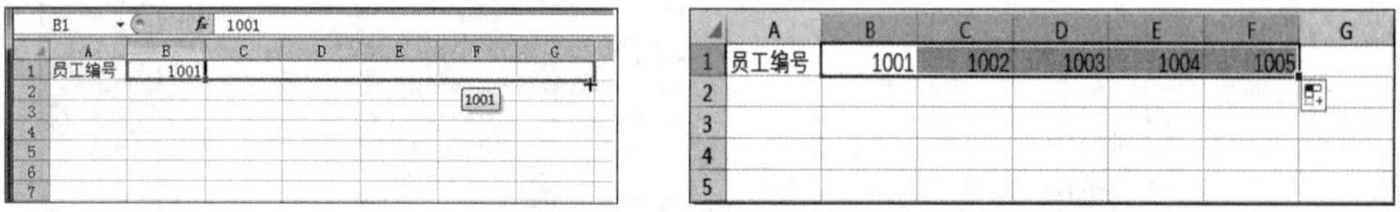

B1 | fx 1001

	A	B	C	D	E	F	G
1	员工编号	1001					
2						1001	
3							
4							
5							
6							
7							

	A	B	C	D	E	F	G
1	员工编号	1001	1002	1003	1004	1005	
2							
3							
4							
5							

图 6-27 填充员工编号

5. 数据的自动计算

当需要即时查看一组数据的某种统计结果时（如和、平均值、最大值或最小值），可以使用 Excel 2010 提供的状态栏计算功能进行查看。

【例 6-5】 在“全年工作量统计表中”查看 1 月份所有员工的销售记录总额、平均额和最高额。视频

STEP 01 打开“全年工作量统计表.xlsx”工作簿,选定 B4:G4 单元格区域,如图 6-28 所示。

STEP 02 如果是首次使用状态栏的计算功能,那么此时在状态栏中将默认显示选定区域中所有数据的总和与平均值,如图 6-29 所示。

B4 fx 60000

	A	B	C	D	E	F	G
1				全年工作量统计表			
2							
3	月份	杨苗苗	王晓芳	杨晓玲	王丹丹	刘静	张韵
4	一月	¥60,000.00	¥58,000.00	¥65,000.00	¥86,000.00	¥58,000.00	¥86,000.00
5	二月	¥58,000.00	¥60,000.00	¥58,000.00	¥96,000.00	¥80,000.00	¥65,000.00
6	三月	¥80,000.00	¥86,000.00	¥96,000.00	¥58,000.00	¥58,000.00	¥86,000.00
7	四月	¥58,000.00	¥80,000.00	¥58,000.00	¥80,000.00	¥70,000.00	¥65,000.00

图 6-28 选中单元格区域

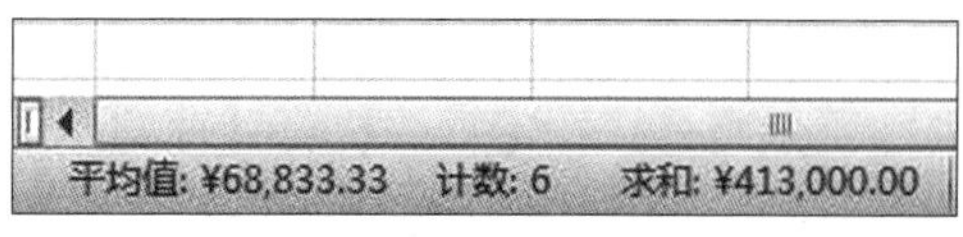

图 6-29 显示数据的总和与平均值

STEP 03 要查看最大值,可以在状态栏中右击,在弹出的快捷菜单中选择【最大值】命令,表示将在状态栏中添加最大值选项。

STEP 04 此时状态栏中将显示【最大值】选项,并显示选定区域中所有数据的最大值。从图 6-30中可以看出,所有员工 1 月份的销售总额为 413 000.00,平均额为 68 833.33,最高额为 86 000.00。

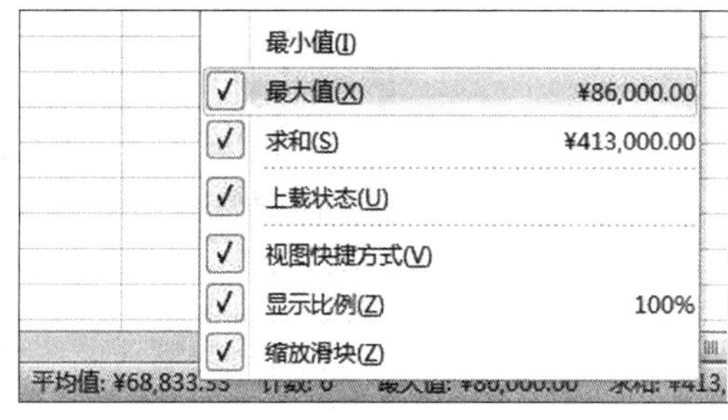

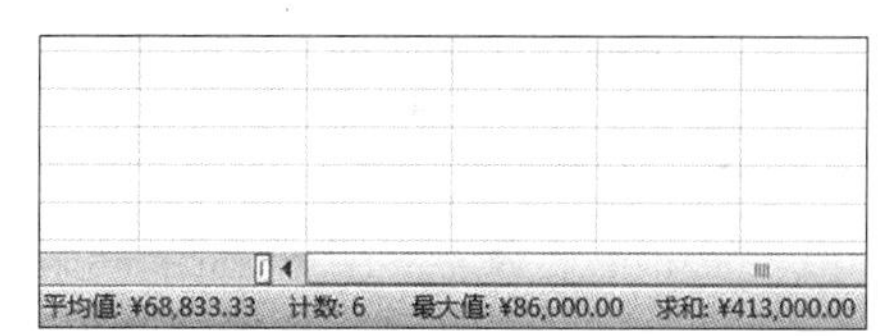

图 6-30 自动计算工作量总额、平均工作量和最高工作量

6. 删除单元格中的数据

对于表格中不再需要的单元格内容,如果需要将其删除,可以先选中目标单元格(或单元格区域),然后按下 Delete 键,将单元格中的数据删除。但是这样的操作并不会影响单元格中的格式、批注等内容。要彻底地删除单元格中的内容,可以在选中目标单元格(或单元格区域)后,在【开始】选项卡的【编辑】命令组中单击【清除】下拉按钮,在弹出的下拉列表中选择相应的命令,具体如下。

- 全部清除:清除单元格中的所有内容,包括数据、格式、批注等。
- 清除格式:只清除单元格中的格式,保留其他内容。
- 清除内容:只清除单元格中的数据,包括文本、数值、公式等,保留其他。
- 清除批注:只清除单元格中附加的批注。
- 清除超链接:可以选择在单元格中【仅清除超链接】或者【清除超链接和格式】。
- 删除超链接:清除单元格中的超链接和格式。

6.4 使用公式与函数

分析和处理 Excel 工作表中的数据时，离不开公式和函数。公式和函数不仅可以帮助用户快速并准确地计算表格中的数据，还可以解决办公中的各种查询与统计问题。

6.4.1 公式的输入、编辑与删除

公式(Formula)是以“=”号为引导，通过运算符按照一定顺序组合进行数据运算和处理的等式；函数则是按特定算法执行计算的产生一个或一组结构的预定义的特殊公式。下面将重点介绍在 Excel 中输入、编辑、删除、复制与填充公式的方法。

1. 输入公式

在 Excel 中，当以“=”号作为开始在单元格中输入时，软件将自动切换输入公式状态，以“+”、“-”号作为开始输入时，软件会自动在其前面加上等号并切换输入公式状态，如图 6-31 所示。

在 Excel 的公式输入状态下，鼠标选中其他单元格区域时，被选中区域将作为引用自动输入到公式中，如图 6-32 所示。

图 6-31 输入公式状态

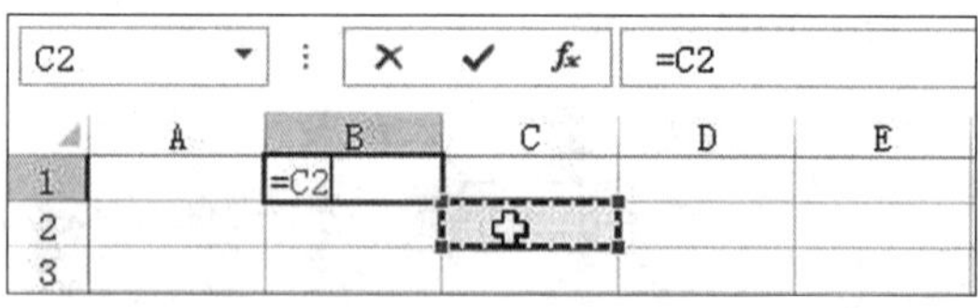

图 6-32 公式中引用其他单元格

2. 输入公式

按下 Enter 键或者 Ctrl+Shift+Enter 键，可以结束普通公式和数组公式的输入或编辑状态。如果用户需要对单元格中的公式进行修改，可以使用以下 3 种方法。

- 选中公式所在的单元格，然后按下 F2 键。
- 双击公式所在的单元格。
- 选中公式所在的单元格，单击窗口中的编辑栏。

3. 删除公式

选中公式所在的单元格，按下 Delete 键可以清除单元格中的全部内容，或者进入单元格剪辑状态后，将光标放置在某个位置并按下 Delete 键或 Backspace 键，删除光标后面或前面的公式部分内容。当用户需要删除多个单元格数组公式时，必须选中其所在的全部单元格再按下 Delete 键。

6.4.2 公式的复制与填充

如果用户要在表格中使用相同的计算方法，可以通过【复制】和【粘贴】功能实现操作。此外，还可以根据表格的具体制作要求，使用不同方法在单元格区域中填充公式，以提高工作效率。

【例 6-6】 练习在表格中输入、复制与填充公式。 视频+素材

STEP 01 在 I4 单元格中输入以下公式，并按下 Enter 键：

=H4+G4+F4+E4+D4

STEP 02 采用以下几种方法，可以将 I4 单元格中的公式应用到计算方法相同的 I5:I16 单元格区域。

▽ 拖动 I4 单元格右下角的填充柄：将鼠标指针置于单元格右下角，当鼠标指针变为黑色“十”字时，按住鼠标左键向下拖动至 I16 单元格，如图 6-33 所示。

I4　=H4+G4+F4+E4+D4

学 生 成 绩 表

学号	姓名	性别	语文	数学	英语	物理	化学	总分
1121	李亮辉	男	96	99	89	96	86	466
1122	林雨馨	女	92	96	93	95	92	
1123	莫静静	女	91	93	88	96	82	
1124	刘乐乐	女	96	87	93	96	91	
1125	杨晓亮	男	82	91	87	90	88	
1126	张珺涵	男	96	90	85	96	87	
1127	姚妍妍	女	83	93	88	91	91	
1128	许朝霞	女	93	88	91	82	93	
1129	李　娜	女	87	98	89	88	90	
1130	杜芳芳	女	91	93	96	90	91	
1131	刘自建	男	82	88	87	82	96	
1132	王　巍	男	96	93	90	91	93	
1133	段程鹏	男	82	90	96	82	96	

化学	总分
86	466
92	468
82	450
91	463
88	438
87	454
91	446
93	447
90	452
91	461
96	435
93	463
96	446

图 6-33　使用填充柄自动填充

▽ 双击 I4 单元格右下角的填充柄：选中 I4 单元格后，双击该单元格右下角的填充柄，公式将向下填充到其相邻列第一个空白单元格的上一行，即 I16 单元格。

▽ 使用快捷键：选择 I4:I16 单元格区域，按下 Ctrl＋D 键，或者选择【开始】选项卡，在【编辑】命令组中单击【填充】下拉按钮，在弹出的下拉列表中选择【向下】命令(当需要将公式向右复制时，可以按下 Ctrl＋R 键)。

▽ 使用选择性粘贴：选中 I4 单元格，在【开始】选项卡的【剪贴板】命令组中单击【复制】按钮，或者按下 Ctrl＋C 键，然后选中 I5:I16 单元格区域，在【剪贴板】命令组中单击【粘贴】按钮，在弹出的菜单中选择【公式】命令。

▽ 使多单元格同时输入：选中 I4 单元格，按住 Shift 键，单击所需复制单元格区域的另一个对角单元格 I16，然后单击编辑栏中的公式，按下 Ctrl＋Enter 键，则 I4:I16 单元格区域中将输入相同的公式。

6.4.3　认识公式运算符

运算符用于对公式中的元素进行特定的运算，或者用来连接需要运算的数据对象，并说明进行了哪种公式运算，如加“＋”、减“-”、乘“＊”、除“/”等。

1. 运算符简介

运算符对公式中的元素进行特定类型的运算。Excel 中包含了 4 种运算符类型：算术运算符、比较运算符、文本连接运算符与引用运算符。

▽ 算术运算符：如果要完成基本的数学运算，如加法、减法和乘法，连接数据和计算数据结果等，可以使用如表 6—5 所示的算术运算符。

表 6-5　算术运算符

运算符	含义	示范
+(加号)	加法运算	2+2
-(减号)	减法运算或负数	2 - 1或 - 1
*(星号)	乘法运算	2*2
/(正斜线)	除法运算	2/2

▽ 比较运算符:使用下表所示的比较运算符可以比较两个值的大小。当用运算符比较两个值时,结果为逻辑值,比较成立则为 TRUE,反之则为 FALSE,如表 6-6 所示。

表 6-6　比较运算符

运算符	含义	示范
=(等号)	等于	A1=B1
>(大于号)	大于	A1>B1
<(小于号)	小于	A1<B1
>=(大于等于号)	大于或等于	A1>=B1
<=(小于等于号)	小于或等于	A1<=B1

▽ 文本连接运算符:在 Excel 公式中,使用和号(&)可加入或连接一个或更多文本字符串以产生一串新的文本,如表 6—7 所示。

表 6-7　文本连接运算符

运算符	含义	示范
&(和号)	将两个文本值连接或串连起来以产生一个连续的文本值	spuer &man

▽ 引用运算符:单元格引用是用于表示单元格在工作表上所处位置的坐标集。例如,显示在第 B 列和第 3 行交叉处的单元格,其引用形式为 B3。使用如表 6-8 所示的引用运算符,可以将单元格区域合并计算。

表 6-8　引用运算符

运算符	含义	示范
:(冒号)	区域运算符,产生对包括在两个引用之间的所有单元格的引用	(A5:A15)
,(逗号)	联合运算符,将多个引用合并为一个引用	SUM(A5:A15,C5:C15)
(空格)	交叉运算符,产生对两个引用共有的单元格的引用	(B7:D7 C6:C8)

2. 数据比较的原则

在 Excel 中,数据可以分为文本、数值、逻辑值、错误值等几种类型。其中,文本用一对半角双引号("")所包含的内容表示文本,例如"Date"是由 4 个字符组成的文本。日期与时间是

数值的特殊表现形式,数值 1 表示 1 天。逻辑值只有 TRUE 和 FALSE 两个,错误值主要有 #VALUE!、#DIV/0!、#NAME?、#N/A、#REF!、#NUM!、#NULL! 等几种。

除了错误值以外,文本、数值与逻辑值比较时按照以下顺序排列:

…-2、-1、0、1、2…A~Z、FALSE、TRUE

即数值小于文本,文本小于逻辑值,错误值不参与排序。

3. 运算符的优先级

如果公式中同时用到多个运算符,Excel 将会依照运算符的优先级来依次完成运算。如果公式中包含相同优先级的运算符,例如公式中同时包含乘法和除法运算符,则 Excel 将从左到右进行计算。表 6-9 所示的是 Excel 中常用的运算符其优先级从上到下依次降低。

表 6-9 运算符的优先级

运算符	含义
:(冒号) (单个空格) ,(逗号)	引用运算符
-	负号
%	百分比
^	乘幂
* 和/	乘和除
+和 -	加和减
&	连接两个文本字符串
= < > <= >= <>	比较运算符

如果要更改求值的顺序,可以将公式中需要先计算的部分用括号括起来。例如,公式=8+2*4 的值是 16,因为 Excel 按先乘除后加减的顺序进行运算,即先将 2 与 4 相乘,然后再加上 8,得到结果 16。若在该公式上添加括号,=(8+2)*4,则 Excel 先用 8 加上 2,再用结果乘以 4,得到结果 40。

6.4.4 理解公式中的常量

常量指的是在运算过程中自身不会改变的值。常量数值用于输入公式中的值和文本。

1. 常量参数

公式中可以使用常量进行运算。但是公式以及公式产生的结果都不是常量。

- 数值常量:如=(3+9)*5/2
- 日期常量:如=DATEDIF("2016-10-10",NOW(),"m")
- 文本常量:如"I Love"&"You"
- 逻辑值常量:如=VLOOKIP("曹焱兵",A:B,2,FALSE)
- 错误值常量:如=COUNTIF(A:A,#DIV/0!)

(1) 数值与逻辑值转换

在公式运算中,逻辑值与数值的关系为:

- 在四则运算及乘幂、开方运算中,TRUE=1,FALSE=0
- 在逻辑判断中,0=FALSE,所有非 0 数值=TRUE

▽ 在比较运算中，数值＜文本＜FLASE＜TRUE

（2）文本型数字与数值转换

文本型数字可以作为数值直接参与四则运算，但当此类数据以数组或者单元格引用的形式作为某些统计函数（如 SUM、AVERAGE 和 COUNT 函数等）的参数时，将被视为文本来运算。例如，在 A1 单元格输入数值 1，在 A2 单元格输入前置单引号的数字“2”，则对数值 1 和文本型数字 2 的运算如表 6-10 所示。

表 6-10　文本型数字参与运算

公式	返回结果	说明
=A1+A2	3	文本“2”参与四则运算被转换为数值
=SUM(A1:A2)	1	文本“2”在单元格中，视为文本，未被 SUM 函数统计
=SUM(1, "2")	3	文本“2”直接作为参数视为数值
=COUNT(1, "2")	2	
=COUNT({1, "2"})	1	文本“2”在常量数组中，视为文本，可被 COUNTA 函数统计，但未被 COUNT 函数统计
=COUNTA({1, "2"})	2	

2. 常用常量

以公式 1 和公式 2 为例介绍公式中的常用常量，这两个公式分别可以返回表格中 A 列单元格区域最后一个数值和文本型的数据，如图 6-34 所示。

公式 1：

=LOOKUP(9E+307,A:A)

公式 2：

=LOOKUP("龠",A:A)

学　生　成　绩　表

学号	姓名	性别	语文	数学	英语	物理	化学	总分
1121	李亮辉	男	96	99	89	96	86	466
1122	林雨馨	女	92	96	93	95	92	468
1123	莫静静	女	91	93	88	96	82	450
1124	刘乐乐	女	96	87	93	96	91	463
1125	杨晓亮	男	82	91	87	90	88	438
1126	张珺涵	男	96	90	85	96	87	454
1127	姚妍妍	女	83	93	88	91	91	446
1128	许朝霞	女	93	88	91	82	93	447
1129	李　娜	女	87	98	89	88	90	452
1130	杜芳芳	女	91	93	96	90	91	461
1131	刘自建	男	82	88	87	82	96	435
1132	王　巍	男	96	93	90	91	93	463
1133	段程鹏	男	82	90	96	82	96	446

公式1：	1133
公式2：	学号

最后一个文本型数据

最后一个数值型数据

图 6-34　公式 1 和公式 2 的运行结果

在公式 1 中，9E+307 是数值 9 乘以 10 的 307 次方的科学计数法表示形式，也可以写作 9E307。根据 Excel 计算规范限制，在单元格中允许输入的最大值为 9.99999999999999E+307，因此采用较为接近限制值且一般不会使用到的一个大数 9E+307 来简化公式输入，用于在 A 列中查找最后一个数值。

在公式 2 中，使用"龠"(yuè)字的原理与 9E+307 相似，它是接近字符集中最大全角字符的单字，此外也常用"座"或者 REPT("座",255)来产生传递"很大"的文本，以查找 A 列中最后一个数值型数据。

3. 数组常量

在 Excel 中数组(array)是由一个或者多个元素按照行列排列方式组成的集合，这些元素可以是文本、数值、日期、逻辑值或错误值等。数组常量的所有组成元素为常量数据，其中文本必须使用半角双引号将首尾标识出来。具体表示方法为：用一对大括号"{}"将构成数组的常量括起来，并以半角分号";"间隔行元素、以半角逗号","间隔列元素。

数组常量根据尺寸和方向不同，可以分为一维数组和二维数组。只有 1 个元素的数组称为单元素数组，只有 1 行的一维数组又可称为水平数组，只有 1 列的一维数组又可以称为垂直数组，具有多行多列(包含两行两列)的数组为二维数组，例如：

- 单元素数组：{1}，可以使用=ROW(A1)或者=COLUMN(A1)返回。
- 一维水平数组：{1, 2, 3, 4, 5}，可以使用=COLLUMN(A:E)返回。
- 一维垂直数组：{1; 2; 3; 4; 5}，可以使用=ROW(1:5)返回。
- 二维数组：{0, "不及格";60, "及格";70,"中";80, "良";90, "优"}。

6.4.5　单元格的引用

Excel 工作簿可以由多张工作表组成，单元格是工作表最小的组成元素，由窗口左上角第一个单元格为原点，向下向右分别为行、列坐标的正方向，由此构成的单元格在工作表上所处位置的坐标集合。在公式中使用坐标方式表示单元格在工作中的"地址"实现对存储于单元格中数据的调用，这种方法称为单元格的引用。

1. 相对引用

相对引用是通过当前单元格与目标单元格的相对位置来引用单元格的。

相对引用包含了当前单元格与公式所在单元格的相对位置。默认设置下，Excel 使用的都是相对引用，当改变公式所在单元格的位置时，引用也会随之改变。

【例 6-7】　通过相对引用将 I4 单元格中的公式复制到 I5:I16 区域中。 视频+素材

STEP 01 打开工作表后，在 I4 单元格中输入公式：

=H4+G4+F4+E4+D4

STEP 02 将鼠标光标移至单元格 I4 右下角的控制点■，当鼠标指针呈"十"字状态后，按住左键并拖动选定 I5:I16 区域，如图 6-35 所示。

STEP 03 释放鼠标，即可将 I4 单元格中的公式复制到 I5:I16 单元格区域中，如图 6-36 所示。

2. 绝对引用

绝对引用就是公式中单元格的精确地址，与包含公式的单元格的位置无关。绝对引用与

相对引用的区别在于：复制公式时使用绝对引用，则单元格引用不会发生变化。绝对引用的方法是，在列标和行号前分别加上美元符号＄。例如，＄B＄2 表示单元格 B2 的绝对引用，而＄B＄2:＄E＄5 表示单元格区域 B2:E5 的绝对引用。

I4　=H4+G4+F4+E4+D4

学 生 成 绩 表

学号	姓名	性别	语文	数学	英语	物理	化学	总分
1121	李亮辉	男	96	99	89	96	86	466
1122	林雨馨	女	92	96	93	95	92	
1123	莫静静	女	91	93	88	96	82	
1124	刘乐乐	女	96	87	93	96	91	
1125	杨晓亮	男	82	91	87	90	88	
1126	张珺涵	男	96	90	85	96	87	
1127	姚妍妍	女	83	93	88	91	91	
1128	许朝霞	女	93	88	91	82	93	
1129	李　娜	女	87	98	89	88	90	
1130	杜芳芳	女	91	93	96	90	91	
1131	刘自建	男	82	88	87	82	96	
1132	王　巍	男	96	93	90	91	93	
1133	段程鹏	男	82	90	96	82	96	

图 6-35　拖动控制点

I4　=H4+G4+F4+E4+D4

学 生 成 绩 表

学号	姓名	性别	语文	数学	英语	物理	化学	总分
1121	李亮辉	男	96	99	89	96	86	466
1122	林雨馨	女	92	96	93	95	92	468
1123	莫静静	女	91	93	88	96	82	450
1124	刘乐乐	女	96	87	93	96	91	463
1125	杨晓亮	男	82	91	87	90	88	438
1126	张珺涵	男	96	90	85	96	87	454
1127	姚妍妍	女	83	93	88	91	91	446
1128	许朝霞	女	93	88	91	82	93	447
1129	李　娜	女	87	98	89	88	90	452
1130	杜芳芳	女	91	93	96	90	91	461
1131	刘自建	男	82	88	87	82	96	435
1132	王　巍	男	96	93	90	91	93	463
1133	段程鹏	男	82	90	96	82	96	446

图 6-36　相对引用结果

【例 6-8】　在工作表中通过绝对引用将工作表 I4 单元格中的公式复制到 I5:I16 单元格区域中。 视频+素材

STEP 01　打开工作表后，在 I4 单元格中输入公式：

=＄H＄4+＄G＄4+＄F＄4+＄E＄4+＄D＄4

STEP 02　将鼠标光标移至单元格 I4 右下角的控制点■，当鼠标指针呈"十"字状态后，按住左键并拖动选定 I5:I16 区域。释放鼠标，将会发现在 I5:I16 区域中显示的引用结果与 I4 单元格中的结果相同。

3. 混合引用

混合引用指的是在一个单元格引用中，既有绝对引用，同时也包含有相对引用，即混合引用具有绝对列和相对行，或具有绝对行和相对列。绝对引用列采用＄A1、＄B1 的形式，绝对引用行采用 A＄1、B＄1 的形式。如果公式所在单元格的位置改变，则相对引用改变，而绝对引用不变。如果多行或多列地复制公式，相对引用自动调整，而绝对引用不作调整。

【例 6-9】　将 I4 单元格中的公式混合引用到 I5:I16 单元格区域中。 视频+素材

STEP 01　打开工作表后，在 I4 单元格中输入公式：

=＄H4+＄G4+＄F4+E＄4+D＄4

其中，＄H4、＄G4 和＄F4 是绝对列和相对行的形式，E＄4、D＄4 是绝对行和相对列的形式，按下 Enter 键后即可得到合计数值。

STEP 02　将光标移至单元格 I4 右下角的控制点■，当鼠标指针呈"十"字状态后，按住左键并拖动选定 I5:I16 区域。释放鼠标，混合引用填充公式，此时相对引用地址改变，而绝对引用地址不变，如图 6-37 所示。例如，将 I4 单元格中的公式填充到 I5 单元格中，公式将调整为：

=＄H5+＄G5+＄F5+E＄4+D＄4

综上所述，如果用户需要在复制公式时能够固定引用某个单元格地址，则需要使用绝对引用符号"＄"，加在行号或列号的前面。

在 Excel 中，用户可以使用 F4 键在各种引用类型中循环切换，其顺序如下。

SUM　=$H5+$G5+$F5+E$4+D$4

	A	B	C	D	E	F	G	H	I
1–2	学　生　成　绩　表								
3	学号	姓名	性别	语文	数学	英语	物理	化学	总分
4	1121	李亮辉	男	96	99	89	96	86	466
5	1122	林雨馨	女	92	96	93	95	=$H5+$G5+$F5+E$4+D$4	
6	1123	莫静静	女	91	93	88	96	82	

图 6-37　混合引用

绝对引用→行绝对列相对引用→行相对列绝对引用→相对引用

以公式“=A2”为例，单元格输入公式后按下 F4 键，将依次变为：

=$A$2→=A$2→=$A2→=A2

4. 合并区域引用

Excel 除了允许对单个单元格或多个连续的单元格进行引用以外，还支持对同一工作表中不连续单元格区域进行引用，称为合并区域引用，用户可以使用联合运算符“,”将各个区域的引用间隔开，并在两端添加半角括号“( )”将其包含在内，具体应用如下。

【例 6-10】　通过合并区域引用计算学生成绩排名。 视频+素材

STEP 01　打开新工作表后，在 D4 单元格中输入以下公式，并向下复制到 D10 单元格：

=RANK(C4,($C$4:$C$10,$G$4:$G$9))

STEP 02　选择 D4:D9 单元格区域后，按下 Ctrl+C 键执行【复制】命令，然后选中 H4 单元格按下 Ctrl+V 组合键执行【粘贴】命令，结果如图 6-38 所示。

H4　=RANK(G4,($C$4:$C$10,$G$4:$G$9))

	A	B	C	D	E	F	G	H
1–2	学　生　成　绩　表							
3	学号	姓名	成绩	排名	学号	姓名	成绩	排名
4	1121	李亮辉	96	1	1128	许朝霞	86	10
5	1122	林雨馨	92	4	1129	李　娜	92	4
6	1123	莫静静	91	6	1130	杜芳芳	82	12
7	1124	刘乐乐	96	1	1131	刘自建	91	6
8	1125	杨晓亮	82	12	1132	王　巍	88	8
9	1126	张珺涵	96	1	1133	段程鹏	87	9
10	1127	姚妍妍	83				91	

合并区域引用　(Ctrl)

图 6-38　通过合并区域引用计算排名

在本例所用公式中，($C$4:$C$10,$G$4:$G$9)为合并区域引用。

5. 交叉引用

在使用公式时，用户可以利用交叉运算符(单个空格)取得两个单元格区域的交叉区域，具体方法如下。

【例 6-11】　通过交叉引用筛选鲜花品种“黑王子”在 6 月份的销量。 视频+素材

STEP 01　打开工作表后，在 O2 单元格中输入如图 6-39 所示的公式：

=G:G 3:3

AVERAGE	=G:G 3:3														
	A	B	C	D	E	F	G	H	I	J	K	L	M	N	O
1	产品	1月	2月	3月	4月	5月	6月	7月	8月	9月	10月	11月	12月		“黑王子”6月份的销量
2	白牡丹	96	54	66	45	43	34	134	56	98	45	78	76		=G:G 3:3
3	黑王子	92	65	55	44	13	47	34	31	78	98	56	64		
4	露娜莲	91	45	723	66	45	51	65	89	79	76	78	76		
5	熊童子	97	77	12	75	123	34	33	98	91	87	95	65		
6															

图 6-39　引用运算符空格完成交叉引用查找

STEP 02 按下 Enter 键即可在 O2 单元格中显示“黑王子”在 6 月份的销量。

在上例所示的公式中，“G:G”代表 6 月份，“3:3”代表“黑王子”所在的行，空格在这里的作用是引用运算符，会对两个引用共同的单元格进行引用，本例为 G3 单元格。

6. 绝对交集引用

在公式中，对单元格区域而不是单元格的引用按照单个单元格进行计算时，依靠公式所在的从属单元格与引用单元格之间的物理位置，返回交叉点值，称为“绝对交集引用”或者“隐含交叉引用”。例如图 6-40 所示，O2 单元格中包含公式“=G2:G5”，并且未使用数组公式方式编辑公式，在该单元格返回的值为 G2，这是因为 O2 单元格和 G2 单元格位于同一行。

O2	=G2:G5														
	A	B	C	D	E	F	G	H	I	J	K	L	M	N	O
1	产品	1月	2月	3月	4月	5月	6月	7月	8月	9月	10月	11月	12月		“白牡丹”6月份的销量
2	白牡丹	96	54	66	45	43	34	134	56	98	45	78	76		34
3	黑王子	92	65	55	44	13	47	34	31	78	98	56	64		
4	露娜莲	91	45	723	66	45	51	65	89	79	76	78	76		
5	熊童子	97	77	12	75	123	34	33	98	91	87	95	65		
6															

图 6-40　绝对交集引用

6.4.6　工作表和工作簿的引用

本节将主要介绍在公式中引用当前工作簿中其他工作表和其他工作簿中工作表单元格区域的方法。

1. 引用其他工作表中的数据

如果用户需要在公式中引用当前工作簿中其他工作表内的单元格区域，可以在公式编辑状态下，使用鼠标单击相应的工作表标签，切换到相应工作表选取需要的单元格区域。

【例 6-12】　练习在表格中引用其他工作表中的数据。 视频+素材

STEP 01 在“学生成绩(总分)”工作表中选中 D4 单元格，并输入公式：

=SUM(

STEP 02 单击“学生成绩(各科)”工作表标签，选择 D4:H4 单元格区域，然后按下 Enter 键即可，如图 6-41 所示。

STEP 03 此时，在编辑栏中将自动在引用前添加工作表名称：

=SUM('学生成绩(各科)'! D4:H4)

跨表引用的表示方式为“工作表名+半角感叹号+引用区域”。当所引用的工作表名是以数字开头或者包含空格以及 $、%、~、!、@、^、&、(、)、+、-、=、|、"、;、{、} 等特殊字符时，公

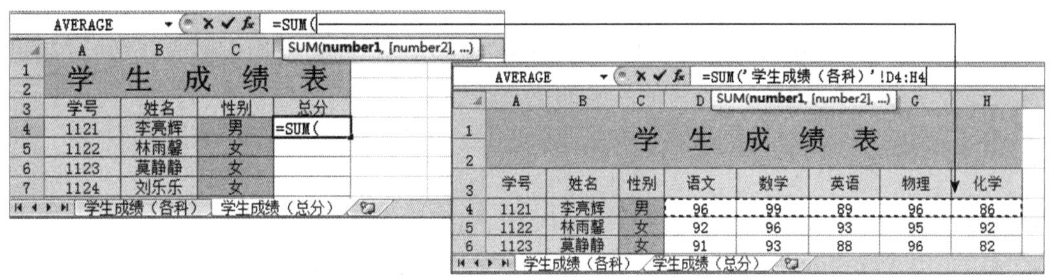

图 6-41 跨表引用

式中被引用工作表名称将被一对半角单引号包含，例如将【例 6－12】中的“学生成绩(各科)”工作表修改为“学生成绩”，则跨表引用公式将变为：

＝SUM(学生成绩！D4：H4)

在使用 INDIRECT 函数进行跨表引用时，如果被引用的工作表名称中包含空格或者上述字符，需要在工作表名前后加上半角单引号才能正确返回结果。

2. 引用其他工作簿中的数据

当用户需要在公式中引用其他工作簿中工作表内的单元格区域时，公式的表示方式将为“[工作簿名称]工作表名！单元格引用”，例如新建一个工作簿，并对【例 6-12】中“学生成绩(各科)”工作表内 D4：H4 单元格区域求和，公式将如下：

＝SUM(′[例 6-12. xlsx]学生成绩(各科)′！$D$4：$H$4)

当被引用单元格所在的工作簿关闭时，公式中工作簿名称前会自动加上引用工作簿文件的路径。当路径或工作簿名称、工作表名称之一包含空格或相关特殊字符时，感叹号之前的部分需要使用一对半角单引号括起。

 6.4.7 认识 Excel 函数

Excel 中的函数与公式一样，都可以快速计算数据。公式是由用户自行设计的对单元格进行计算和处理的表达式，而函数则是在 Excel 中已经被软件定义好的公式。用户在 Excel 中输入和编辑函数之前，首先应掌握函数的基本知识。

1. 函数的结构

在公式中使用函数时，通常由表示公式开始的“＝”号、函数名称、左括号、以半角逗号相间隔的参数和右括号构成，此外，公式中允许使用多个函数或算式，通过运算符进行连接。

＝函数名称(参数 1，参数 2，参数 3，…)

有的函数可以允许多个参数，如 SUM(A1：A5，C1：C5)使用了 2 个参数。另外，也有一些函数没有参数或不需要参数，例如，NOW 函数、RAND 函数等没有参数，ROW 函数、COLUMN 函数在参数省略时则返回公式所在的单元格行号、列标数。

函数的参数可以由数值、日期和文本等元素组成，可以使用常量、数组、单元格引用或其他函数。当使用函数作为另一个函数的参数时，称为函数的嵌套。

2. 函数的参数

Excel 函数的参数可以是常量、逻辑值、数组、错误值、单元格引用或嵌套函数等(其指定的参数都必须为有效参数值),各自的含义如下。

- 常量:指的是不进行计算且不会发生改变的值,如数字 100 与文本“家庭日常支出情况”都是常量。
- 逻辑值:逻辑值即 TRUE(真值)或 FALSE(假值)。
- 数组:用于建立可生成多个结果或可对在行和列中排列的一组参数进行计算的单个公式。
- 错误值:即“♯N/A”、“空值”或“_”等值。
- 单元格引用:用于表示单元格在工作表中所处位置的坐标集。
- 嵌套函数:嵌套函数就是将某个函数或公式作为另一个函数的参数使用。

3. 函数的分类

Excel 函数包括【自动求和】、【最近使用的函数】、【财务】、【逻辑】、【文本】、【日期和时间】、【查找与引用】、【数学和三角函数】以及【其他函数】这 9 大类的上百个具体函数,每个函数的应用各不相同。常用函数包括 SUM(求和)、AVERAGE(计算算术平均数)、ISPMT、IF、HYPERLINK、COUNT、MAX、SIN、SUMIF、PMT,它们的语法和作用如表 6-11 所示。

表 6-11 函数的语法和作用

语法	说明
SUM(number1, number2, …)	返回单元格区域中所有数值的和
ISPMT(Rate,Per, Nper,Pv)	返回普通(无提保)的利息偿还
AVERAGE(number1, number2,…)	计算参数的算术平均数;参数可以是数值或包含数值的名称、数组或引用
IF(Logical_test, Value_if_true, Value_if_false)	执行真假值判断,根据对指定条件进行逻辑评价的真假而返回不同的结果
HYPERLINK(Link_location, Friendly_name)	创建快捷方式,以便打开文档或网络驱动器或连接 INTERNET
COUNT(value1, value2,…)	计算数字参数和包含数字的单元格的个数
MAX(number1, number2,…)	返回一组数值中的最大值
SIN(number)	返回角度的正弦值
SUMIF(Range, Criteria,Sum_range)	根据指定条件对若干单元格求和
PMT(Rate,Nper, Pv, Fv, Type)	返回在固定利率下,投资或贷款的等额分期偿还额

在常用函数中使用频率最高的是 SUM 函数,其作用是返回某一单元格区域中所有数值之和,例如“=SUM(A1:G10)”,表示对 A1:G10 单元格区域内所有数据求和。SUM 函数的语法是:

```
SUM(number1,number2, ...)
```

其中,number1, number2,... 为 1 到 30 个需要求和的参数。说明如下:

- 直接输入到参数表中的数字、逻辑值及数字的文本表达式将被计算。

- 如果参数为数组或引用,只有其中的数字被计算。数组或引用中的空白单元格、逻辑值、文本或错误值将被忽略。
- 如果参数为错误值或为不能转换成数字的文本,将会导致错误。

4. 函数的易失性

有时,用户打开一个工作簿不做任何编辑就关闭,Excel 会提示“是否保存对文档的更改?”这种情况可能是因为该工作簿中用到了具有 Volatile 特性的函数,即“易失性函数”。这种特性表现在使用易失性函数后,每激活一个单元格或者在一个单元格输入数据,甚至只是打开工作簿,具有易失性的函数都会自动重新计算。

易失性函数在以下条件下不会引发自动重新计算:

- 工作簿的重新计算模式被设置为【手动计算】。
- 当手工设置列宽、行高而不是双击调整为合适列宽时,但隐藏行或设置行高值为 0 的除外。
- 当设置单元格格式或其他更改显示属性的设置时。
- 激活单元格或编辑单元格内容但按 ESC 键取消。

常见的易失性函数有以下几种:

- 获取随机数的 RAND 和 RANDBETWEEN 函数,每次编辑会自动产生新的随机值。
- 获取当前日期、时间的 TODAY、NOW 函数,每次返回系统的当前日期、时间。
- 返回单元格引用的 OFFSET、INDIRECT 函数,每次编辑都会重新定位实际的引用区域。
- 获取单元格信息 CELL 函数和 INFO 函数,每次编辑时都会刷新相关信息。

此外,SUMF 函数与 INDEX 函数在实际应用中,当公式的引用区域具有不确定性时,每当其他单元格被重新编辑,也会引发工作簿重新计算。

6.4.8　输入与编辑函数

在 Excel 中,所有函数操作都是在【公式】选项卡的【函数库】选项组中完成的。

【例 6-13】 在 Sheet1 表内的 F13 单元格中插入求平均值函数。视频+素材

STEP 01 选取 F13 单元格,选择【公式】选项卡在【函数库】组中单击【其他函数】下拉列表按钮,在弹出的菜单中选择【统计】| AVERAGE 选项,如图 6-42 所示。

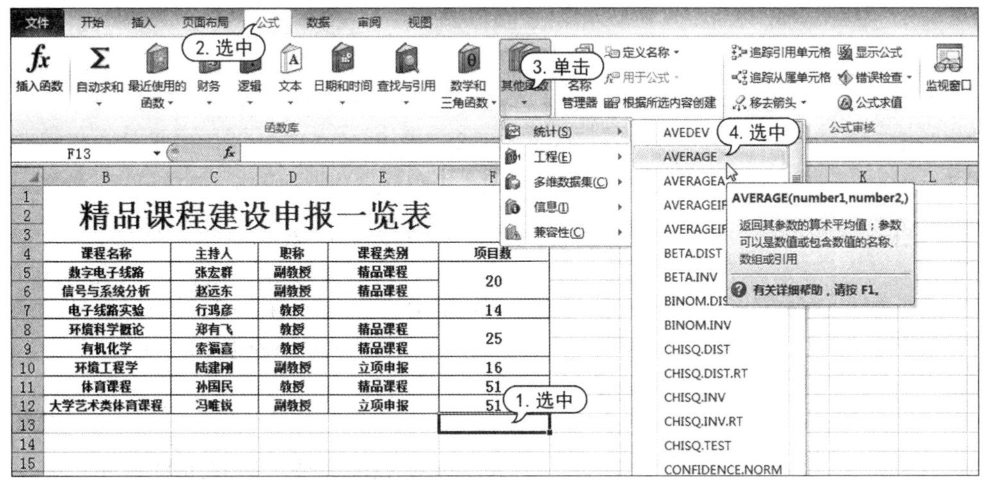

图 6-42　选择 AVERAGE 函数

STEP 02 在打开的【函数参数】对话框中，在 AVERAGE 选项区域的 Number1 文本框中输入计算平均值的范围，这里输入 F5:F12，如图 6-43 所示。

STEP 03 单击【确定】按钮，此时即可在 F13 单元格中显示计算结果，如图 6-44 所示。

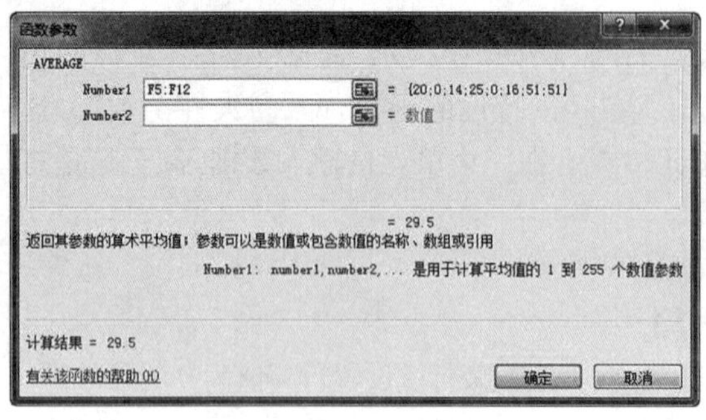

图 6-43 【函数参数】对话框

F13 =AVERAGE(F5:F12)

精品课程建设申报一览表

课程名称	主持人	职称	课程类别	项目数
数字电子线路	张宏群	副教授	精品课程	20
信号与系统分析	赵远东	副教授	精品课程	
电子线路实验	行鸿彦	教授		14
环境科学概论	郑有飞	教授	精品课程	25
有机化学	索福喜	教授	精品课程	
环境工程学	陆建刚	副教授	立项申报	16
体育课程	孙国民	教授	精品课程	51
大学艺术类体育课程	冯睢锐	副教授	立项申报	51
				29.5

图 6-44 计算结果

用户在运用函数进行计算时，有时会需要对函数进行编辑，编辑函数的方法很简单，下面将通过一个实例详细介绍。

【例 6-14】 继续【例 6-13】的操作，编辑 F13 单元格中的函数。视频+素材

STEP 01 打开 Sheet1 工作表，选择需要编辑函数的 F13 单元格，单击【插入函数】按钮 f_x。

STEP 02 在打开的【函数参数】对话框中将 Number1 文本框中的单元格地址更改为 F10:F12，如图 6-45 所示。

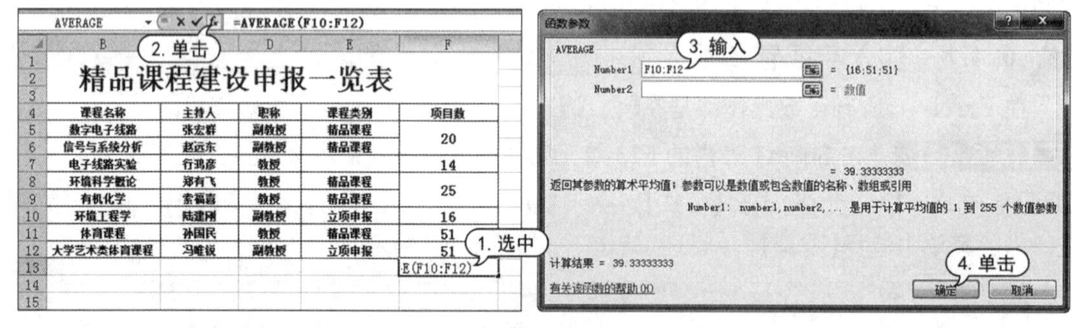

图 6-45 编辑函数

STEP 03 在【函数参数】对话框中单击【确定】按钮后即可在工作表中的 F13 单元格内看到编辑后的结果。

实用技巧

用户在熟练使用函数后，也可以直接选择需要编辑的单元格，在编辑栏中对函数进行编辑。

6.5 使用图表与图形

在 Excel 电子表格中，通过插入图表与图形可以更直观地表现表格中数据的发展趋势或分布状况，从而创建出引人注目的报表。

6.5.1　使用图表

为了能更加直观地表现电子表格中的数据，用户可将数据以图表的形式来表示，因此图表在制作电子表格时同样具有极其重要的作用。

1. 图表的组成

在 Excel 中，图表通常有两种存在方式：一种是嵌入式图表；另一种是图表工作表。其中，嵌入式图表就是将图表看作是一个图形对象，并作为工作表的一部分进行保存；图表工作表是工作簿中具有特定工作表名称的独立工作表。在需要独立于工作表数据来查看、编辑庞大而复杂的图表或需要节省工作表上的屏幕空间时，就可以使用图表工作表。无论是建立哪一种图表，创建图表的依据都是工作表中的数据。当工作表中的数据发生变化时，图表便会随之更新。

图表的基本结构包括：图表区、绘图区、图表标题、数据系列、网格线、图例等，如图 6-46 所示。

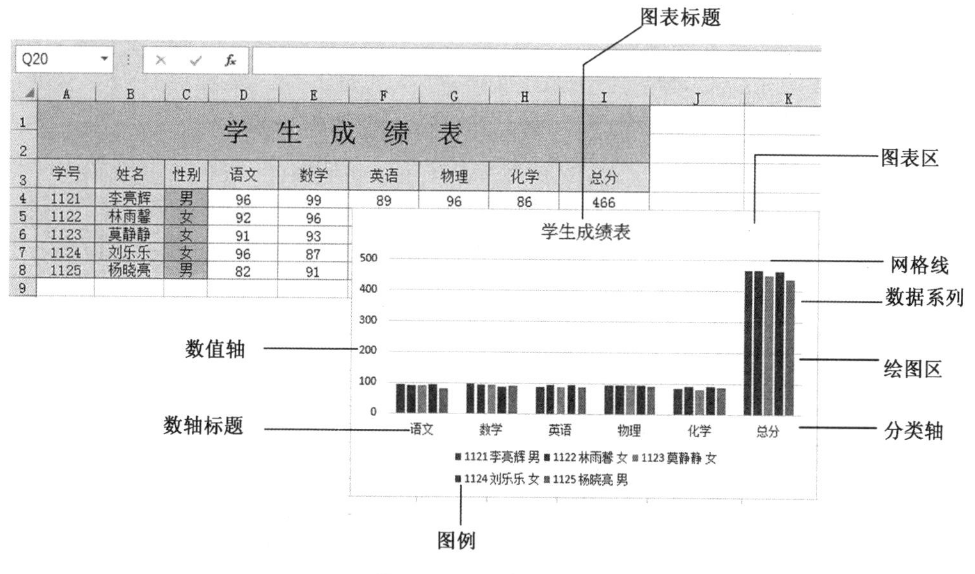

图 6-46　图表的结构

图表各组成部分的介绍如下。

- 图表区：在 Excel 中，图表区指的是包含绘制的整张图表及图表中元素的区域。如果要复制或移动图表，必须先选定图表区。
- 绘图区：图表中的整个绘制区域。二维图表和三维图表的绘图区有所区别。在二维图表中，绘图区是以坐标轴为界并包括全部数据系列的区域；而在三维图表中，绘图区是以坐标轴为界并包含数据系列、分类名称、刻度线和坐标轴标题的区域。
- 图表标题：图表标题在图表中起到说明的作用，是图表性质的大致概括和内容总结，它相当于一篇文章的标题并可用来定义图表的名称。它可以自动地与坐标轴对齐或居中排列于图表坐标轴的外侧。
- 数据系列：在 Excel 中数据系列又称为分类，它指的是图表上的一组相关数据点。在 Excel 图表中，每个数据系列都用不同的颜色和图案加以区别。每一个数据系列分别来自于工作表的某一行或某一列。在同一张图表中(除了饼图外)可以绘制多个数据系列。

- 网格线:和坐标纸类似,网格线是图表中从坐标轴刻度线延伸并贯穿整个绘图区的可选线条系列。网格线的形式有水平的、垂直的、主要的、次要的等,还可以对它们进行组合。网格线使得对图表中的数据进行观察和估计更为准确和方便。
- 图例:在图表中,图例是包围图例项和图例项标示的方框,每个图例项左边的图例项标示和图表中相应数据系列的颜色与图案相一致。
- 数轴标题:用于标记分类轴和数值轴的名称,在 Excel 默认设置下其位于图表的下面和左面。
- 图表标签:用于在工作簿中切换图表工作表与其他工作表,可以根据需要修改图表标签的名称。

2. 创建图表

使用 Excel 提供的图表向导,可以方便、快速地建立一个标准类型或自定义类型的图表。在图表创建完成后,仍然可以修改其各种属性,以使整个图表趋于完善。

【例 6-15】 创建“学生成绩表”工作表,使用图表向导创建图表。 视频+素材

STEP 01 创建“学生成绩表”工作表,然后选中 A3:F7 单元格区域。选择【插入】选项卡,在【图表】命令组中单击对话框启动器按钮,打开【插入图表】向导对话框。

STEP 02 在【插入图表】对话框中选中【所有图表】选项卡,在该选项卡左侧的导航窗格中选择图表类型,在右侧的列表框中选择一种图表类型,单击【确定】按钮,如图 6-47 所示。

STEP 03 此时,在工作表中创建了如图 6-48 所示的图表,Excel 软件将自动打开【图表工具】的【设计】选项卡。

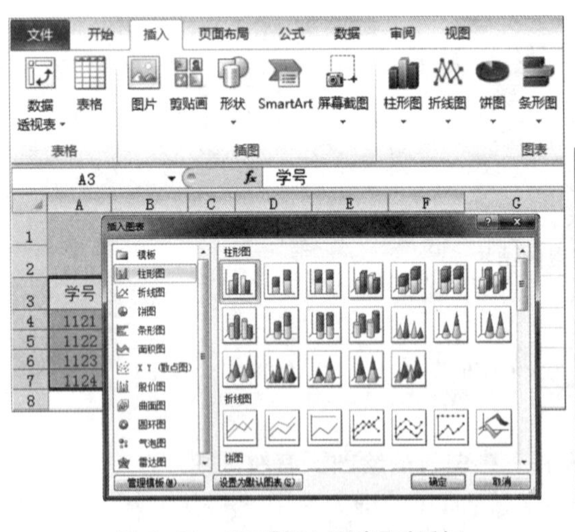

图 6-47 打开【插入图表】对话框

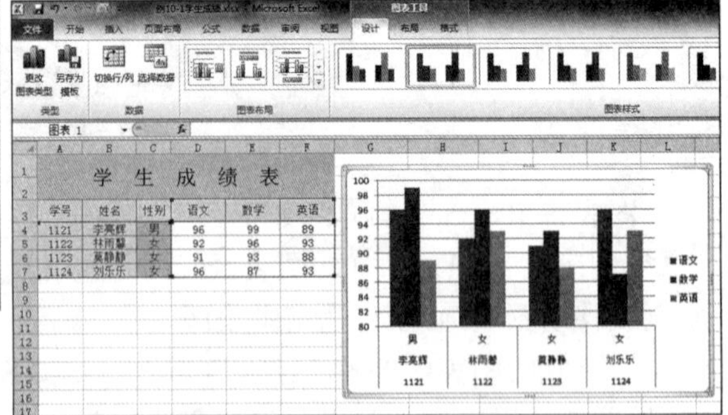

图 6-48 在工作表中创建图表

3. 更改图表类型

如果插入的图表无法确切表现所需要的内容,则可以更改图表的类型。首先选中图表,然后单击【图表工具】的【设计】选项卡,在【类型】组中单击【更改图表类型】按钮,打开【更改图表类型】对话框,选择其他类型的图表选项。

4. 更改图表数据源

在 Excel 中使用图表时，用户可以通过增加或减少图表数据系列，来控制图表中显示数据的内容。

【例 6-16】 在"学生成绩表"工作表中更改图表的数据源。视频+素材

STEP 01 继续【例 6-15】的操作，选中图表，选择【图表工具】的【设计】选项卡，在【数据】组中单击【选择数据】选项。

STEP 02 打开【选择数据源】对话框，单击【图表数据区域】后面的按钮，如图 6-49 所示。

STEP 03 返回工作表，选择 A3:E7 单元格区域，然后按下 Enter 键。

STEP 04 返回【选择数据源】对话框后单击【确定】按钮。此时，数据源发生变化，图表也随之发生变化，如图 6-50 所示。

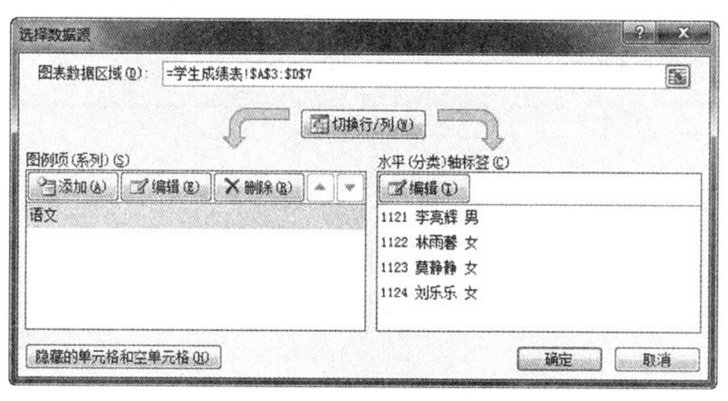

图 6-49 【选择数据源】对话框

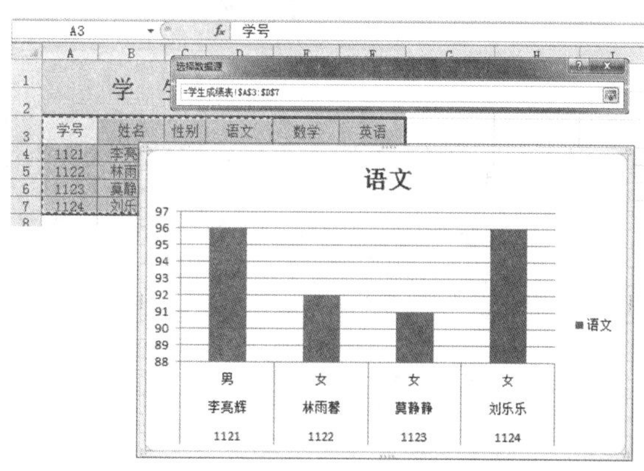

图 6-50 更改图表数据源

5. 套用图表预设样式和布局

Excel 为所有类型的图表预设了多种样式效果，选择【图表工具】的【设计】选项卡，在【图表样式】组中单击【图表样式】下拉列表按钮，在弹出的下拉列表中即可为图表套用预设的图表样式。如图6-51所示为【例 6-15】所制作的【学生成绩表】工作表中的图表，其设置采用的是【样式 6】。

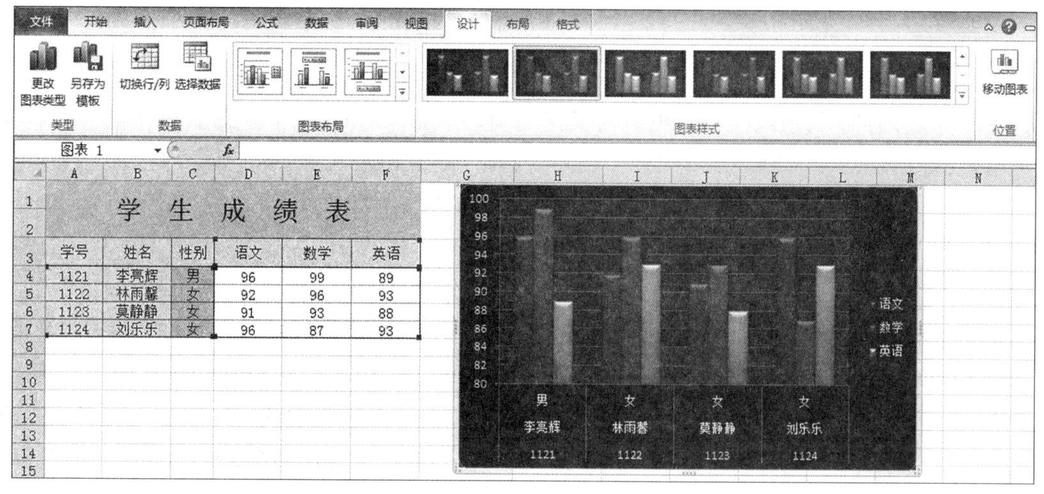

图 6-51 套用预设图表样式

此外,Excel 也预设了多种布局效果,选择【图表工具】的【设计】选项卡,在【图表布局】组中可以为图表套用预设的图表布局。

6.5.2 使用形状

形状是指浮于单元格上方的简单几何图形,也叫自选图形。Excel 提供多种形状图形供用户使用。

1. 插入形状

在【插入】选项卡的【插图】组中单击【形状】下拉列表按钮,可以打开【形状】下拉列表。在【形状】菜单中包含 9 个分类,分别为:最近使用形状、线条、矩形、基本形状、箭头总汇、公式形状、流程图、星与旗帜以及标注等。

【例 6-17】 在"学生成绩表"工作表中绘制形状。 视频

STEP 01 打开工作表后,选择【插入】选项卡,在【插图】命令组中单击【形状】按钮,在弹出的菜单中选中【左箭头】选项。

STEP 02 在工作表中按住鼠标左键拖动,绘制出如图 6-52 所示的图形。

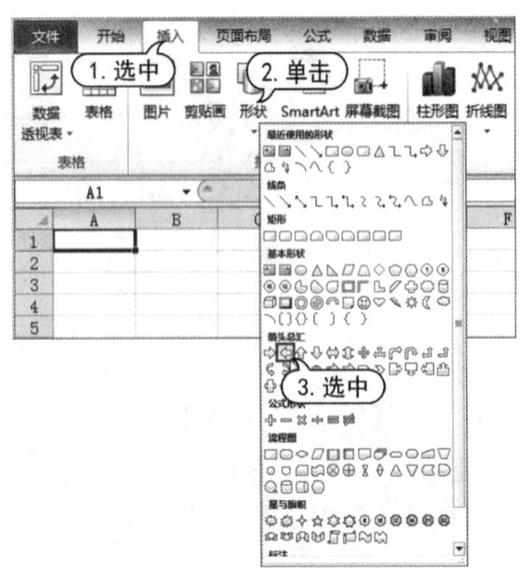

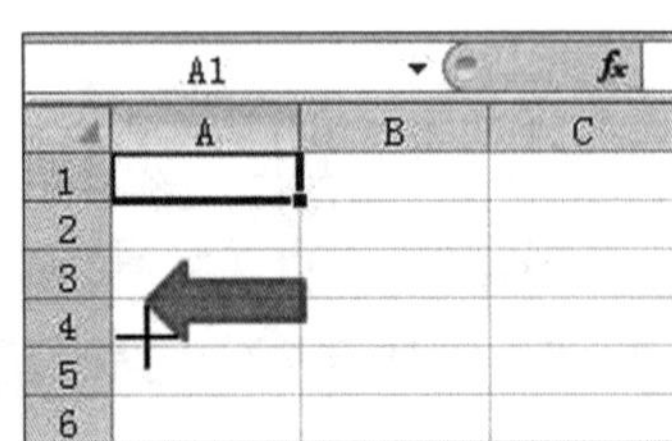

图 6-52 在工作表中绘制形状

2. 编辑形状

在工作表内插入了形状以后,可以对其进行旋转、移动、改变大小等编辑操作。

(1) 旋转形状

在 Excel 中用户可以旋转已经绘制完成的图形,让自绘图形能够满足用户的需要。旋转图形时,只需选中图形上方的圆形控制柄,然后拖动鼠标旋转图形,在拖动到目标角度后释放鼠标即可,如图 6-53 所示。

如果要精确旋转图形,可以右击图形,在弹出的菜单中选择【大小和属性】命令,弹出【设置形状格式】对话框,在【大小】选项的【旋转】文本框中可以设置图形的精确旋转角度,如图6-54 所示。

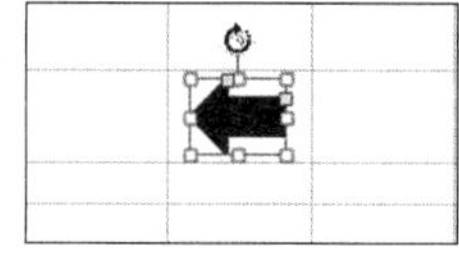

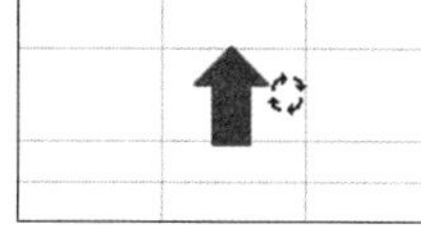

图 6-53　拖动鼠标旋转图形

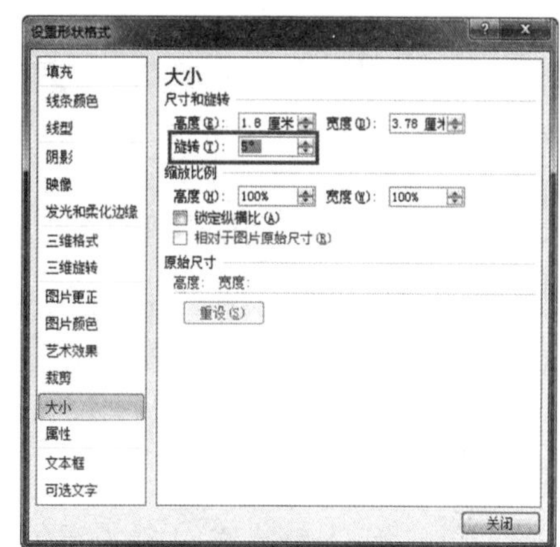

图 6-54　【设置形状格式】对话框

（2）移动形状

在 Excel 的电子表格中绘制图形后，需要将图形移动到表格中需要的位置。移动图形的方法十分简单，选定图形后按住鼠标左键，拖动鼠标移动图形，到目标位置后释放鼠标左键即可，如图 6-55 所示。

（3）缩放形状

如果用户需要重新调整图形的大小，可以拖动图形四周的控制柄调整尺寸，或者在【设置形状格式】对话框中精确设置图形尺寸。

当将光标移动至图形四周的控制柄上时，光标将变为一个双箭头，按住鼠标左键并拖动，将图形拖动到目标大小后释放鼠标即可，如图 6-56 所示。

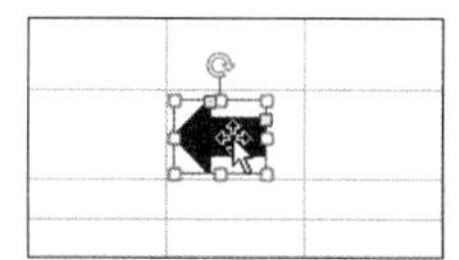

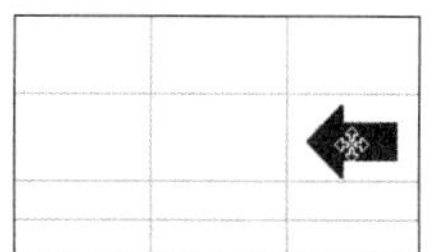

图 6-55　移动形状

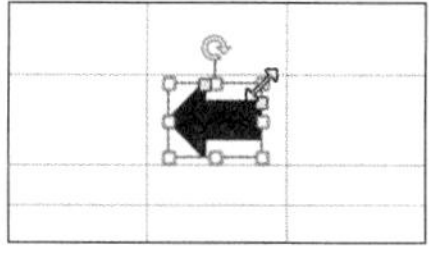

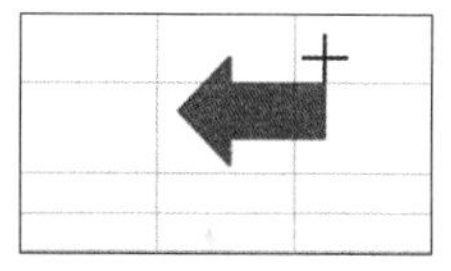

图 6-56　缩放形状

实用技巧

若使用鼠标拖动图形边角的控制柄时，同时按住 Shift 键可以使图形的长宽比例保持不变；如果在改变图形的大小时同时按住 Ctrl 键，将保持图形的中心位置不变。

3. 排列形状

当电子表格中多个形状叠放在一起时，会按先后次序叠放形状，新创建的形状会遮住之前创建的形状。要调整叠放的顺序，只需在选中形状后，单击【格式】选项卡中的【上移一层】或【下移一层】按钮，即可将选中形状向上或向下移动。

另外，用户还可以对表格内的多个形状进行对齐和分布操作。例如，按住 Ctrl 键选中表格内的多个形状，选择【格式】选项卡中的【对齐对象】|【水平居中】命令，可以将多个形状排列在同一根垂直线上。

6.6 排序表格数据

数据排序是指按一定规则对数据进行整理、排列，这样可以为数据的进一步处理做好准备。Excel 提供了多种方法对数据进行排序，可以按升序、降序的方式，也可以由用户自定义排序规则。

6.6.1 按单一条件排序数据

在数据量相对较少(或排序要求简单)的工作簿中，用户可以设置一个条件对数据进行排序处理，具体方法如下。

【例 6-18】 在“人事档案”工作表中按单一条件排序表格数据。 视频+素材

STEP 01 打开“人事档案”工作表，选中 E4:E22 单元格区域，然后选择【数据】选项卡，在【排序和筛选】组中单击【升序】按钮。

STEP 02 在打开的【排序提醒】对话框中选中【扩展选定区域】单选按钮，然后单击【排序】按钮，如图 6-57 所示。

STEP 03 此时，工作表中显示排序后的数据，即将“基本工资”列从低到高的顺序重新排列。

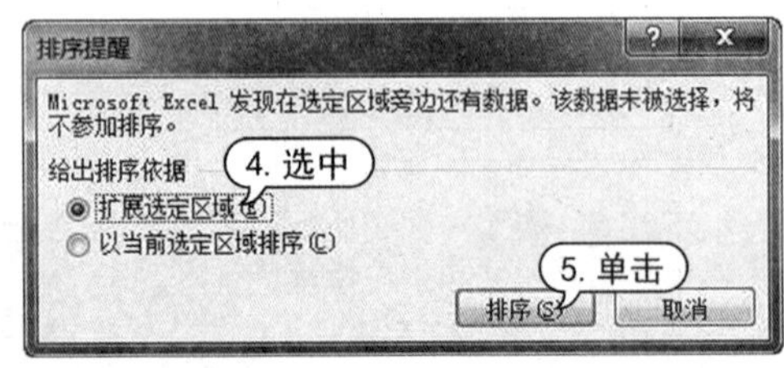

图 6-57 按单一条件排序数据

6.6.2 按多个条件排序数据

在 Excel 中，按多个条件排序数据可以有效避免排序时出现多个数据相同的情况，从而使排序结果符合工作的需要。

【例 6-19】 在“成绩”工作表中按多个条件排序表格数据。 视频+素材

STEP 01 打开“成绩”工作表后选中 B2:E18 单元格区域，选择【数据】选项卡，然后单击【排序和筛选】组中的【排序】按钮。

STEP 02 在打开的【排序】对话框中单击【主要关键字】下拉列表按钮，在弹出的下拉列表中选中【语文】选项；单击【排序依据】下拉列表按钮，在弹出的下拉列表中选中【数值】选项；单击【次序】下拉列表按钮，在弹出的下拉列表中选中【升序】选项，如图 6-58 所示。

STEP 03 在【排序】对话框中单击【添加条件】按钮，添加次要关键字，然后单击【次要关键字】下拉列表按钮，在弹出的下拉列表中选中【数学】选项；单击【排序依据】下拉列表按钮，在弹出的

下拉列表中选中【数值】选项；单击【次序】下拉列表按钮，在弹出的下拉列表中选中【升序】选项。

STEP 04 完成以上设置后，在【排序】对话框中单击【确定】按钮，即可按照“语文”和“数学”成绩的“升序”条件排序工作表中选定的数据，效果如图 6-59 所示。

图 6-58　设置主要排序关键字

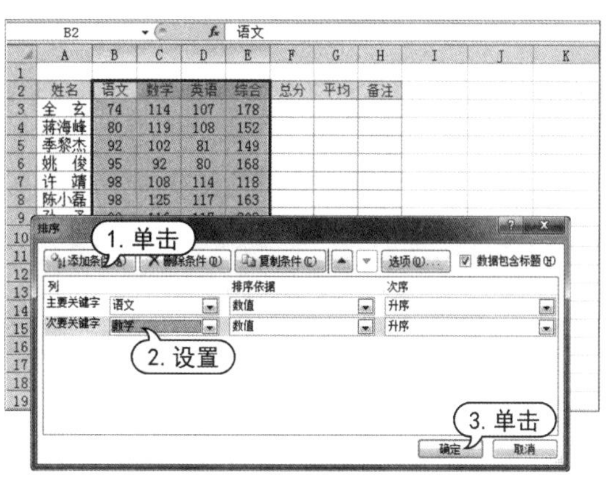

图 6-59　多个条件排序及结果

6.7 筛选表格数据

筛选是一种用于查找数据的快速方法。经过筛选后的数据清单只满足指定条件的数据行，以供用户浏览、分析之用。

6.7.1 自动筛选数据

使用 Excel 自带的筛选功能，可以快速筛选表格中的数据。筛选为用户提供了从大量数据清单中快速查找出符合某种条件数据的功能。使用筛选功能筛选数据时，字段名称将变成一个下拉列表框的框名。

【例 6-20】　在“人事档案”工作表中自动筛选出奖金最高的 3 条数据记录。 视频+素材

STEP 01 打开“人事档案”工作表，选中 G3:G22 单元格区域。单击【数据】选项卡【排序和筛选】组中的【筛选】按钮，进入筛选模式，在 G3 单元格中显示筛选条件按钮。

STEP 02 单击 G3 单元格中的筛选条件按钮，在弹出的菜单中选中【数字筛选】|【10 个最大的值】命令，如图 6-60 所示。

STEP 03 在打开的【自动筛选前 10 个】对话框中单击【显示】下拉列表按钮，在弹出的下拉列表中选中【最大】选项，然后在其后的文本框中输入参数 3。

STEP 04 单击【确定】按钮，即可筛选出“奖金”列中数值最大的 3 条数据记录，如图 6-61 所示。

6.7.2 多条件筛选数据

对于筛选条件较多的情况，可以使用高级筛选功能来处理。

使用高级筛选功能，必须先建立一个条件区域，用来指定筛选的数据所需满足的条件。条件区域的第一行是所有作为筛选条件的字段名，这些字段名与数据清单中的字段名必须完全

一致。条件区域的其他行则是筛选条件。需要注意的是，条件区域和数据清单不能连接，必须用一个空行将其隔开。

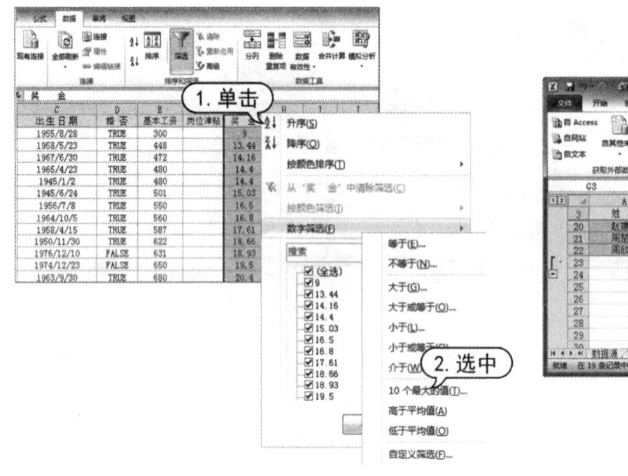

图 6-60　设置自动筛选

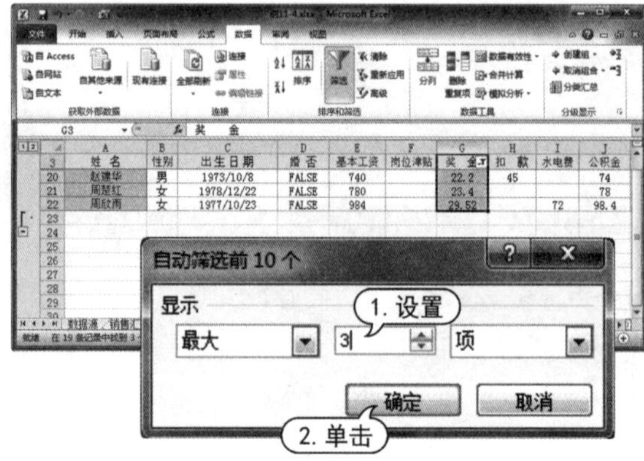

图 6-61　数据筛选结果

【例 6-21】　在“成绩”工作表中筛选出语文成绩大于 100 分、数学成绩大于 110 分的数据记录。 视频+素材

STEP 01 打开“成绩”工作表后，选中 A2:E18 单元格区域。选择【数据】选项卡，然后单击【排序和筛选】组中的【高级】按钮，在打开的【高级筛选】对话框中单击【条件区域】文本框后的按钮，如图 6-62 所示。

STEP 02 在工作表中选中 A20:B21 单元格区域，然后按下 Enter 键。

STEP 03 返回【高级筛选】对话框后，单击该对话框中的【确定】按钮，即可筛选出表格中“语文”成绩大于 100 分，“数学”成绩大于 110 分的数据记录，如图 6-63 所示。

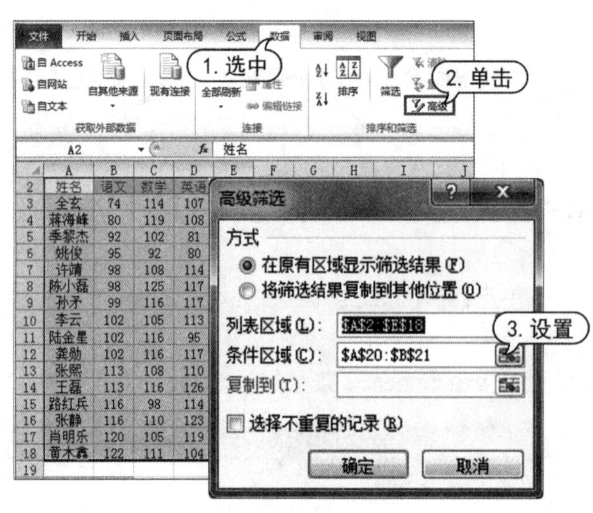

图 6-62　设置高级筛选

	A	B	C	D	E
11	陆金星	102	116	95	181
12	龚勋	102	116	117	173
14	王磊	113	116	126	186
18	黄木鑫	122	111	104	171
19					
20	语文	数学			
21	>100	>110			

图 6-63　多条件筛选结果

STEP 04 用户在对电子表格中的数据进行筛选或者排序操作后，如果要清除操作，重新显示表格中的全部内容，则在【数据】选项卡的【排序和筛选】组中单击【清除】按钮即可。

6.7.3 筛选不重复值

重复值是用户在处理表格数据时常遇到的问题，使用高级筛选功能可以得到表格中的不重复值（或不重复数据记录）。

【例 6-22】 在“成绩”工作表中筛选出语文成绩不重复的记录。 视频+素材

STEP 01 打开“成绩”工作表，然后单击【数据】选项卡【排序和筛选】单元格中的【高级】按钮。在打开的【高级筛选】对话框中选中【选择不重复的记录】复选框，然后单击【列表区域】文本框后的按钮。

STEP 02 选中 B3:B18 单元格区域，然后按下 Enter 键。

STEP 03 返回【高级筛选】对话框，选中【选择不重复的记录】复选框，单击该对话框中的【确定】按钮，即可筛选出工作表中“语文”成绩不重复的数据记录，效果如图 6-64 所示。

	A	B	C	D	E	F	G	H
1								
2	姓名	语文	数学	英语	综合	总分	平均	备注
3	全玄	74	114	107	178			
4	蒋海峰	80	119	108	152			
5	季黎杰	92	102	81	149			
6	姚俊	95	92	80	168			
7	许靖	98	108	114	118			
8	陈小磊	98	125	117	163			
9	孙矛	99	116	117	202			
10	李云	102	105	113	182			
11	陆金星	102	116	95	181			
12	龚勋	102	116	117	173			
13	张熙	113	108	110	192			
14	王磊	113	116	126	186			
15	路红兵	116	98	114	176			
16	张静	116	110	123	166			
17	肖明乐	120	105	119	163			
18	黄木鑫	122	111	104	171			

高级筛选
方式
在原有区域显示筛选结果(F)
将筛选结果复制到其他位置(O)
列表区域(L): $B$3:$B$18
条件区域(C):
复制到(T):
选择不重复的记录(R)
确定 取消

数据源 销售汇总 人事档案 统计表 成绩 销售明细

	A	B	C	D	E	F	G	H
1								
2	姓名	语文	数学	英语	综合	总分	平均	备注
3	全玄	74	114	107	178			
4	蒋海峰	80	119	108	152			
5	季黎杰	92	102	81	149			
6	姚俊	95	92	80	168			
7	许靖	98	108	114	118			
9	孙矛	99	116	117	202			
10	李云	102	105	113	182			
13	张熙	113	108	110	192			
15	路红兵	116	98	114	176			
17	肖明乐	120	105	119	163			
18	黄木鑫	122	111	104	171			
19								

图 6-64 筛选不重复的值

6.8 数据分类汇总

分类汇总数据，即在按某一条件对数据进行分类的同时，对同一类别中的数据进行统计运算。分类汇总被广泛应用于财务、统计等领域，用户要灵活掌握其使用方法，应掌握创建、隐藏、显示以及删除等方法。

6.8.1 创建分类汇总

Excel 可以在数据清单中自动分类汇总及计算总计值。用户只需指定需要进行分类汇总的数据项、待汇总的数值和用于计算的函数（例如求和函数）即可。如果使用自动分类汇总，工作表必须组织成具有列标志的数据清单。在创建分类汇总之前，用户必须先根据需要分类汇总的数据列进行数据清单排序。

【例 6-23】 在“考试成绩”工作表中将“总分”按专业分类，并汇总各专业的总分、平均成绩。 视频+素材

STEP 01 打开“考试成绩”工作表，然后选中【专业】列。选择【数据】选项卡，在【排序和筛选】组

中单击【升序】按钮，然后在打开的【排序提醒】对话框中单击【排序】按钮。

STEP 02 选中任意一个单元格，在【数据】选项卡的【分级显示】组中单击【分类汇总】按钮。在打开的【分类汇总】对话框中单击【分类字段】下拉列表按钮，在弹出的下拉列表中选中【专业】选项；单击【汇总方式】下拉列表按钮，在弹出的下拉列表中选中【平均值】选项；在【选定汇总项】列表框中选中【数据结构】选项，如图 6-65 所示。

STEP 03 完成以上设置后，在【分类汇总】对话框中单击【确定】按钮，即可查看表格分类汇总后的效果，如图 6-66 所示。

图 6-65 设置分类汇总

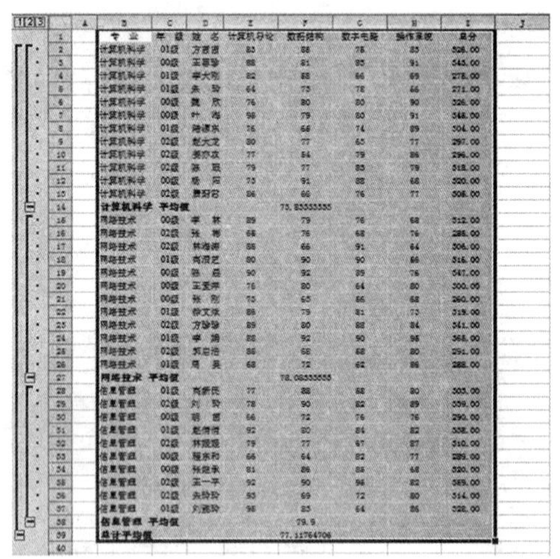

图 6-66 分类汇总结果

6.8.2 隐藏和删除分类汇总

用户在创建了分类汇总后，为了方便查阅，可以将其中的数据进行隐藏，并根据需要在适当的时候显示出来。

1. 隐藏分类汇总

为了方便用户查看数据，可将分类汇总后暂时不需要使用的数据隐藏，从而减小界面的占用空间。当需要查看时，再将其显示。

**【例 6-24】 在“考试成绩”工作表中隐藏除汇总外的所有分类数据，并显示“计算机科学”专业的详细数据。** 视频+素材

STEP 01 在“考试成绩”工作表中选中 I14 单元格，然后在【数据】选项卡的【分级显示】组中单击【隐藏明细数据】按钮，隐藏“计算机科学”专业的详细记录数据，如图 6-67 所示。

STEP 02 重复以上操作，分别选中 I27、I38 单元格，隐藏“网络技术”和“信息管理”专业的详细数据记录，如图 6-68 所示。

STEP 03 选中 I14 单元格，然后单击【数据】选项卡【分级显示】组中的【显示明细数据】按钮，即可重新显示“计算机科学”等被隐藏专业的详细数据。

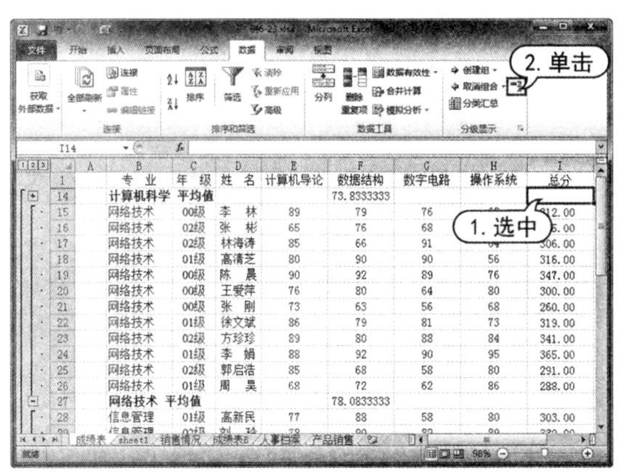

图 6-67　隐藏“计算机科学”专业记录数据

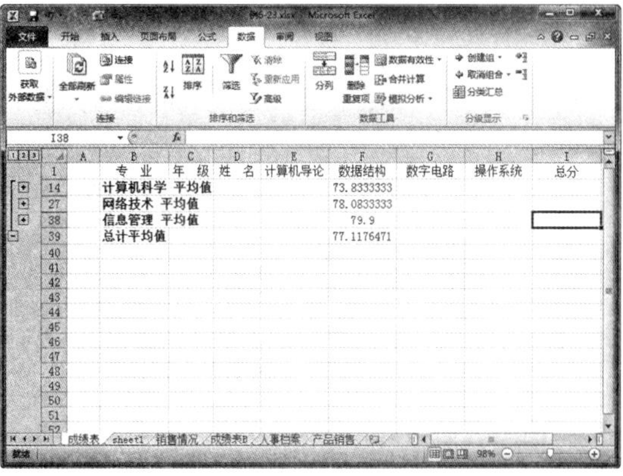

图 6-68　隐藏分类汇总

实用技巧

除了以上介绍的方法以外，单击工作表左边列表树中的+、-符号按钮，同样可以显示与隐藏详细数据。

2. 删除分类汇总

查看完分类汇总后，若用户需要将其删除，恢复原先的工作状态，可以在 Excel 中删除分类汇总，具体方法如下。

【例 6-25】　在“考试成绩”工作表中删除设置的分类汇总。 视频+素材

STEP 01　继续【例 6－23】的操作，在【数据】选项卡中单击【分类汇总】按钮，在打开的【分类汇总】对话框中单击【全部删除】按钮即可删除表格中的分类汇总，如图 6-65 所示。

STEP 02　此时，表格内容将恢复设置分类汇总前的状态。

6.9　案例演练

本章的上机练习将介绍在“盒装牙膏价格”工作表中的 F 列计算产品价格，要求：“单价”、“每盒数量”、“购买盒数”列中都输入数据后才显示结果，否则将返回空文本。

【例 6-26】　使用公式计算工作表中 F 列的产品价格。 视频+素材

STEP 01　创建“盒装牙膏价格”工作表，并在“Sheet1”工作表中输入数据。

STEP 02　选中 G3 单元格，输入公式：

=IF(COUNT(D3:F3)<3,"",D3*E3*F3)

STEP 03　选择【公式】选项卡，在【公式审核】命令组中单击【公式求值】按钮。

STEP 04　在打开的【公式求值】对话框中，单击【求值】按钮，如图 6-69 所示。

STEP 05　此时，将依次出现分步求值的计算结果。依次单击到第 8 次【求值】按钮后将显示 F2 单元格的价格数据为“5120”，此时可以单击【关闭】按钮，如图 6-70 所示。

STEP 06　使用同样的方法来进行其他产品的求值计算，效果如图 6-71 所示。

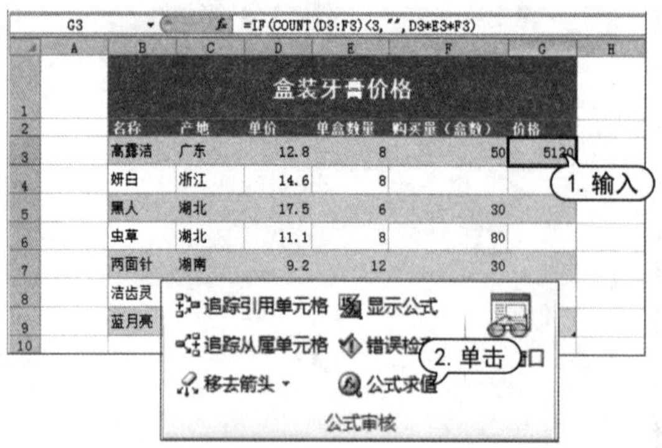

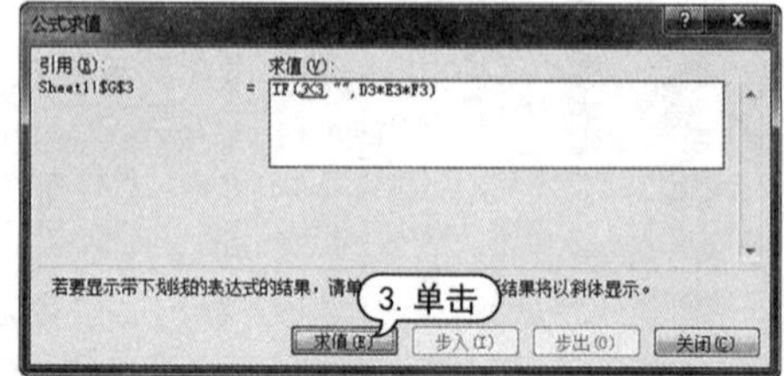

图 6-69　公式求值

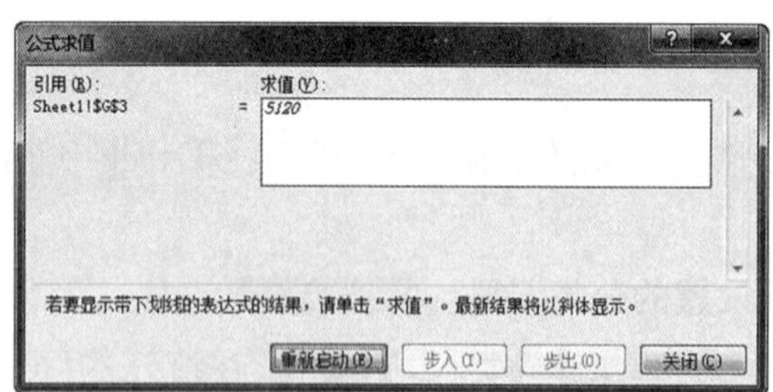

图 6-70　显示 F2 单元格价格数据

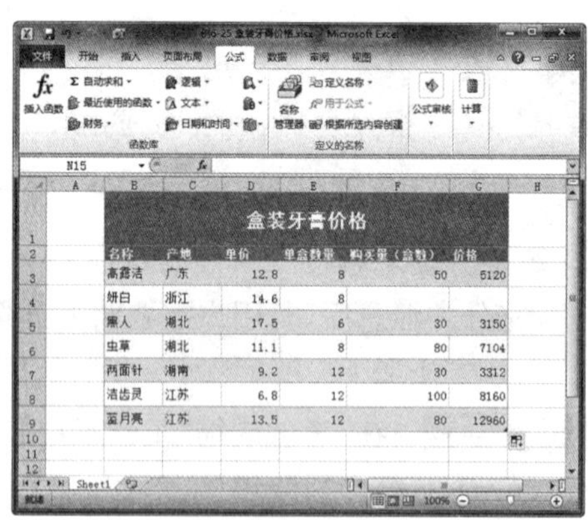

图 6-71　求值计算结果

第 7 章

PowerPoint 演示文稿

PowerPoint 是目前最为常用的多媒体演示软件，它可以将文字、图形、图像、动画、声音和视频剪辑等多种媒体对象集合于一体，在一组图文并茂的画面中显示出来，从而更有效地向他人展示自己想要表述的内容。

对应的光盘视频

例 7-1　使用现有模板新建演示文稿
例 7-2　根据自定义模板新建演示文稿
例 7-3　在文本占位符中输入文本
例 7-4　使用横排文本框
例 7-5　设置文本格式
例 7-6　插入电脑中的图片
例 7-7　添加艺术字
例 7-8　编辑艺术字
例 7-9　设置幻灯片背景
例 7-10　添加切换动画
例 7-11　设置切换动画计时选项
例 7-12　添加对象动画
例 7-13　设置动画计时选项
例 7-14　设置动画触发器
例 7-15　在 PPT 中设置超链接
例 7-16　制作“产品商业计划书”演示文稿

7.1 操作演示文稿和幻灯片

PowerPoint 2010 是微软公司推出的一款功能强大的专业幻灯片编辑制作软件，该软件与 Word、Excel 等常用办公软件一样，是 Office 办公软件系列中的一个重要组成部分，深受各行各业办公人员的青睐。在使用 PowerPoint 2010 制作演示文稿之前，首先应认识该软件的界面，并掌握演示文稿和幻灯片的基本操作。

PowerPoint 2010 的主工作界面主要由快速访问工具栏、标题栏、功能区、预览窗格、幻灯片编辑窗口、备注栏、状态栏、快捷按钮和显示比例滑竿等元素组成，如图 7-1 所示。

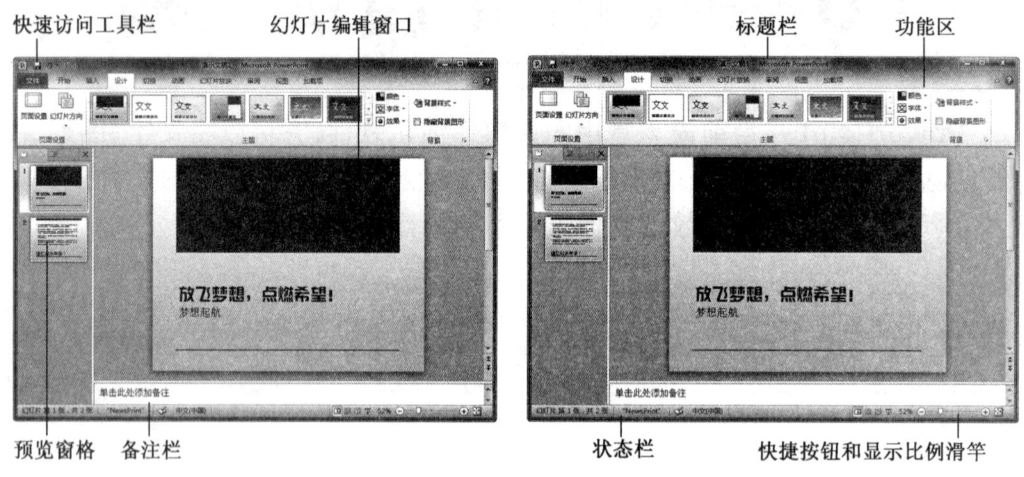

图 7-1　PowerPoint 2010 的工作界面

PowerPoint 2010 的工作界面和 Word 相似，其中相似的元素在此不再重复介绍了，仅介绍一下 PowerPoint 常用的预览窗格、幻灯片编辑窗口、备注栏以及快捷按钮和显示比例滑竿。

- 预览窗格：该窗格包含两个选项卡，在【幻灯片】选项卡中显示了幻灯片的缩略图，单击某个缩略图可在主编辑窗口查看和编辑该幻灯片；在【大纲】选项卡中可对幻灯片的标题性文本进行快速编辑。
- 幻灯片编辑窗口：幻灯片编辑窗口是 PowerPoint 2010 的主要工作区域，用户对文本、图像等多媒体元素进行操作的结果都将显示在该区域。
- 备注栏：在该栏中可分别为每张幻灯片添加备注文本。
- 快捷按钮和显示比例滑竿：该区域包括 6 个快捷按钮和一个【显示比例滑竿】，其中 4 个视图按钮，可快速切换视图模式；一个比例按钮可快速设置幻灯片的显示比例；最右边的一个按钮可使幻灯片以合适比例显示在主编辑窗口；通过拖动【显示比例滑杆】中的滑块，可以直观地改变文档编辑区的大小。

7.1.1　创建演示文稿

在 PowerPoint 中，使用 PowerPoint 制作出来的整个文件叫演示文稿，而演示文稿中的每一页叫做幻灯片，每张幻灯片都是演示文稿中既相互独立又相互联系的内容。

1. 新建空白演示文稿

空演示文稿是一种形式最简单的演示文稿，没有应用模板设计、配色方案以及动画方案，可以自由设计。创建空白演示文稿的方法主要有以下 3 种：

- 启动 PowerPoint 自动创建空白演示文稿：无论是使用【开始】按钮启动 PowerPoint，还是通过桌面快捷图标或者通过现有演示文稿启动，都将自动打开空白演示文稿。
- 使用【文件】按钮创建空白演示文稿：单击【文件】按钮，在弹出的菜单中选择【新建】命令，打开 Microsoft Office Backstage 视图，在中间的【可用的模板和主题】列表框中选择【空白演示文稿】选项，单击【创建】按钮。
- 按下 Ctrl+N 组合键创建空白演示文稿。

2. 使用现有模板新建演示文稿

PowerPoint 2010 提供了许多美观的设计模板，这些设计模板将演示文稿的样式、风格，包括幻灯片的背景、装饰图案、文字布局及颜色、大小等均预先定义好。用户在设计演示文稿时可以先选择演示文稿的整体风格，然后再进行进一步的编辑和修改。

【例 7-1】 **根据现有模板【PowerPoint 2010 简介】，新建一个演示文稿。** 视频

STEP 01 单击【开始】按钮，选择【所有程序】|【Microsoft Office】|【Microsoft PowerPoint 2010】命令，启动 PowerPoint 2010。

STEP 02 单击【文件】按钮，从弹出的菜单中选择【新建】命令，打开 Microsoft Office Backstage 视图，在【可用的模板和主题】列表框中选择【样本模板】选项，如图 7-2 所示。

STEP 03 在列表框中选择【PowerPoint 2010 简介】选项，然后单击【创建】按钮，该模板将被应用在新建的演示文稿中，如图 7-3 所示。

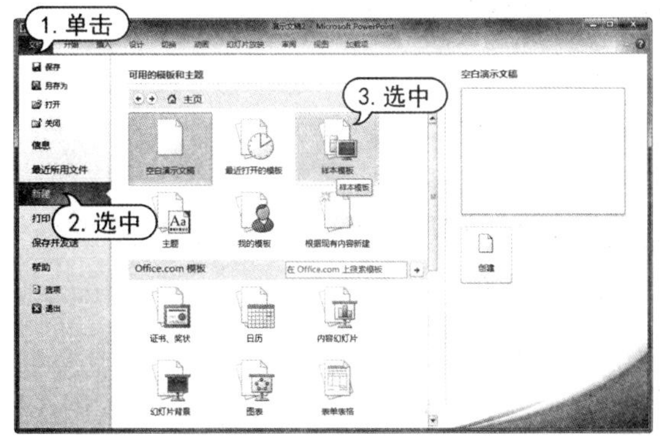

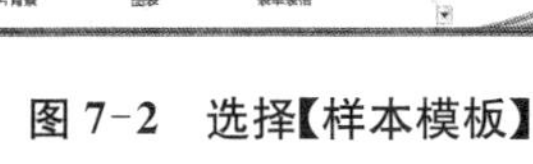
图 7-2　选择【样本模板】

图 7-3　使用模板创建演示文稿

3. 根据自定义模板新建演示文稿

用户可以将自定义演示文稿保存为【PowerPoint 模板】类型，使其成为一个自定义模板保存在【我的模板】中。当需要使用该模板时，在【我的模板】列表框中调用即可。

自定义模板可以由以下两种方法获得：

- 在演示文稿中自行设计主题、版式、字体样式、背景图案和配色方案等基本要素，然后保存为模板。
- 由其他途径（如下载、共享、光盘等）获得的模板。

【例 7-2】 将通过其他途径获得的 PPT 模板保存到【我的模板】列表框中，并调用该模板。视频

STEP 01 打开预先设计好的模板，按下 F12 键，或单击【文件】按钮，在弹出的菜单中选择【另存为】命令。

STEP 02 在【文件名】文本框中输入模板名称，在【保存类型】下拉列表框中选择【PowerPoint 模板】选项。此时对话框中的【保存位置】下拉列表框将自动更改保存路径，单击【确定】按钮，将模板保存到 PowerPoint 默认模板存储路径下，如图 7-4 所示。

STEP 03 关闭保存后的模板。启动 PowerPoint 2010 应用程序，单击【文件】按钮，从弹出的菜单中选择【新建】命令，在中间的【可用的模板和主题】列表框中选择【我的模板】选项，如图 7-5 所示。

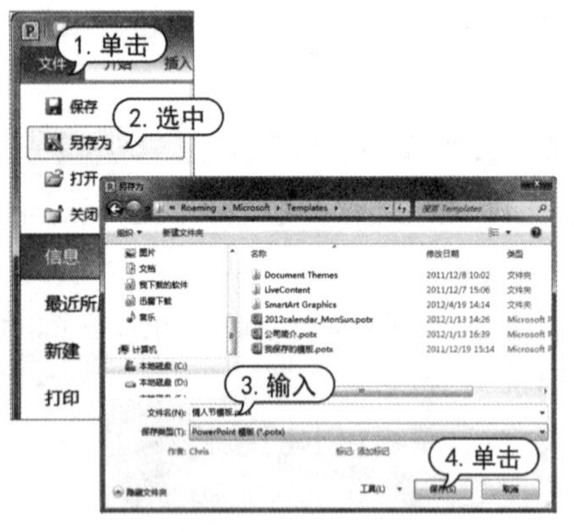

图 7-4 将模板保存到 PowerPoint 默认模板存储路径

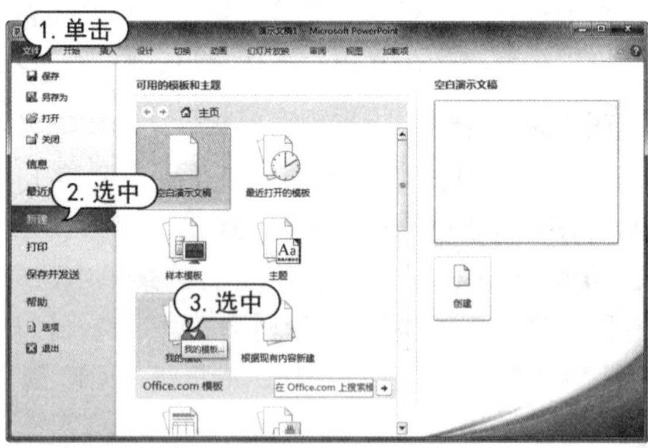

图 7-5 使用【我的模板】

STEP 04 打开【新建演示文稿】对话框的【个人模板】选项卡，选择刚刚创建的自定义模板，单击【确定】按钮，此时该模板会应用到当前演示文稿中，如图 7-6 所示。

STEP 05 在快速访问工具栏中单击【保存】按钮，将演示文稿保存为【我的演示文稿】，如图 7-7 所示。

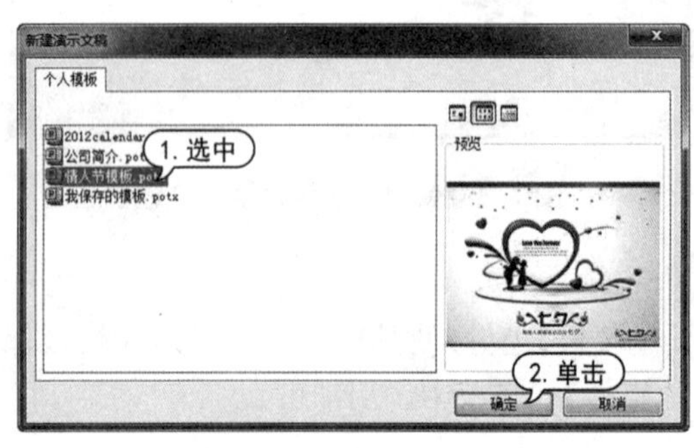

图 7-6 【新建演示文稿】对话框

图 7-7 保存演示文稿

4. 根据现有内容新建演示文稿

如果用户想使用现有演示文稿中的一些内容或风格来设计其他的演示文稿，就可以使用

PowerPoint 的【根据现有内容新建】功能。这样就能够得到一个和现有演示文稿具有相同内容和风格的新演示文稿，用户只需在原有的基础上进行适当修改即可。

要根据现有内容新建演示文稿，只需单击【文件】按钮，选择【新建】命令，在中间的【可用的模板和主题】列表框中选择【根据现有内容新建】选项，然后在打开的【根据现有演示文稿新建】对话框中选择需要应用的演示文稿文件，单击【打开】按钮即可。

7.1.2　幻灯片的基本操作

使用模板新建的演示文稿虽然都有一些内容，但这些内容要构成用于传播信息的演示文稿还远远不够，这就需要对其中的幻灯片进行编辑操作，如插入幻灯片、复制幻灯片、移动幻灯片和删除幻灯片等。在对幻灯片的编辑过程中，最为方便的视图模式是普通视图和幻灯片浏览视图，而备注页视图和阅读视图模式下则不适合对幻灯片进行编辑操作。

1. 添加幻灯片

在启动 PowerPoint 2010 后，PowerPoint 会自动建立一张新的幻灯片，随着制作过程的推进，需要在演示文稿中添加更多的幻灯片。

要添加新幻灯片，可以按照下面的方法进行操作。打开【开始】选项卡，在【幻灯片】组中单击【新建幻灯片】按钮，如图 7-8 所示，即可添加一张默认版式的幻灯片。

当需要应用其他版式时（版式是指预先定义好的幻灯片内容在幻灯片中的排列方式，如文字的排列及方向、文字与图表的位置等），单击【新建幻灯片】按钮右下方的下拉箭头，在弹出的下拉菜单中选择需要的版式，即可将其应用到当前幻灯片中，如图 7-9 所示。

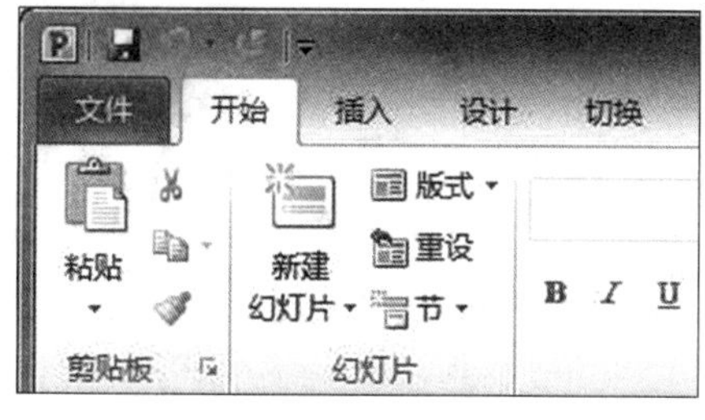

图 7-8　新建幻灯片

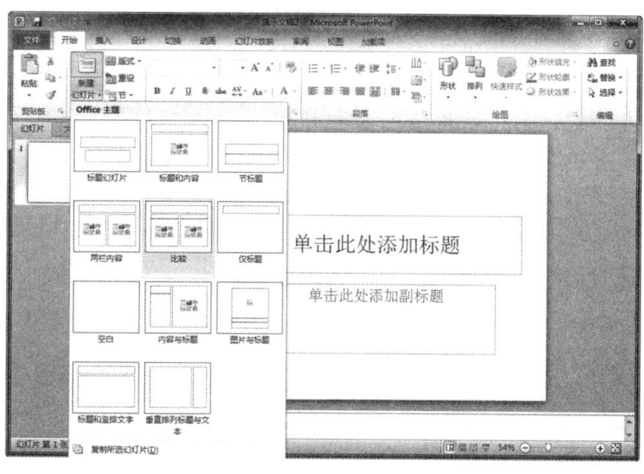

图 7-9　选择新幻灯片版式

实用技巧

在幻灯片预览窗格中，选择一张幻灯片，按下 Enter 键，将在该幻灯片的下方添加新幻灯片。

2. 选取幻灯片

在 PowerPoint 2010 中，可以一次选取一张幻灯片，也可以同时选中多张幻灯片，然后对选中的幻灯片进行操作。

- 选择单张幻灯片：无论是在普通视图左侧的【大纲】或【幻灯片】选项卡中，还是在幻灯片浏览视图中，只需单击目标幻灯片，即可选中该张幻灯片。

▽ 选择连续的多张幻灯片：单击起始编号的幻灯片，然后按住 Shift 键，再单击结束编号的幻灯片，此时将有多张幻灯片被同时选中。

▽ 选择不连续的多张幻灯片：在按住 Ctrl 键的同时，依次单击需要选择的每张幻灯片，此时被单击的多张幻灯片被同时选中。在按住 Ctrl 键的同时再次单击已被选中的幻灯片，则该幻灯片被取消选择。

实用技巧

在幻灯片浏览视图中，除了可以使用上述方法来选择幻灯片以外，还可以直接在幻灯片之间的空隙中按下鼠标左键并拖动，此时鼠标划过的幻灯片都将被选中。

3. 移动与复制幻灯片

PowerPoint 支持以幻灯片为对象的移动和复制操作，可以将整张幻灯片及其内容进行移动或复制。

(1) 移动幻灯片

在制作演示文稿时，如果需要重新排列幻灯片的顺序，就需要移动幻灯片。移动幻灯片的方法如下。

STEP 01 选中需要移动的幻灯片，在【开始】选项卡的【剪贴板】组中单击【剪切】按钮。

STEP 02 在目标位置单击，然后在【开始】选项卡的【剪贴板】组中单击【粘贴】按钮。

(2) 复制幻灯片

在制作演示文稿时，有时会需要两张内容基本相同的幻灯片。此时，可以利用幻灯片的复制功能，复制出一张相同的幻灯片，然后对其进行适当的修改。复制幻灯片的方法如下。

STEP 03 选中需要复制的幻灯片，在【开始】选项卡的【剪贴板】组中单击【复制】按钮。

STEP 04 在需要插入幻灯片的位置单击，然后在【开始】选项卡的【剪贴板】组中单击【粘贴】按钮。

实用技巧

在 PowerPoint 2010 中，Ctrl + X、Ctrl + C 和 Ctrl + V 快捷键同样适用于幻灯片的剪贴、复制和粘贴操作。

(3)删除幻灯片

在演示文稿中删除多余幻灯片是清除冗余信息的有效方法。删除幻灯片的方法主要有以下几种：

▽ 选中需要删除的幻灯片，直接按下 Delete 键。

▽ 右击需要删除的幻灯片，从弹出的快捷菜单中选择【删除幻灯片】命令。

▽ 选中幻灯片，在【开始】选项卡的【剪贴板】组中单击【剪切】按钮。

7.2 输入和编辑文本

幻灯片文本是演示文稿中至关重要的部分，它对文稿中的主题、问题的说明与阐述具有其他方式不可替代的作用。无论是新建文稿时创建的空白幻灯片，还是使用模板创建的幻灯片都类似一张白纸，需要用户将内容用文字在幻灯片中表达出来。

7.2.1 输入文本

在 PowerPoint 中，不能直接在幻灯片中输入文字，只能通过文本占位符或插入文本框来添加。下面分别介绍如何使用文本占位符和插入文本框来输入文本。

1. 在文本占位符中输入文本

大多数幻灯片的版式中都提供了文本占位符，这种占位符中预设了文字的属性和样式，供用户添加标题文字、项目文字等。

在幻灯片中单击占位符边框，即可选中该占位符。在占位符中单击，进入文本编辑状态，此时即可直接输入文本。

【例 7-3】 创建一个空白演示文稿，并在其中输入文本。 视频

STEP 01 启动 PowerPoint 2010，按下 Ctrl + N 组合键创建一个空白演示文稿。

STEP 02 单击【单击此处添加标题】文本占位符内部，此时占位符中将出现闪烁的光标。

STEP 03 切换至搜狗拼音输入法，输入文本“那些年，我们一起追的女孩！”，如图 7-10 所示。

STEP 04 单击【单击此处添加副标题】文本占位符内部，当出现闪烁的光标时，输入文本“好想拥抱你 拥抱错过的勇气”。

STEP 05 输入完成后，在快速工具栏中单击【保存】按钮，将演示文稿以“那些年”为名保存，如图 7-11 所示。

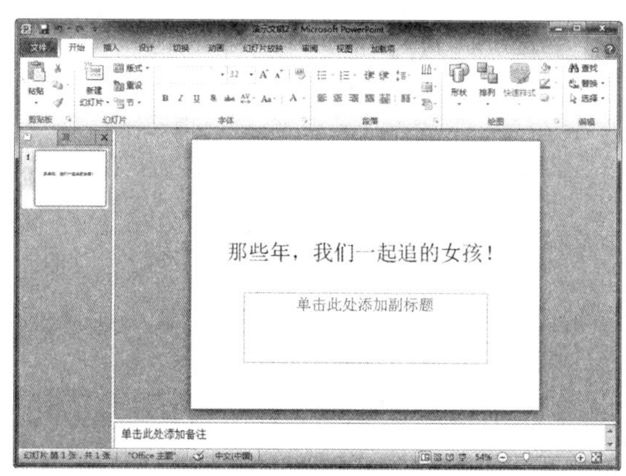

图 7-10 在占位符中输入文本

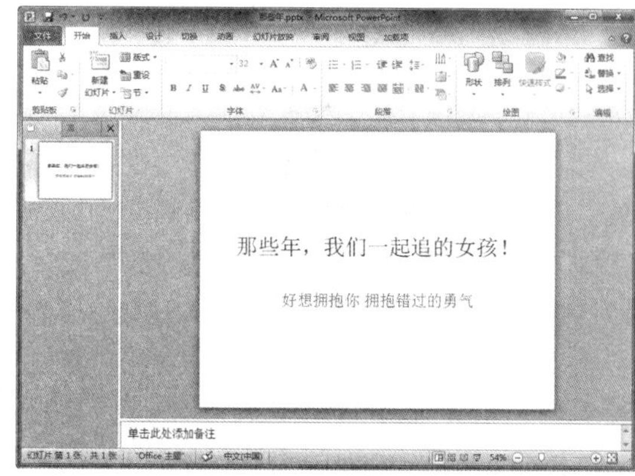

图 7-11 幻灯片效果

2. 使用文本框

文本框是一种可移动、可调整大小的文字容器，它与文本占位符非常相似。使用文本框可以在幻灯片中放置多个文字块，使文字按照不同的方向排列，也可以突破幻灯片版式的制约，实现在幻灯片中任意位置添加文字信息的目的。

PowerPoint 2010 提供了两种形式的文本框：横排文本框和垂直文本框，分别用来放置水平方向的文字和垂直方向的文字。

【例 7-4】 在“那些年”演示文稿中，插入一个横排文本框。 视频

STEP 01 打开“那些年”演示文稿。打开【插入】选项卡，在【文本】组中单击【文本框】下拉按钮，在弹出的下拉菜单中选择【横排文本框】命令，如图 7-12 所示。

STEP 02 移动鼠标指针到幻灯片的编辑窗口，当指针形状变为↓形状时，在幻灯片编辑窗格中

按住鼠标左键并拖动，鼠标指针变成"十"字形状。当拖动到合适大小的矩形框后，释放鼠标完成横排文本框的插入，如图 7-13 所示。

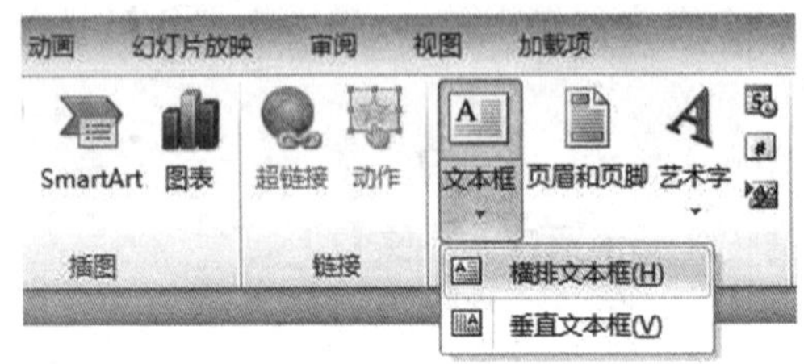

图 7-12　在【文本】组中单击【文本框】下拉按钮

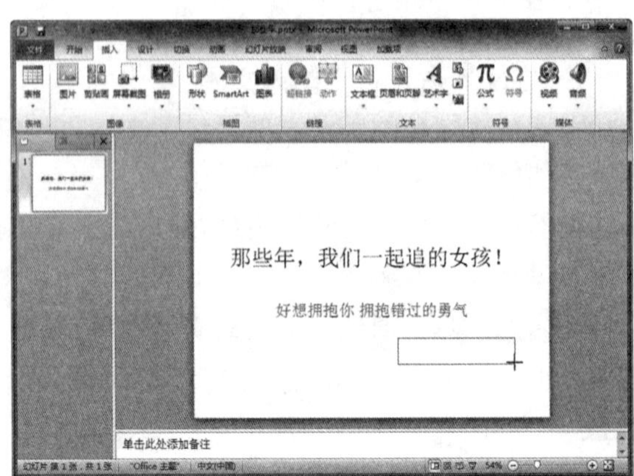

图 7-13　绘制横排文本框

STEP 03 此时，光标自动位于文本框内，切换至搜狗拼音输入法，然后输入文本"点点滴滴都是你"。

7.2.2　设置文本格式

为了使演示文稿更加美观、清晰，通常需要对文本属性进行设置。文本的格式设置包括字体、字形、字号及字体颜色等。

【例 7-5】　在"那些年"演示文稿中，设置文本格式，调节占位符和文本框的大小和位置。 视频

STEP 01 打开"那些年"演示文稿。选中主标题占位符，在【开始】选项卡的【字体】组中，单击【字体】下拉按钮，从弹出的下拉列表框中选择【汉真广标】选项（该字体非系统自带，需用户自行安装）。在【字号】框中设置字号为 50，如图 7-14 所示。

STEP 02 在【字体】组中单击【字体颜色】下拉按钮，从弹出的菜单中选择【深蓝，文字 2，淡色 40%】选项，如图 7-15 所示。

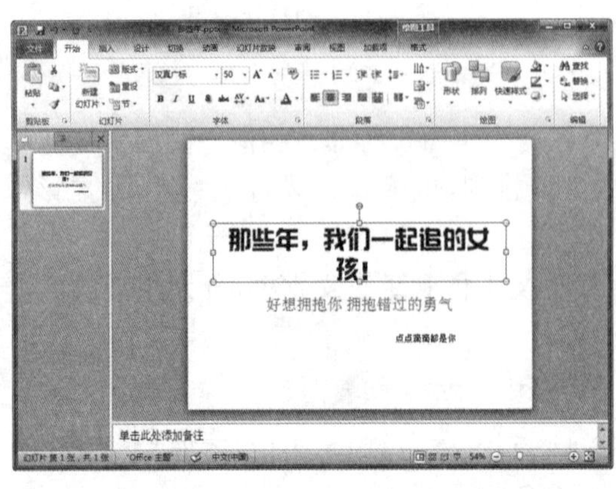

图 7-14　设置主标题文本格式

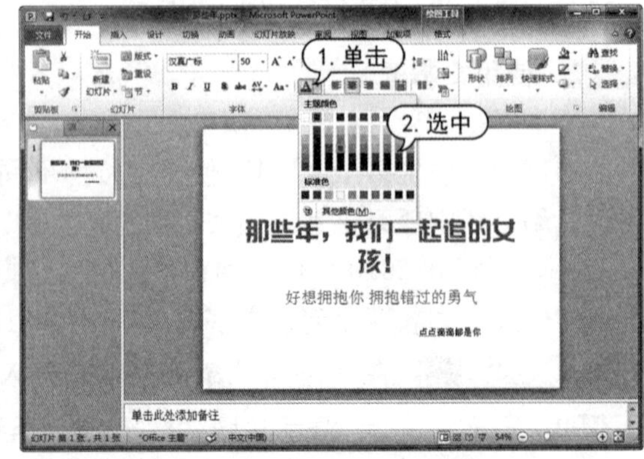

图 7-15　设置主标题文本字体颜色

STEP 03 使用同样的方法，设置副标题占位符中文本字体为【华文行楷】，字号为【36】，字体颜色为【橙色，强调文字颜色 6，深色 25%】；设置右下角文本框中文本字体为【方正姚体】，字号为 28，效果如图 7-16 所示。

STEP 04 分别选中主标题和副标题文本占位符，拖动鼠标调节其大小和位置，如图 7-17 所示。最后在快速访问工具栏中单击【保存】按钮，将"那些年"演示文稿保存。

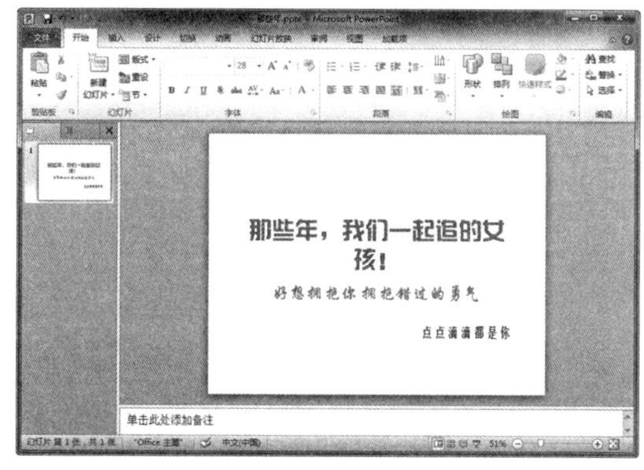

图 7-16　设置文本字体格式

图 7-17　调整占位符大小和位置

7.2.3　设置段落格式

为了使演示文稿更加美观、清晰，还可以在幻灯片中为文本设置段落格式，如缩进值、间距值和对齐方式。

要设置段落格式，可先选定要设定的文本段落，然后在【开始】选项卡的【段落】组中进行设置即可。

另外，用户还可在【开始】选项卡的【段落】组中，单击对话框启动器按钮，打开【段落】对话框，在【段落】对话框中可对段落格式进行更加详细的设置，如图 7-18 所示。

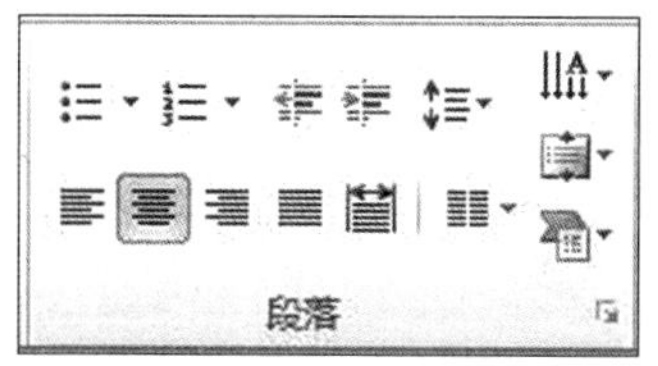

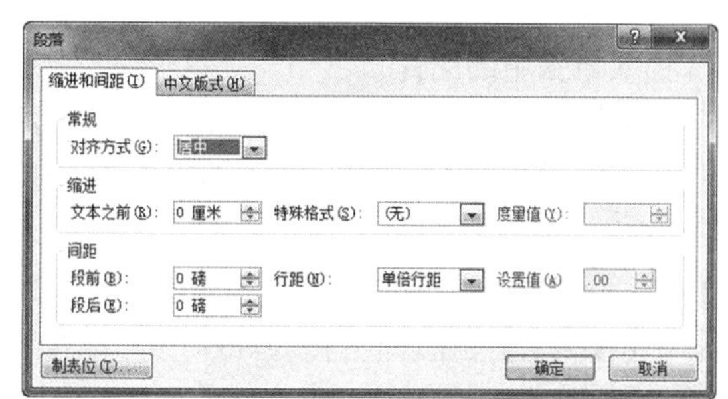

图 7-18　打开【段落】对话框

7.2.4　使用项目符号和编号

在演示文稿中，为了使某些内容更为醒目，经常要用到项目符号和编号。这些项目符号和编号用于强调一些特别重要的观点或条目，从而使主题更加美观、突出和分明。

首先选中要添加项目符号或编号的文本，然后在【开始】选项卡的【段落】组中(如图 7-18 左图所示)，单击【项目符号】下拉按钮，从弹出的下拉菜单中选择【项目符号和编号】命令，打开

【项目符号和编号】对话框。在【项目符号】选项卡中可设置项目符号，在【编号】选项卡中可设置编号。

实用技巧

在 PowerPoint 2010 中设置段落格式、添加项目符号和编号以及自定义项目符号和编号的方法和 Word 2010 中的方法非常相似，因此本节不再详细地举例介绍，用户可参考本书第 6 章中关于 Word 2010 的介绍。

7.3 插入多媒体元素

幻灯片中只有文本未免会显得单调，PowerPoint 2010 支持在幻灯片中插入各种多媒体元素，包括图片、艺术字、声音和视频等。

7.3.1 插入图片

在演示文稿中插入图片，可以更生动形象地阐述其主题和要表达的思想。在插入图片时，要充分考虑幻灯片的主题，使图片和主题和谐一致。

1. 插入剪贴画

PowerPoint 2010 附带的剪贴画库内容非常丰富，所有的图片都经过专业设计，它们能够表达不同的主题，适合于制作各种不同风格的演示文稿。

要插入剪贴画，可以在【插入】选项卡的【图像】组中，单击【剪贴画】按钮，打开【剪贴画】任务窗格，在剪贴画预览列表中单击剪贴画，即可将其添加到幻灯片中。

实用技巧

在剪贴画窗格的【搜索文字】文本框中输入名称(字符“*”代替文件名中的多个字符;字符“?”代替文件名中的单个字符)后，单击【搜索】按钮可查找需要的剪贴画;在【结果类型】下拉列表框中可以将搜索的结果限制为特定的媒体文件类型。

2. 插入电脑中的图片

用户除了插入 PowerPoint 2010 附带的剪贴画之外，还可以插入磁盘中的图片。这些图片可以是 BMP 位图，也可以是由其他应用程序创建的图片，从因特网下载的或通过扫描仪及数码相机输入的图片等。

打开【插入】选项卡，在【图像】组中单击【图片】按钮，打开【插入图片】对话框，选择需要的图片后，单击【插入】按钮，即可在幻灯片中插入图片。

【例 7-6】 在“那些年”演示文稿中插入电脑中的图片。 视频+素材

STEP 01 启动 PowerPoint 2010，打开“那些年”演示文稿。单击【插入】选项卡，在【图像】组中单击【图片】按钮，打开【插入图片】对话框。

STEP 02 在【插入图片】对话框中选择需要插入的图片，单击【插入】按钮，将该图片插入到幻灯片中，如图 7-19 所示。

STEP 03 使用鼠标调整图片的大小和位置，使其和幻灯片一样大小，如图 7-20 所示。

STEP 04 打开【图片工具】的【格式】选项卡，在【排列】组中单击【下移一层】下拉按钮，选择【置于底层】命令，将图片置于底层，如图 7-21 所示。

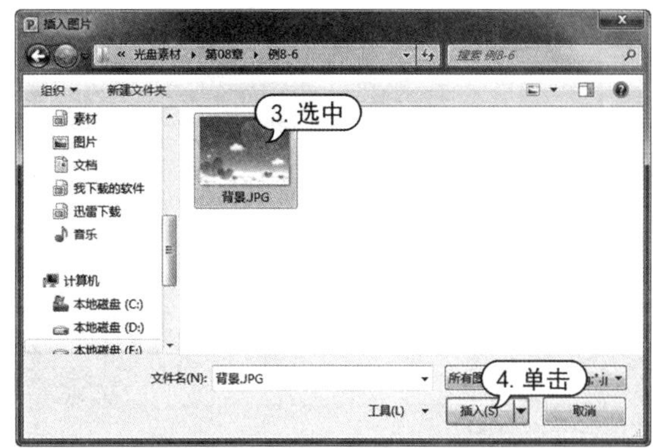

图 7-19 在幻灯片中插入图片

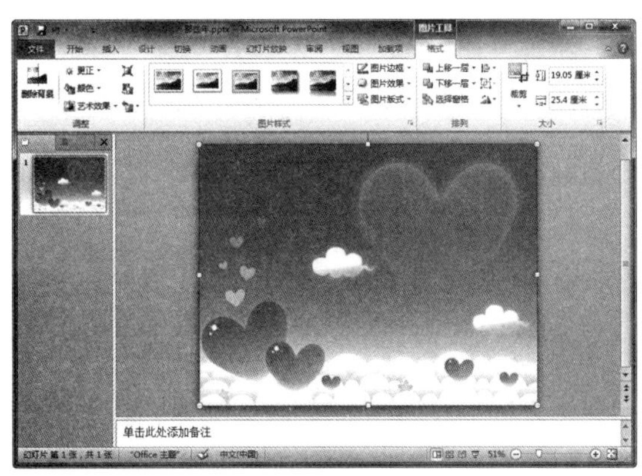

图 7-20 调整图片的大小和位置

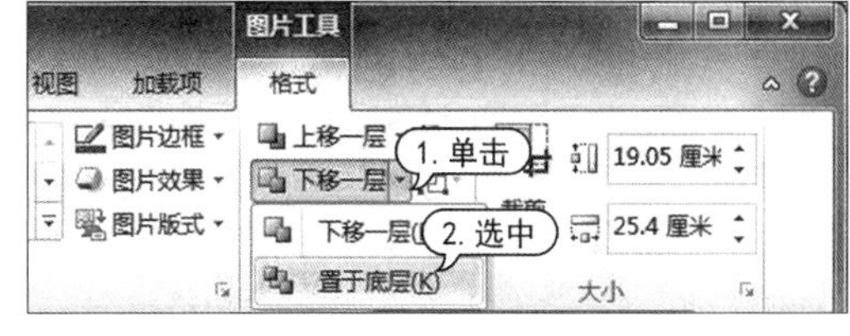

图 7-21 将图片置于底层

STEP 05 在快速工具栏中单击【保存】按钮,保存"那些年"演示文稿。

7.3.2 插入艺术字

艺术字是一种特殊的图形文字,常被用来表现幻灯片的标题文字。用户既可以像对普通文字一样设置其字号、加粗和倾斜等效果,也可以像图形对象那样设置它的边框、填充等属性,还可以对其进行大小调整、旋转或添加阴影、三维效果等。

1. 添加艺术字

打开【插入】选项卡,在功能区的【文本】组中单击【艺术字】按钮,打开艺术字样式列表。单击需要的样式,即可在幻灯片中插入艺术字。

【例 7-7】 新建"发现地球之美"演示文稿,并插入艺术字。 视频+素材

STEP 01 启动 PowerPoint 2010,新建一个空白演示文稿并将其保存为"发现地球之美"。

STEP 02 删除幻灯片中默认的主标题文本占位符,然后打开【插入】选项卡,在【文本】组中单击【艺术字】按钮,打开艺术字样式列表选择第 6 行第 2 列中的艺术字样式,在幻灯片中插入该艺术字,如图 7-22 所示。

STEP 03 在【请在此放置您的文字】占位符中输入文字"发现地球之美"。使用鼠标调整艺术字的位置并设置其大小,效果如图 7-23 所示。

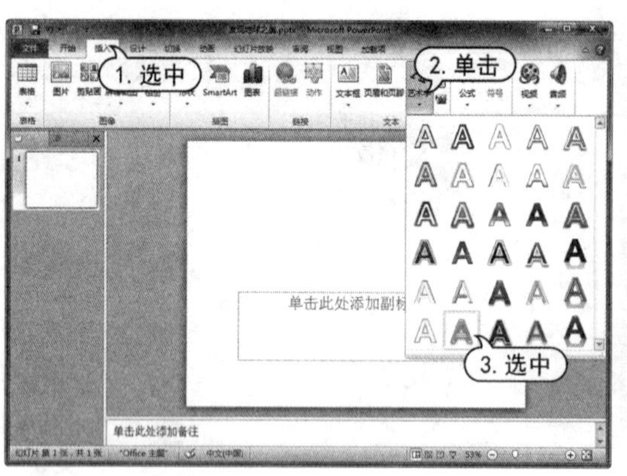

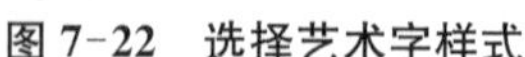
图 7-22 选择艺术字样式

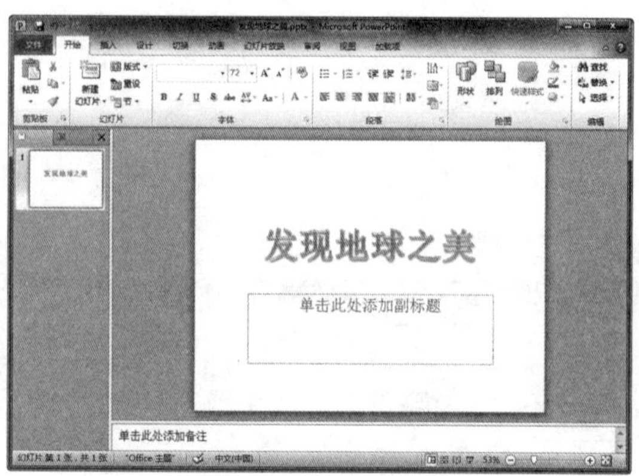

图 7-23 调整艺术字的位置和大小

2. 编辑艺术字

用户在插入艺术字后，如果对艺术字的效果不满意，可以对其进行编辑修改。选中艺术字后，在【绘图工具】的【格式】选项卡中进行编辑即可。

【例 7-8】 在“发现地球之美”演示文稿中编辑艺术字。 视频+素材

STEP 01 启动 PowerPoint 2010，打开“发现地球之美”演示文稿。

STEP 02 选中艺术字，在打开的【格式】选项卡的【艺术字样式】组中单击【文字效果】按钮，在弹出的样式列表框中选择【阴影】|【透视】分类下的【左上对角透视】选项，为艺术字应用该样式，如图 7-24 所示。

STEP 03 保持选中艺术字，再次单击【文字效果】按钮，在弹出的样式列表框中选择【转换】|【弯曲】分类下的【波形 2】选项，如图 7-25 所示。

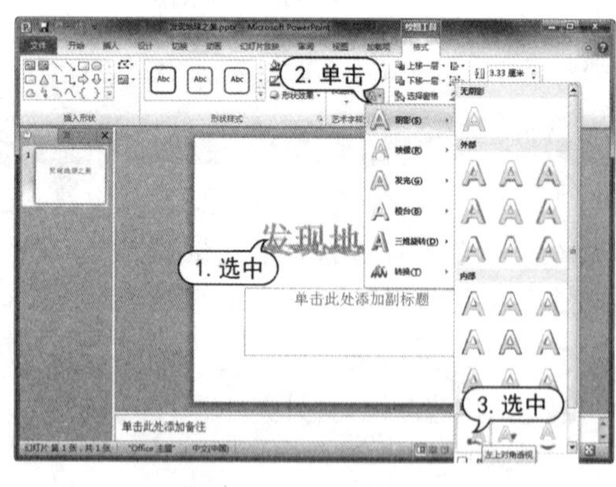

图 7-24 设置艺术字样式

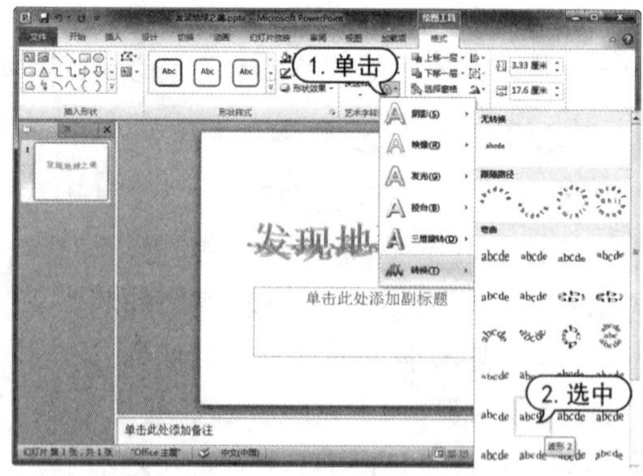

图 7-25 设置艺术字效果

STEP 04 在副标题文本占位符中输入文本“摄影作品精选”。选定副标题文本占位符，打开【绘图工具】的【格式】选项卡，在【艺术字样式】组中单击【快速样式】按钮，选择一种艺术字样式，如图 7-26 所示。

STEP 05 在【开始】选项卡的【字体】组中设置副标题文本占位符中的艺术字大小为 36 并调整其位置，效果如图 7-27 所示。

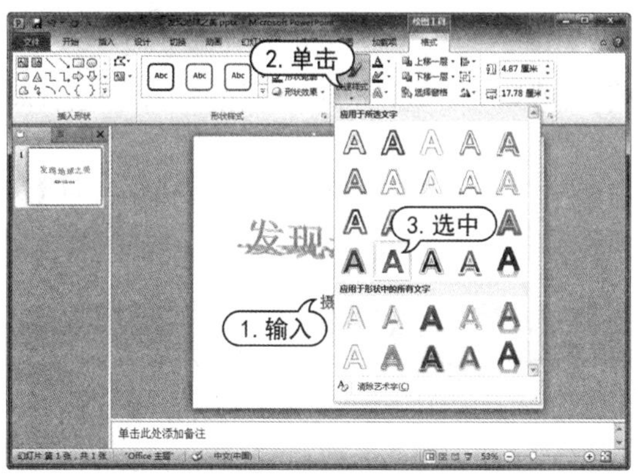

图 7-26 快速设置艺术字样式

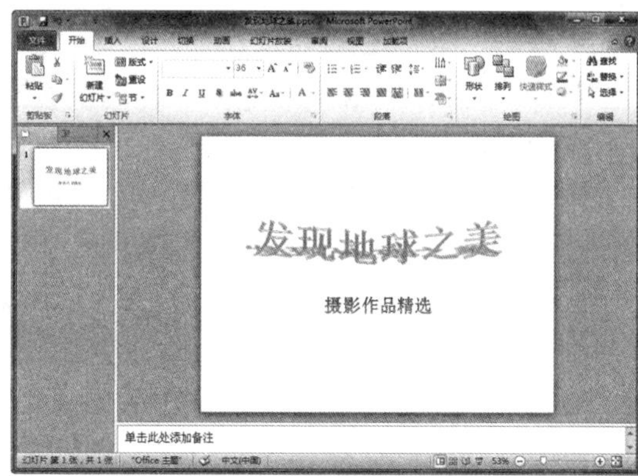

图 7-27 艺术字设置效果

 在快速工具栏中单击【保存】按钮，保存“发现地球之美”演示文稿。

7.3.3 插入声音

要为演示文稿添加声音，可打开【插入】选项卡，在【媒体】组中单击【音频】下拉按钮，选择相应的命令即可，如图 7-28 所示。

例如用户要在演示文稿中添加自己硬盘中存储的声音文件，可选择【文件中的音频】命令，打开【插入音频】对话框，选中需要插入的声音文件，然后单击【插入】按钮即可，如图 7-29 所示。

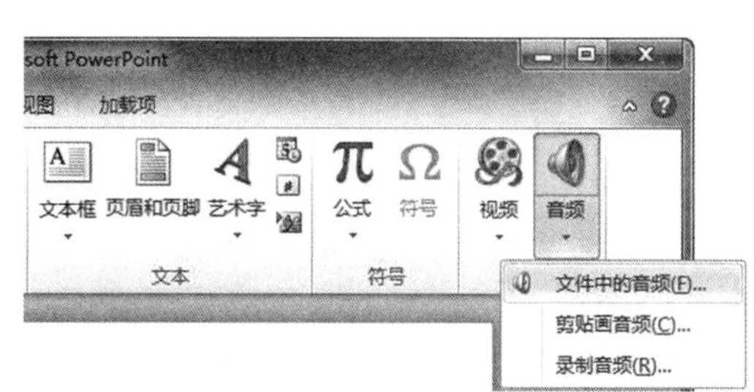

图 7-28 【音频】下拉列表

图 7-29 【插入音频】对话框

插入声音文件后，此时在幻灯片中将显示声音控制图标，如图 7-30 所示。选中其中的声音图标，然后打开【音频工具】的【播放】选项卡。在该选项卡中可对音频的具体属性进行设置，例如淡入淡出处理、播放方式等，如图 7-31 所示。

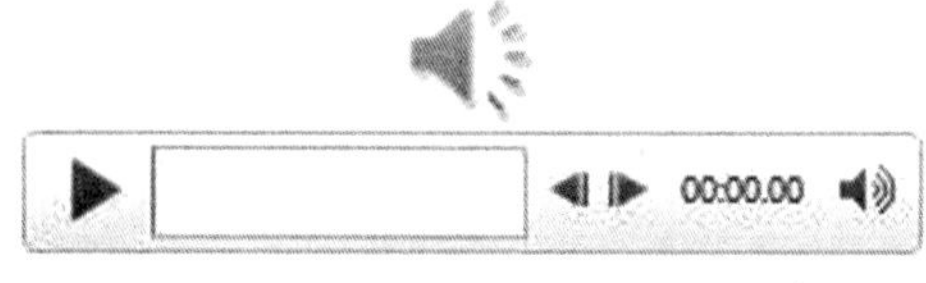

图 7-30 幻灯片中显示的声音控制图标

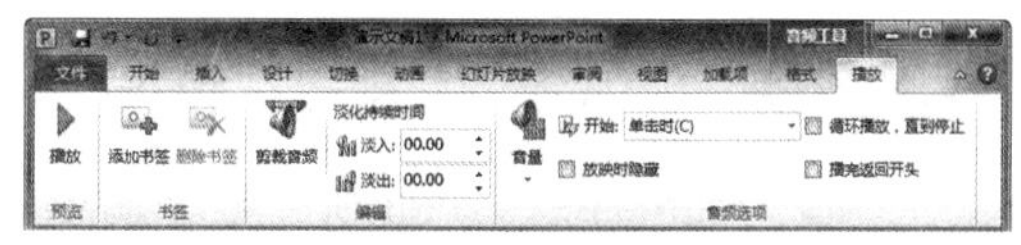

图 7-31 【播放】选项卡

7.3.4 插入视频

要在演示文稿中添加视频，可打开【插入】选项卡，在【媒体】组中单击【视频】下拉按钮，然后根据需要选择其中的命令，如图 7-32 所示。

例如，要添加本地计算机上的视频，可选择【文件中的视频】命令，打开【插入视频文件】对话框，然后选择要插入的视频文件，如图 7-33 所示。

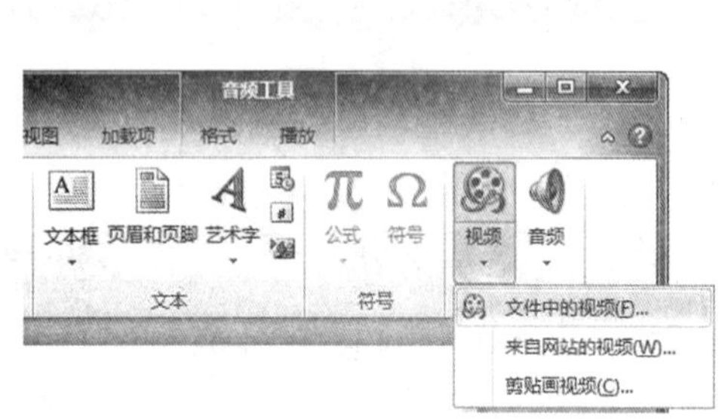

图 7-32 【视频】下拉列表

图 7-33 【插入视频文件】对话框

单击【插入】按钮，插入视频文件，在幻灯片中，用户可拖动视频文件四周的小圆点来调整视频播放窗口的大小。单击播放按钮 ▶ 可预览视频，如图 7-34 所示。

选中幻灯片中的视频播放窗口，可打开【视频工具】的【播放】选项卡，在该选项卡中可对视频文件的各项参数进行设置，如图 7-35 所示。

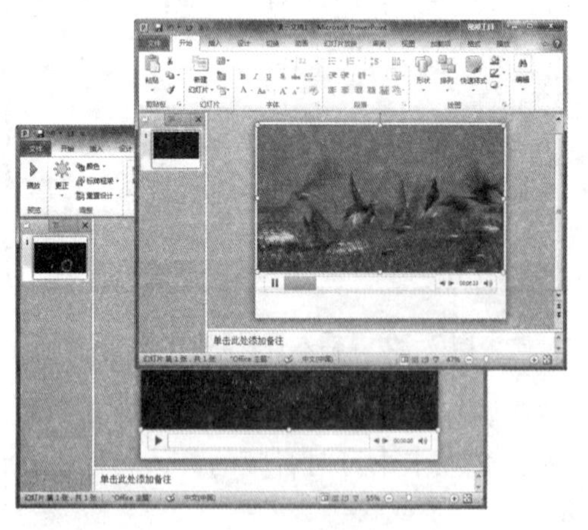

图 7-34 播放幻灯片中的视频

图 7-35 【播放】选项卡

7.4 设置主题和背景

PowerPoint 2010 提供了多种主题颜色和背景样式，使用这些主题颜色和背景样式，可以使幻灯片具有丰富的色彩和良好的视觉效果。

7.4.1　设置幻灯片主题

PowerPoint 2010 为每种设计模板提供了几十种内置的主题颜色，用户可以根据需要选择不同的颜色来设计演示文稿。这些颜色是预先设置好的协调色，自动应用于幻灯片的背景、文本线条、阴影、标题文本、填充、强调和超链接。

应用设计模板后，打开【设计】选项卡，单击【主题】组中的【颜色】按钮，如图 7-36 所示，打开主题颜色菜单。在该菜单中可以选择内置主题颜色，用户还可以自定义设置主题颜色。

在【主题】组中单击【颜色】按钮，从弹出的菜单中选择【新建主题颜色】命令，打开【新建主题颜色】对话框，在该对话框中用户可对主题颜色进行自定义，如图 7-37 所示。

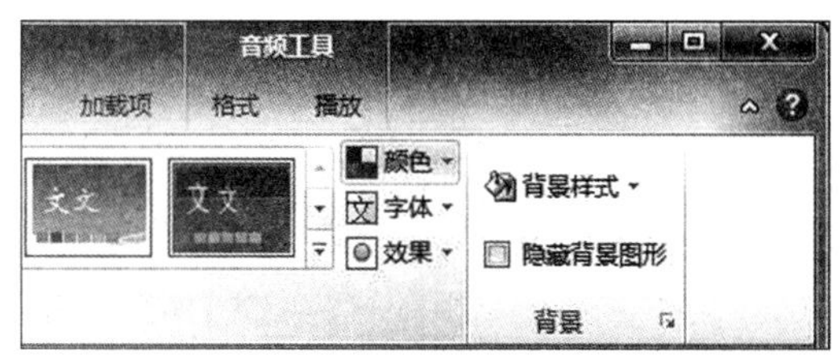

图 7-36　【主题】组

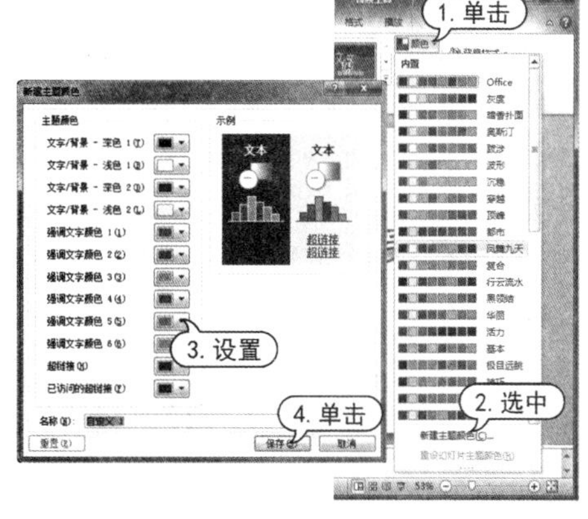

图 7-37　打开【新建主题颜色】对话框

在【主题】组中单击【字体】按钮，在弹出的内置字体命令中选择一种字体类型，或选择【新建主题字体】命令，打开【新建主题字体】对话框，在该对话框中自定义幻灯片中文字的字体，并可将其应用到当前演示文稿中，如图 7-38 所示。单击【效果】按钮，在弹出的内置主题效果选择一种效果，为演示文稿更改当前主题效果。

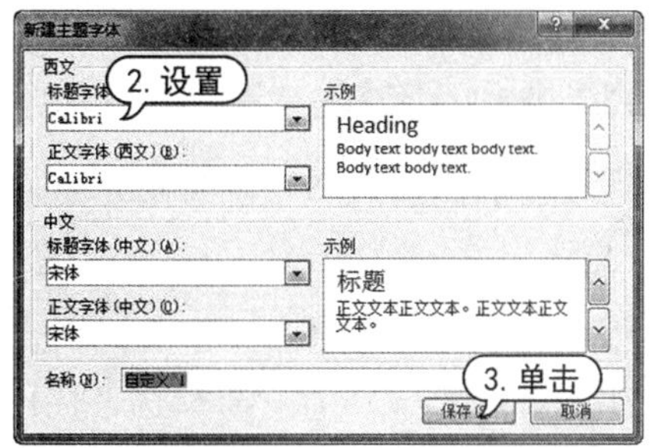

图 7-38　打开【新建主题字体】对话框

7.4.2 设置幻灯片背景

在设计演示文稿时，用户除了在应用模板或改变主题颜色时更改幻灯片的背景外，还可以根据需要任意更改幻灯片的背景颜色和背景设计，如添加底纹、图案、纹理或图片等。

要应用 PowerPoint 自带的背景样式，可以打开【设计】选项卡，在【背景】组中单击【背景样式】按钮，在弹出的菜单中选择需要的背景样式即可。当用户不满足于 PowerPoint 提供的背景样式时，可以在背景样式列表中选择【设置背景格式】命令，打开【设置背景格式】对话框，在该对话框中可以设置背景的填充样式、渐变以及纹理格式等。

【例 7-9】 为“发现地球之美”演示文稿设置背景图片和背景颜色。 视频+素材

STEP 01 启动 PowerPoint 2010，打开“发现地球之美”演示文稿，添加 3 张幻灯片。选中第 1 张幻灯片，打开【设计】选项卡，在【背景】组中单击【背景样式】按钮，从弹出的背景样式列表框中选择【设置背景格式】命令，打开【设置背景格式】对话框。

STEP 02 打开【填充】选项卡，选中【图片或纹理填充】单选按钮，单击【纹理】下拉按钮，从弹出的样式列表中选择【水滴】选项，如图 7-39 所示。

STEP 03 单击【全部应用】按钮，将该纹理样式应用到演示文稿中的每张幻灯片中，在【插入自】选项区域单击【文件】按钮，打开【插入图片】对话框。

STEP 04 选择一张图片后，单击【插入】按钮，将图片插入到选中的幻灯片中。

STEP 05 返回至【设置背景格式】对话框，单击【关闭】按钮，关闭【设置背景格式】对话框，插入的图片将设置为幻灯片的背景，如图 7-40 所示

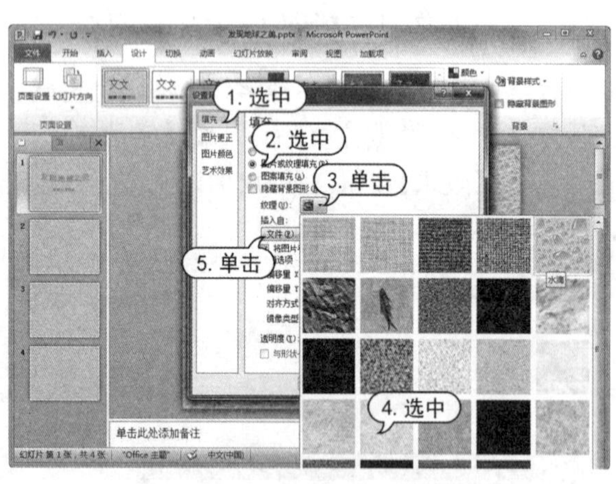

图 7-39 设置幻灯片背景格式

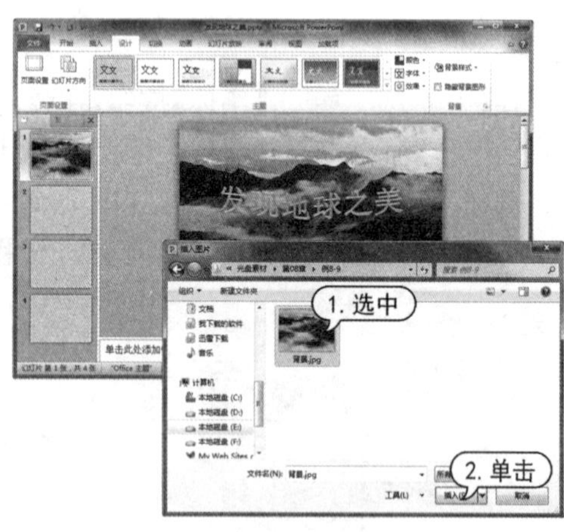

图 7-40 设置幻灯片背景图片

STEP 06 单击【文件】按钮，从弹出的菜单中选择【保存】命令，保存设置背景格式后的“发现地球之美”演示文稿。

实用技巧

如果要忽略其中的背景图形，可以在【设计】选项卡的【背景】组中选中【隐藏背景图形】复选框。另外，在【设计】选项卡的【背景】组中单击【背景样式】按钮，从弹出的菜单中选择【重置幻灯片背景】命令，可以重新设置幻灯片背景。

7.5　设置幻灯片切换动画

幻灯片切换效果是指一张幻灯片如何从屏幕上消失，以及另一张幻灯片如何显示在屏幕上。幻灯片切换方式可以是简单地以一个幻灯片代替另一个幻灯片，也可以让幻灯片以特殊的效果出现在屏幕上。在 PowerPoint 2010 中，可以为一组幻灯片设置同一种切换方式，也可以为每张幻灯片设置不同的切换方式。

7.5.1　添加切换动画

要为幻灯片添加切换动画，可以打开【切换】选项卡，在【切换到此幻灯片】组中进行设置。在该组中单击【其他】按钮，将打开幻灯片动画效果列表。当鼠标指针指向某个选项时，幻灯片将应用该效果，供用户预览。

下面通过实例介绍在 PowerPoint 2010 中为幻灯片设置切换动画的方法。

【例 7-10】　为“发现地球之美”演示文稿设置幻灯片切换动画。 视频+素材

STEP 01 启动 PowerPoint 2010，打开“发现地球之美”演示文稿，并为其添加内容，效果如图 7-41 所示。

STEP 02 选中第一张幻灯片，打开【切换】选项卡，在【切换到此幻灯片】组中单击【其他】按钮，从弹出的切换效果列表框中选择【库】选项，将该切换动画应用到第 1 张幻灯片中，并可预览切换动画效果，如图 7-42 所示。

图 7-41　设置幻灯片内容

图 7-42　选择幻灯片切换动画

STEP 03 在【切换到此幻灯片】组中单击【效果选项】按钮，从弹出的下拉列表中选择【自左侧】选项，如图 7-43 所示。

STEP 04 此时即可在幻灯片编辑区域中预览第 1 张幻灯片的切换动画效果，如图 7-44 所示。

STEP 05 使用同样的方法，为其他幻灯片添加切换动画，例如可为第 2 张幻灯片设置【百叶窗】效果。

图 7-43 【效果选项】下拉列表

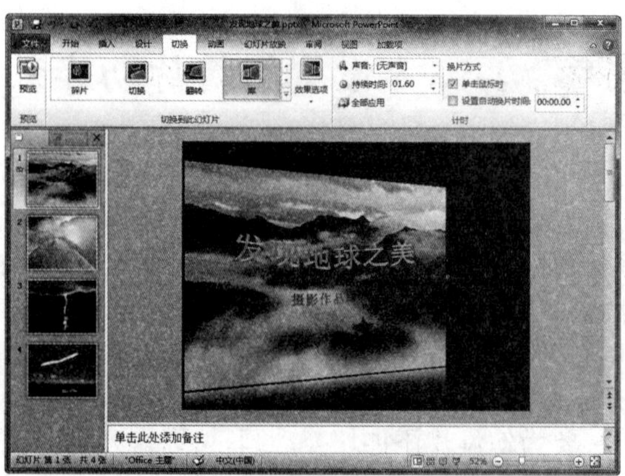

图 7-44 幻灯片切换动画效果

实用技巧

为第 1 张幻灯片设置切换动画时,打开【切换】选项卡,在【计时】组中单击【全部应用】按钮,即可将该切换动画应用至每张幻灯片。

7.5.2 设置切换动画计时选项

添加切换动画后,还可以对切换动画进行设置,如设置切换动画时出现的声音效果、持续时间和换片方式等,从而使幻灯片的切换效果更为生动。

【例 7-11】 在演示文稿中,设置切换声音、切换速度和换片方式。 视频+素材

STEP 01 启动 PowerPoint 2010,打开"发现地球之美"演示文稿。打开【切换】选项卡,在【计时】组中单击【声音】下拉按钮,选择【风铃】选项,为幻灯片应用该声音效果,如图 7-45 所示。

STEP 02 在【计时】组的【持续时间】微调框中输入"01.80",为幻灯片设置动画切换效果的持续时间,其目的是控制幻灯片的切换速度,以方便观看者观看。

STEP 03 在【计时】组的【换片方式】区域中取消选中【单击鼠标时】复选框,选中【设置自动换片时间】复选框,并在其后的微调框中输入"00:00.30",如图 7-46 所示。

STEP 04 在快速访问工具栏中单击【保存】按钮,保存设置好切换动画计时后的"发现地球之美"演示文稿。

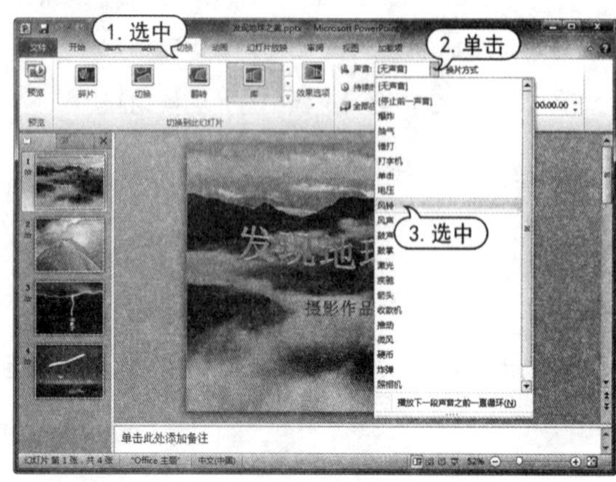

图 7-45 设置幻灯片切换声音

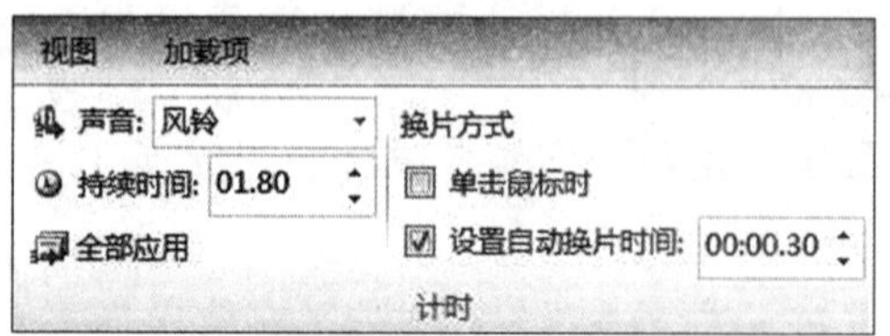

图 7-46 【计时】组

7.6　为对象添加动画效果

在 PowerPoint 中，除了可以设置幻灯片切换动画外，还为幻灯片中的各个对象设置动画效果。例如可以对幻灯片中的文本、图形和表格等对象添加不同的动画效果，包括进入动画、强调动画、退出动画和动作路径动画等。

7.6.1　添加对象动画

本节通过一个具体实例介绍如何为幻灯片中的对象添加动画效果。

【例 7-12】　在“趣味益智练习”演示文稿中，为对象设置动画效果。 视频+素材

STEP 01 打开“趣味益智练习”演示文稿。选中【趣味益智练习】文本框，打开【动画】选项卡，在【动画】组中为其设置【随机线条】的进入动画效果，如图 7-47 所示。

STEP 02 选中第(1)题所在文本框，在【动画】选项卡的【高级动画】组中单击【添加动画】按钮，选择【浮入】的进入动画效果，如图 7-48 所示。

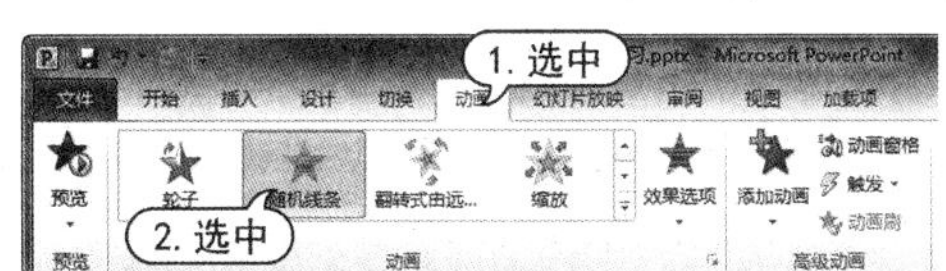

图 7-47　【动画】组

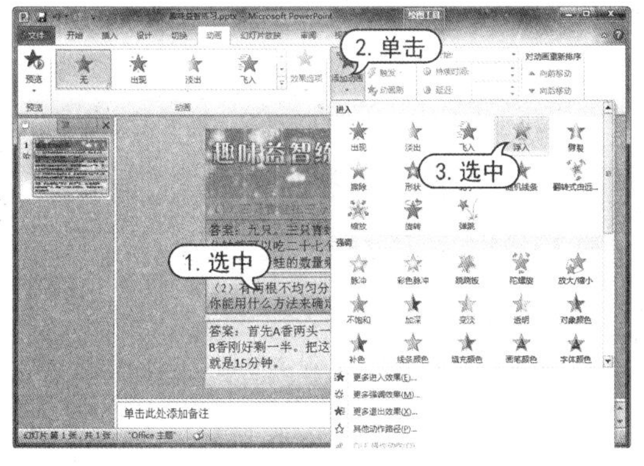

图 7-48　为对象添加【浮入】动画效果

STEP 03 选中第(1)题答案所在文本框，在【动画】选项卡的【高级动画】组中单击【添加动画】按钮，选择【缩放】的进入动画效果，如图 7-49 所示。

STEP 04 按照同样的方法为第(2)题及其答案所在的文本框设置动画效果。设置完成后，在每个文本框左上角将自动添加一个阿拉伯数字，代表动画播放的顺序，如图 7-50 所示。

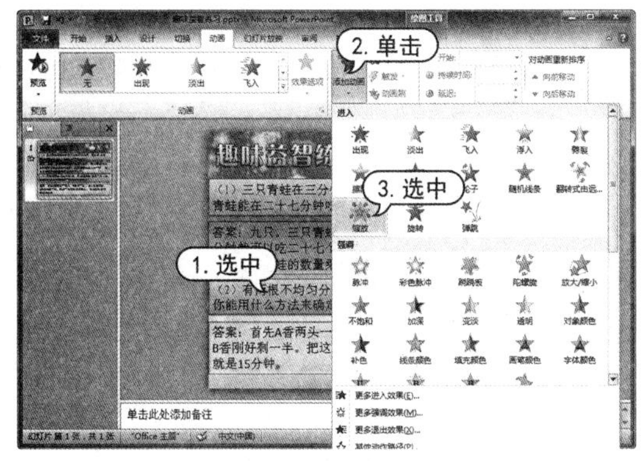

图 7-49　为对象添加【缩放】动画效果

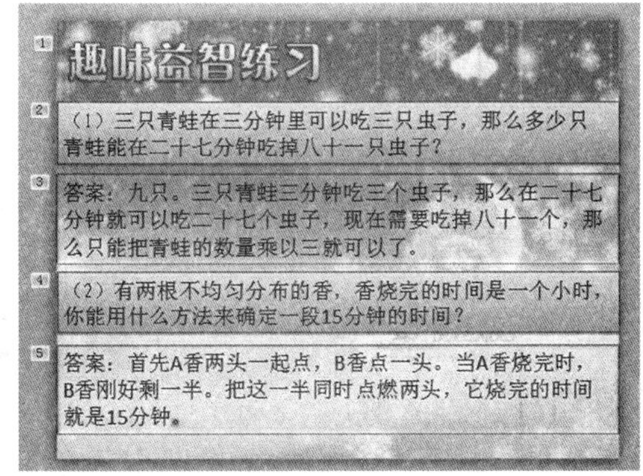

图 7-50　显示动画播放的顺序

STEP 05 设置完成后，单击【保存】按钮，保存“趣味益智练习”演示文稿。

7.6.2 设置动画计时选项

动画计时选项指的是动画的开始方式、持续时间和顺序等。

【例 7-13】 在“趣味益智练习”演示文稿中，将标题文本框设置为无需单击自动播放。 视频+素材

STEP 01 打开“趣味益智练习”示文稿，选中标题所在文本框，打开【动画】选项卡，在【计时】组的【开始】下拉列表框中设置动画的开始方式为【与上一动画同时】，如图 7-51 所示。

STEP 02 此时标题文本框左上角的阿拉伯数字变为 0，其余文本框随之改变，如图 7-52 所示。

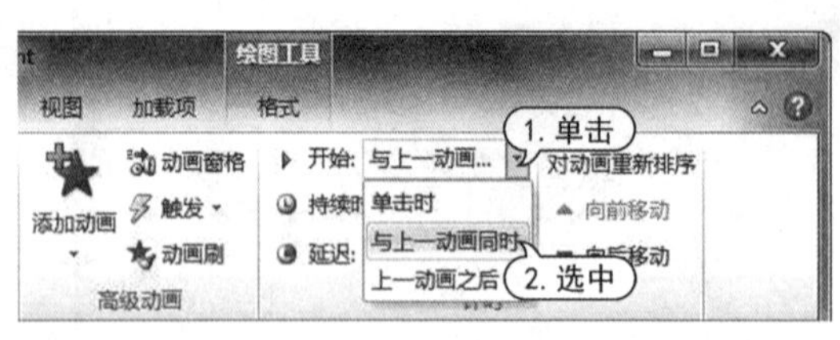

图 7-51 【开始】下拉列表

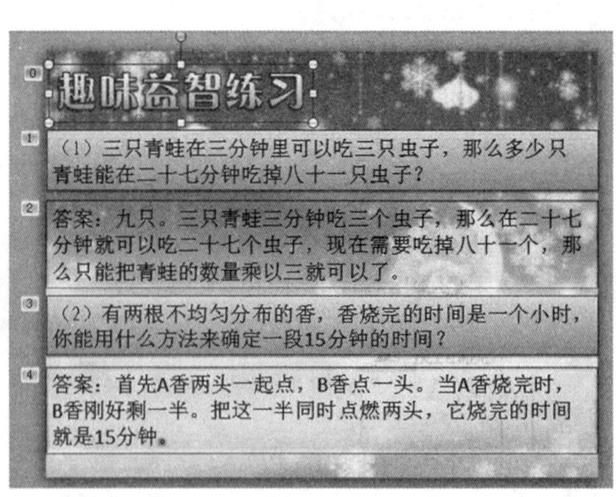

图 7-52 动画播放顺序的变化效果

STEP 03 完成以上设置后，在播放幻灯片时，标题文本框中的文本将会在幻灯片打开时自动播放，无需单击鼠标。

实用技巧

默认设置下，所有的动画效果的播放方式都是单击鼠标时播放。

7.6.3 设置动画触发器

在幻灯片放映时，使用触发器功能，可以在单击幻灯片中的对象后显示动画效果。下面将介绍设置动画触发器的方法。

【例 7-14】 在“趣味益智练习”演示文稿中，为动画设置触发器，要求单击题目所在文本框时，显示相应答案。 视频+素材

STEP 01 打开“趣味益智练习”演示文稿，打开【动画】选项卡，在【高级动画】组中单击【动画窗格】按钮，如图 7-53 所示，打开【动画窗格】任务窗格。

STEP 02 在【动画窗格】任务窗格中选择编号为 2 的动画效果，单击其右边的下拉按钮，选择【计时】选项，如图 7-54 所示。

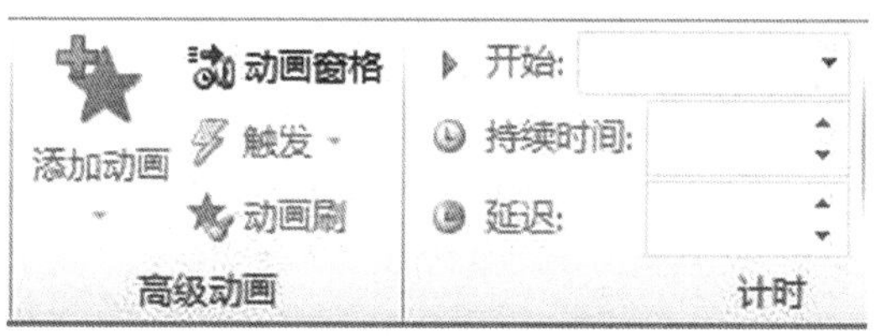

图 7-53　【高级动画】组

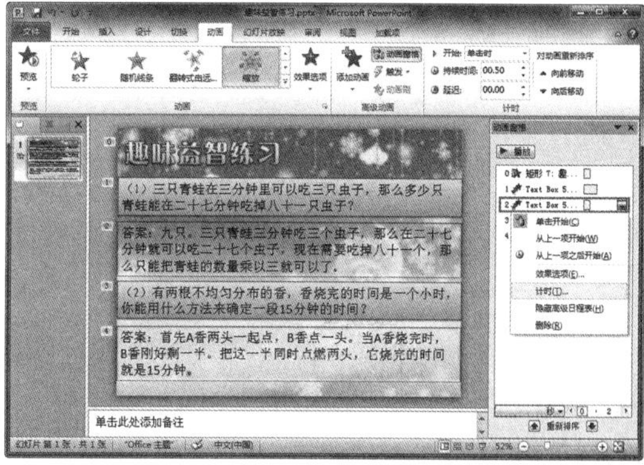

图 7-54　在【动画窗格】任务窗格中设置计时

STEP 03 打开【缩放】对话框的【计时】选项卡，然后单击【触发器】按钮，选中【单击下列对象时启动效果】单选按钮，并在其后的下拉列表框中选中第(1)题所在文本框，如图 7-55 所示。

STEP 04 此时完成第(1)题答案和题目之间的触发器设置。

STEP 05 按照同样的方法为第 2 题的答案设置触发器，设置完成后，在播放幻灯片时只有当用户单击触发器时，才可触发相应的动画效果。

STEP 06 在快速访问工具栏中单击【保存】按钮，保存演示文稿，如图 7-56 所示。

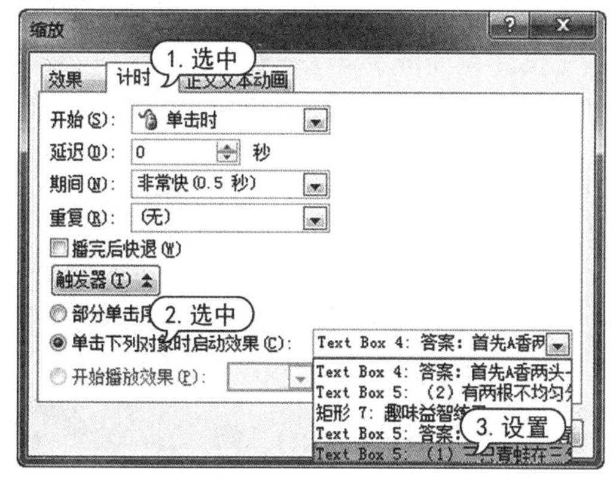

图 7-55　设置【计时】选项卡

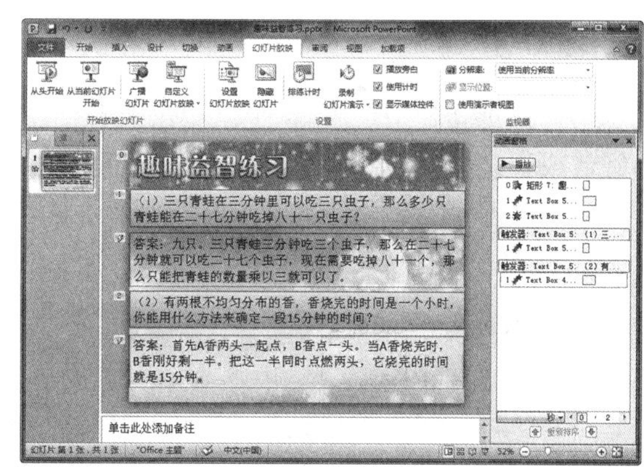

图 7-56　保存设置后的演示文稿

7.7　放映演示文稿

演示文稿制作完成后，就可以放映了，在放映幻灯片之前可对放映方式进行设置。PowerPoint 2010 提供了多种演示文稿的放映方式，用户可选用不同的放映方式来满足放映的需要。

7.7.1　设置放映方式

打开【幻灯片放映】选项卡，在【设置】组中单击【设置幻灯片放映】按钮，打开【设置放映方式】对话框。在该对话框的【放映类型】选项区域中可以设置幻灯片的放映模式，如图 7-57 所示。

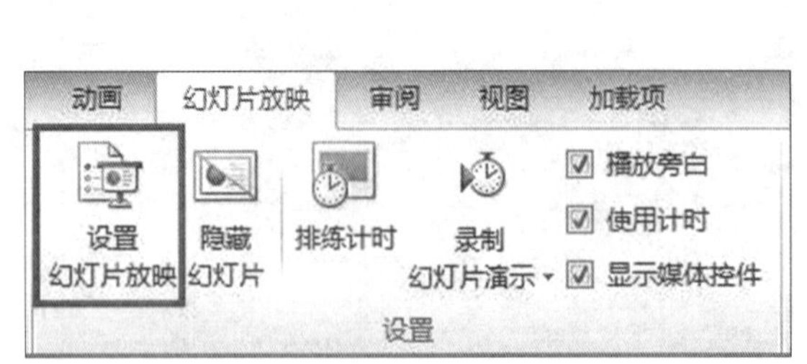

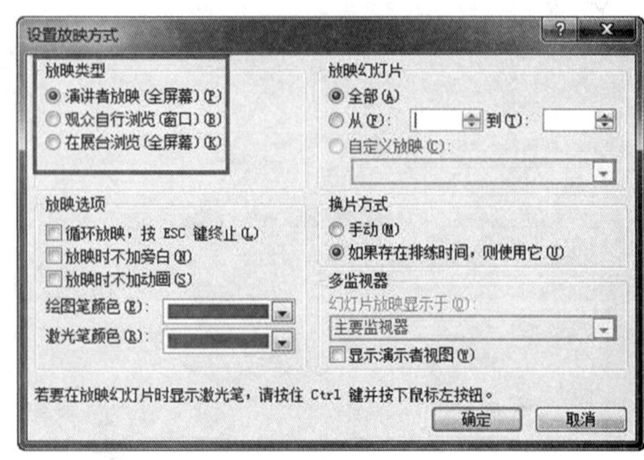

图 7-57　设置演示文稿的放映方式

▽【演讲者放映】(全屏幕):该模式是系统默认的放映类型,也是最常见的全屏放映方式。在这种放映方式下,演讲者现场控制演示节奏,具有放映的完全控制权。用户可以根据观众的反应随时调整放映速度或节奏,还可以暂停下来进行讨论或记录观众即席反应,甚至可以在放映过程中录制旁白。一般用于召开会议时的大屏幕放映、联机会议或网络广播等。

▽【观众自行浏览】(窗口):观众自行浏览是在标准 Windows 窗口中显示的放映形式,放映时的 PowerPoint 窗口具有菜单栏、Web 工具栏,类似于浏览网页的效果,便于观众自行浏览。

▽【在展台浏览】(全屏幕):采用该放映类型,最主要的特点是不需要专人控制就可以自动运行,在使用该放映类型时,超链接等控制方法都会失效。当播放完最后一张幻灯片后,会自动从第一张重新开始播放,直至用户按下 Esc 键才会停止播放。该放映类型主要用于展览会的展台或会议中的某部分需要自动演示等场合。

实用技巧

使用【展台浏览】模式放映演示文稿时,用户不能对其放映过程进行干预,必须预先设置好每张幻灯片的放映时间,否则可能会长时间停留在某张幻灯片上。

7.7.2　开始放映幻灯片

完成放映前的准备工作后就可以开始放映幻灯片了。常用的放映方法为从头开始放映和从当前幻灯片开始放映。

▽ 从头开始放映:按下 F5 键,或者在【幻灯片放映】选项卡的【开始放映幻灯片】组中单击【从头开始】按钮。

▽ 从当前幻灯片开始放映:在状态栏的幻灯片视图切换按钮区域中单击【幻灯片放映】按钮 ,或者在【幻灯片放映】选项卡的【开始放映幻灯片】组中单击【从当前幻灯片开始】按钮。

7.7.3　控制放映过程

在放映演示文稿的过程中,用户可以根据需要按放映次序依次放映、快速定位幻灯片、为重点内容做上标记、使屏幕出现黑屏或白屏和结束放映等。

1. 按放映次序依次放映

如果需要按放映次序依次放映,则可以进行如下操作:

- 单击鼠标左键。
- 在放映屏幕的左下角单击按钮。
- 在放映屏幕的左下角单击按钮，在弹出的菜单中选择【下一张】命令。
- 单击鼠标右键，在弹出的快捷菜单中选择【下一张】命令。

2. 快速定位幻灯片

如果不需要按照指定的顺序进行放映，则可以快速定位幻灯片。在放映屏幕的左下角单击按钮，从弹出的菜单中使用【定位至幻灯片】命令进行切换，如图 7-58 所示。

另外，在放映演示文稿时右击，在弹出的快捷菜单中选择【定位至幻灯片】命令，从弹出的子菜单中选择要播放的幻灯片，同样可以实现快速定位幻灯片操作，如图 7-59 所示。

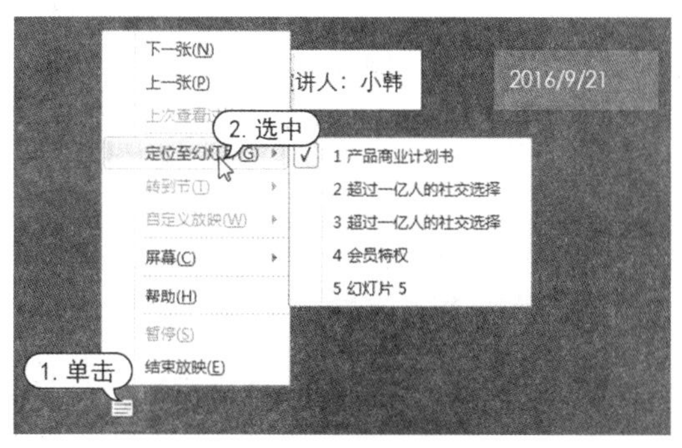

图 7-58　放映屏幕左下角的按钮

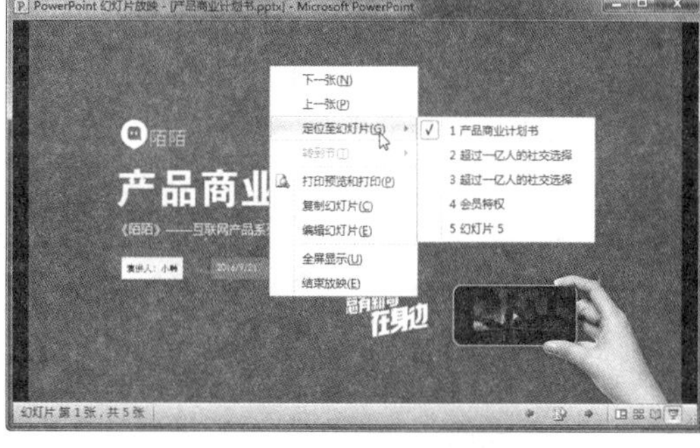

图 7-59　右击幻灯片弹出的菜单

3. 为重点内容添加标记

使用 PowerPoint 提供的绘图笔可以为重点内容做上标记。绘图笔的作用类似于板书笔，常用于强调或添加注释。用户可以选择绘图笔的形状和颜色，也可以随时擦除绘制的笔迹。

放映幻灯片时，在屏幕中右击鼠标，在弹出的快捷菜单中选择【指针选项】|【笔】选项，将绘图笔设置为“笔”样式，然后按住鼠标左键拖动鼠标即可绘制标记，如图 7-60 所示。

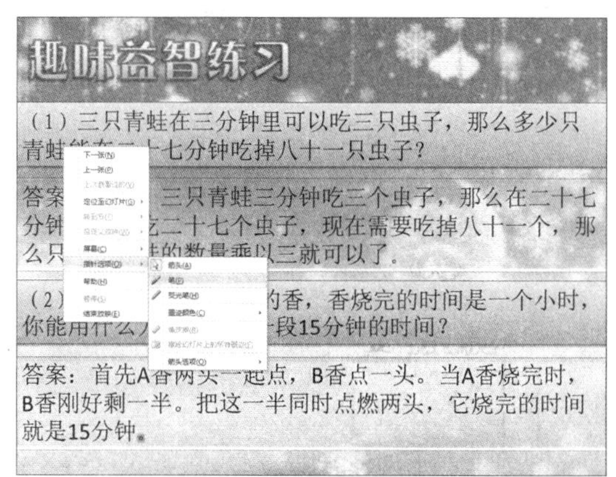

图 7-60　在幻灯片中添加标记

当用户在绘制注释的过程中出现错误时，可以在右键菜单中选择【指针选项】|【橡皮擦】命令，单击墨迹将其擦除；也可以选择【擦除幻灯片上的所有墨迹】命令，将所有墨迹擦除。

轻松学电脑教程系列

另外，在屏幕中右击鼠标，在弹出的快捷菜单中选择【指针选项】|【墨迹颜色】命令，可在其下级菜单中设置绘图笔的颜色。

4. 使屏幕显示黑屏或白屏

在幻灯片放映的过程中，有时为了避免引起观众的注意，可以将幻灯片进行黑屏或白屏显示。具体方法为，在右键菜单中选择【屏幕】|【黑屏】命令或【屏幕】|【白屏】命令即可。

实用技巧

除了选择右键菜单命令外，还可以直接使用快捷键。按下B键，将出现黑屏；按下W键，将出现白屏。

5. 结束演示文稿放映

在演示文稿放映的过程中，有时需要快速结束放映，此时可以按Esc键，或者单击按钮(或在幻灯片中右击鼠标)，从弹出的菜单中选择【结束放映】命令，演示文稿将退出放映状态。

在幻灯片放映的过程中，还可以暂停放映幻灯片，具体操作为：在右键快捷菜单中选择【暂停】命令。

7.8 案例演练

本章的上机练习通过实例介绍使用PowerPoint 2010设置与制作演示文稿的方法，帮助用户进一步巩固所学的知识。

7.8.1 在PPT中设置超链接

超链接是指向特定位置或文件的一种连接方式，可以利用它指定程序的跳转位置。超链接只有在幻灯片放映时才有效，当鼠标移至超链接文本时，鼠标将变为手形指针。在PowerPoint中，超链接可以跳转到当前演示文稿中的特定幻灯片、其他演示文稿中特定的幻灯片、自定义放映、电子邮件地址、文件或Web页上。

【例7-15】 在“诗词赏析”演示文稿中添加超链接。 视频+素材

STEP 01 打开“诗词赏析”演示文稿。打开第2张幻灯片，选中文本“送杜少府之任蜀州”，然后打开【插入】选项卡，在【链接】组中单击【超链接】按钮，打开【插入超链接】对话框，如图7-61所示。

STEP 02 设置链接后，单击【确定】按钮，此时该文字变为不同于原来的颜色，且文字下方出现下划线，如图7-62所示。在放映幻灯片时，单击该超链接可直接切换到第3张幻灯片。

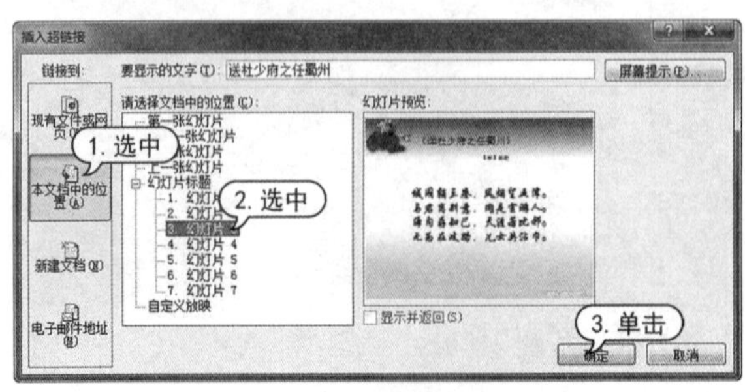

图7-61 【插入超链接】对话框

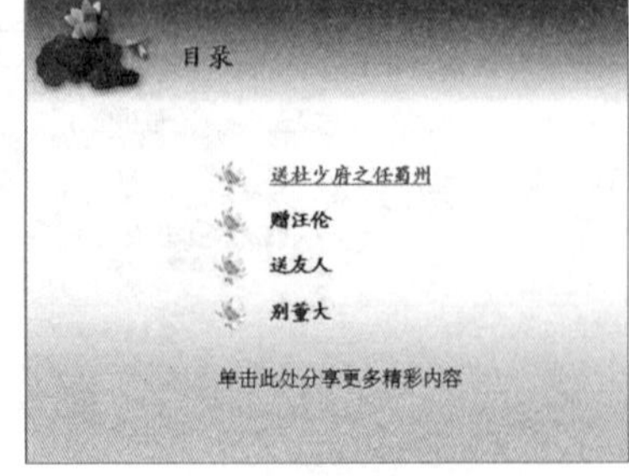

图7-62 超链接效果

STEP 03 使用同样的方法为其他几个标题文本添加超链接。

轻松学电脑教程系列

STEP 04 完成超链接的添加后，选中文本“单击此处分享更多精彩内容”，然后打开【插入超链接】对话框。在【链接到】列表中单击【现有文件或网页】按钮，在【地址】文本框中输入目标网页的地址，如图 7-63 所示。

STEP 05 单击【确定】按钮，完成超链接的添加，如图 7-64 所示。在放映幻灯片时，单击【单击此处分享更多精彩内容】超链接将自动打开目标网页。

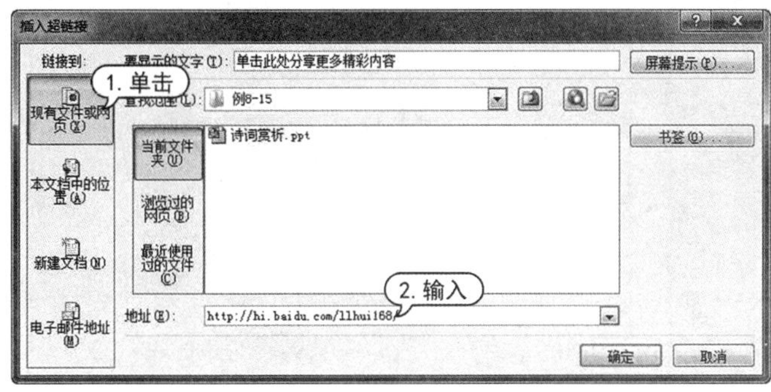

图 7-63　设置链接网址

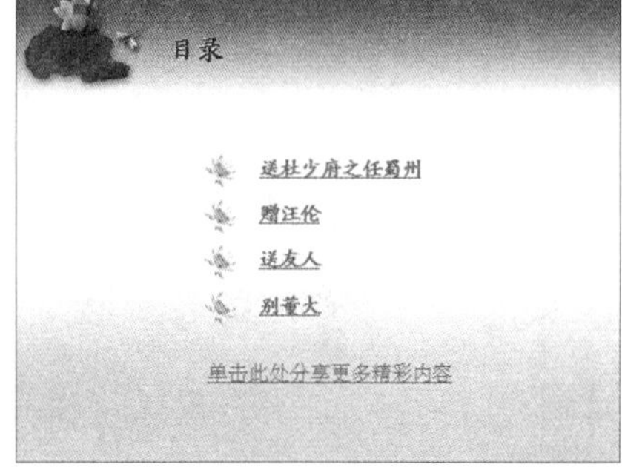

图 7-64　幻灯片中的超链接效果

7.8.2　制作“产品商业计划书”演示文稿

下面将通过实例介绍使用 PowerPoint 制作“产品商业计划书”演示文稿的方法。

【例 7-16】　创建“产品商业计划书”演示文稿。视频+素材

STEP 01 按下 Ctrl + N 组合键创建一个空白演示文稿，选择【设计】选项卡，在【背景】组中单击【背景格式】按钮，在弹出的下拉列表中选择【设置背景格式】选项，打开【设置背景格式】对话框，如图 7-65 所示。

STEP 02 在【设置背景格式】对话框中选择【填充】选项卡，在【填充】选项区域中选择【图片或纹理填充】单选按钮，并单击【文件】按钮。

STEP 03 打开【插入图片】对话框，选择一个图片文件后单击【插入】按钮，如图 7-66 所示。

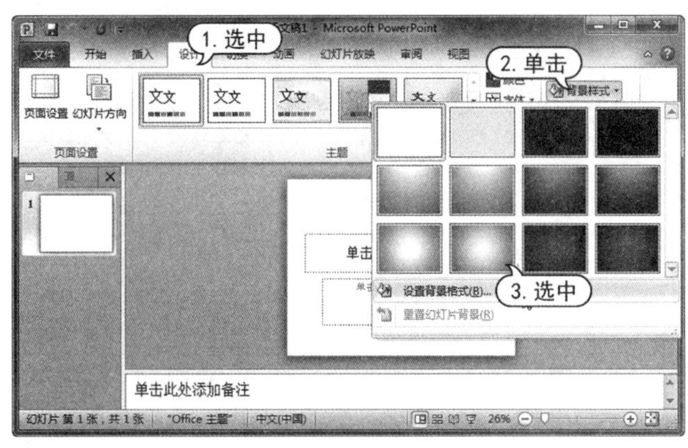

图 7-65　设置背景格式

图 7-66　选择幻灯片背景图片

STEP 04 返回【设置背景格式】对话框后，单击【关闭】按钮，为幻灯片添加背景图片。

STEP 05 单击幻灯片中的【单击此处添加标题】占位符，在其中输入文本“产品商业计划书”，并

在【开始】选项卡的【字体】命令组中设置输入文本的【字体】为【方正大黑简体】，设置【字号】为【60】，在【段落】命令组中设置文本的对齐方式为【左对齐】，如图 7-67 所示。

STEP 06 重复以上操作，单击【单击此处添加副标题】占位符，在其中输入 7－68 所示的文本并设置文本格式。

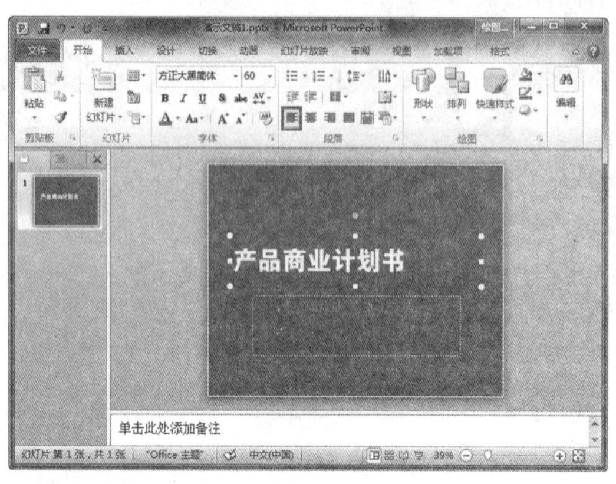

图 7-67　设置幻灯片标题文本格式

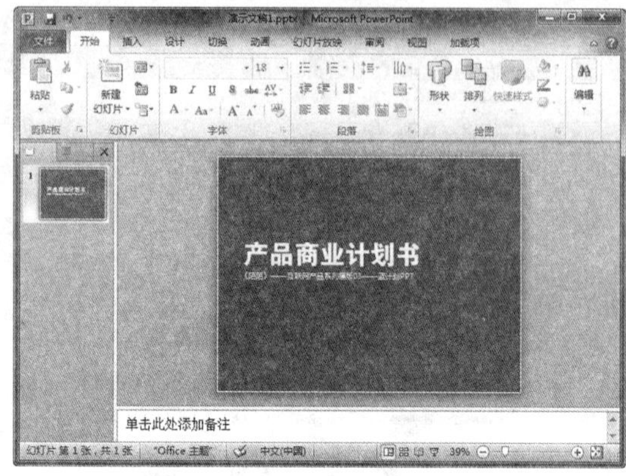

图 7-68　幻灯片副标题效果

STEP 07 选择【插入】选项卡，在【图像】命令组中单击【图片】按钮，在幻灯片中插入 3 张图片并通过按住鼠标左键拖动调整图片的位置，如图 7-69 所示

STEP 08 选择【插入】选项卡，在【插图】命令组中单击【形状】下拉按钮，在展开的库中选择【矩形】选项，然后按住鼠标左键在幻灯片中绘制一个矩形图形，如图 7-70 所示。

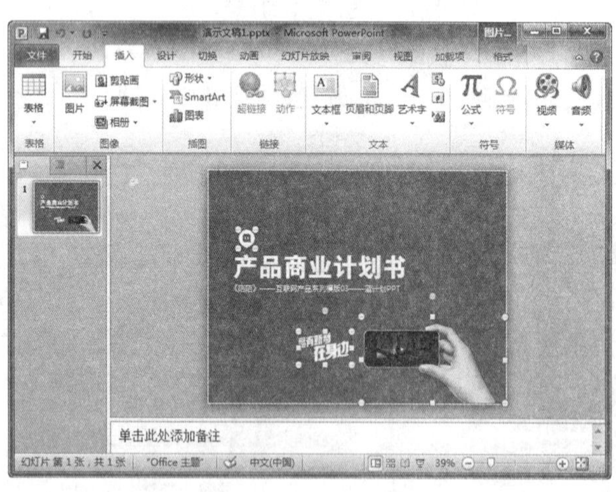

图 7-69　在幻灯片中插入图片

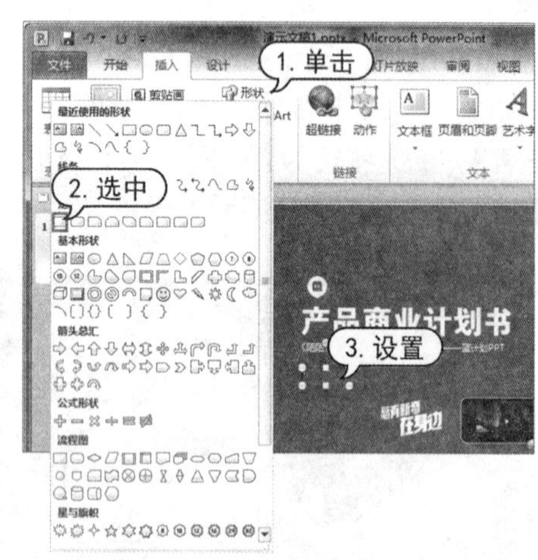

图 7-70　在幻灯片中绘制矩形图形

STEP 09 选中幻灯片中绘制的矩形图形，按下 Ctrl＋D 组合键复制图形，并调整其位置，如图 7-71 所示。

STEP 10 选中幻灯片左侧的矩形图形，选择【格式】选项卡，在【形状样式】命令组中选择【彩色轮廓－蓝色－强调颜色】样式。

STEP 11 选择【插入】选项卡，在【文本】命令组中单击【文本框】下拉按钮，在弹出的菜单中选择【横排文本框】命令，在幻灯片中的矩形图形上绘制一个横排文本框，并在其中输入文本“演讲

人：小韩”，如图 7-72 所示。

图 7-71 复制矩形图形

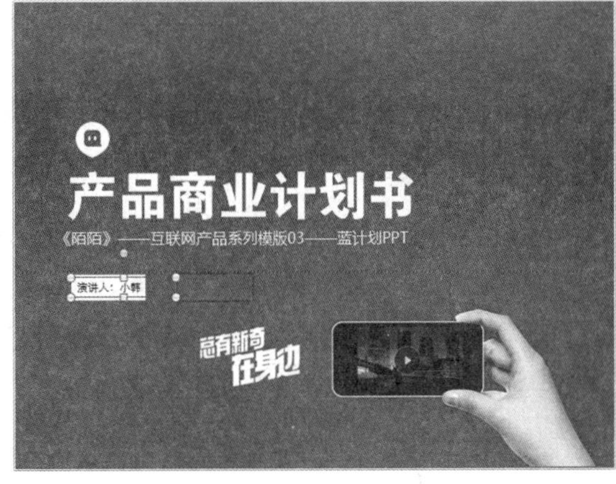

图 7-72 绘制横排文本框并输入文本

STEP 12 选中文本框中的文本，在【开始】选项卡的【字体】命令组中设置文本的【字体】为【华文细黑】，设置【大小】为【12】，单击【字体颜色】下拉按钮，在展开的库中选择【深蓝】选项。

STEP 13 重复步骤 11、12 的操作，在幻灯片中插入更多横排文本框，并在其中输入文本。

STEP 14 将鼠标指针插入幻灯片中另一个矩形图形上的文本框中，在【插入】选项卡的【文本】命令组中单击【日期和时间】按钮，打开【日期和时间】对话框，选中一种日期格式，然后单击【确定】按钮。

STEP 15 此时，将在幻灯片中的文本框中插入如图 7-73 所示的当前电脑系统日期。

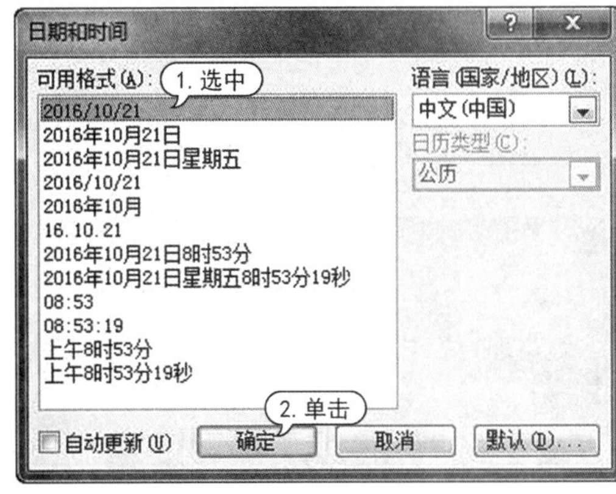

图 7-73 在幻灯片中插入当前日期

STEP 16 在【插入】选项卡的【媒体】命令组中单击【音频】下拉按钮，在弹出的菜单中选择【文件中的音频】命令，打开【插入音频】对话框，选择一个音频文件并单击【插入】按钮，如图 7-74 所示

STEP 17 选中幻灯片中选中插入的音频，按住鼠标指针将其拖动至幻灯片左侧边缘，然后选择【播放】选项卡，在【音频选项】命令组中选中【放映时隐藏】复选框，单击【开始】下拉按钮，在弹出的下拉列表中选择【自动】选项，如图 7-75 所示。

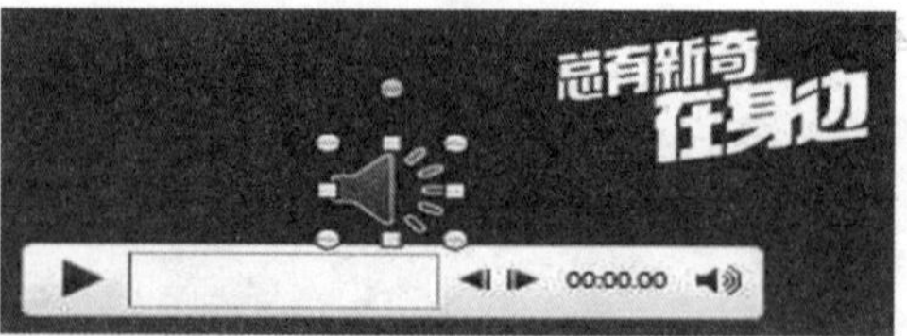

图 7-74　在幻灯片中插入音频

STEP 18 选中窗口右侧的第 1 张幻灯片，按下回车键插入如图 7-76 所示的空白幻灯片。

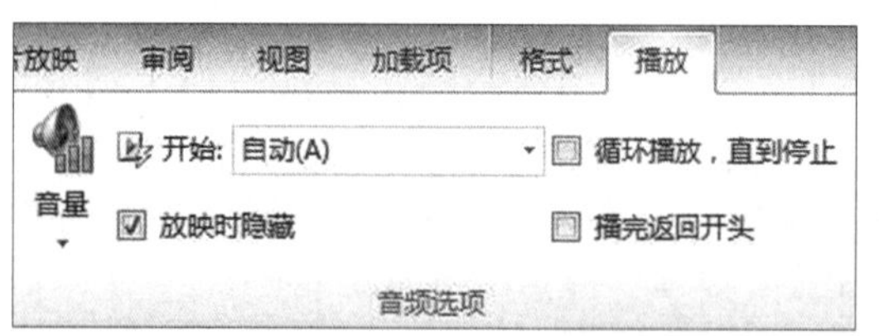

图 7-75　设置【音频选项】组

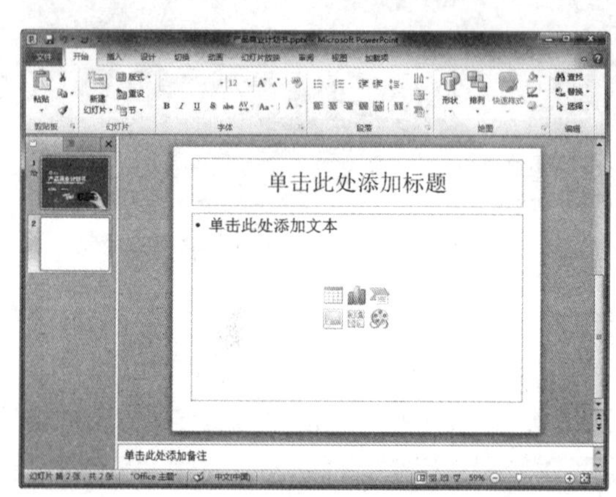

图 7-76　插入空白幻灯片

STEP 19 在添加的空白幻灯片中单击【单击此处添加标题】占位符，在其中输入文本，然后选中输入的文本，在显示的工具栏中设置字体、字号和文本对齐方式，如图 7-77 所示。

STEP 20 在【单击此处添加文本】占位符中单击【图片】按钮，打开【插入图片】对话框，按住 Ctrl 键选中多个图片，并单击【插入】按钮，在占位符中插入多张图片。

STEP 21 按住鼠标左键调整幻灯片中插入图片的位置，如图 7-78 所示。

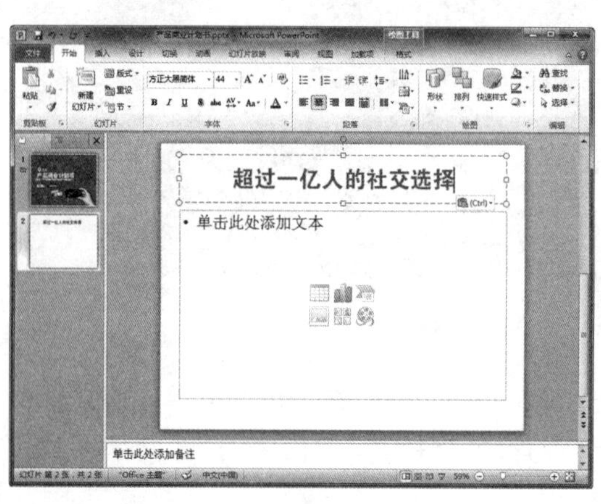

图 7-77　输入标题文本

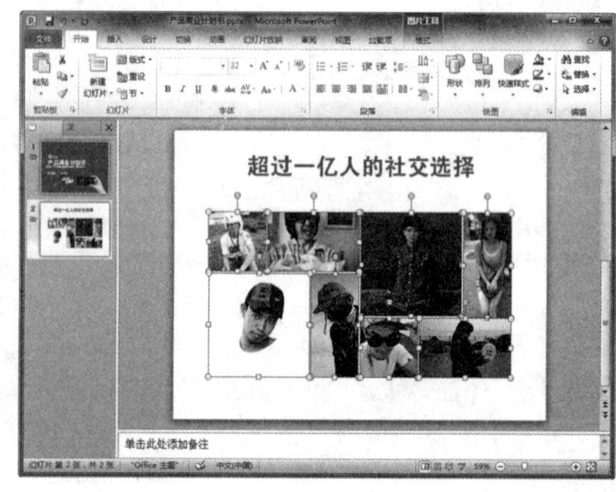

图 7-78　在幻灯片中插入图片

STEP 22 在窗口右侧选中第 2 张幻灯片，按下 Ctrl + C 组合键复制该幻灯片，然后按下 Ctrl + V 组合键通过复制的方式创建第 3 张幻灯片。

STEP 23 选择【插入】选项卡，在【插图】命令组中单击【形状】下拉按钮，在展开的库中选择【矩形】选项，在幻灯片中插入一个矩形。

STEP 24 调整幻灯片中矩形的大小和位置，然后右击鼠标，在弹出的菜单中选择【设置形状格式】命令，打开【设置形状格式】对话框。

STEP 25 选择【填充】选项卡，在【填充】选项区域中选择【纯色填充】单选按钮，单击【填充颜色】按钮，在展开的库中选择【其他颜色】选项。

STEP 26 打开【颜色】选项卡，选择【自定义】选项卡，将 R、G、B 的值设置为 30、120、232，然后单击【确定】按钮，设置矩形图形的填充颜色，如图 7-79 所示。

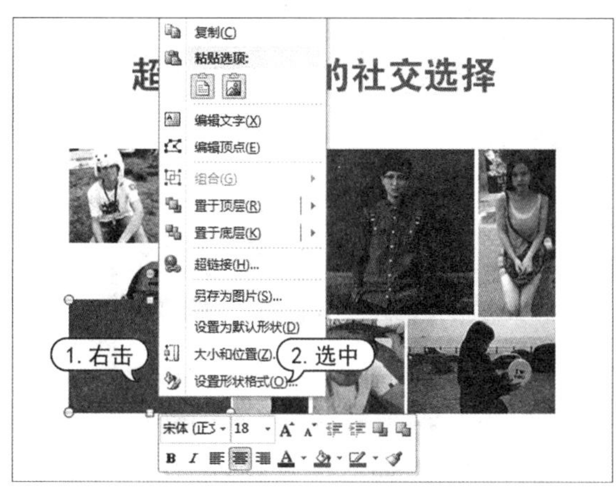

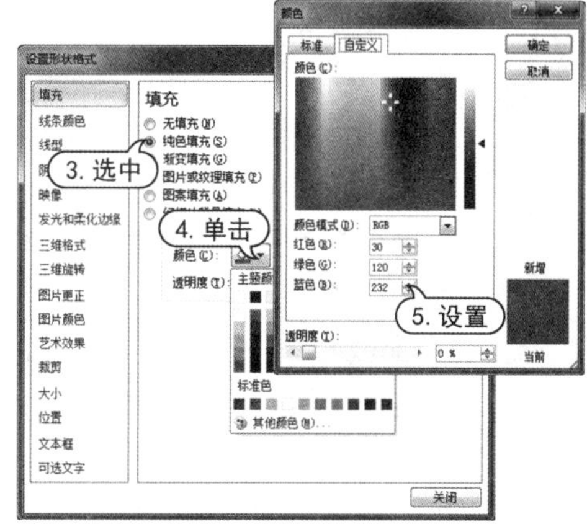

图 7-79　自定义矩形图形的填充颜色

STEP 27 选择【插入】选项卡，在【文本】命令组中单击【文本框】下拉按钮，在弹出的菜单中选择【横排文本框】命令，然后按住鼠标左键在幻灯片中的矩形图形上绘制一个横排文本框。

STEP 28 在横排文本框中输入文本，并在【开始】选项卡的【字体】命令组中设置文本的格式，效果如图 7-80 所示。

STEP 29 重复以上操作，在第 3 张幻灯片中添加更多的矩形形状和文本框，并输入文本，效果如图 7-81 示

图 7-80　输入文本并设置文本格式

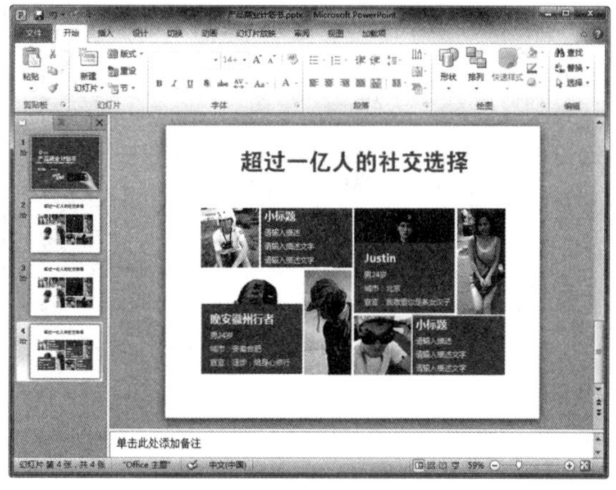

图 7-81　第 3 张幻灯片效果

STEP 30 选中窗口右侧的第 3 张幻灯片，按下回车键创建第 4 张幻灯片，并为该幻灯片添加标题“会员特权”。

STEP 31 在【单击此处添加文本】占位符中单击【插入 SmartArt 图形】按钮，打开【选择 SmartArt 图形】对话框，选择一种 SmartArt 图形样式，然后单击【确定】按钮，如图 7-82 所示。

STEP 32 选中幻灯片中插入的 SmartArt 图形，双击图形左上角的按钮，打开【插入图片】对话框，选择一个图片文件，单击【确定】按钮，在 SmartArt 图形中插入图片。重复以上操作，插入更多的图片，如图 7-83 所示。

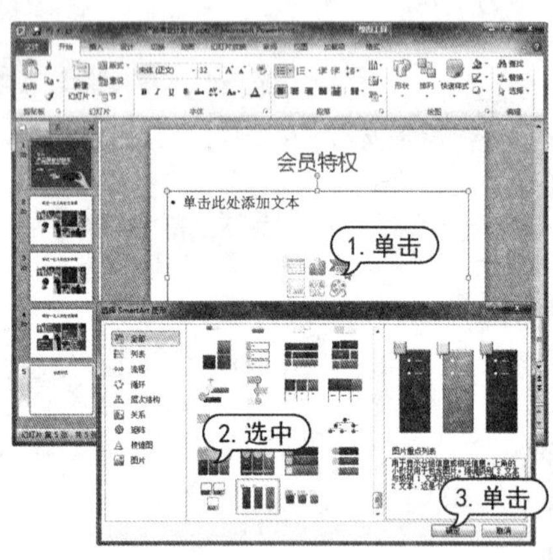

图 7-82 插入 SmartArt 图形

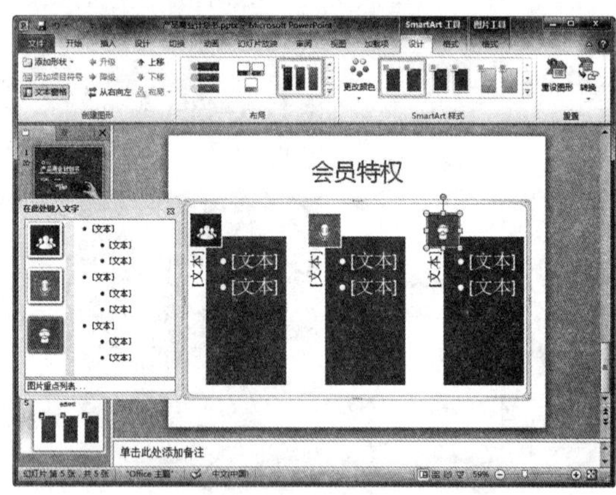

图 7-83 在 SmartArt 图形中插入图片

STEP 33 在 SmartArt 图形中的文本框中输入文本。选择【设计】选项卡，在【更改颜色】下拉按钮，在展开的库中选择【渐变循环－强调文字颜色 1】

STEP 34 调整幻灯片中 SmartArt 图形的大小和位置，完成后效果如图 7-84 所示。

STEP 35 按下 F12 键，打开【另存为】对话框，将幻灯片以文件名“产品商业计划书”保存，完成演示文稿的制作，如图 7-85 所示。

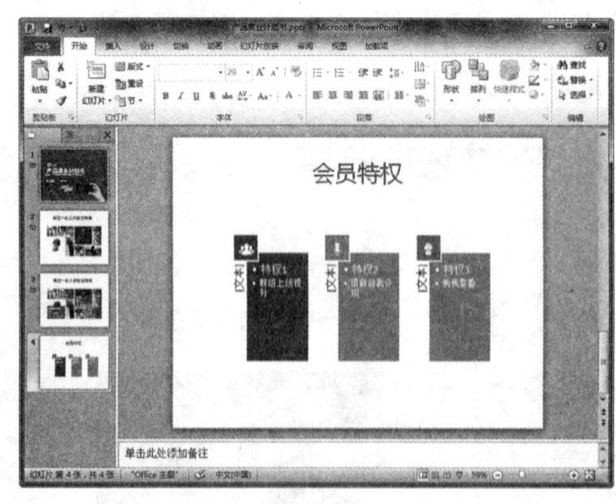

图 7-84 调整 SmartArt 图形

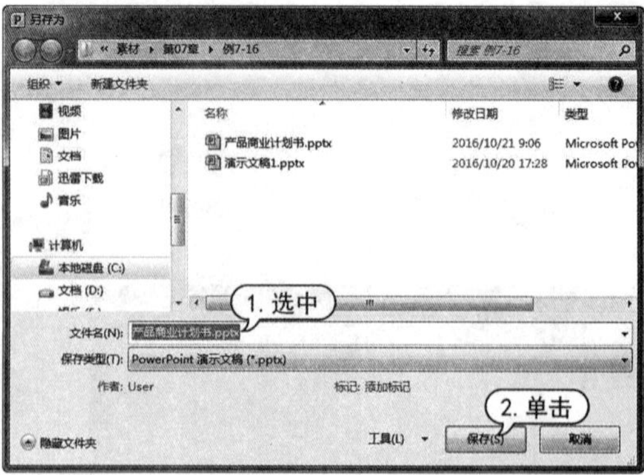

图 7-85 保存演示文稿

轻松学电脑教程系列

第 8 章

Internet 综合应用

如今，互联网已经广泛应用于人们的生活中。通过 Internet，我们不仅可以方便、快捷地找到各种网络资源，下载需要的软件，还能够实现收发电子邮件以及发布和阅读微博信息等。本章将主要介绍使用电脑上网的相关知识。

对应的光盘视频

例 8-1　使用谷歌搜索引擎
例 8-2　使用浏览器下载软件
例 8-3　设置文件下载目录
例 8-4　设置 QQ 个人资料
例 8-5　查找并添加 QQ 好友
例 8-6　使用 QQ 传输文件
例 8-7　使用微信网页版在线聊天
例 8-8　创建微信聊天群组
例 8-9　登录电子邮箱
例 8-10　使用关键字搜索商品
例 8-11　使用网站分类查找商品
例 8-12　将 QQ 好友分组
例 8-13　网上看电视直播
例 8-14　网上听音乐
例 8-15　网上查询公交路线
例 8-16　网上查询天气

 8.1 使用浏览器上网冲浪

浏览器是指可以显示网页服务器或者文件系统的 HTML 文件内容，并让用户与这些文件交互的一种软件。网页浏览器主要通过 HTTP 协议与网页服务器交互并获取网页，这些网页由 URL 指定，文件格式通常为 HTML，并由 MIME 在 HTTP 协议中指明。一个网页中可以包括多个文档，每个文档都是分别从服务器获取的。大部分的浏览器本身支持除了 HTML 之外的广泛的格式，例如 JPEG、PNG、GIF 等图像格式，并且能够扩展支持众多的插件(plug-ins)。

8.1.1 常见浏览器简介

网络中被广大网民常用的浏览器有以下几种。

- IE 浏览器：IE 浏览器是微软公司 Windows 操作系统的一个组成部分。它是一款免费的浏览器，用户在电脑中安装了 Windows 系统后，就可以使用该浏览器浏览网页(本书将以 IE 浏览器为例，介绍使用电脑上网的相关知识)。
- 谷歌浏览器：Google Chrome，又称 Google 浏览器，是一款由 Google(谷歌)公司开发的开放原始码网页浏览器。该浏览器基于其他开放原始码软件所编写，包括 WebKit 和 Mozilla，目标是提升稳定性、速度和安全性，并创造出简单且有效率的使用者界面。目前，谷歌浏览器是世界上仅次于微软 IE 浏览器的网上浏览工具，用户可以通过 Internet 下载谷歌浏览器的安装文件。
- 火狐浏览器：Mozilla Firefox(火狐)浏览器，是一款开源网页浏览器，该浏览器使用 Gecko 引擎(即非 IE 内核)编写，由 Mozilla 基金会与数百个志愿者所开发。火狐浏览器是可以自由定制的浏览器，一般电脑技术爱好者都喜欢使用该浏览器。它的插件是世界上最丰富的，刚下载的火狐浏览器一般是纯净版，功能较少，用户需要根据自己的喜好对浏览器进行功能定制。
- 世界之窗浏览器：世界之窗浏览器是一款快速、安全、细节丰富、功能强大的绿色多窗口浏览器。该浏览器采用 IE 内核开发，兼容微软 IE 浏览器，可运行于微软 Windows 系列操作系统上，并且要求操作系统必须安装有 IE 浏览器(推荐运行在安装 IE5.5 或更高版本的系统上)。
- 360 安全浏览器：360 安全浏览器是一款互联网上安全的浏览器，该浏览器和 360 安全卫士、360 杀毒等软件都是 360 安全中心的系列软件产品。用户在电脑中安装了 360 软件后，可以通过该软件中提供的链接，下载并安装 360 浏览器。
- 搜狗浏览器：搜狗浏览器是一款能够给网络加速的浏览器，可明显提升公网、教育网互访速度 2～5 倍，该浏览器可以通过防假死技术，使浏览器运行快捷流畅且不卡不死，具有自动网络收藏夹、独立播放网页视频、Flash 游戏提取操作等多项特色功能，并且兼容大部分用户使用习惯，支持多标签浏览、鼠标手势、隐私保护、广告过滤等主流功能。

8.1.2 使用浏览器打开网页

在浏览网页前首先要打开网页。用户可使用两种方法打开网页(以 360 为例)，一种是通过地址栏打开网页，另一种是通过超链接来打开网页。下面就分别来介绍这两种打开网页的方法。

1. 通过地址栏打开网页

如果用户清楚地记得某个网页的网址，在打开网页时，可以直接在 IE 浏览器的地址栏中输入相应的网址，然后按下 Enter 键即可，如图 8-1 所示。

2. 通过超链接打开网页

超链接是网页的特色之一，通过超链接用户可方便地从一个网页跳转到一个链接的目标端点，这个端点可以是同一网页的不同位置、另一个网页、一张图片或者是一个应用程序等。当用户将鼠标指针移至网页中具有超链接的位置时，鼠标指针会变成“”的形状，此时单击鼠标即可打开超链接，如图 8-2 所示。

图 8-1　通过地址栏打开网页

图 8-2　通过超链接打开网页

8.1.3 收藏与保存网页

用户在浏览网页时可能会遇到比较感兴趣的网页，这时用户可将这些网页保存下来以方便以后查看。IE 浏览器提供了强大的保存网页的功能，不仅可以保存整个网页，还可以保存其中的部分图形或超链接等。

1. 收藏网页

用户在浏览网页时，可将需要的网页站点添加到收藏夹列表中。以后，用户就可以通过收藏夹来访问，而不用担心忘记了该网站的网址。例如，用户可以在网页中的空白处右击鼠标，在弹出的菜单中选择【添加到收藏夹】命令，打开【添加收藏】对话框，如图 8-3 所示，选择一个文件夹，然后单击【确定】按钮即可将当前网页的网址添加到收藏夹中。收藏夹不仅可以保存网页信息，还可以让用户在脱机状态下浏览网页。

图 8-3　将网页添加到收藏夹

当收藏夹中网页较多时，用户可以在收藏夹的根目录下创建分类文件夹，分别存放不同的网页，便于用户管理和查阅。只需在图 8-3 所示的【添加收藏】对话框中单击【新建文件夹】按钮，打开【新建文件夹】对话框，在【文件夹名】文本框中输入文件夹的名称，在【创建位置】下拉列表框中选择文件夹要存放的位置，然后单击【创建】按钮即可创建一个新的网址收藏文件夹。

2. 保存网页

用户若要保存正在浏览的网页，可在网页空白处右击，在弹出的菜单中选择【网页另存为】命令，在打开的对话框中将【保存类型】设置为【网页，全部】选项，然后单击【保存】按钮，即可保存网页，如图 8-4 所示。

要保存网页中的图片信息，用户可直接在要保存的图片上右击鼠标，在弹出的快捷菜单中选择【图片另存为】命令，系统随即弹出如图 8-5 所示的【保存图片】对话框，在该对话框中进行一些必要的设置，然后单击【保存】按钮，即可保存图片。

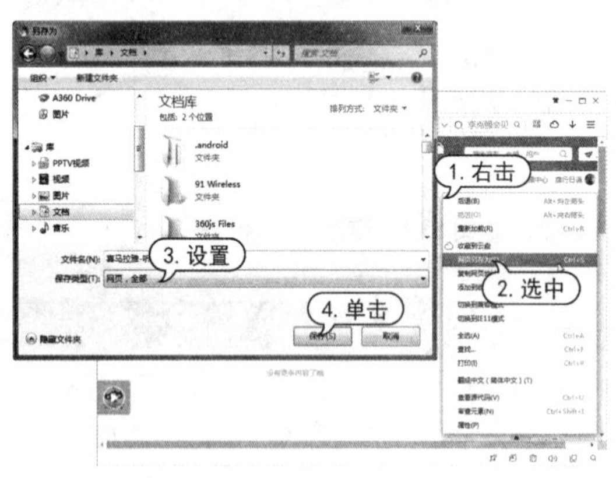

图 8-4 保存网页

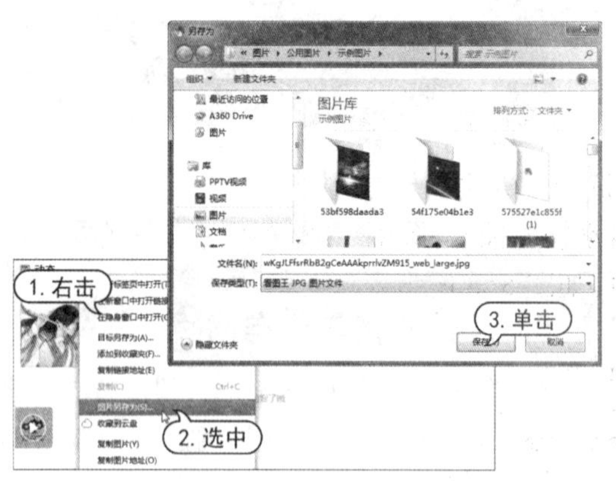

图 8-5 保存网页中的图片

8.2 使用搜索引擎

Internet 是知识和信息的海洋，几乎可以找到任何所需的资源，那么如何才能找到自己需要的信息呢？这就需要使用到搜索引擎。目前常见的搜索引擎有百度和 Google 等，使用它们可以从海量网络信息中快速、准确地找出需要的信息，提高查找效率。

8.2.1 使用谷歌搜索引擎

Google(谷歌)搜索引擎是一个面向全球范围的中英文搜索引擎，以其易用、快速的特性深受广大网友喜爱。Google 搜索引擎的 Web 地址是 http://www.google.com/，在地址栏中输入该地址并按下 Enter 键，就可以进入搜索页面，如图 8-7 所示。Google 的搜索功能分为了 9 个类别，根据需要用户可在 Google 主页中选择搜索“网页”“图片”“视频”“地图”“新闻”“音乐”“购物”“Gmail”和“更多”。如果要进行特定主题的搜索，可以在搜索引擎的文本框中输入关键字。

【例 8-1】 使用谷歌浏览器搜索“腾讯”官方网页。素材

STEP 01 首先，在浏览器中安装一个“Facebook 访问助手”插件。安装完成后单击浏览器右上

方的🅵按钮，在弹出的列表中开启网络加速器，如图 8-6 所示。

STEP 02 在浏览器地址栏中输入网址“http://www.google.com”，然后按下 Enter 键，打开 Google 搜索引擎的主页，如图 8-7 所示。

图 8-6 使用 Facebook 访问助手

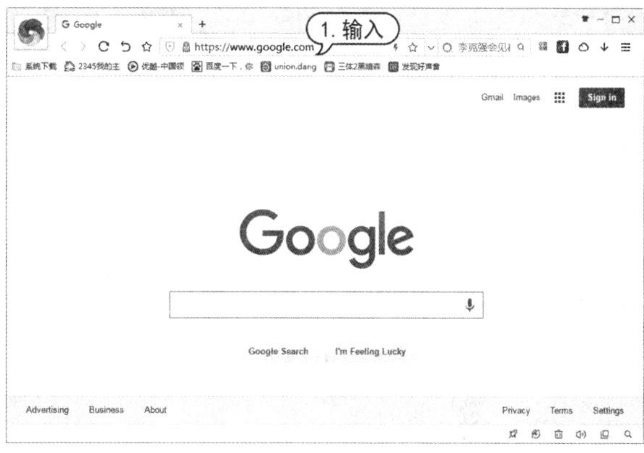

图 8-7 Google 的主页

STEP 03 在页面中央的文本框中输入关键字“腾讯”，然后按下 Enter 键，系统即可在互联网上自动搜索关于“腾讯”的相关信息并显示搜索结果，单击其中的网页链接，即可打开相应的网页，如图 8-8 所示。

图 8-8 通过谷歌搜索引擎访问“腾讯”网页

8.2.2 使用百度搜索引擎

除 Google 外，还有许多中文搜索引擎，例如百度、新浪、搜狐、网易等，都可以为用户提供详细而周全的搜索服务。在地址栏中输入“http://www.baidu.com”，然后按 Enter 键，即可打开百度首页。百度搜索引擎的使用简单方便，在进行基本搜索时，输入查询内容后按下 Enter 键或者单击【百度一下】按钮，即可得到相关资料。例如，输入关键字“Excel”，然后按下 Enter 键，即可得到有关“Excel”的资料，如图 8-9 所示。

在使用百度搜索资源时还有一些常用的小技巧，具体如下：

▽ 输入多个词语搜索时，不同字词之间用一个空格隔开，可以获得更精确的搜索结果。例如：想了解北京就业方面的相关信息，在搜索框中输入“北京 就业”获得的搜索效果会比输入

图 8-9　通过百度搜索引擎搜索关键词“Excel”

“北京就业”得到的结果更好。

▽ 在百度查询时不需要使用符号“AND”或“+”，百度会在多个以空格隔开的词语之间自动添加“+”。百度提供符合全部查询条件的资料，并把最相关的网页排在前列。

▽ 有时候，排除含有某些词语的资料有利于缩小查询范围。百度支持“-”功能，用于有目的地删除某些无关网页，但减号之前必须留一个空格。例如，要搜寻关于“武侠小说”，但不含“古龙”的资料，可使用如图 8-10 所示的查询条件。

▽ 如果用户无法确定输入什么词语才能找到满意的资料，可以试用百度相关检索。可以先输入一个简单词语搜索，然后，百度搜索引擎会为用户提供“其他用户搜索过的相关搜索词语”作为参考。当用户单击其中一个相关搜索词，都能得到那个相关搜索词的搜索结果。例如，用户输入关键字“武侠小说”进行搜索，则在搜索结果页面的下部会出现一些相关的搜索词，单击其中一个相关搜索词，即可得到那个相关搜索词的搜索结果，如图 8-11 所示。

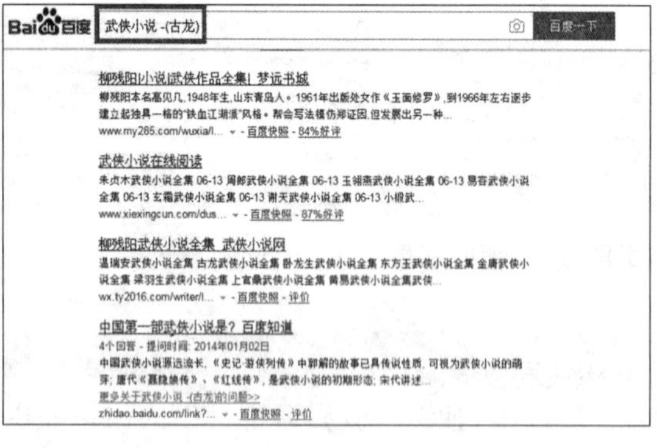

图 8-10　特殊条件搜索

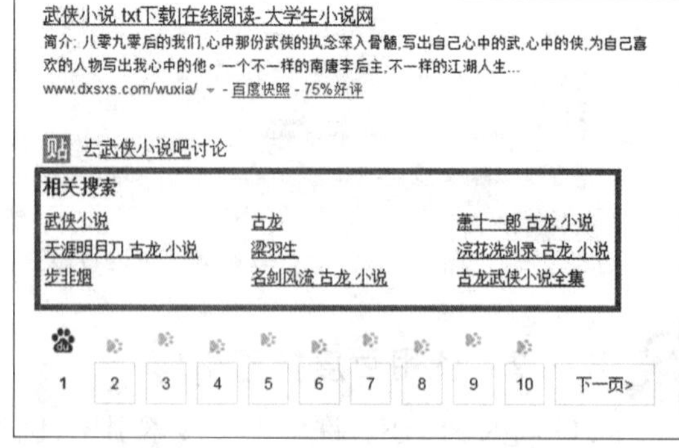

图 8-11　搜索结果中的“相关搜索”

▽ 百度支持并行搜索，即可以使用“A|B”来搜索“或者包含词语 A，或者包含词语 B”的网页。例如：要查询“图片”或“写真”相关资料，无须分两次查询，只要输入“(图片 | 写真)”并进行搜索即可(注意第一个关键词后面要输入一个空格)。百度会提供跟“|”前后任何字词相关的资料，并把最相关的网页排在前面。

8.3　下载网上资源

当用户需要 Internet 上的资源时，可将其下载到本地计算机中。如果用户需要保存文字和图片等信息，直接使用复制、粘贴命令即可完成。另外 Internet 还提供电影、音乐和软件等资源的下载，这时就需要用到下载工具。

8.3.1　使用浏览器下载

浏览器本身提供了内嵌的下载工具，用户如果没有安装其他的下载软件，可直接用内嵌的下载工具下载网络资源。

【例 8-2】　使用浏览器下载“迅雷”软件。 素材

STEP 01　使用百度搜索引擎搜索“迅雷”，在显示的搜索结果列表中单击搜索到的软件下载资源点上的【立即下载】按钮。

STEP 02　打开【新建下载任务】对话框，单击【下载】按钮，如图 8-12 所示。

STEP 03　此时，浏览器开始下载“迅雷”软件，软件下载成功后，按下 Ctrl + J 组合键(360 浏览器)，打开【下载】对话框，在该对话框中单击下载文件后的【打开】按钮，即可打开下载的软件，如图 8-13 所示。

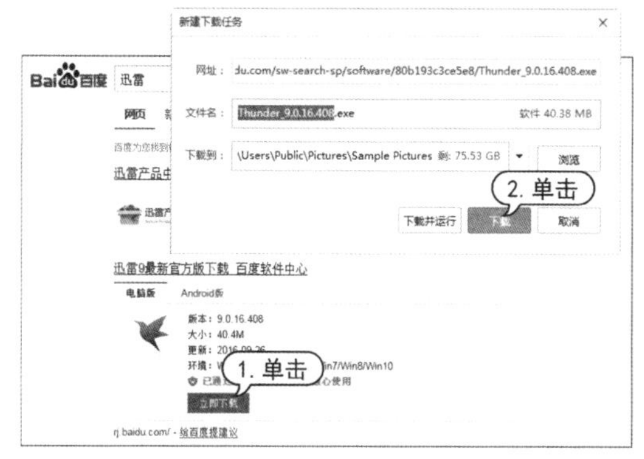

图 8-12　下载“迅雷”软件

图 8-13　【下载】对话框

8.3.2　使用迅雷软件下载

用户在使用浏览器下载的过程中，有时会遇到意外的中断，对于所下载的文件只能前功尽弃。而且浏览器单线程下载不能充分利用带宽，无形中造成了很大浪费。目前最常用的网络下载工具迅雷可以解决这个问题。迅雷使用的多资源超线程技术基于网格原理，能够将网络上存在的服务器和计算机资源进行有效的整合，构成独特的迅雷网络，各种数据文件能够通过迅雷网络以最快速度进行传递。

1.　下载文件

使用迅雷下载文件非常容易，用户找到文件的下载地址，然后选择使用迅雷下载即可。但要注意，使用迅雷前要先安装迅雷软件。

例如，用户想要下载视频播放软件“暴风影音”，可以复制如图 8-14【新建下载任务】对话

框中【网址】文本框中的"暴风影音"下载地址,然后启动"迅雷"软件,单击【新建任务】按钮⊞,打开【新建任务】对话框,将复制的下载地址粘贴到该对话框的文本框中,然后单击【立即下载】按钮,即可开始下载软件,如图 8-15 所示。

图 8-14　新建下载任务

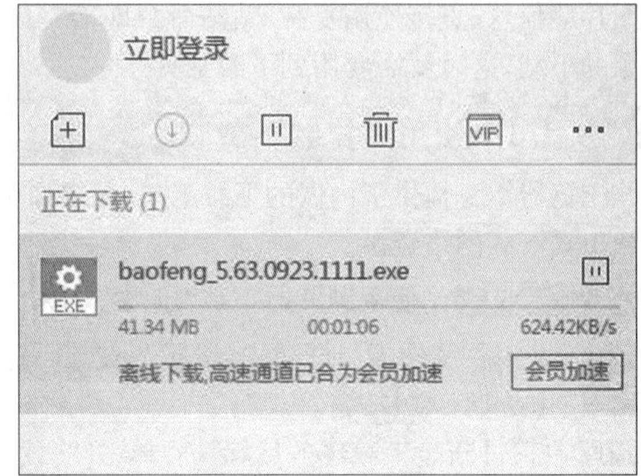

图 8-15　开始下载软件

2. 设置下载目录

用户安装迅雷后,其默认的文件存储目录是 C:\Downloads。由于 C 盘一般是系统盘,一旦文件增多,就会占用 C 盘空间导致系统运行速度变慢,因此将迅雷的存储目录设置为其他位置显得尤为重要。

【例 8-3】 设置"迅雷"软件的下载目录。素材

STEP 01 启动"迅雷"软件后,单击【更多】按钮···,在弹出的列表框中选择【设置中心】选项,如图 8-16 所示。

STEP 02 在显示的选项区域中单击【下载目录】选项区域中的【设置目录】按钮,打开【浏览文件夹】对话框,选择一个文件夹后,单击【确定】按钮即可,如图 8-17 所示。

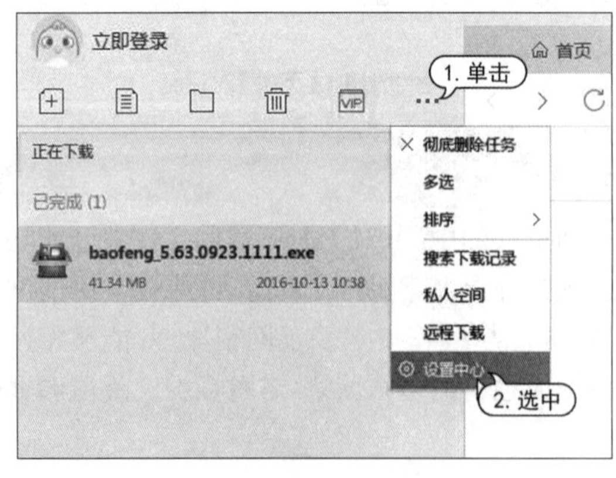

图 8-16　选择【设置中心】

图 8-17　选择资源下载文件夹

8.4　网上聊天

网络不仅具有共享资源的作用，还可以使天南地北的人们随时进行沟通，这就是网络的即时通讯功能。目前，比较常见的网络聊天软件主要有 QQ、MSN、UC、YY、微信等。

- QQ：QQ 是腾讯公司开发的一款基于 Internet 的即时通信软件。腾讯 QQ 支持在线聊天、视频电话、点对点断点续传文件、共享文件、网络硬盘、自定义面板、QQ 邮箱等多种功能，并可与移动通讯终端等多种通讯方式相连。
- MSN：MSN 是微软公司推出的即时消息软件，可以与亲人、朋友、工作伙伴进行文字聊天、语音对话、视频会议等即时交流，还可以通过此软件来查看联系人是否联机。
- UC：UC 是新浪网推出的一种网络即时聊天工具，功能与 QQ 和 MSN 类似，目前已拥有相当数量的用户群。
- 飞信：飞信是中国移动推出的一项业务，可以实现即时消息、短信、语音、GPRS 等多种通信方式，保证用户永不离线。飞信除具备聊天软件的基本功能外，还可以通过电脑、手机、WAP 等多种终端登录，实现电脑和手机间的无缝即时互通，保证用户能够实现永不离线的状态；同时，飞信所提供的好友手机短信免费发、语音群聊超低资费、手机电脑文件互传等更多强大功能，令用户在使用过程中产生更加完美的产品体验。
- YY：YY 是一款基于 Internet 团队语音通信软件，最早用于网络游戏玩家的团队语音指挥通话，后逐渐吸引了其他类型的网络用户。由于 YY 语音的高清晰、操作方便等特点，目前已吸引越来越多的教育行业入驻，开展网络教育平台，比较著名的有外语教学频道、平面设计教学频道、心理学教育频道等。
- 微信：微信（WeChat）是腾讯公司为智能终端提供即时通讯服务的免费应用程序，可以为手机和电脑用户同时提供网络通讯服务。目前，微信已经覆盖我国 90% 以上的智能手机，月活跃用户达到 5.49 亿，用户覆盖 200 多个国家。

8.4.1　使用 QQ 网上聊天

要想在网上与别人聊天，就要有专门的聊天软件。腾讯 QQ 就是当前众多的聊天软件中比较出色的一款。QQ 提供在线聊天、视频聊天、点对点断点续传文件、共享文件、网络硬盘、自定义面板、QQ 邮箱等多种功能，是目前使用最为广泛的聊天软件之一。

1. 申请 QQ 号码

打电话需要一个电话号码，同样，要使用 QQ 与他人聊天，首先要有一个 QQ 号码，这是用户在网上与他人聊天时对个人身份的特别标识。本节将介绍免费申请 QQ 号码的方法。

打开 IE 浏览器，在地址栏中输入网址“http://zc.qq.com/”，然后按 Enter 键，打 QQ 号码的注册页面。在该页面中根据提示输入个人的昵称和密码等信息，然后在【验证码】文本框中输入页面上显示的验证码(验证码不分大小写)，如图 8-18 所示。

单击页面中的【立即注册】按钮，打开图 8-19 所示页面，要求用户使用手机验证。输入手机号码，然后单击【向此手机发送验证码】按钮。

输入手机收到的验证码，然后单击【提交验证码】按钮。申请成功后，图 8-19 所示页面中显示的号码 2100165593 就是刚刚申请成功的 QQ 号码。

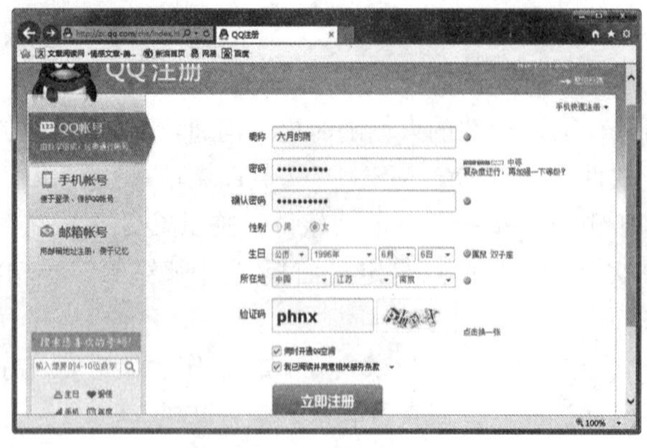

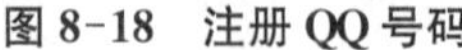
图 8-18 注册 QQ 号码

图 8-19 获取 QQ 号码

2. 登录 QQ 软件

QQ 号码申请成功后，就可以使用该 QQ 号码了。

在使用 QQ 前，首先要登录 QQ。双击 QQ 的启动图标，打开 QQ 的登录界面。在【账号】文本框中输入刚刚申请到的 QQ 号码，在【密码】文本框中输入申请 QQ 时设置的密码。输入完成后，按 Enter 键或单击【登录】按钮，即可登录 QQ。登录成功后将显示 QQ 的主界面，如图 8-20 所示。

图 8-20 登录 QQ

3. 设置个人资料

在申请 QQ 的过程中，用户已经填写了部分资料，为了能使好友更加了解自己，用户可在登录 QQ 后，对个人资料进行更加详细的设置。

【例 8-4】 设置 QQ 的个人资料。 素材

STEP 01 QQ 登录成功后，在 QQ 的主界面中，单击其左上角的头像图标，可打开个人资料界面，如图 8-21 所示。

STEP 02 单击【编辑资料】按钮，可以对个人资料进行设置。例如：个性签名、个人说明、昵称、

姓名等，如图 8-22 所示。

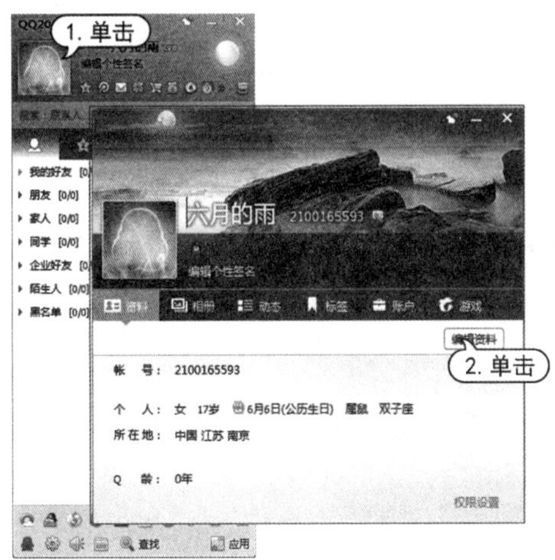

图 8-21　打开个人资料界面

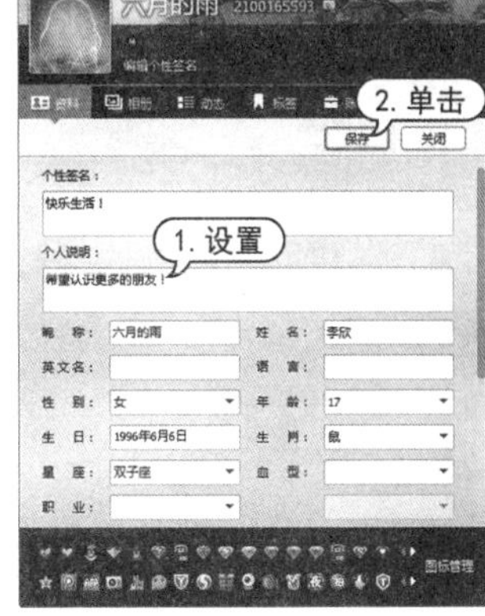

图 8-22　设置个人资料

STEP 03 个人资料的设置完成后，单击【保存】按钮，将设置进行保存。

STEP 04 单击头像图标，打开【更换头像】对话框。在【自定义头像】选项卡中，单击【本地照片】按钮，打开【打开】对话框，用户可选择一幅自己喜欢的图片作为 QQ 的头像，如图 8-23 所示。

STEP 05 选择头像后，单击【打开】按钮，设置头像的大小范围，如图 8-24 所示。

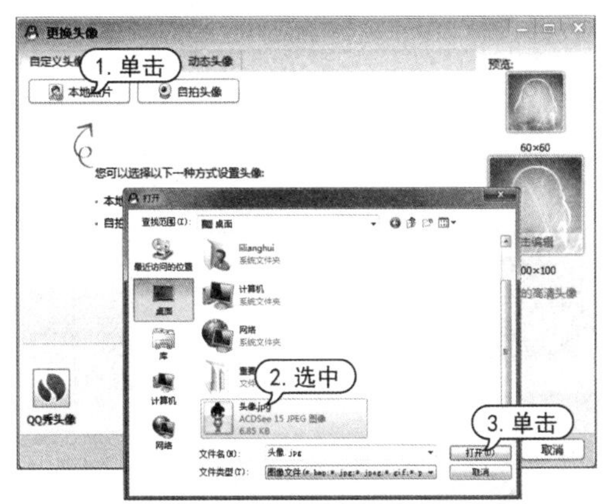

图 8-23　选择 QQ 头像

图 8-24　设置头像大小范围

STEP 06 设置完成后，单击【确定】按钮，完成头像的更改。

4. 查找并添加好友

如果知道 QQ 号码，可使用精确查找的方法来查找并添加好友。

【例 8-5】 添加 QQ 号码为 116381166 的用户为好友。素材

STEP 01 QQ 登录成功后，单击主界面最下方的【查找】按钮，打开【查找】对话框。

STEP 02 在【查找】标签的【查找】文本框中输入“116381166”按下 Enter 键，即可查找出账号为 116381166 的用户，如图 8-25 所示。

STEP 03 单击 +好友 按钮，打开【添加好友】对话框，要求用户输入验证信息。输入完成后，单击

【下一步】按钮，用户可为即将添加的好友设置备注名称和分组。

STEP 04 设置完成后，单击【下一步】按钮，发送添加好友的验证信息。等对方同意验证后，就可以成功地将其添加为自己的好友了，如图 8-26 所示。

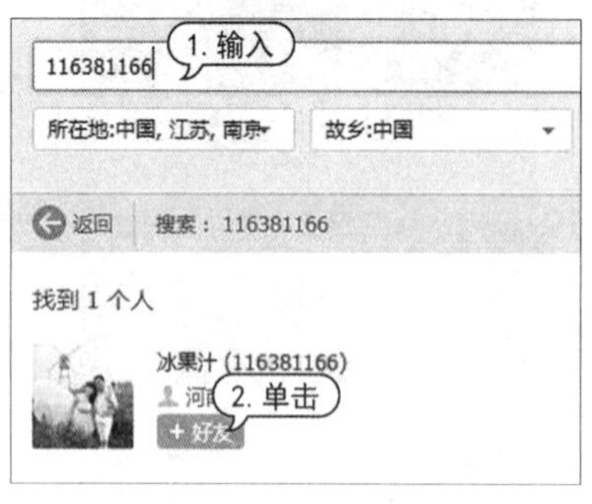

图 8-25　查找用户

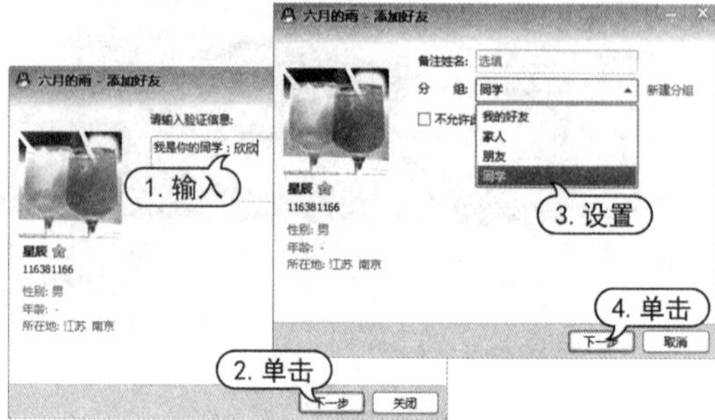

图 8-26　添加好友并设置分组

5. 设置条件搜索网友

如果想要添加一个陌生人，结识新朋友，可以使用 QQ 的条件查找功能。

例如，用户想要查找"江苏省南京市，年龄在 18-22 岁之间的女性"用户，可在【查找】对话框中打开【找人】选项卡，在【性别】下拉列表框中选择【女】；在【所在地】下拉列表框中选择【中国 江苏 南京】；在【年龄】下拉列表框中选择【18-22 岁】；然后单击【查找】按钮，即可查找出所有符合条件的用户，如图 8-27 所示。

在搜索结果中单击某网友旁的 + 好友，在打开的对话框中输入验证信息并单击【下一步】按钮，即可向对方申请添加好友，如图 8-28 所示。

图 8-27　设置搜索条件

图 8-28　申请添加好友

6. 与 QQ 好友在线聊天

QQ 中有了好友之后，就可以与好友进行聊天了。用户可在好友列表中双击对方的头像，打开聊天窗口。

在聊天窗口下方的文本区域中输入聊天的内容，然后按 Ctrl+Enter 快捷键或者单击【发送】按钮，即可将消息发送给对方，同时该消息将以聊天记录的形式出现在聊天窗口上方的区域中，如图 8-29 所示。

对方收到消息后，若进行了回复，则回复的内容会出现在聊天窗口上方的区域中，如图

8-30所示。

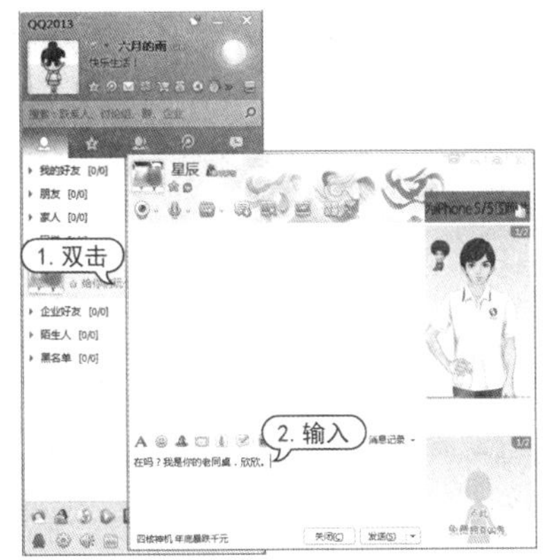

图 8-29　发送聊天消息

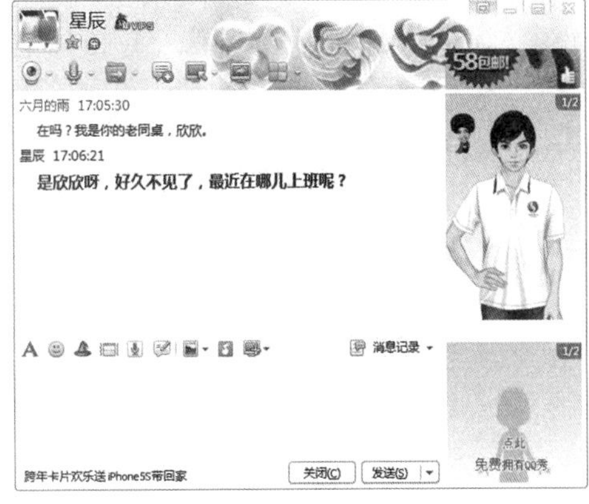

图 8-30　回复聊天消息

如果用户关闭了聊天窗口，则对方再次发来信息时，任务栏通知区域中的 QQ 图标会变成对方的头像并不断闪动，单击该头像即可打开聊天窗口并查看信息，如图 8-31 所示。

QQ 不仅支持文字聊天，还支持视频聊天。要与好友进行视频聊天，必须要安装摄像头。将摄像头与电脑正确地连接后，就可以与好友进行视频聊天了。

打开聊天窗口，单击窗口上方的【发起视频通话】按钮，给好友发送视频聊天请求，如图 8-32所示。

图 8-31　QQ 消息提醒

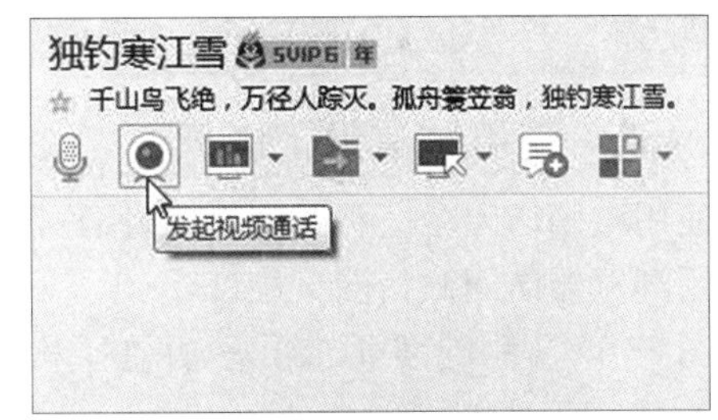

图 8-32　向好友发起视频通话

等对方接受视频聊天请求后，双方就可以进行视频聊天了。在视频聊天的过程中，如果电脑安装了耳麦，还可同时进行语音聊天。

实用技巧

默认情况下，聊天窗口右侧的大窗格中显示的是对方摄像头中的画面，小窗格中显示的是本地摄像头中的画面，可单击按钮进行双方画面的切换。

7. 使用 QQ 传输文件

QQ 不仅可以用于聊天，还可以用于传输文件。用户可通过 QQ 把本地电脑中的资料发送给好友。

【例 8-6】　通过 QQ 给好友发送一个压缩文件。素材

STEP 01 双击好友的头像，打开聊天窗口，单击上方的【传送文件】按钮，在打开的下拉列表中选择【发送文件】命令，如图 8-33 所示。

STEP 02 打开【选择文件/文件夹】对话框，选中要发送的文件，然后单击【发送】按钮，如图 8-34 所示。

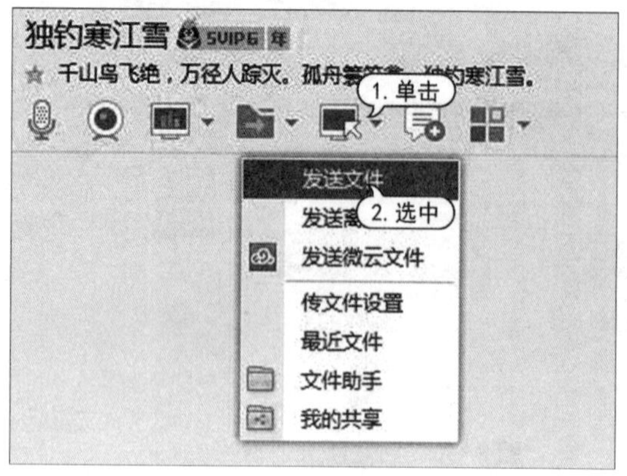

图 8-33 发送文件

图 8-34 【选择文件/文件夹】对话框

STEP 03 向对方发送文件传送的请求，等待对方的回应。

STEP 04 当对方接受发送文件的请求后，即可开始传输文件。发送成功后，将显示发送成功的提示信息。

实用技巧

默如果对方长时间没有接收文件，可以单击【转离线发送】选项，将文件上传到中转服务器，服务器会为用户免费保存 7 天，7 天之内，对方都可以从服务器接收该文件。

8.4.2 使用微信网上聊天

要使用电脑访问微信与好友聊天，用户需要在手机上安装并注册一个微信账号，然后在电脑上使用浏览器访问微信网页版(https://wx.qq.com/)，并使用手机微信上的“扫一扫”功能扫描如图 8-35 所示的网页二维码，并在手机上确认登录微信网页版，如图 8-36 所示。

图 8-35 用手机扫描二维码

图 8-36 在手机上确认登录微信网页版

1. 与微信好友在线聊天

成功登录微信网页版后，用户可以使用电脑向微信好友发送聊天信息。

【例 8-7】 通过微信网页版与微信好友聊天。素材

STEP 01 登录微信网页版后，在浏览器中单击【通讯录】按钮，在显示微信好友列表中单击好友的头像，在显示的选取区域中单击【发消息】按钮，如图 8-37 所示。

STEP 02 在打开的聊天界面的底部输入聊天内容，然后按下 Enter 键即可向好友发送聊天消息，如图 8-38 所示。

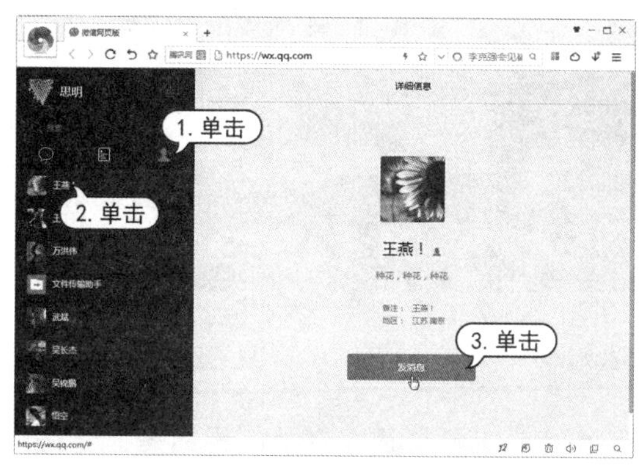

图 8-37 打开微信好友列表

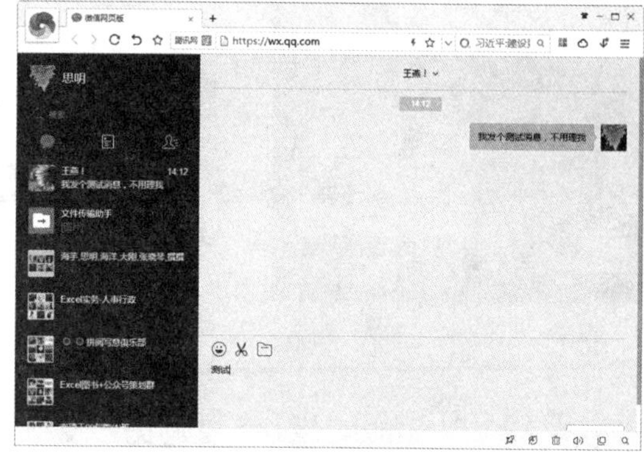

图 8-38 发送微信聊天消息

2. 向微信好友发送文件

如果用户需要使用微信网页版向微信好友发送文件，可以在如图 8-38 所示的微信聊天界面中单击【图片和文件】按钮，在打开的对话框中选中一个文件后单击【打开】按钮，即可向好友发送文件。

3. 创建微信聊天群组

如果用户需要同时和多个微信好友聊天，可以通过微信网页版创建一个聊天群组，具体方法如下。

【例 8-8】 使用微信网页版创建聊天群组。素材

STEP 01 单击图 8-38 所示页面顶部的按钮，在显示的选项区域中单击按钮，如图 8-39 所示。

STEP 02 在打开的【发起聊天】列表中选择需要加入群组的好友，然后单击【确定】按钮，如图 8-40 所示。

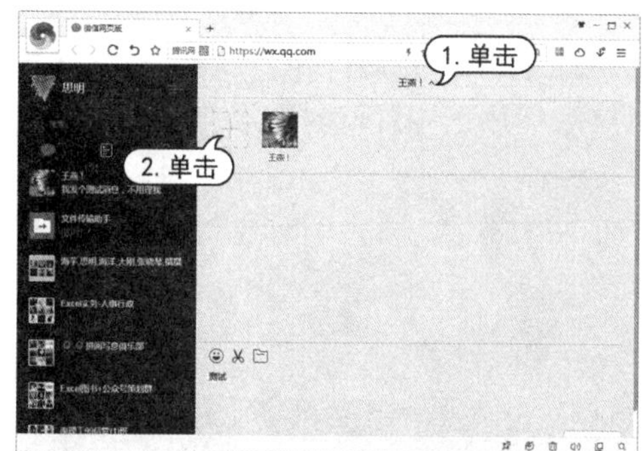

图 8-39 打开微信好友列表

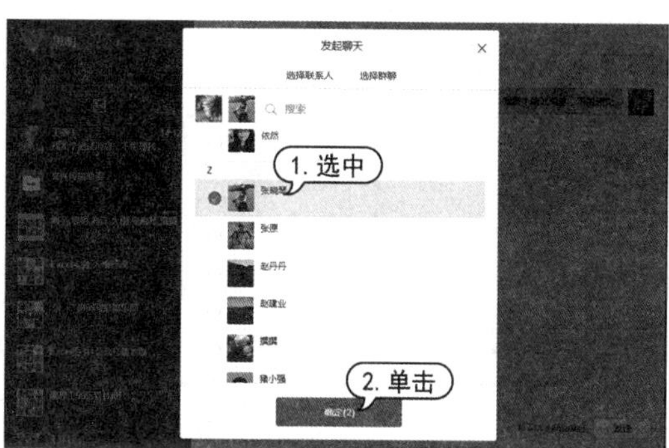

图 8-40 选择群组聊天的好友

STEP 03 此时将在窗口左侧的聊天列表中创建一个群组聊天，右击群组聊天名称，在弹出的菜单中选择【修改群名】选项，然后在打开的对话框中输入群组名称，并单击【确定】按钮，修改群组聊天名称，如图 8-41 所示。

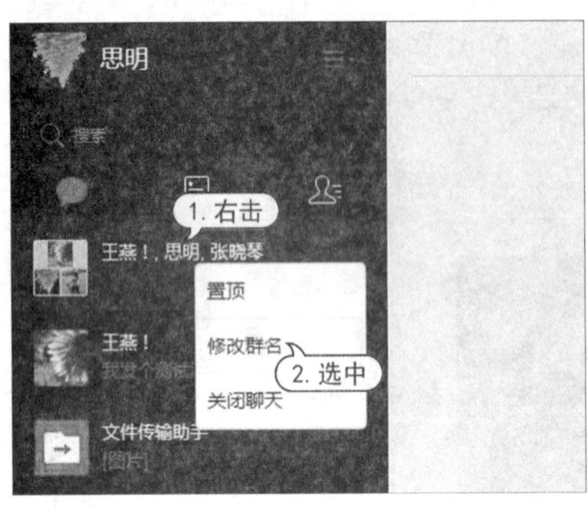

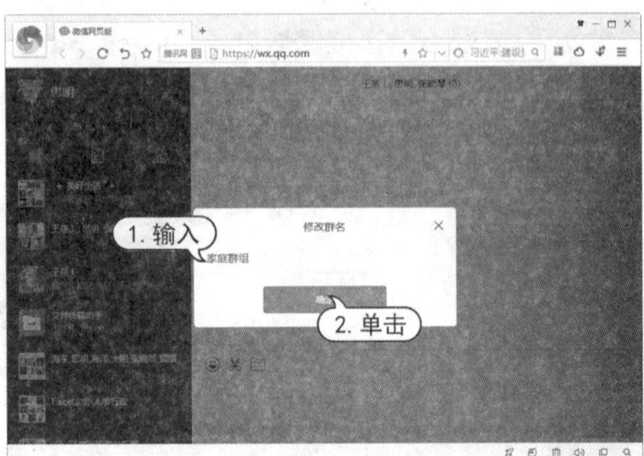

图 8-41　修改群名

STEP 04 修改聊天群组名称后，在浏览器窗口右侧窗格中即可向参与群组聊天所有微信好友发送聊天信息。

8.5　收发电子邮件

对于大多数用户而言，电子邮件(E-mail)是互联网上使用频率较高的服务之一。随着网络的普及，目前在全世界，电子邮件的使用已经超过了普通信件，成为人们交流、联系、传递信息的最主要工具之一。

8.5.1　申请电子邮箱

要发送电子邮件，首先要有电子邮箱。目前国内的很多网站都提供了各有特色的免费邮箱服务。它们的共同特点是免费，并能够提供一定容量的存储空间。对于不同的网站来说，申请免费电子邮箱的步骤基本上是一样的。本节以 126 免费邮箱为例，介绍申请电子邮箱的方法和步骤。

STEP 01 打开 IE 浏览器，在地址栏中输入网址"http://www.126.com/"，然后按 Enter 键，进入 126 电子邮箱的首页，如图 8-42 所示。单击首页中的【注册】按钮，打开注册页面。

STEP 02 在【邮件地址】文本框中输入想要使用的邮件地址，在【密码】和【确认密码】文本框中输入邮箱的登录密码，在【验证码】文本框中输入验证码，然后选中【同意"服务条款"和"隐私相关政策"】复选框，如图 8-43 所示。

STEP 03 在网页中根据网站提示单击【立即注册】按钮，提交个人资料，即可完成电子邮箱的注册(liuyuedexinxin@126.com)。

实用技巧

电子邮件地址的格式为：用户名@主机域名。主机域名指的是 POP3 服务器的域名，用户名指的是用户在该 POP3 服务器上申请的电子邮件账号。例如，用户在 126 网站上申请了用户名为 kimebaby 的电子邮箱，那么该邮箱的地址就是：kimebaby@126.com。

图 8-42 126 电子邮箱的首页

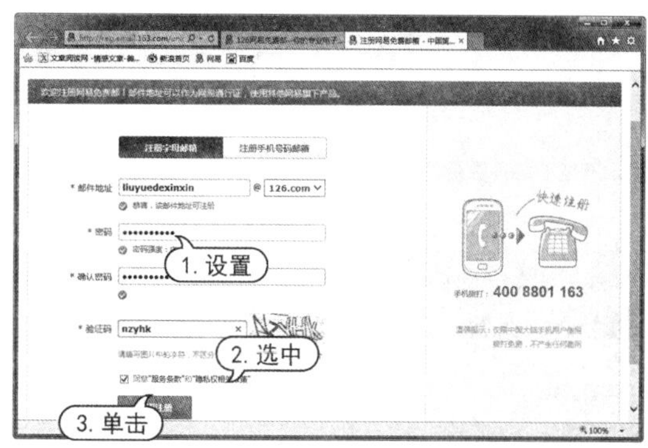

图 8-43 设置邮箱信息

8.5.2 登录电子邮箱

要使用电子邮箱发送电子邮件，首先要登录电子邮箱。用户只需输入用户名和密码，然后按 Enter 键即可登录电子邮箱。

【例 8-9】 使用浏览器登录电子邮箱。 素材

STEP 01 访问 126 电子邮箱的首页。在【用户名】文本框中输入“liuyuedexinxin”，在【密码】文本框中输入邮箱的密码。

STEP 02 输入完成后，按 Enter 键或者单击【登录】按钮，即可登录邮箱，如图 8-44 所示。

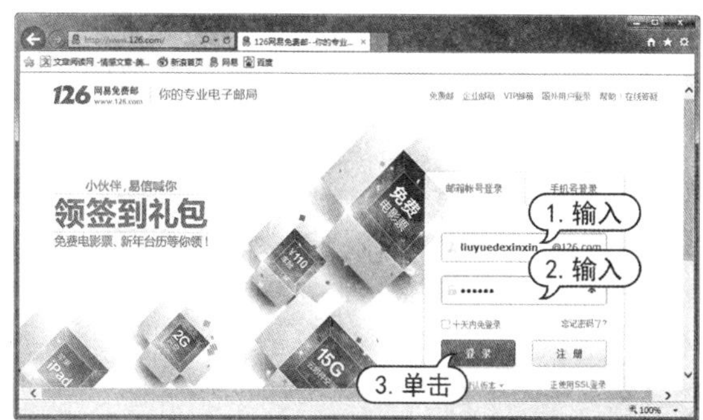

图 8-44 登录电子邮箱

8.5.3 阅读与回复电子邮件

登录电子邮箱后，如果邮箱中有邮件，就可以阅读电子邮件了。如果想要给发信人回复邮件，直接单击【回复】按钮即可。

1. 阅读电子邮件

电子邮箱登录成功后，如果邮箱中有新邮件，则系统会在邮箱的主界面中给予用户提示，同时在界面左侧的【收件箱】按钮后面会显示新邮件的数量，如图 8-45 所示。

单击【收件箱】按钮，将打开邮件列表。在该列表中单击新邮件的名称，即可打开并阅读该邮件，如图 8-46 所示。

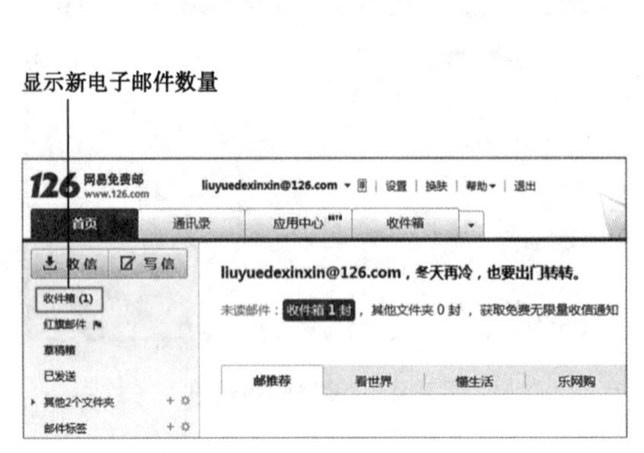

图 8-45　显示新邮件数量

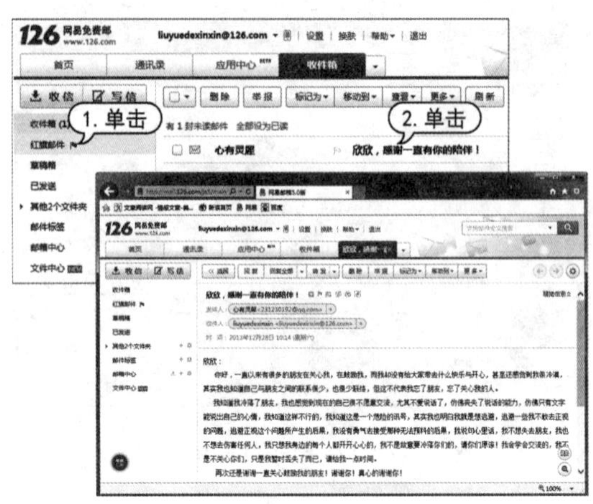

图 8-46　阅读电子邮件

2. 回复电子邮件

单击邮件上方的【回复】按钮，可打开回复邮件的页面。系统会自动在【收件人】和【主题】文本框中添加收件人的地址和邮件的主题（如果用户不想使用系统自动添加的主题，还可对其进行修改），如图 8-47 所示。

用户只需在写信区域中输入要回复的内容，然后单击【发送】按钮即可回复电子邮件，如图 8-48 所示。

图 8-47　自动添加收件人地址和主题

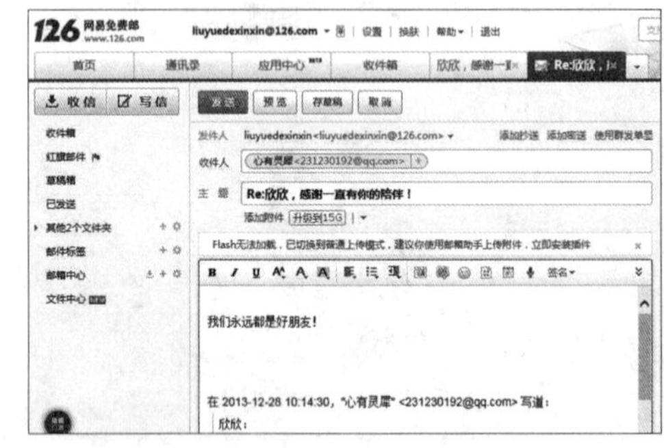

图 8-48　输入回复电子邮件的内容

首次使用邮箱会打开图 8-49 所示对话框，要求用户设置一个姓名。设置完成后，单击【保存并发送】按钮，开始发送邮件。

稍后会打开【发送成功】的提示页面，此时已完成邮件的回复，如图 8-50 所示。

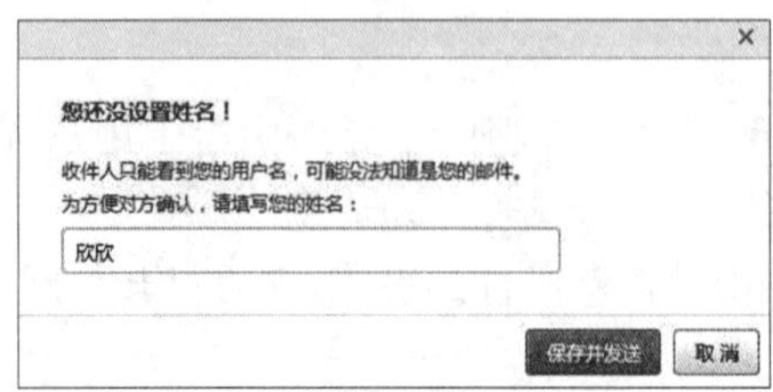

图 8-49　设置用户姓名

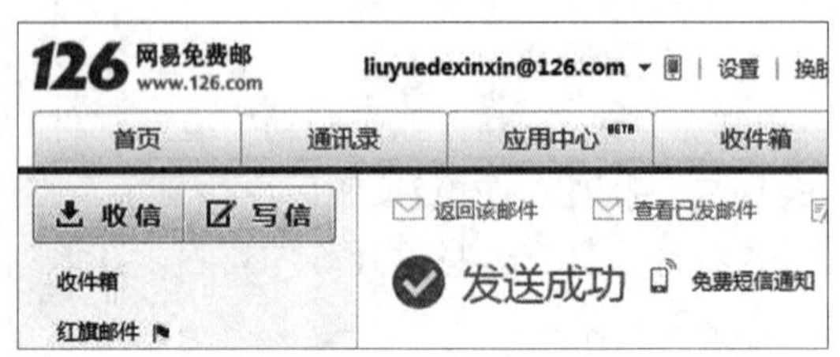

图 8-50　邮件回复成功

8.5.4 撰写与发送电子邮件

登录电子邮箱后，就可以给其他人发送电子邮件了。电子邮件分为普通的电子邮件和带有附件的电子邮件两种。

1. 发送普通电子邮件

在浏览器中登录电子邮箱，如图 8-51 所示，然后单击邮箱主界面左侧的【写信】按钮，打开写信的页面。

在【收件人】文本框中输入收件人的邮件地址，例如输入“231230192@qq. com”。在【主题】文本框中输入邮件的主题，例如，输入“下个月我们去旅游吧！”，然后在邮件内容区域中输入邮件的正文，如图 8-52 所示。

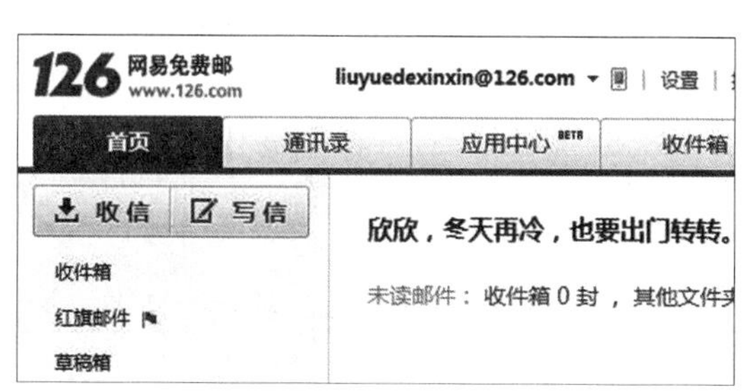

图 8-51 邮箱主界面

图 8-52 输入邮件地址、主题和内容

输入完成后，单击【发送】按钮，即可发送电子邮件。稍后系统会打开【邮件发送成功】的提示页面。

2. 发送带有附件的电子邮件

用户不仅可以发送纯文本形式的电子邮件，还可以发送带有附件的电子邮件。这个附件可以是图片、音频、视频或压缩文件等。具体操作方法如下。

STEP 01 登录电子邮箱，然后单击邮箱主界面左侧的【写信】按钮，打开写信的页面。

STEP 02 在【收件人】文本框中输入收件人的邮件地址，例如输入“231230192@qq. com”。

STEP 03 在【主题】文本框中输入邮件的主题“这是你要的资料，请查收！”，在邮件内容区域中输入邮件的正文。

STEP 04 输入完成后，单击【添加附件】按钮，打开【选择要加载的文件】对话框。在该对话框中选择要发给对方的文件，然后单击【打开】按钮，如图 8-53 所示。

STEP 05 系统会上传所要发送的文件，上传成功后，单击【发送】按钮，即可发送带有附件的电子邮件，如图 8-54 所示。

8.5.5 转发与删除电子邮件

如果想将别人发给自己的邮件再转发给别人，只需使用电子邮件的转发功能即可。要转发电子邮件，可先打开该邮件，然后单击邮件上方的【转发】按钮，打开转发邮件的页面。

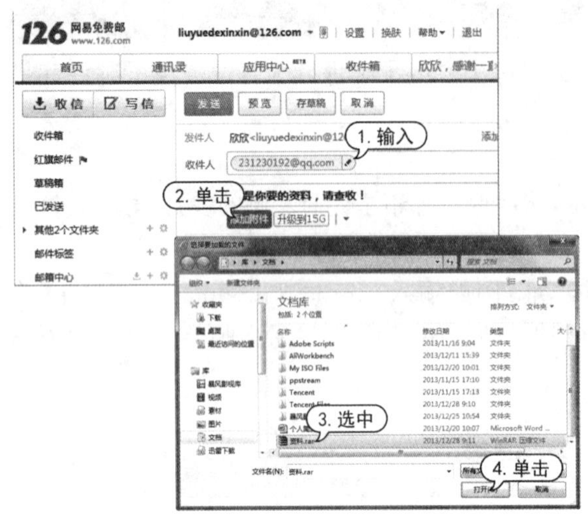

图 8-53　添加邮件附件

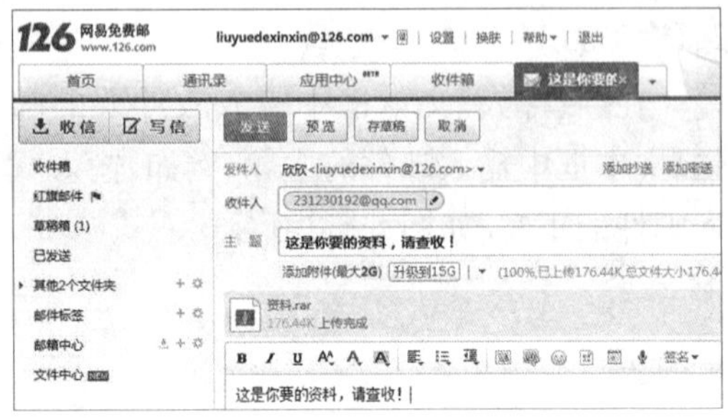

图 8-54　带附件的电子邮件

在电子邮件的转发页面中，邮件的主题和正文系统已自动添加，可根据需要对其进行修改。修改完成后，在【收件人】文本框中输入收件人的地址，然后单击【发送】按钮，即可转发电子邮件，如图 8-55 所示。

如果要删除邮件，可在收件箱的列表中选中要删除的邮件左侧的复选框，然后单击【删除】按钮即可，如图 8-56 所示。使用此方法也可一次删除多封邮件。

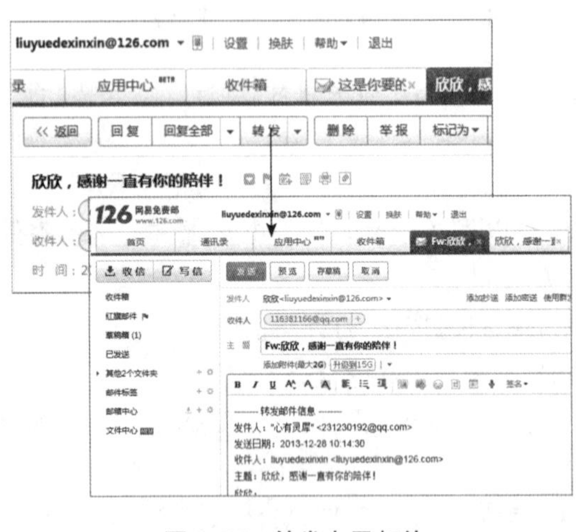

图 8-55　转发电子邮件

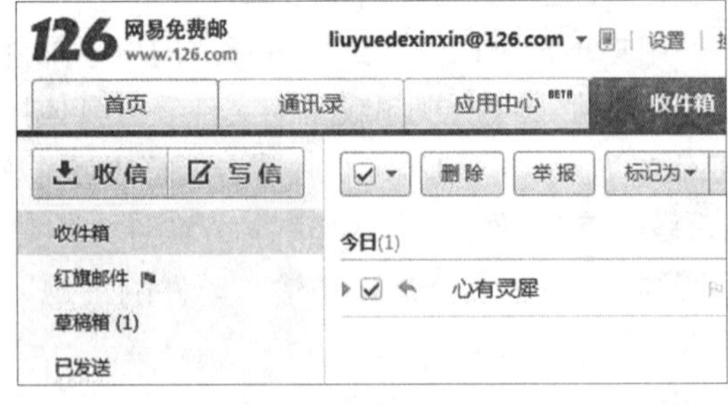

图 8-56　删除电子邮件

8.6　网上购物

随着网络的普及，越来越多的用户加入了网上购物的大军。与传统购物相比，网上购物拥有方便、安全、商品种类齐全以及价格更加便宜等优势。目前网上的购物网站有很多，其中淘宝网是拥有最多用户的购物站点之一。本节就以淘宝网为例，向读者介绍网上购物的方法。

8.6.1 搜索商品

淘宝网上有成千上万的商品在出售，想要在海量的商品中找到自己所需的商品，没有一点技巧是不行的。

1. 使用关键字搜索商品

在淘宝网中，可以通过关键字来查找商品，只需在搜索框中输入两三个与商品有关的关键字，即可获取与这些关键字相关的产品列表。

【例 8-10】 通过关键字“九分裤 天鹅绒”来查找相关商品。素材

STEP 01 启动 IE 浏览器，访问淘宝网的首页 http://www.taobao.com。在页面上方的【宝贝】文本框中输入关键字“九分裤 天鹅绒”，然后单击【搜索】按钮，如图 8-57 所示。

STEP 02 在搜索结果页面中可以进一步选择要查看的商品分类，以帮助用户选择商品，例如按照价格从低到高进行排列，如图 8-58 所示。

图 8-57 输入搜索关键字

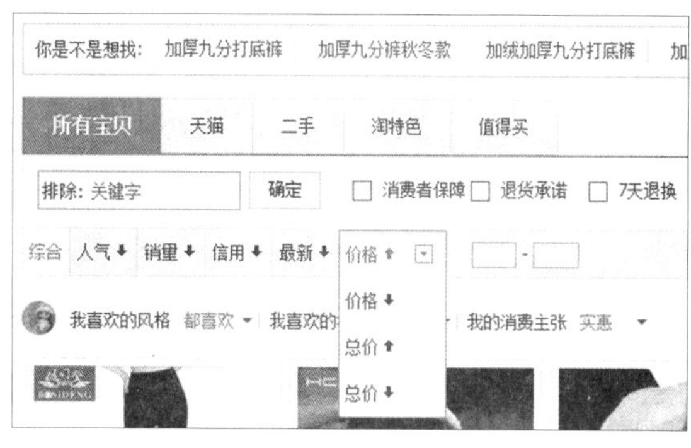

图 8-58 设置搜索结果排序

STEP 03 在搜索结果中单击要查看的商品图片，如图 8-59 所示。

STEP 04 打开商品的详情页，在该页面中还可以查看商品的详细介绍，如图 8-60 所示。

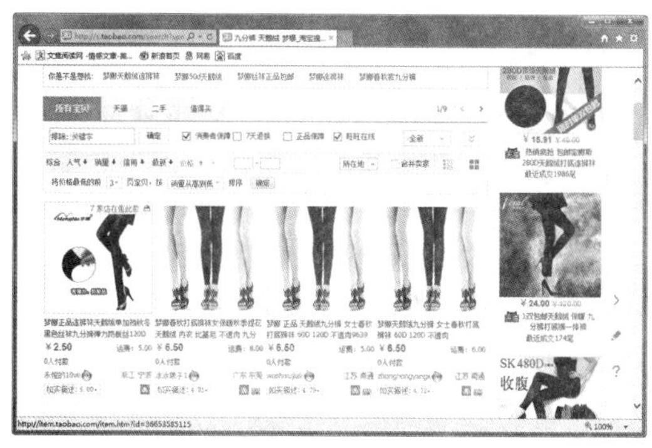

图 8-59 选择需要查看的商品

图 8-60 商品的详细信息页面

2. 使用网站分类查找商品

在淘宝网中通过商品分类来查找商品，能够找到最齐全的商品。

【例 8-11】 在淘宝网中通过商品分类，查找戒指类商品。素材

STEP 01 启动 IE 浏览器，访问淘宝网的首页，在首页左侧的【商品服务分类】列表中选择【珠宝

手表】|【流行饰品】|【戒指】选项，如图 8-61 所示。

STEP 02 在打开页面中会显示【戒指】类商品的列表，如图 8-62 所示。

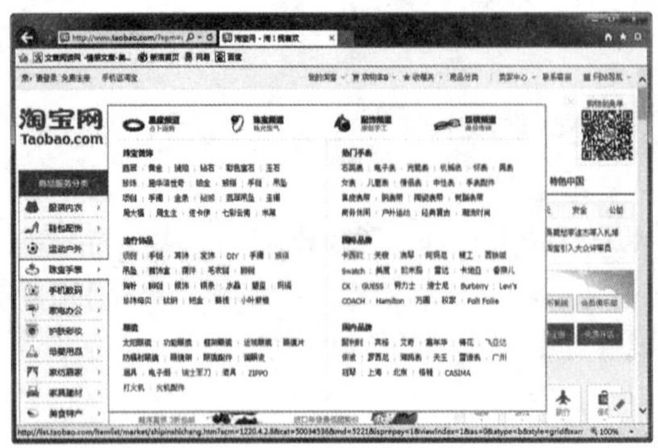

图 8-61　商品分类

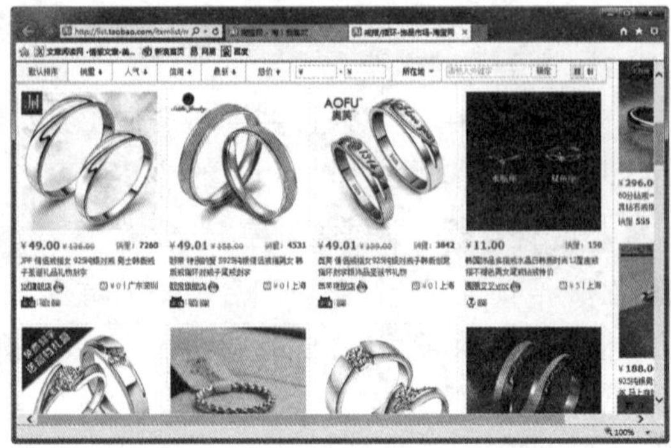

图 8-62　【戒指】类商品列表

STEP 03 在搜索结果页面上方，还可以通过戒指的【选购热点】和【品牌】等条件，更加精确地搜索和查看合适的商品，如图 8-63 所示。

STEP 04 在搜索结果列表中，单击某宝贝图片即可查看该宝贝的详情，如图 8-64 所示。

图 8-63　设置商品查找条件

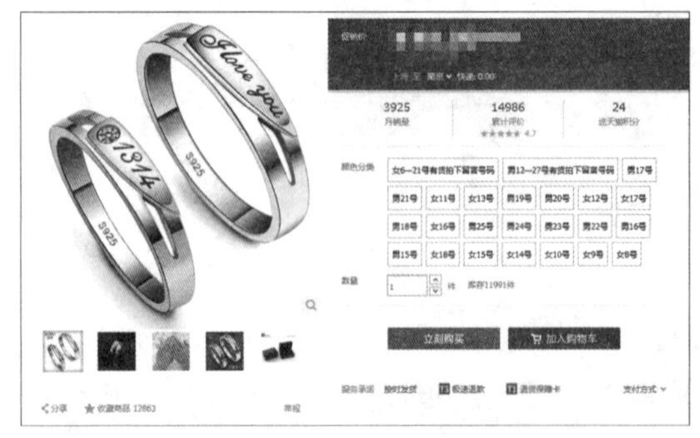

图 8-64　商品详情页面

 8.6.2　联系卖家

用户在淘宝网上购买商品前，建议先与该商品的卖家确认是否有货以及商品的一些相关情况，以保证交易能够顺利完成。

阿里旺旺是淘宝绑定的聊天工具，买家使用阿里旺旺可以轻松地与卖家进行联系。在使用阿里旺旺前，首先要在电脑中下载与安装该软件，阿里旺旺的参考下载地址为：http://www.taobao.com/wangwang/。

如果用户仅仅是淘宝买家，可使用【买家用户】版。下载并安装阿里旺旺后，启动阿里旺旺，在登录界面中输入淘宝会员的账号及密码即可登录，如图 8-65 所示。

在要购买商品的店铺首页或者商品详细页面中，单击要联系的卖家的旺旺【和我联系】图标，如图 8-66 所示。即可在阿里旺旺中打开与该卖家的聊天窗口，在窗口下面的文本框中输入聊天内容，然后单击【发送】按钮与卖家联系，如图 8-67 所示。

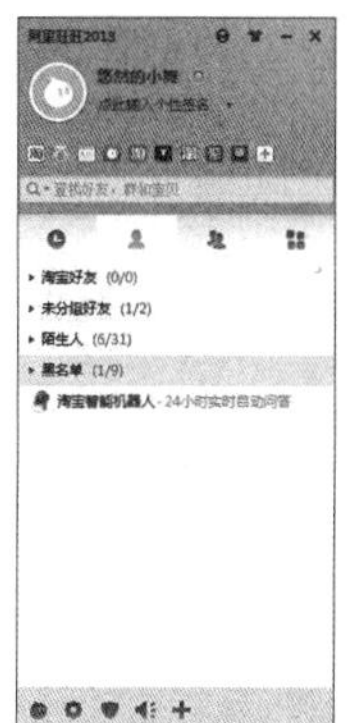

图 8-65　登录阿里旺旺

图 8-66　通过商品详细页联系卖家

图 8-67　向卖家发送信息

8.6.3　购买商品

在淘宝网中选择好商品后，就可以使用支付宝付款购买商品了。

首先，在淘宝网中打开要购买商品的详细页面，在其中设置要购买商品的具体信息。例如要购买一条长裙，应根据自身需求选择长裙的【尺码】和【颜色分类】，选择完成后，设置要购买的数量，然后单击【立刻购买】按钮，如图 8-68 所示。

打开【确定订单信息】页面，在【确认收货地址】区域中选择收货地址，如图 8-69 所示。

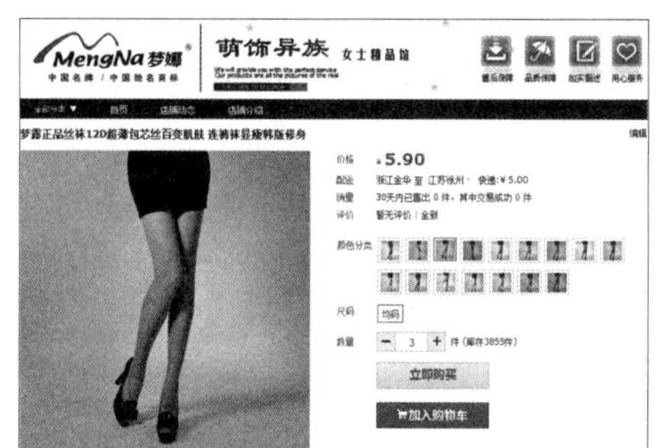

图 8-68　通过网页购买商品

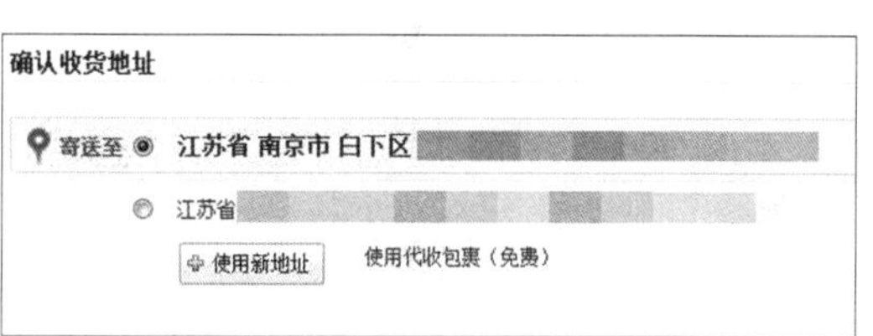

图 8-69　设置收货地址

所有信息确认无误后，单击【提交订单】按钮。打开【支付宝】页面，若用户的支付宝内有足够的余额，可直接使用支付宝付款。

如果余额不足，则可选择网上银行方式付款。选择要付款的网上银行，单击【下一步】按钮，然后按照页面提示，登录到自己的网上银行进行付款即可。

实用技巧

要使用银行卡进行网上支付，银行卡必须开通网上支付功能。用户可携带银行卡和自身有效身份证件到相应的银行营业厅办理网上支付业务。

网上购物有利有弊，弊端在于不能亲自检验商品质量是否过关，用户在网上购买物品时，只有在实践中积累经验，避免购买劣质商品。

下面总结了一些网上购物常用知识，供用户在网购前参考。

- 卖家好评度：在购买物品时，参考卖家的好评度是最简单、最直接的方法。卖家好评度显示在店铺的【掌柜档案】模块（一般位于页面左侧或右侧）中。
- 店铺交流区：店铺交流区是买家与卖家之间进行交流的区域，类似于留言板，可以参考交流内容。
- 不要贪图便宜：贪图便宜是很多人买到劣质商品最基本的一个共同点，当发觉商品特别便宜（比其他同类商品至少便宜30%以上或更多），一冲动就会买下，结果是物不副实。其实仔细想想就应该明白，卖家肯定是要赚钱的，不要相信一些亏本甩卖之类的言辞，一般比市场价格便宜5%～15%的价格比较正常，但还是要切忌贪小便宜。
- 不要轻信卖家的花言巧语：有些卖家会先通过几次小额交易买卖来取得买家的信任，然后会在一次大额交易中找一些借口或理由违规操作，典型的如先确认收货、线下汇款、网上银行转账等，即便以后知道上当，但却因为交易证据不足而投诉无门。
- 按照正规途径买卖：记住任何交易都必须按照正常的官方途径来买卖，所有的违规行为都是没有任何保障的，都是需要买家去承担风险的，尽量使用支付宝购买商品。
- 虚拟物品交易截图证据：由于虚拟物品交易的特殊性，在购买虚拟物品的时候，一定要记得购买的时候进行截图，同时保留买卖时候双方对话原始记录。
- 牢记买卖操作流程：任何时候对任何交易都必须严格按照交易流程去操作，不能有丝毫的错误和疏忽，正确的流程是先双方沟通咨询价格→下单→买家付款→进交易管理查询到账情况→回复买家→填写发货清单确认发货→上线交易给买家→交易的同时双方截图→请买家立即确认收货→双方好评。

8.7 案例演练

本章的上机练习通过几个具体的网络应用实例操作，帮助用户进一步巩固所学的知识。

8.7.1 分组QQ好友

当QQ中的好友比较多时，要查找某个好友可能会比较困难。此时可将好友进行分组，这样要找某个好友就方便多了。

【例 8-12】　将 QQ 好友进行分组。素材

STEP 01 登录 QQ，在 QQ 主界面的好友列表中，右击【我的好友】选项，在弹出的快捷菜单中选择【添加分组】命令，如图 8-70 所示。

STEP 02 此时，在好友列表中将出现一个长方形的文本框，在该文本框中输入想要添加的分组名称，例如“我的同事”，如图 8-71 所示。

STEP 03 输入完成后按下 Enter 键，或者在文本框以外的任意位置单击，即可完成好友分组的添加。

STEP 04 使用同样的方法，还可添加更多的好友分组。分组添加完成后，可将好友列表中已有的好友移动到相应的分组中。

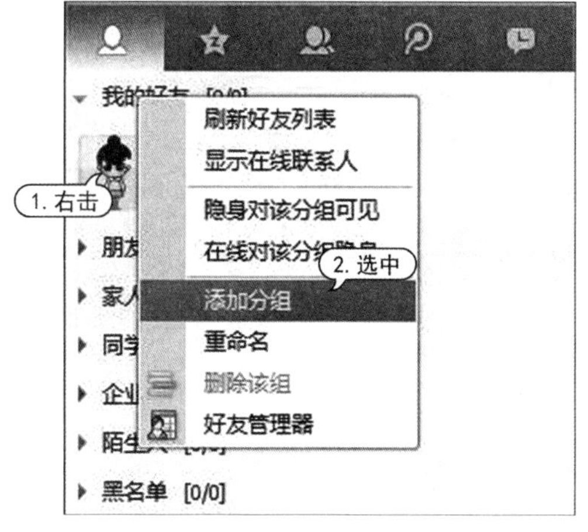

图 8-70　右击【我的好友】

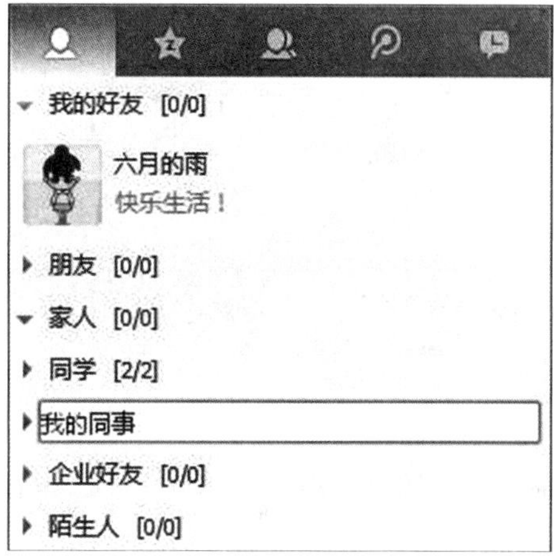

图 8-71　设置分组名称

STEP 05 右击好友的头像，在弹出的快捷菜单中选择【移动联系人至】|【我的同事】命令，即可将该好友移动到【我的同事】分组中，如图 8-72 所示。

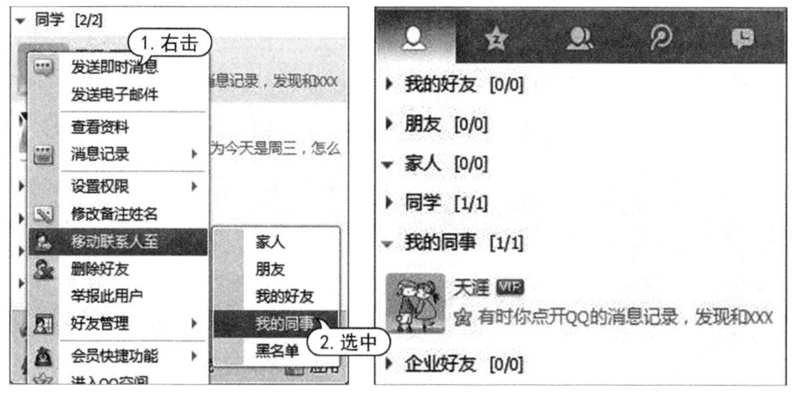

图 8-72　移动好友至分组

8.7.2　网上看电视直播

PPTV 网络电视是一款基于 P2P 技术的网络电视直播软件，支持对海量高清影视内容的

"直播＋点播"功能。可在线观看电影、电视剧、动漫、综艺、体育直播、游戏竞技或财经资讯等丰富的视频娱乐节目。

【例 8-13】 使用 PPTV 观看【东方卫视】频道。素材

STEP 01 PPTV 安装完成后，打开其主界面，然后单击【直播】按钮，切换至【直播】界面。单击【东方卫视】选项，稍作缓冲后，即可观看东方卫视正在直播的节目，如图 8-73 所示。

STEP 02 单击播放界面右侧的【播放列表】按钮，然后单击【跳转到节目库】按钮，可打开图 8-74所示界面。

图 8-73 使用 PPTV 观看电视直播

图 8-74 查看节目库

STEP 03 在图 8-74 所示界面中，播放窗口以小窗口显示，方便用户在节目库中选择其他节目。

8.7.3 网上听音乐

酷狗音乐是国内领先的数字音乐交互服务提供商。用户只需要下载一个酷狗音乐客户端，即可在线聆听海量歌曲。

【例 8-14】 使用酷狗音乐在线听歌。素材

STEP 01 打开酷狗音乐客户端，在搜索文本框中输入要收听的音乐名称，例如输入"最美的时光"，然后单击【搜索】按钮，如图 8-75 所示。

STEP 02 搜索完成后将显示结果列表，在其中选择一首音乐，然后单击对应的【播放】按钮，即可开始播放选定的音乐，并自动显示歌词，如图 8-76 所示。

图 8-75 搜索音乐

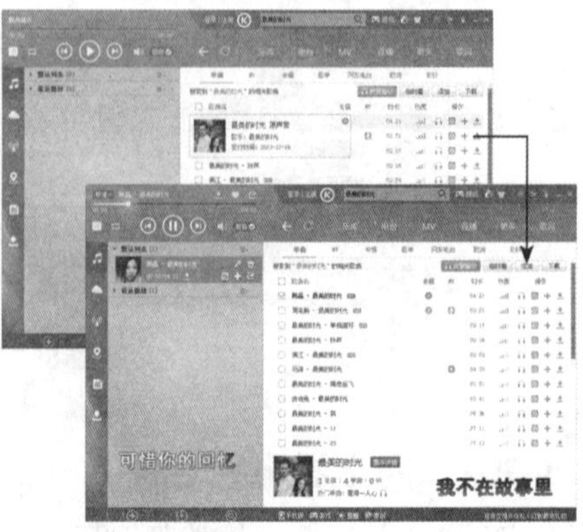

图 8-76 播放音乐

8.7.4　网上查询公交路线

丁丁网是致力于向用户提供电子地图查询和无线信息服务的站点。其特点在于精确快速地致力于本地化资讯的电子地图服务。本节以丁丁网的南京板块为例介绍查询公交路线的方法。

【例 8-15】　在丁丁网中查询从“新街口”至“南京南站”的公交乘车路线。 素材

STEP 01 在浏览器地址栏中输入丁丁网的网址 www.ddmap.com，打开丁丁网的南京板块。将页面移动至路线搜索区域，选择【公交换乘】标签，在【起点】文本框中输入起点的名称“新街口”，在【终点】文本框中输入“南京南站”，单击【查找】按钮，如图 8-77 所示。

图 8-77　搜索公交路线

STEP 02 在打开的页面中即可查看到推荐公交路线以及路线图。

STEP 03 在页面中单击【返程】标签，可以快速查询返程的公交路线。在推荐路线中单击【免费发送到手机】超链接，可以将路线信息以短信的方式发送到用户手机中，方便随时查看，如图 8-78 所示。

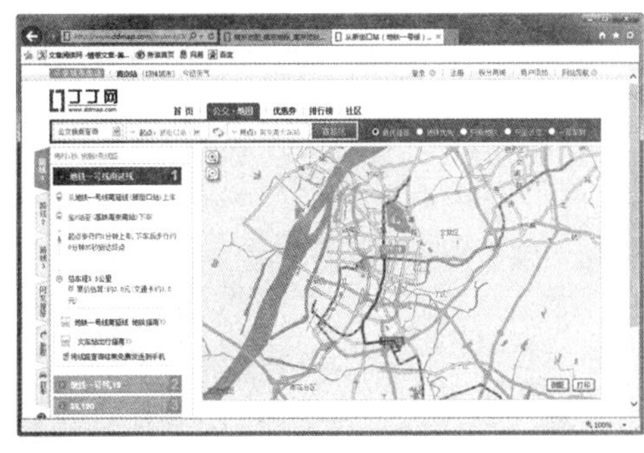

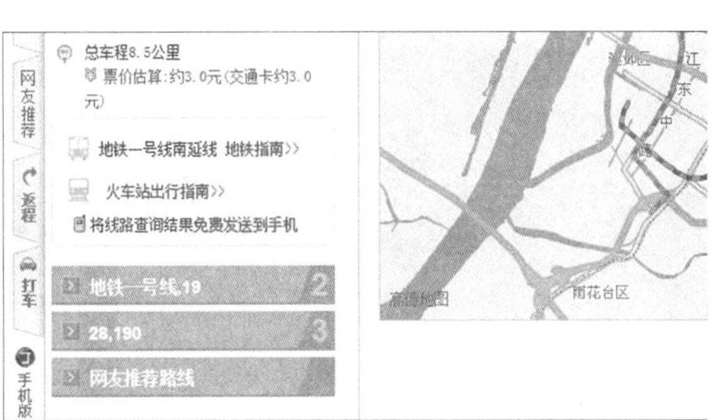

图 8-78　查看公交路线

8.7.5　网上查询天气

中国天气网能够提供实时的全国天气气象信息，及时发布天气预报、灾害预警、气象云图、旅游天气、台风、暴雨雪等气象信息，为人们的生产生活提供全面准确的气象服务。

【例 8-16】　通过中国天气网查询天气预报。 素材

STEP 01 在浏览器地址栏中输入网址 http://www.weather.com.cn/，访问中国天气网的首

页。在【查询】文本框中输入要查询天气预报的地区名称，例如输入“北京”。

STEP 02 单击【查询】按钮，即可显示北京地区当天的天气预报和未来 3 天的天气预报，如图 8-79所示。

STEP 03 单击【查看未来 4－7 天天气预报】按钮，可查看北京未来 4－7 天的天气状况，如图 8-80所示。

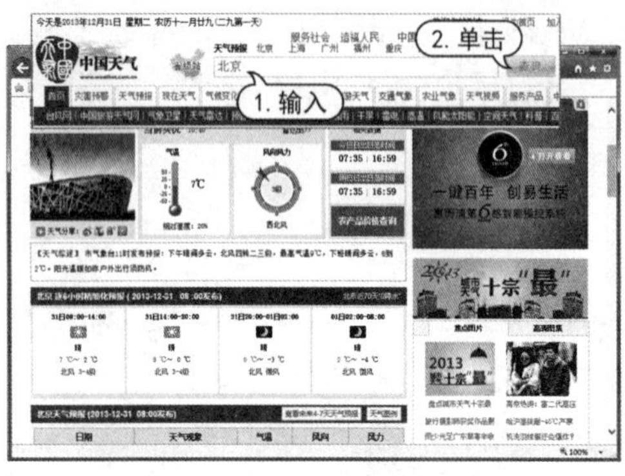

图 8-79 输入需要查询天气的城市

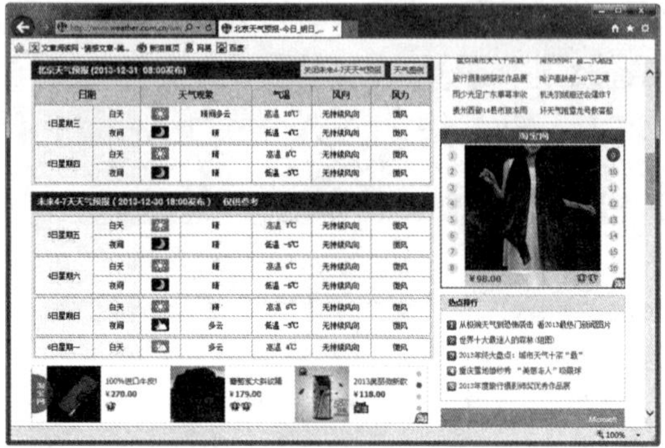

图 8-80 查看未来 4—7 天的天气

第 9 章

电脑日常维护与安全

使用软件保护电脑的安全并对电脑进行维护，不仅能够保证电脑的正常运行，还能够提高电脑的性能，使电脑时刻处于最佳工作状态。本章将详细介绍电脑安全与维护方面的常用操作，帮助用户保护好自己的电脑。

对应的光盘视频

9.1 电脑日常维护常识

在介绍维护电脑的方法前，用户应先掌握一些电脑维护的基础知识，包括电脑的使用环境，养成良好的电脑使用习惯等。

9.1.1 电脑的最佳工作环境

要想使电脑保持健康，首先应该在一个良好的使用环境下操作电脑。有关电脑的使用环境需要注意的事项有几下几点。

- 温度：电脑正常运行的理想温度是5～35℃，其安放位置最好远离热源并避免阳光直射。
- 湿度：最适宜的湿度是30%～80%，湿度太高可能会使电脑受潮而引起内部短路，烧毁硬件；湿度太低，则容易产生静电。
- 清洁的环境：电脑要放在一个比较清洁的环境中，以免大量的灰尘进入电脑而引起故障。
- 远离磁场干扰：强磁场会对电脑的性能产生很坏的影响，例如导致硬盘数据丢失、显示器产生花斑和抖动等。强磁场主要来自一些大功率电器和音响设备等，因此，电脑要尽量远离这些设备。

9.1.2 电脑的正确使用习惯

在日常工作中，正确使用电脑并养成好习惯，可以使电脑的使用寿命更长，运行状态更加稳定。关于正确的电脑使用习惯，主要有以下几点：

- 在电脑插拔连接时，或在连接打印机、扫描仪、Modem、音响等外设时，一定要先确保切断电源以免引起主机或外设的硬件烧毁。
- 避免在电脑正在运行当中，特别是主机上的硬盘指示灯闪亮时，突然关断电源，这可能会造成硬盘的永久损坏。
- 避免频繁开关电脑，因为给电脑组件供电的电源是开关电源，要求至少关闭电源半分后才可再次开启电源，若供电线路电压不稳定，偏差太大（大于20%），或者供电线路接触不良（电压表指针抖动幅度较大），则可以考虑配置UPS或净化电源，以免造成电脑组件的迅速老化或损坏。
- 定期清洁电脑，使电脑处于良好的工作状态。
- 电脑与音响设备连接时，要注意防磁、防反串烧（即电脑并未工作时，从电器和音频、视频等短口传导过来的漏电压、电流或感应电压烧坏电脑），电脑的供电电源要与其他电器分开，避免与其他电器共用一个电源插板线，且信号线要与电源线分开连接，不要相互交错或缠绕在一起。
- 电脑的大多数故障都是软件的问题，而电脑病毒又是经常造成软件故障的原因。因此，在日常使用电脑的过程中，做好防范电脑病毒的工作十分必要。

9.2 维护电脑操作系统

操作系统是电脑运行的软件平台，系统的稳定直接关系到电脑的运行。下面主要介绍操

作系统的日常维护,包括清理垃圾文件、整理磁盘碎片以及启用系统防火墙等。

9.2.1　清理磁盘空间

系统在使用过一段时间后,会产生一些冗余文件,这些文件会影响到计算机的性能。磁盘清理程序是 Windows 7 自带的用于清理磁盘冗余内容的工具。

【例 9-1】　使用磁盘清理程序清理 E 盘的冗余文件。 素材

STEP 01 在系统桌面选择【开始】|【所有程序】|【附件】|【系统工具】|【磁盘清理】命令,运行后打开【选择驱动器】对话框,如图 9-1 所示。

STEP 02 在【驱动器】下拉列表框中选择【娱乐(E:)】选项,单击【确定】按钮。磁盘清理程序开始分析硬盘的冗余内容。

STEP 03 分析完毕,磁盘清理程序显示分析的结果,如图 9-2 所示,其中列出了各类可以清理的内容,选择需要删除的内容,单击【确定】按钮。

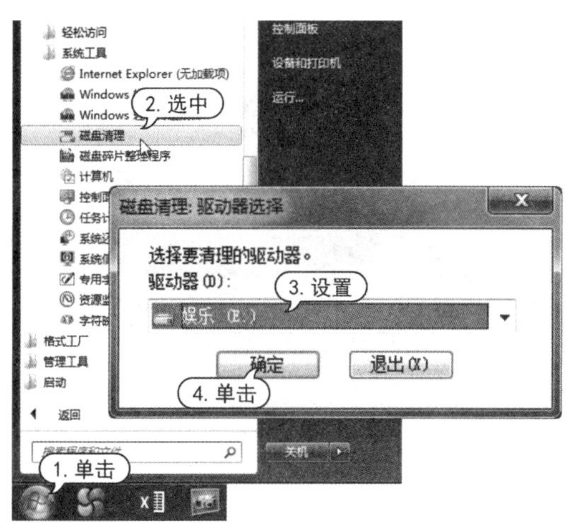

图 9-1　打开磁盘清理程序

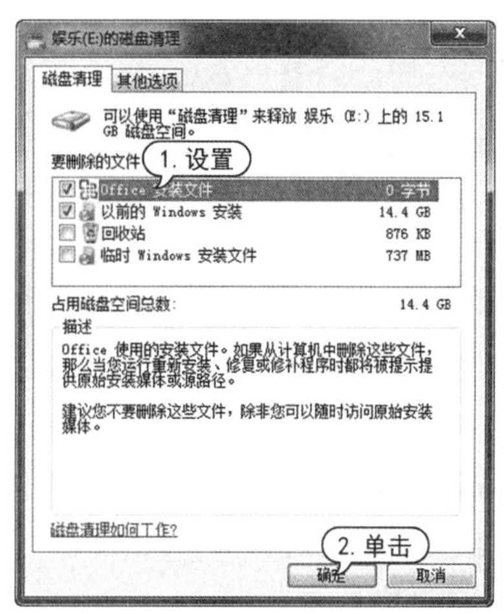

图 9-2　选择需要删除的内容

STEP 04 在打开的对话框中单击【确定】按钮,即可开始清理磁盘。

9.2.2　整理磁盘碎片

在使用电脑进行创建、删除文件或者安装、卸载软件等操作时,会在硬盘内部产生很多磁盘碎片。碎片的存在会影响系统往硬盘写入或读取数据的速度,而且由于写入和读取数据不在连续的磁道上,也加快了磁头和盘片的磨损速度,所以定期清理磁盘碎片,对用户的硬盘保护有很大实际意义。

【例 9-2】　使用系统自带的功能整理磁盘碎片。 素材

STEP 01 选择【开始】|【所有程序】|【附件】|【系统工具】|【磁盘碎片整理程序】命令,打开【磁盘碎片整理程序】对话框。

STEP 02 选中要整理碎片的磁盘,然后单击【分析磁盘】按钮,系统即会对选中的磁盘自动进行分析。分析完成后,系统会显示分析结果。

STEP 03 如果需要对磁盘碎片进行整理,可单击【磁盘碎片整理】按钮,系统即可自动进行磁盘碎片整理,如图 9-3 所示。

STEP 04 另外，为了省去手动进行磁盘碎片整理的麻烦，用户可设置让系统自动整理磁盘碎片，单击【配置计划】按钮，打开【磁盘碎片整理程序：修改计划】对话框。

STEP 05 在对话框中用户可预设磁盘碎片整理的时间。例如可设置为每月的 2 号中午 12 点进行整理，最后单击【确定】按钮即可完成设置，如图 9-4 所示。

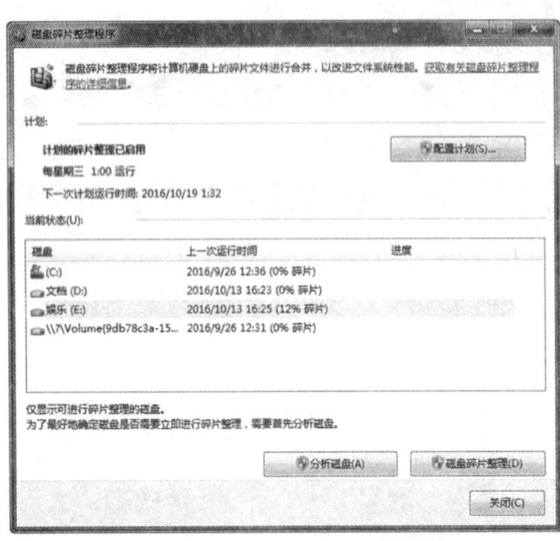

图 9-3　【磁盘碎片整理程序】对话框

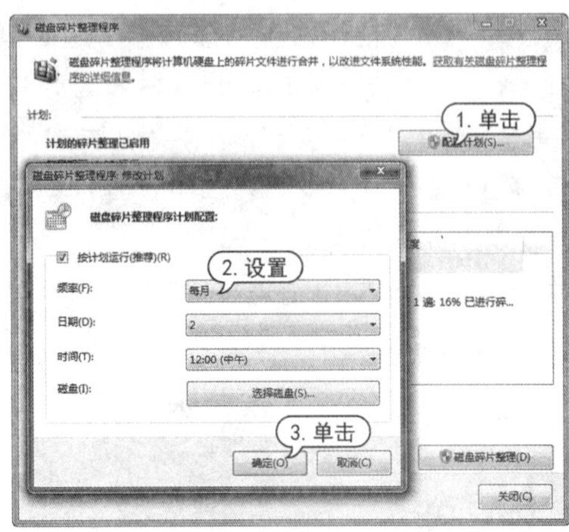

图 9-4　设置磁盘碎片整理时间

9.2.3　磁盘查错

用户在进行文件的移动、复制、删除等操作时，磁盘可能会产生坏的扇区。这时可以使用系统自带的磁盘查错功能来修复文件系统的错误以及修复坏的扇区。

【例 9-3】 使用 Windows 7 自带的磁盘查错功能。素材

STEP 01 打开【计算机】窗口，右击要进行磁盘查错的图标 D 盘，在弹出的快捷菜单中选择【属性】命令，如图 9-5 所示。

STEP 02 打开【本地磁盘(D:)属性】对话框，选择【工具】选项卡，在【查错】选项区域里单击【开始检查】按钮。

STEP 03 打开【检查磁盘】对话框，根据需求选中【自动修复文件系统错误】复选框和【扫描并尝试恢复坏扇区】复选框，单击【开始】按钮即可，如图 9-6 所示。

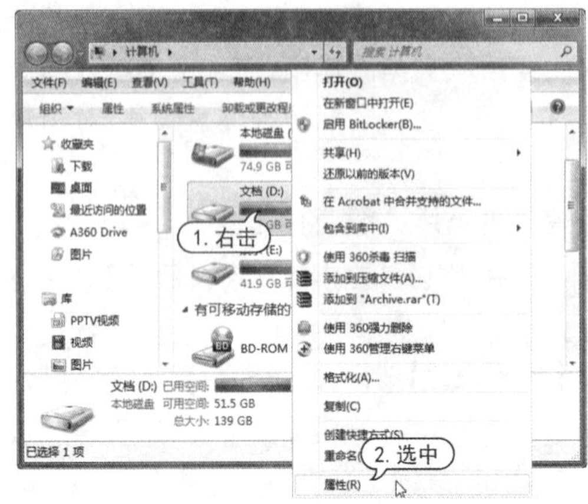

图 9-5　查看磁盘属性

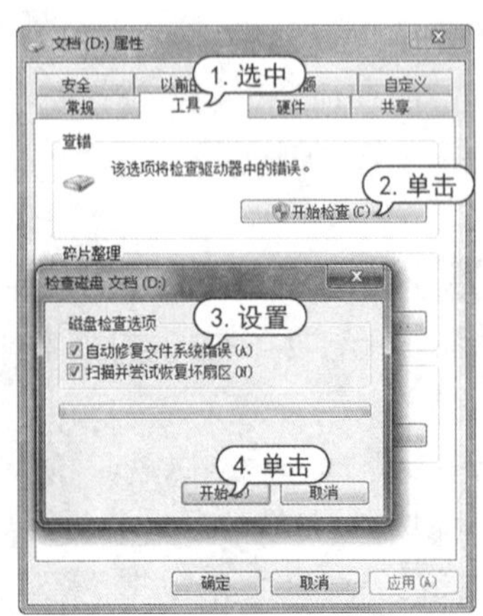

图 9-6　【检查磁盘】对话框

STEP 04 查错完成后，用户可以在自动打开的查错报告对话框里查看详细报告。

9.2.4　设置防火墙和自动更新

任何操作系统都不可能做得尽善尽美，Windows 7 操作系统也一样，病毒等有害程序往往会通过系统的漏洞来危害操作系统。Windows 7 防火墙能够有效地阻止来自 Internet 中的网络攻击和恶意程序；而自动更新功能对日常发现的漏洞进行及时的修复，来完善操作系统的缺陷，从而确保系统免受病毒等有害程序的攻击。

1. 配置 Windows 7 防火墙

Windows 7 防火墙具备监控应用程序入站和出战规则的双向管理功能，同时配合 Windows 7 网络配置文件，它可以保护不同网络环境下电脑的安全。

(1) 设置入站规则

用户可自定义 Windows 7 防火墙的入站规则，例如可禁用一个之前允许的应用程序的入站规则，或者手动将一个新的应用程序添加到允许列表中，另外还可删除一个已存在的应用程序入站规则。

【例 9-4】 在 Windows 7 的防火墙允许列表中添加应用程序的入站规则。素材

STEP 01 用户单击【开始】按钮，选择【控制面板】选项，打开【控制面板】窗口。单击【Windows 防火墙】图标，打开【Windows 防火墙】窗口。

STEP 02 单击左侧列表中的【允许程序能成功通过 Windows 防火墙】链接，如图 9-7 所示，打开【允许的程序】窗口。

STEP 03 在【允许的程序和功能】列表中列举了电脑中安装的程序，单击【允许运行另一程序】按钮，打开【添加程序】对话框，如图 9-8 所示。

图 9-7　设置 Windows 防火墙

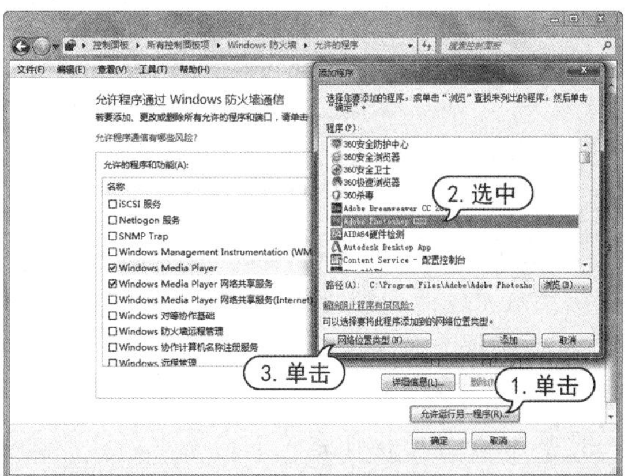

图 9-8　打开【添加程序】对话框

STEP 04 在对话框的列表中选择一款需要添加的应用程序，然后单击【网络位置类型】按钮，打开【选择网络位置类型】对话框。

STEP 05 在【选择网络位置类型】对话框中选择一种网络类型，这里选中【家庭/工作(专用)】单选按钮，然后单击【确定】按钮。

STEP 06 关闭【选择网络位置类型】对话框，然后在【添加程序】对话框中单击【添加】按钮即可。

(2) 禁止所有入站链接

为了提高网络的安全性，在某些特定的场合可能需要通过 Windows 防火墙禁用所有的入站链接，例如机场等场所。

要禁止所有入站链接，用户可以先打开【Windows 防火墙】窗口，确保当前 Windows 的网络位置为公用网络，然后单击左侧列表中的【打开或关闭 Windows 防火墙】链接，打开【自定义设置】窗口。选中【公用网络位置设置】中的【阻止所有传入连接，包括位于允许列表程序中的程序】复选框，然后单击【确定】按钮即可，如图 9-9 所示。

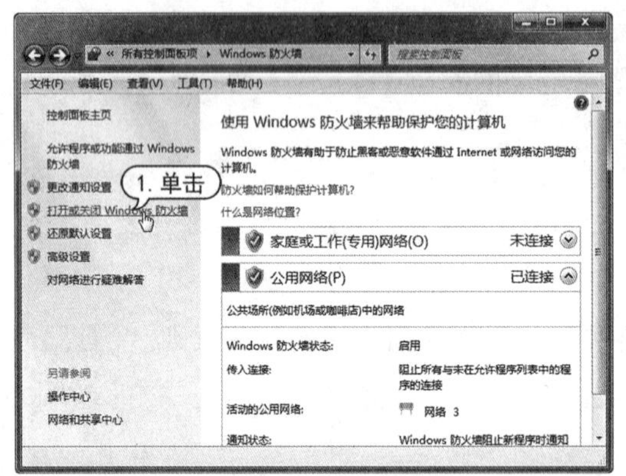

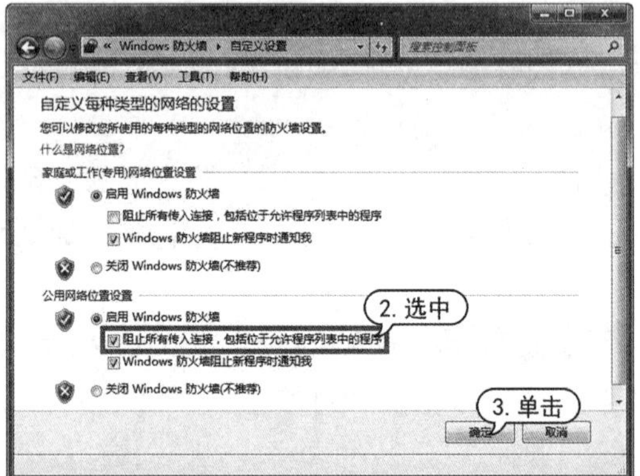

图 9-9　设置禁止所有入站链接

(3) 关闭 Windows 防火墙

如果用户的系统中安装了第三方具有防火墙功能的安全防护软件，那么这个软件可能会与 Windows 7 自带的防火墙产生冲突，此时用户可关闭 Windows 7 防火墙。

要关闭 Windows 7 防火墙，用户可以打开【Windows 防火墙】窗口，然后单击左侧列表中的【打开或关闭 Windows 防火墙】链接，打开【自定义设置】窗口，分别选中【家庭/工作(专用)网络位置设置】和【公用网络位置设置】设置组中的【关闭 Windows 防火墙(不推荐)】单选按钮，然后单击【确定】按钮即可。

2. 配置 Windows 7 自动更新

微软公司通过自动更新功能对日常发现的漏洞进行及时的修复来完善 Windows 7 系统的缺陷，从而确保系统免受病毒的攻击。

(1) 开启自动更新

一般 Windows 7 操作系统的自动更新功能都是开启的，如果关闭了，用户也可以手动将其开启。

【例 9-5】 在 Windows 7 中开启自动更新。素材

STEP 01 打开【控制面板】窗口。单击【Windows Update】图标，打开【Windows Update】窗口，如图 9-10 所示，单击【更改设置】按钮，打开【更改设置】窗口。

STEP 02 在【重要更新】下拉列表中选中【自动安装更新(推荐)】选项，然后单击【确定】按钮，如图 9-11 所示。

STEP 03 此时系统会自动开始检查更新，并安装最新的更新文件，如图 9-12 所示。

图 9-10　打开【Windows Update】窗口

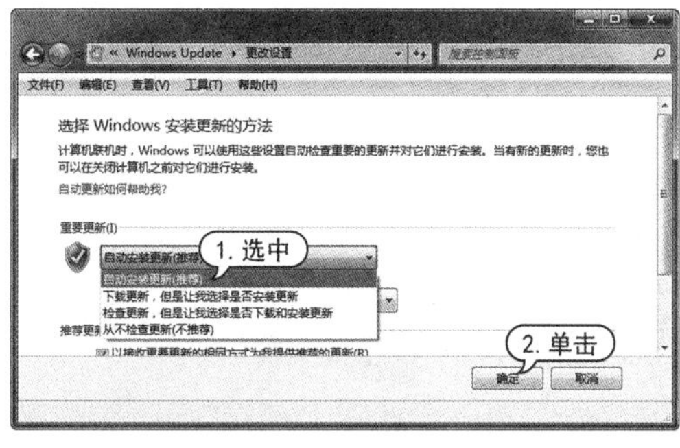

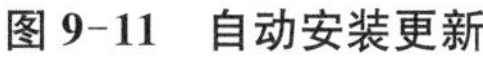

图 9-11　自动安装更新

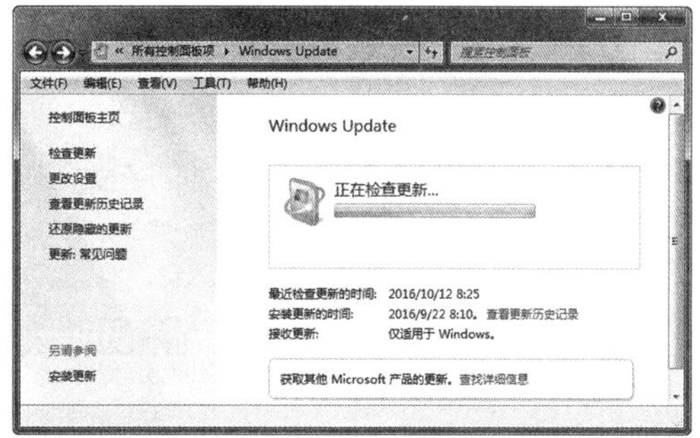

图 9-12　检查更新

（2）设置自动更新

用户可对自动更新进行自定义，例如设置自动更新的频率、设置哪些用户可以进行自动更新等，下面举例来说明如何设置自动更新。

【例 9-6】　在 Windows 7 中设置自动更新的时间为：每周的星期一中午 12 点。素材

STEP 01　在【控制面板】窗口中单击【Windows Update】图标。打开【Windows Update】窗口，然后单击左侧的【更改设置】链接，打开【更改设置】窗口。

STEP 02　在【重要更新区域】选择【自动安装更新（推荐）】选项，然后单击【安装新的更新】按钮，在弹出的列表中选中【每星期一】选项。

STEP 03　单击【在】按钮，在弹出的下拉列表中选择【2:00】选项，然后单击【确定】按钮，完成对自动更新的设置，如图 9-13 所示。

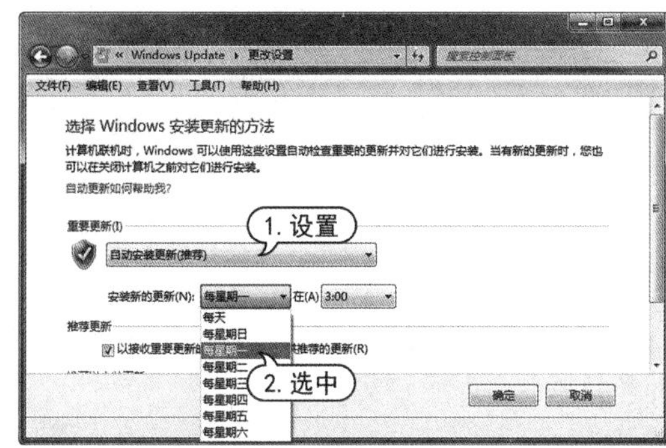

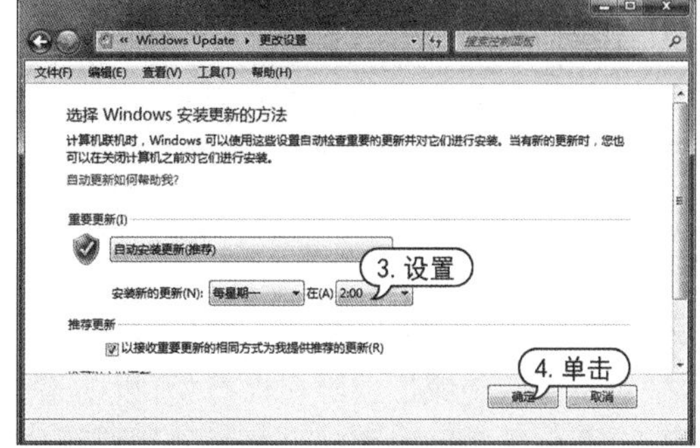

图 9-13　设置系统更新日期和时间

9.3 防范电脑病毒

电脑在为用户提供各种服务与帮助的同时也存在着危险，各种电脑病毒、流氓软件、木马程序时刻潜伏在各种载体中，随时可能会危害电脑的正常工作。因此，用户在使用电脑时，应为电脑安装防火墙与杀毒软件，并进行相应的电脑安全设置，以保护电脑的安全。

9.3.1 认识电脑病毒

所谓电脑病毒，在技术上来说，是一种会自我复制的可执行程序。对电脑病毒的定义可以分为以下两种：一种定义是通过磁盘、磁带和网络等作为媒介传播扩散，会“传染”其他程序的程序；另一种是能够实现自身复制且借助一定的载体存在的具有潜伏性、传染性和破坏性的程序。

因此，确切地说电脑病毒就是能够通过某种途径潜伏在电脑存储介质（或程序）里，当满足某种条件时即被激活的具有对电脑资源进行破坏作用的一组程序或指令集合。

1. 电脑感染病毒后的症状

如果电脑感染上了病毒，用户如何才能得知呢？一般来说，感染上了病毒的电脑会有以下几种症状：

- 程序载入的时间变长。
- 平时运行正常的电脑变得反应迟钝，并会出现蓝屏或死机现象。
- 可执行文件大小发生不正常变化。
- 对于某个简单的操作，可能会花费比平时更多的时间。
- 开机出现错误的提示信息。
- 系统可用内存突然大幅减少，或者硬盘的可用磁盘空间突然减小，而用户却并没有放入大量文件。
- 文件的名称或是扩展名、日期、属性被系统自动更改。
- 文件无故丢失或不能正常打开。

2. 电脑病毒的预防措施

在使用电脑的过程中，如果用户能够掌握一些预防电脑病毒的小技巧，那么就可以有效地降低电脑感染病毒的几率。这些技巧主要包含以下几个方面：

- 最好禁止可移动磁盘和光盘的自动运行功能，因为很多病毒会通过可移动存储设备进行传播。
- 尽量使用正版杀毒软件。
- 经常从所使用的软件供应商官网下载和安装安全补丁。
- 使用较为复杂的密码，尽量使密码难以猜测，以防止钓鱼网站盗取密码。不同的账号应使用不同的密码，避免雷同。
- 如果病毒已经进入电脑，应该及时将其清除，防止其进一步扩散。
- 共享文件要设置密码，共享结束后应及时关闭。
- 对重要文件应形成习惯性备份，以防遭遇病毒的破坏，造成意外损失。
- 可在电脑和网络之间安装并使用防火墙，提高系统的安全性。

▽ 定期使用杀毒软件扫描电脑中的病毒，并及时升级杀毒软件。

9.3.2　使用瑞星杀毒软件

要有效地防范计算机病毒对系统的破坏，可以在计算机中安装杀毒软件来防止病毒的入侵，并对已经感染的病毒进行查杀。

1. 查杀电脑病毒

瑞星杀毒软件是一款著名的国产杀毒软件，是专门针对目前流行的网络病毒研制开发的产品，是保护计算机系统安全的常用工具软件。

【例 9-7】 使用瑞星杀毒软件查杀电脑病毒。素材

STEP 01 启动瑞星杀毒软件，在其主界面中提供了 3 种查杀方式。本例单击【自定义查杀】按钮，如图 9-14 所示。

STEP 02 打开【选择查杀目录】对话框，在该对话框中用户可选择要进行查杀病毒的对象。本例选择 D 盘，如图 9-15 所示。

图 9-14　瑞星杀毒软件主界面

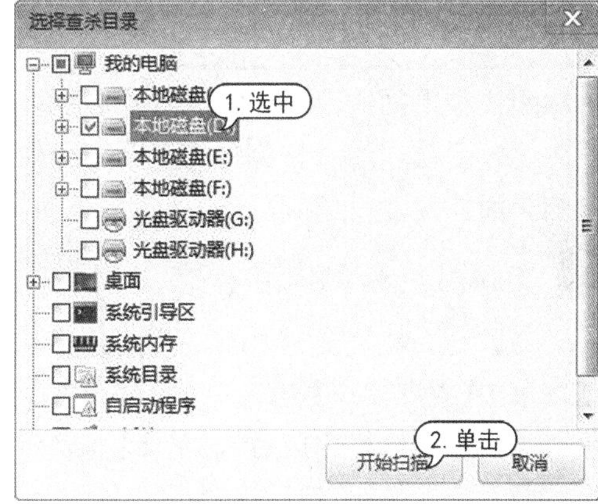

图 9-15　【选择查杀目录】对话框

STEP 03 选择完成后，单击【开始扫描】按钮，即可开始扫描和查杀 D 盘中的病毒。

2. 配置瑞星监控中心

瑞星监控中心包括文件监控、邮件监控、U 盘防护和木马防御等功能。用户可以通过配置瑞星监控中心来有效地监控计算机系统打开的任何一个陌生文件，邮箱发送或接收到的邮件或者浏览器打开的网页，从而全面保护计算机不受病毒的侵害，具体方法如下。

STEP 01 启动瑞星杀毒软件，然后单击其主界面上的【电脑防护】按钮，打开电脑防护界面。

STEP 02 在该界面中用户可开启或关闭各种防护功能。

3. 使用瑞星防火墙

瑞星杀毒软件提供了防火墙功能，能够及时有效的阻止木马和病毒对电脑的入侵。在瑞星杀毒软件的主界面中单击【安全工具】按钮，单击左侧的【瑞星安全产品】选项。在右侧的产品列表中单击【瑞星防火墙】选项即可打开瑞星防火墙界面。在瑞星防火墙界面中，用户可针对自己的实际情况，对各项参数进行设置，如图 9-16 所示。

图 9-16　启动瑞星防火墙并设置其参数

9.4　保护上网安全

用户在上网冲浪时，经常会遭到一些流氓软件和恶意插件的威胁。360 安全卫士是目前国内比较受欢迎的一款免费的上网安全软件，它具有木马查杀、恶意软件清理、漏洞补丁修复、电脑全面体检、垃圾和痕迹清理等多种功能，是保护用户上网安全的好帮手。

9.4.1　检测电脑状态

当启动 360 安全卫士时，软件会自动提示用户是否对电脑进行体检，如图 9-17 所示。

单击【立即体检】按钮，软件会自动对系统进行检测，包括系统漏洞、软件漏洞和软件的新版本等内容。体检完成后，显示体检结果。用户若想对某个不安全选项进行处理，可单击该选项后面对应的按钮，然后按照提示逐步操作即可，如图 9-18 所示。

图 9-17　提示用户是否进行体检

图 9-18　体检结果

9.4.2　查杀流行木马

木马(Trojan house)这个名称来源于古希腊传说，它指的是一段特定的程序(即木马程序)，控制者可以使用该程序来控制另一台电脑，从而窃取被控制电脑的重要数据信息。

360 安全卫士采用了新的木马查杀引擎，应用了云安全技术，能够更有效查杀木马，保护系统安全。

【例 9-8】　使用 360 安全卫士查杀流行木马。素材

STEP 01 启动 360 安全卫士，在其主界面中单击【查杀木马】按钮，打开【查杀木马】界面。

STEP 02 在界面中单击【全盘扫描】命令，软件开始对系统进行全面的扫描，如图 9-19 所示。

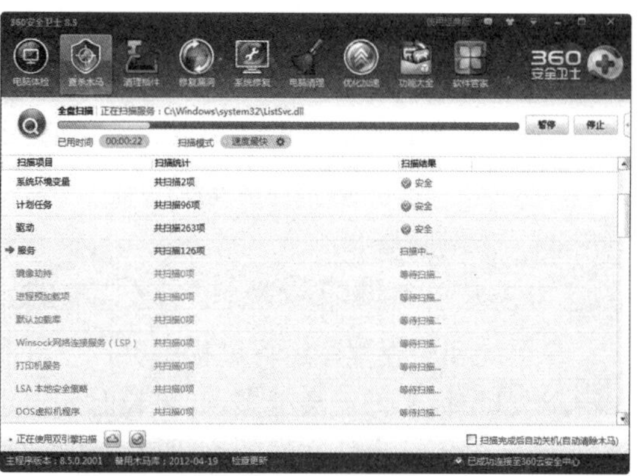

图 9-19　使用 360 安全卫士查杀电脑中的木马程序

STEP 03 对于扫描到的木马，要想删除的话，可先将其选中，然后单击【立即处理】按钮，360 安全卫士即可删除这些木马程序。删除完成后，按照提示重新启动电脑即可。

实用技巧

360 安全卫士软件在扫描的过程中，软件会显示扫描的文件数和检测到的木马。其中检测到木马的选项，将以红色字体显示。

9.4.3　清理恶评插件

恶评插件又叫“流氓软件”，是介于电脑病毒与正规软件之间的软件。这种软件主要包括通过 Internet 发布的一些广告软件、间谍软件、浏览器劫持软件、行为记录软件和恶意共享软件等。流氓软件虽然不会像电脑病毒一样影响电脑系统的稳定和安全，但也不会像正常软件一样为用户使用电脑工作和娱乐提供方便，它会在用户上网时偷偷安装在用户的电脑上，然后在电脑中强制运行一些它所指定的命令，例如频繁地打开一些广告网页，在 IE 浏览器的工具栏上安装与浏览器功能不符的广告图标，或者对用户的浏览器设置进行篡改，使用户在使用浏览器上网时被强行引导访问一些商业网站。

【例 9-9】　使用 360 安全卫士清理恶评插件。素材

STEP 01 启动 360 安全卫士，单击其主界面中的【清理插件】按钮，打开【清理插件】界面。单击【开始扫描】按钮，软件开始自动扫描电脑中的插件，如图 9-20 所示。

STEP 02 扫描结束后，将显示扫描的结果，如果用户想要删除某个插件，可选定该插件前方的复选框，然后单击【立即清理】按钮，即可将其删除，如图 9-21 所示。

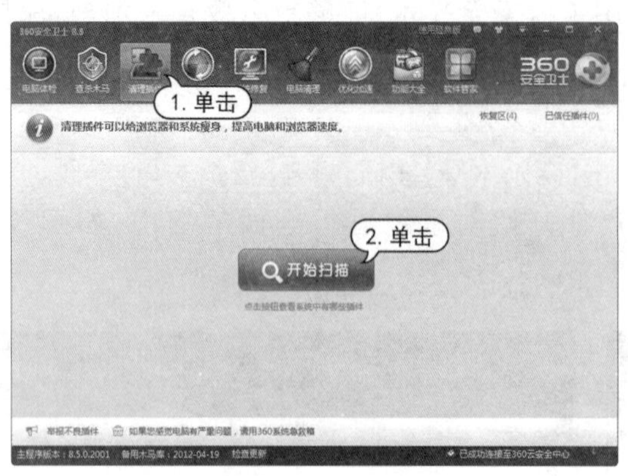

图 9-20 【清理插件】界面

图 9-21 清理插件

9.4.4 清理垃圾文件

在系统和应用程序运行过程中会产生许多垃圾文件，包括临时文件、安装文件等。电脑使用得越久，垃圾文件就会越多，如果长时间不清理，垃圾文件数量越来越庞大，就会产生大量的磁盘碎片，这不仅会使文件的读写速度变慢，还会影响硬盘的使用寿命。所以用户需要定期清理磁盘中的垃圾文件。

【例 9-10】 使用 360 安全卫士清理垃圾文件。素材

STEP 01 启动 360 安全卫士，单击其主界面中的【电脑清理】按钮，打开【清理垃圾】界面。

STEP 02 在该界面中用户可设置要清理垃圾文件的类型，然后单击【开始扫描】按钮，软件开始自动扫描系统中指定类型的垃圾文件，如图 9-22 所示。

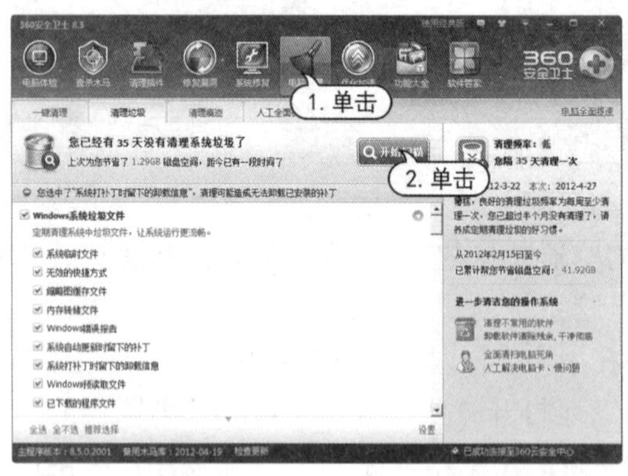

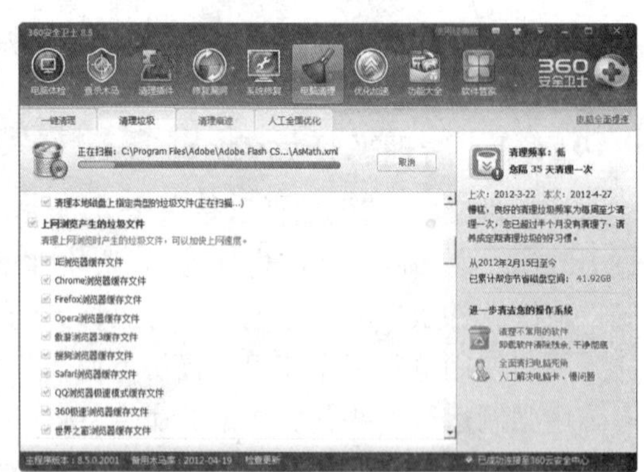

图 9-22 自动扫描系统中指定类型的垃圾文件

STEP 03 扫描结束后，将显示扫描结果，其中显示了垃圾文件的来源和相关介绍。选中需要清理的垃圾文件前方的复选框，然后单击【立即清除】按钮，即可将这些垃圾文件全部删除，如图 9-23 所示。

9.4.5 清除使用痕迹

360 安全卫士具有清理电脑使用痕迹的功能，包括用户的上网记录、开始菜单中的文档记

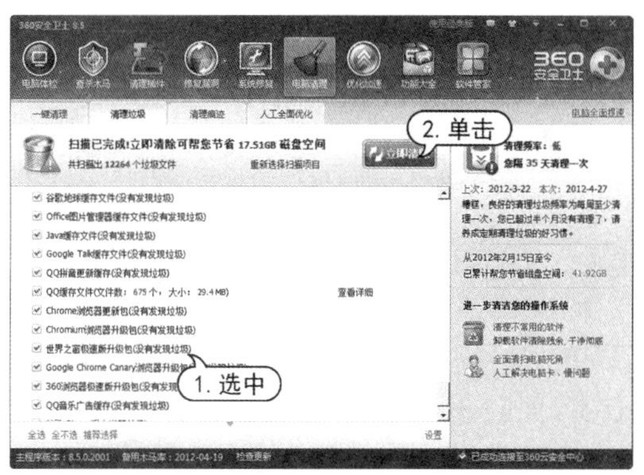

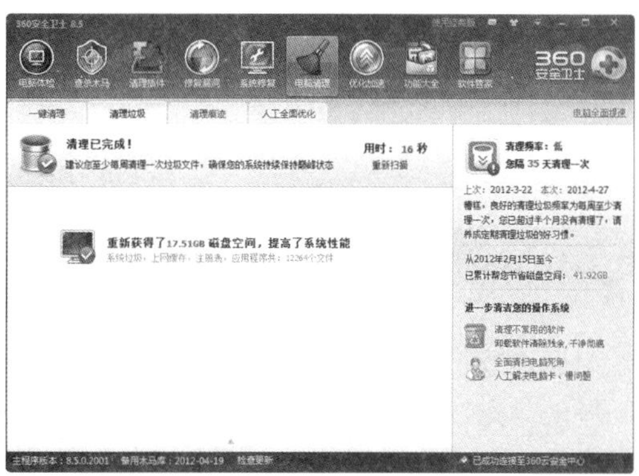

图 9-23　选择并清除系统中的垃圾文件

录、Windows 的搜索记录以及影音播放记录等，可有效保护用户的隐私。

【例 9-11】　使用 360 安全卫士清理使用痕迹。 素材

STEP 01 单击 360 安全卫士主界面中的【电脑清理】按钮，然后单击【清理痕迹】标签。

STEP 02 在打开的界面中用户可选择要清理的使用痕迹所属的类型，例如【上网浏览痕迹】、【Windows 使用痕迹】等，单击【开始扫描】按钮，开始扫描这些使用痕迹。

STEP 03 扫描完成后显示扫描的结果。单击【立即清除】按钮即可开始清理指定的使用痕迹。

9.4.6　修复系统漏洞

除了可以使用 Windows 7 的自动更新功能来下载和更新系统补丁外，还可以使用 360 安全卫士的漏洞修复功能来修复系统漏洞。

【例 9-12】　使用 360 安全卫士修复系统漏洞。 素材

STEP 01 启动 360 安全卫士，单击其主界面中的【修复漏洞】按钮，切换至【修复漏洞】界面，系统会自动对系统漏洞进行扫描，并显示扫描结果。

STEP 02 选中需要下载的补丁文件前方的复选框，然后单击【立即修复】按钮，360 安全卫士开始自动下载和安装补丁，如图 9-24 所示。

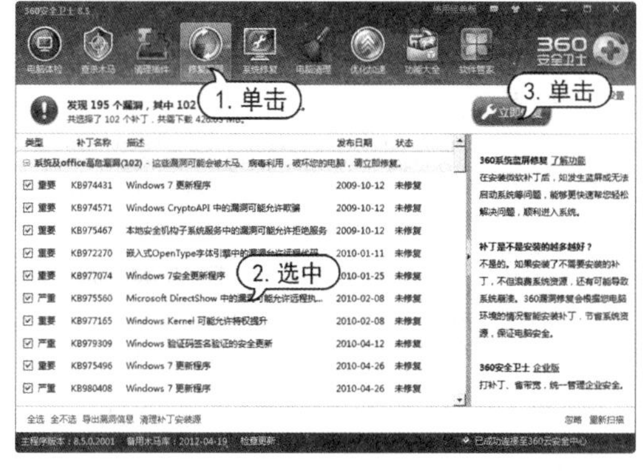

图 9-24　扫描并修复操作系统漏洞

实用技巧

有些补丁安装完成后可能会提示用户重新启动电脑，用户可将所有补丁安装完成后再进行重启，以免去重复重启电脑的麻烦。

9.5 备份操作系统

电脑系统在运行的过程中难免会出现故障，Windows 7 自带了系统还原功能，当系统出现问题时，该功能可以将系统还原到过去的某个状态，同时还不会丢失个人的数据文件。

9.5.1 创建系统还原点

要使用 Windows 7 的系统还原功能，首先系统要有一个可靠的还原点。在默认设置下，Windows 7 每天都会自动创建还原点，另外用户还可手工创建还原点。

【例 9-13】 在 Windows 7 中手工创建一个系统还原点。素材

STEP 01 在桌面上右击【计算机】图标，选择【属性】命令，打开【系统】窗口。

STEP 02 单击【系统】窗口左侧的【系统保护】选项，打开【系统属性】对话框。

STEP 03 在【系统保护】选项卡中，单击【创建】按钮，打开【系统保护】对话框。在该对话框中输入一个还原点的名称，如图 9-25 所示。

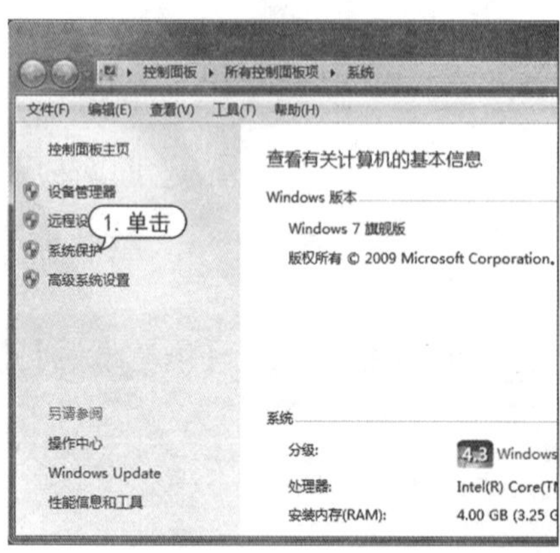

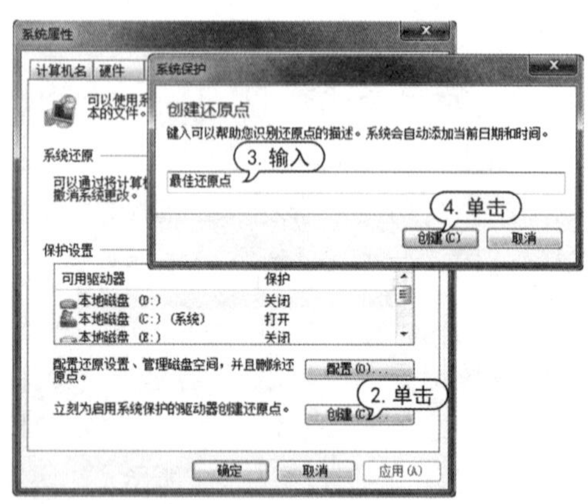

图 9-25 打开【系统保护】对话框设置还原名称

STEP 04 输入完成后，单击【创建】按钮，开始创建系统还原点。

STEP 05 创建完成后，在打开的对话框中单击【关闭】按钮。返回【系统属性】对话框，单击【确定】按钮，完成系统还原点的创建。

9.5.2 还原操作系统

有了系统还原点后，当系统出现故障时，就可以利用 Windows 7 的系统还原功能，将系统恢复到还原点的状态。该操作仅恢复系统的基本设置，不会删除用户存放在非系统盘中的资料。

【例 9-14】 使用 Windows 7 的系统还原功能，还原系统。素材

STEP 01 单击【开始】按钮，选择【控制面板】命令，打开【控制面板】窗口。单击【操作中心】图

标，打开【操作中心】窗口。

STEP 02 单击【恢复】选项，打开【恢复】窗口，单击【打开系统还原】按钮，打开【还原系统文件和设置】对话框，如图 9-26 所示。

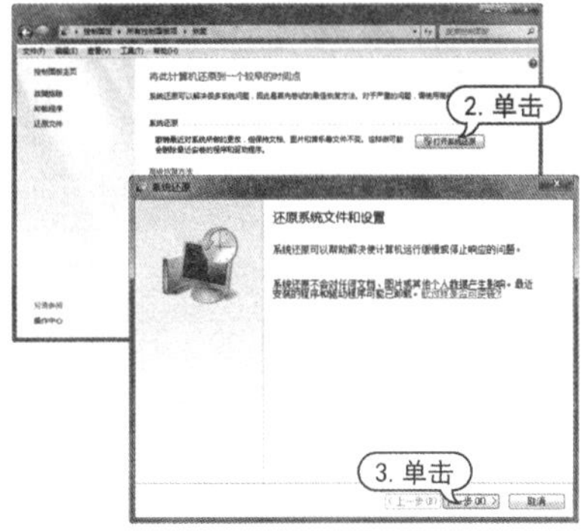

图 9-26　打开【还原系统文件和设置】对话框

STEP 03 单击【下一步】按钮，打开【将计算机还原到所选事件之前的状态】对话框，在该对话框中选中一个还原点，如图 9-27 所示。

STEP 04 单击【下一步】按钮，打开【确认还原点】对话框，其中显示了还原点信息，要求用户确认所选的还原点，如图 9-28 所示。

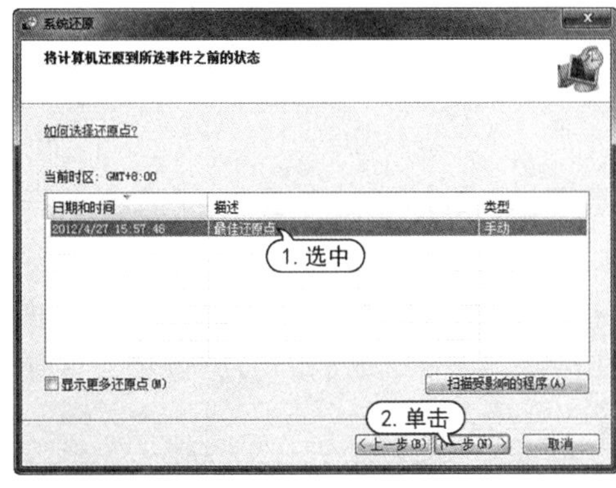

图 9-27　选择还原点

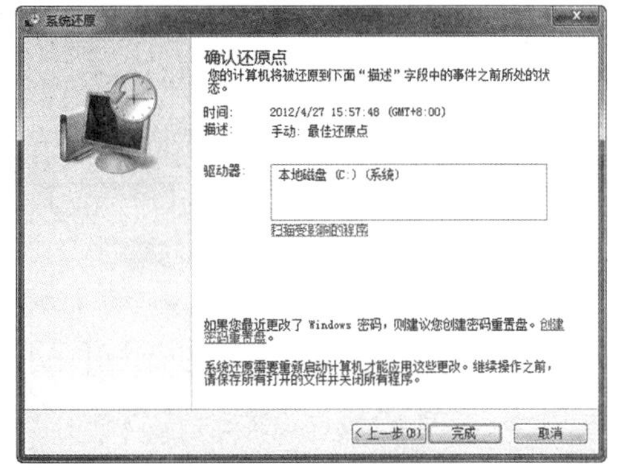

图 9-28　显示还原点信息

STEP 05 单击【完成】按钮，在打开的对话框中仔细阅读系统还原说明，然后单击【是】按钮，开始准备还原系统。

STEP 06 稍后系统自动重新启动，并开始进行还原操作，如图 9-29 所示。

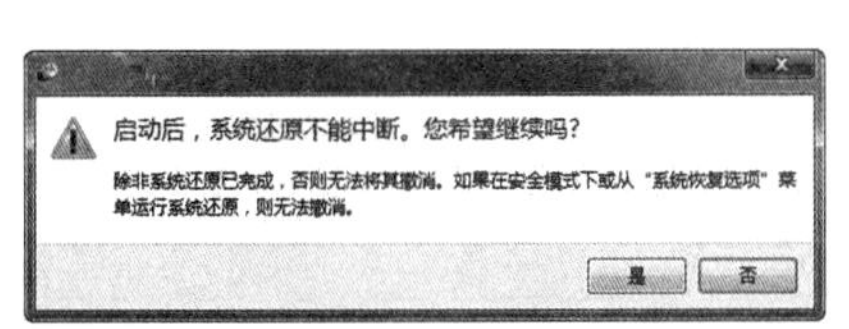

图 9-29　确认并还原 Windows 7 操作系统

实用技巧

在进行还原操作前，务必要保存正在进行的工作，以免因系统重启而丢失文件。

9.6 设置组策略

组策略和 Windows 系统的注册表密切相关，注册表是 Windows 系统中保存系统软件和应用软件配置的数据库，而组策略则是将系统重要的配置功能汇集成各种配置模块，组策略设置就是修改注册表中的配置，其远比手工修改注册表方便、灵活，功能也更加强大。本节将介绍通过设置组策略维护操作系统安全的方法。

9.6.1 禁用注册表

Windows 注册表(Registry)是 Windows 操作系统、各种硬件设备以及用户安装的各种应用程序得以正常运行的核心"数据库"。

几乎所有的电脑硬件、软件和设置问题都和注册表相关，因此注册表对于 Windows 来说至关重要。

如果注册表被错误地修改，将会发生一些不可预知的错误，甚至导致系统崩溃。为了防止注册表被他人随意修改，用户可将注册表禁用，禁用后将不能再对注册表进行修改操作。

【例 9-15】 禁用 Windows 7 注册表。素材

STEP 01 单击【开始】按钮，打开【开始】菜单，在搜索框中输入命令"gpedit. msc"，然后按下 Enter 键，打开【本地组策略编辑器】窗口。

STEP 02 在左侧的列表中依次展开【用户配置】|【管理模板】|【系统】选项。在右侧的列表中双击【阻止访问注册表编辑工具】选项，如图 9-30 所示。

STEP 03 打开【阻止访问注册表编辑工具】对话框，选中【已启用】单选按钮，然后在【是否禁用无提示运行 regedit?】下拉列表框中选择【是】选项，然后单击【确定】按钮，即可禁用注册表编辑器，如图 9-31 所示。

STEP 04 此时，用户再次试图打开注册表时，系统将提示注册表已被禁用。

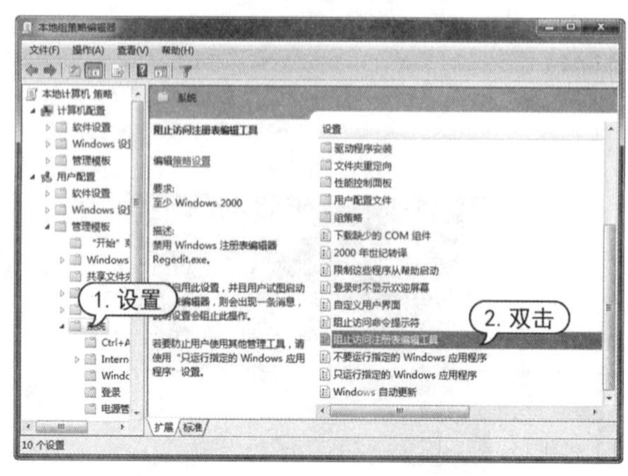

图 9-30 【本地组策略编辑器】窗口

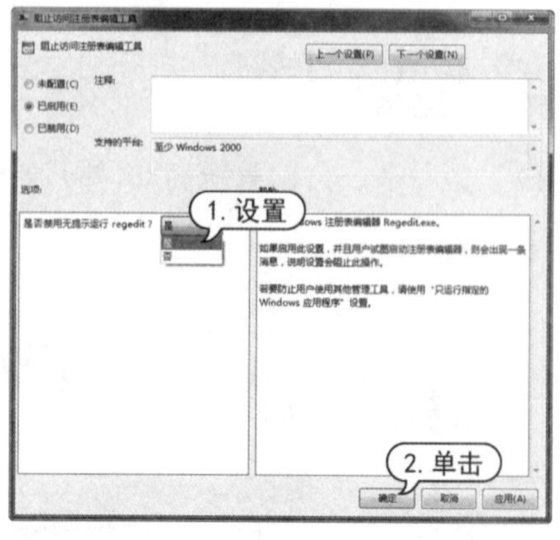

图 9-31 【阻止访问注册表编辑工具】对话框

 9.6.2　禁用控制面板

通过【控制面板】可完成对电脑的大部分操作，为了防止黑客利用【控制面板】来操控自己的电脑，可将控制面板设置为禁用。

【例 9-16】　禁用 Windows 7 控制面板。素材

STEP 01 单击【开始】按钮，打开【开始】菜单，在搜索框中输入命令“gpedit. msc”，然后按下 Enter 键，打开【本地组策略编辑器】窗口，如图 9-32 所示。

STEP 02 在左侧的列表中依次展开【用户配置】|【管理模板】|【控制面板】选项。

STEP 03 在右侧的列表中双击【禁止访问“控制面板”】选项，打开【禁止访问“控制面板”】对话框，如图 9-33 所示。在该对话框中选中【已启用】单选按钮，然后单击【确定】按钮。

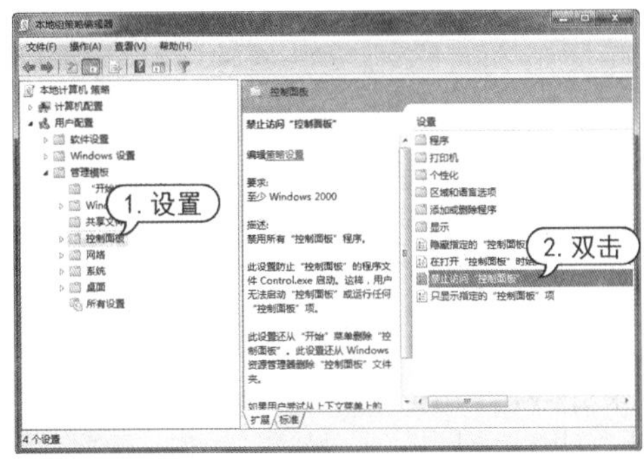

图 9-32　【本地组策略编辑器】窗口

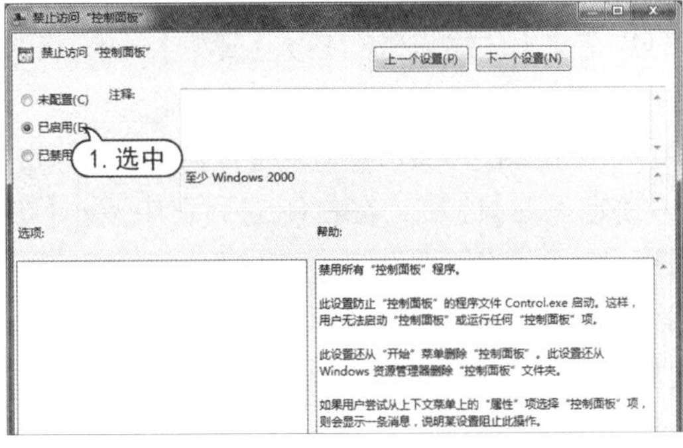

图 9-33　【禁止访问“控制面板”】对话框

STEP 04 此时，用户再次试图打开【控制面板】时，将会弹出【限制】对话框，提示【控制面板】已被管理员禁用。

 9.6.3　删除文件夹选项命令

为了防止他人通过【工具】|【文件夹】选项命令，在【文件夹选项】对话框中，设置【显示所有文件和文件夹】，从而查看系统的隐藏文件，用户可通过组策略功能来删除【工具】菜单中的【文件夹选项】命令。

【例 9-17】　删除文件夹选项命令。素材

STEP 01 单击【开始】按钮，打开【开始】菜单，在搜索框中输入命令“gpedit. msc”，然后按下 Enter 键，打开【本地组策略编辑器】窗口。

STEP 02 在左侧的列表中依次展开【用户配置】|【管理模板】|【Windows 组件】|【Windows 资源管理器】选项。

STEP 03 在右侧列表中双击【从“工具”菜单删除“文件夹选项”菜单】选项，打开【从“工具”菜单删除“文件夹选项”菜单】对话框。

STEP 04 在对话框中选中【已启用】单选按钮，然后单击【确定】按钮，如图 9-34 所示。

 9.6.4　限制密码输入次数

为了防止他人尝试暴力破解管理员密码，用户可对密码的输入次数进行限制，当输入密码的错误次数超过设定值后，系统将会自行锁定电脑。

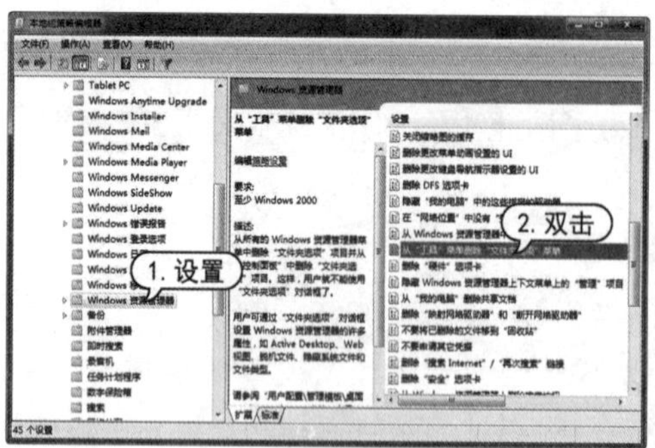

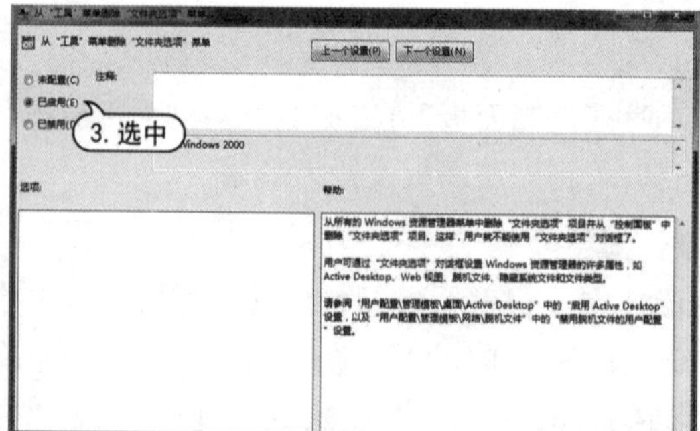

图 9-34　设置从【工具栏】菜单删除【文件夹选项】菜单

【例 9-18】　设定密码输入错误 3 次时，电脑自动锁定。 素材

STEP 01 单击【开始】按钮，打开【开始】菜单，在搜索框中输入命令“gpedit. msc”，然后按下 Enter 键，打开【本地组策略编辑器】窗口。

STEP 02 在左侧的列表中依次展开【计算机配置】|【Windows 设置】|【安全设置】|【帐户策略】|【帐户锁定策略】选项。在右侧的列表中双击【帐户锁定阈值】选项，打开【帐户锁定阈值 属性】对话框，如图 9-35 所示。

STEP 03 在【帐户锁定阈值 属性】对话框的微调框中设置数值为 3，单击【确定】按钮，打开【建议的数值改动】对话框。在该对话框中显示了当输入密码错误的次数超过设定的次数时帐户的锁定时间，单击【确定】按钮，如图 9-36 所示。

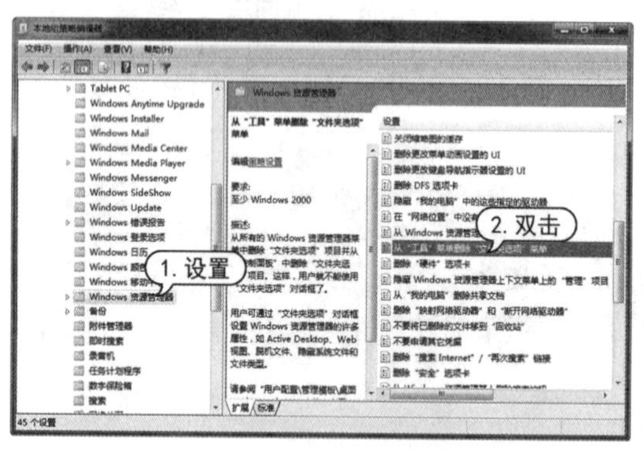

图 9-35　【本地组策略编辑器】窗口

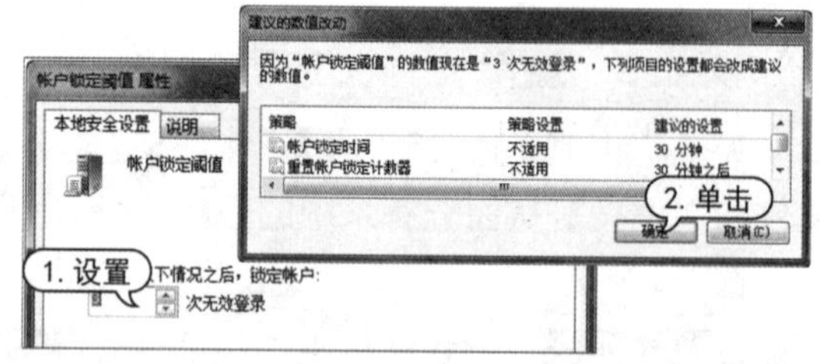

图 9-36　设置帐户锁定阈值属性

9.7　案例演练

本章的上机练习演练操作系统的安全防护措施和维护电脑的方法和技巧，帮助用户进一步巩固所学到的知识。

9.7.1　使用任务管理器

任务管理器是 Windows 系统中一个非常好用的工具，要在 Windows 7 中直接打开任务管理器，按下 Ctrl+Shift+Esc 组合键即可。它可以帮助用户查看系统中正在运行的程序和服务，还可以强制关闭一些没有响应的程序窗口。

【例 9-19】　使用任务管理器结束没有响应的程序进程。 素材

STEP 01 按下 Ctrl + Shift + Esc 组合键，打开任务管理器窗口，在标记为“未响应”的程序上右击鼠标，在弹出的快捷菜单中选择【转到进程】命令，如图 9-37 所示。

STEP 02 此时，任务管理器会自动在【进程】选项卡中定位目标进程，单击【结束进程】按钮，打开确认结束的对话框，单击【结束进程】按钮，即可结束该进程，如图 9-38 所示。

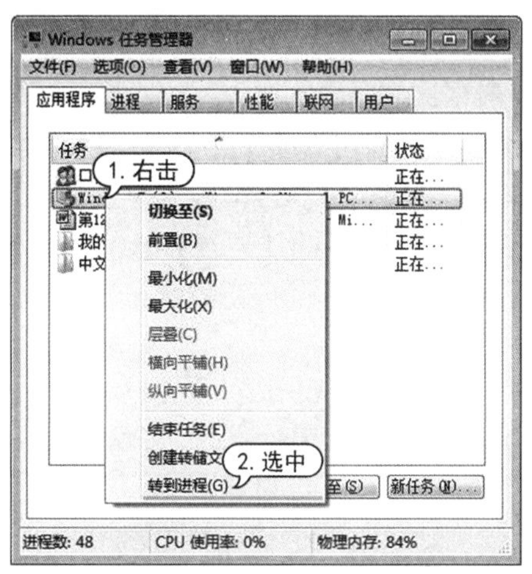

图 9-37　选择【转到进程】命令

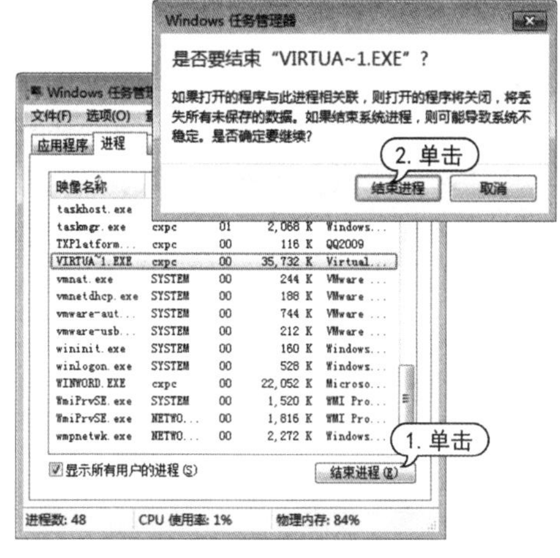

图 9-38　结束进程

9.7.2　自定义电脑开机启动项

电脑在使用的过程中，用户常常会安装很多软件，其中一些软件在安装完成后会自动随着系统的启动而启动，如果开机时自动启动的软件过多，无疑会影响电脑的开机速度并占用系统资源。此时，用户可将一些不必要的开机启动项取消，从而降低资源消耗，加速开机速度。

【例 9-20】　在 Windows 7 中自定义开机启动项。 素材

STEP 01 单击【开始】按钮，在搜索框中输入“msconfig”，按下 Enter 键后打开【系统配置】对话框。

STEP 02 切换至【启动】选项卡，在该选项卡中显示了开机时随着系统自动启动的程序。取消选中不需要开机启动的程序复选框，然后单击【确定】按钮。

STEP 03 用户根据需要选择是否重新启动电脑，然后单击相应的按钮即可，如图 9-39 所示。

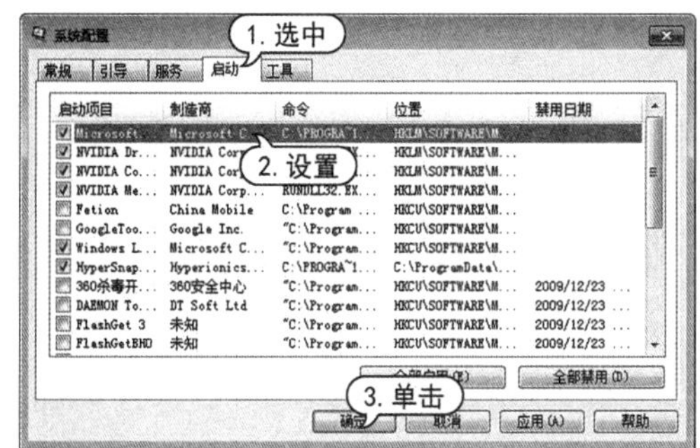

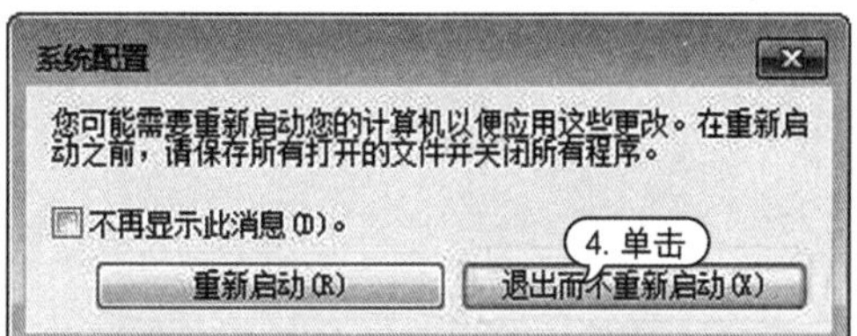

图 9-39　设置电脑开机启动项

 9.7.3 设置 Windows 虚拟内存

在使用电脑的过程中，当运行一个程序需要大量数据、占用大量内存时，物理内存就有可能会被“塞满”，此时系统会将那些暂时不用的数据放到硬盘中，而这些数据所占的空间就是虚拟内存空间。

简单地说，虚拟内存的作用就是当物理内存占用完时，电脑会自动调用硬盘来充当内存，以缓解物理内存的紧张。

【例 9-21】 在 Windows 7 中设置系统虚拟内存。素材

STEP 01 桌面上右击【计算机】图标，在弹出的快捷菜单中选择【属性】命令，打开【系统】窗口，单击窗口左侧窗格里的【高级系统设置】链接，打开【系统属性】对话框。

STEP 02 在对话框中切换至【高级】选项卡，在【性能】选项区域单击【设置】按钮，打开【性能选项】对话框，如图 9-40 所示。

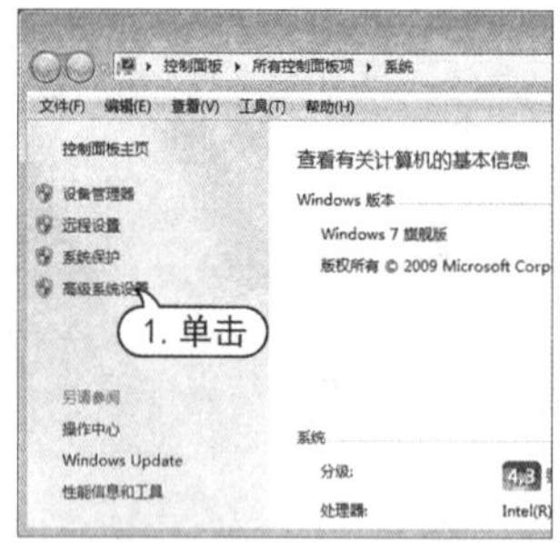

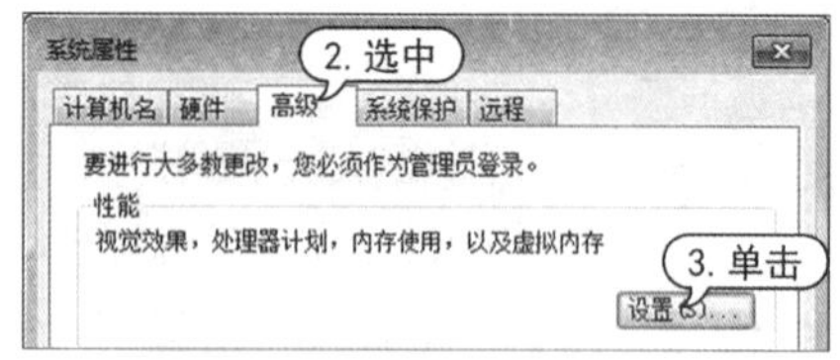

图 9-40 打开【系统属性】对话框

STEP 03 在【性能选项】对话框中切换至【高级】选项卡，在【虚拟内存】区域单击【更改】按钮，如图 9-41 所示，打开【虚拟内存】对话框。

STEP 04 取消选中【自动管理所有驱动器的分页文件大小】复选框，然后选中【自定义大小】单选按钮，即可在【初始大小】和【最大值】文本框中输入虚拟内存的值，如图 9-42 所示。

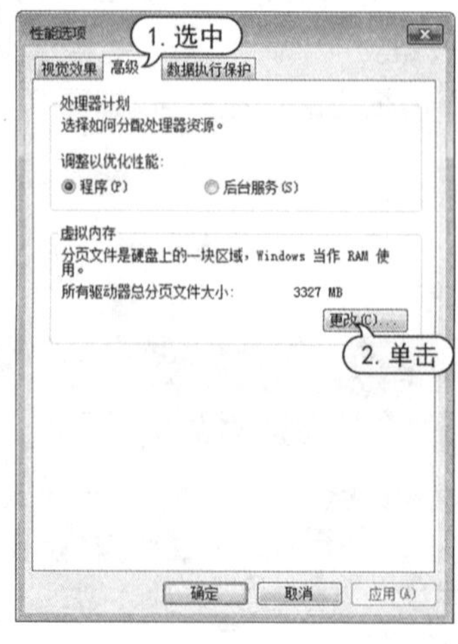

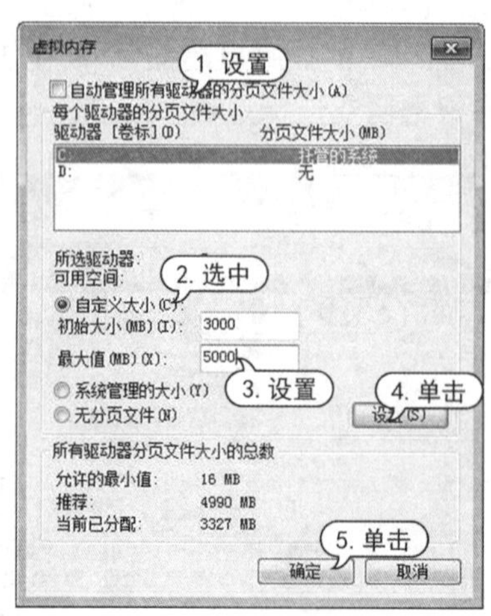

图 9-41 【性能选项】对话框

图 9-42 设置 C 盘虚拟内存大小

STEP 05 设置完成后，单击【设置】按钮，然后单击【确定】按钮。

STEP 06 默认情况下，虚拟内存文件是存放在 C 盘中的，如果用户想要改变虚拟内存文件的位置，可在【驱动器】列表中选中 C 盘，然后选中【无分页文件】单选按钮，再单击【设置】按钮，即可将 C 盘中的虚拟内存文件清除，如图 9-43 所示。

STEP 07 选中一个新的磁盘，例如选择 D 盘，然后选中【自定义大小】单选按钮，在【初始大小】和【最大值】文本框中设置合理的虚拟内存的值，再依次单击【设置】按钮和【确定】按钮即可，如图 9-44 所示。

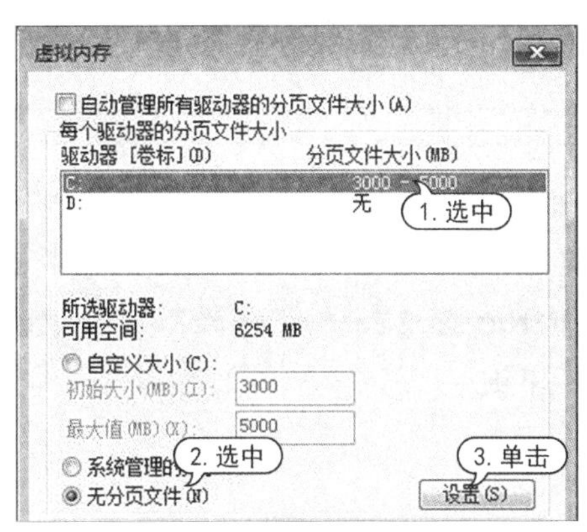

图 9-43　清除 C 盘虚拟内存

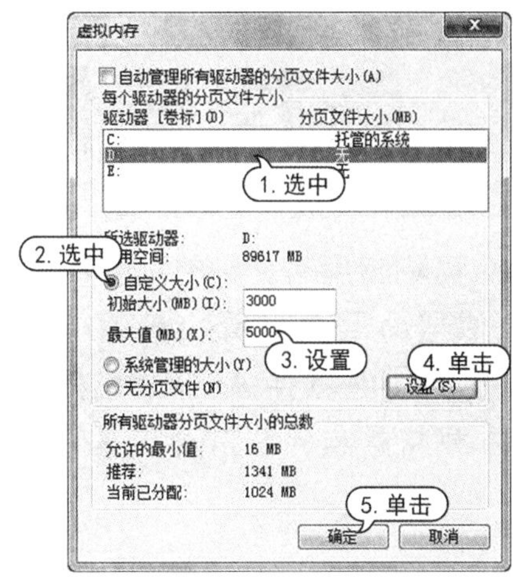

图 9-44　设置 D 盘虚拟内存大小

STEP 08 虚拟内存设置完成后，需要重启电脑才能生效，用户可根据需要立即重启电脑或稍后重启电脑。

第 10 章

管理与使用工具软件

在实际应用时，电脑中除了一些必备的系统软件外往往还需要许多工具软件，以帮助用户查看和管理电脑中的数据。例如压缩和解压缩软件 WinRAR、图片浏览软件 ACDSee、办公软件 Office 2013、语言翻译软件金山词霸等。本章将重点介绍常用工具软件的相关知识。

对应的光盘视频

例 10-1　安装 WinRAR
例 10-2　通过 WinRAR 主界面压缩
例 10-3　通过右键菜单压缩文件
例 10-4　向压缩文件添加文件
例 10-5　使用 ACDSee 浏览图片
例 10-6　使用 ACDSee 编辑图片
例 10-7　使用 ACDSee 批量重命名图片
例 10-8　修改系统视频文件的默认打开方式
例 10-9　使用暴风影音播放网络视频
例 10-10　创建千千静听播放列表
例 10-11　使用光影魔术手调整图片
例 10-12　使用光影魔术手裁剪照片
例 10-13　使用光影魔术手消除照片中的红眼
例 10-14　使用光影魔术手为照片设置影楼效果
例 10-15　使用魔方精灵优化操作系统
例 10-16　使用魔方美化大师
例 10-17　使用魔方修复大师
例 10-18　为压缩文件设置密码
例 10-19　设置千千静听定时关机

 10.1　文件压缩工具

在使用电脑的过程中，经常会碰到一些体积比较大的文件或者是比较零碎的文件，这些文件放在电脑中会占据比较大的空间，也不利于电脑中文件的管理。此时可以使用 WinRAR 将这些文件压缩，以方便管理和查看。

10.1.1　安装 WinRAR

WinRAR 是目前最流行的一款文件压缩软件，其界面友好，使用方便，能够创建自释放文件，修复损坏的压缩文件并支持加密功能。

要想使用 WinRAR，就先要安装该软件。WinRAR 安装文件的参考下载地址为“http://www.winrar.com.cn/”。

【例 10-1】　在 Windows 7 操作系统中安装压缩与解压缩软件 WinRAR。 视频

STEP 01　双击 WinRAR 的安装文件图标，打开如图 10-1 所示的界面，在【目标文件夹】下拉列表框中，可设置软件安装的路径(本例保持默认设置)。

STEP 02　单击【安装】按钮，开始安装 WinRAR。安装完成后，在弹出的对话框中会要求用户对 WinRAR 做一些基本设置。如果用户对这些设置不熟悉，保持默认选项并单击【确定】按钮即可。

STEP 03　随后打开如图 10-2 所示的对话框，单击【完成】按钮，完成 WinRAR 的安装。

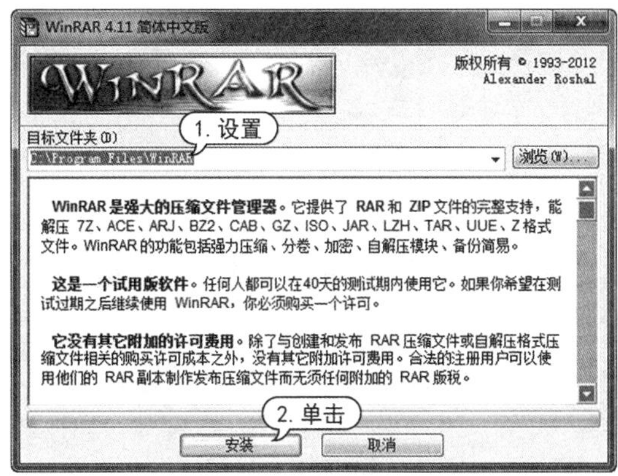

图 10-1　WinRAR 安装界面

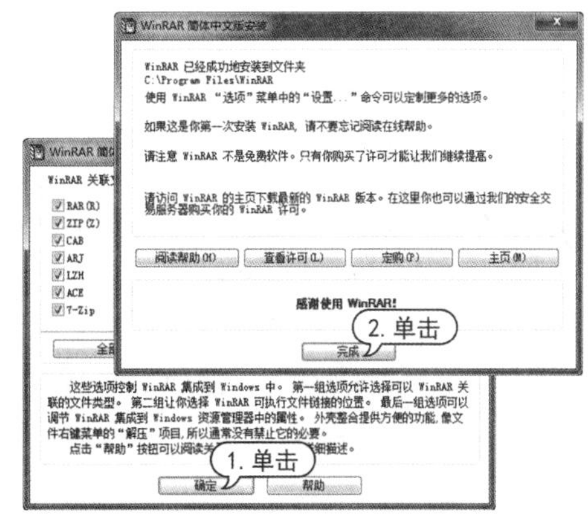

图 10-2　设置安装选项

10.1.2　压缩文件

使用 WinRAR 压缩软件有两种方法：一种是通过 WinRAR 的主界面来压缩，另一种是直接使用右键快捷菜单来压缩。

1.　通过 WinRAR 主界面压缩文件

本节通过一个具体实例介绍如何通过 WinRAR 的主界面压缩文件。

【例 10-2】　使用 WinRAR 将多个文件压缩成一个文件。 视频

STEP 01　选择【开始】|【所有程序】|【WinRAR】|【WinRAR】命令，打开 WinRAR 程序的主界面，如图 10-3 所示。

STEP 02 单击【路径】文本框最右侧的▾按钮，选择要压缩的文件夹的路径，然后在下面的列表中选中要压缩的多个文件，如图 10-4 所示。

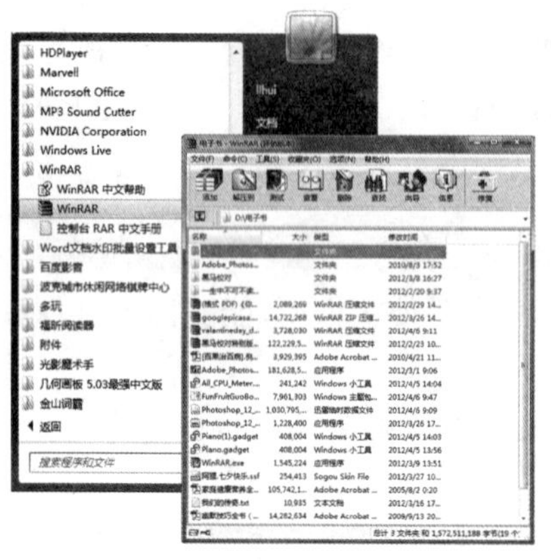

图 10-3　打开 WinRAR 主界面

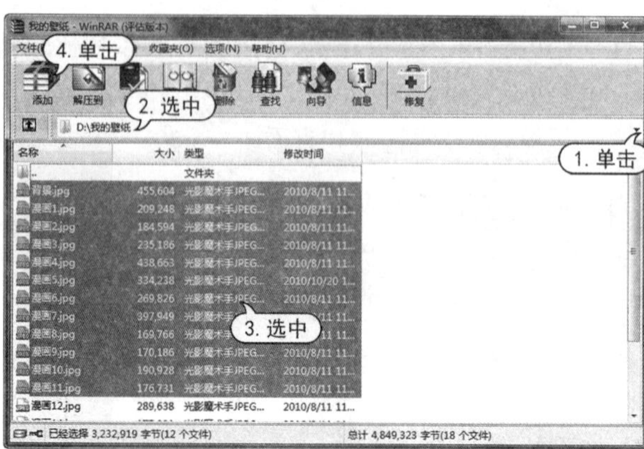

图 10-4　选择要压缩的文件夹

STEP 03 单击工具栏中的【添加】按钮，打开【压缩文件名和参数】对话框，如图 10-5 所示。

STEP 04 在【压缩文件名】文本框中输入“我的壁纸”，然后单击【确定】按钮，即可开始压缩文件。压缩完成后，压缩后的文件将默认和源文件存放在同一目录下，如图 10-6 所示。

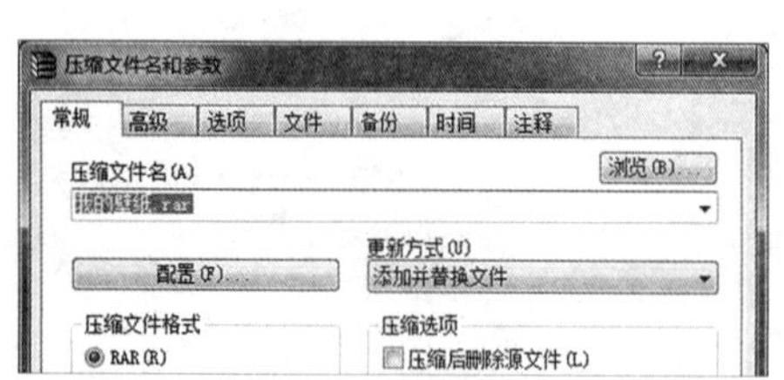

图 10-5　【压缩文件名和参数】对话框

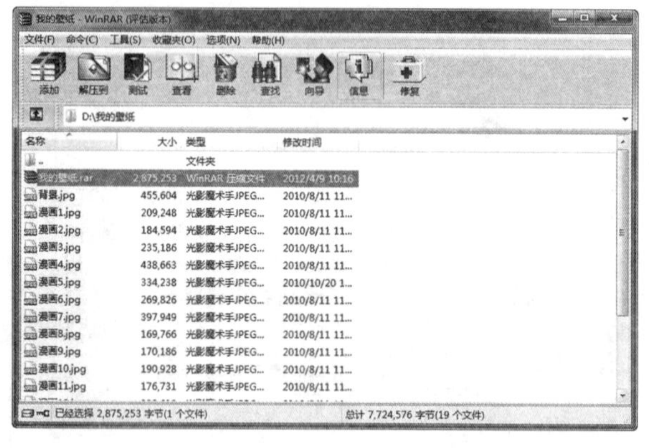

图 10-6　完成文件压缩

在【压缩文件名和参数】对话框的【常规】选项卡中有【压缩文件名】、【压缩方式】、【压缩分卷大小，字节】、【更新方式】和【压缩选项】几个选项区域，它们的含义分别如下。

- 【压缩文件名】：单击【浏览】按钮，可选择一个已经存在的压缩文件，此时 WinRAR 会将新添加的文件压缩到这个已经存在的压缩文件中。用户也可输入新的压缩文件名。
- 【压缩文件格式】：选择 RAR 格式可得到较大的压缩率，选择 ZIP 格式可得到较快的压缩速度。
- 【压缩方式】：选择标准选项即可。
- 【压缩分卷大小，字节】：当把一个较大的文件分成几部分来压缩时，可在这里指定每一部分文件的大小。
- 【更新方式】：选择压缩文件的更新方式。
- 【压缩选项】：可进行多项选择，例如压缩完成后是否删除源文件等。

2. 通过右键快捷菜单压缩文件

WinRAR 成功安装后，系统会自动在右键快捷菜单中添加压缩和解压缩文件的命令，方便用户使用。

【例 10-3】　使用右键快捷菜单将多本电子书压缩为一个压缩文件，并命名为“电子书备份”。 视频

STEP 01　打开要压缩的电子书所在的文件夹，按 Ctrl + A 组合键选中这些电子书，然后在选中的电子书上右击，在弹出的快捷菜单中选择【添加到压缩文件】命令，如图 10-7 所示。

STEP 02　在打开的【压缩文件名和参数】对话框的【常规】选项卡的【压缩文件名】框中输入“电子书备份”，然后单击【确定】按钮，即可开始压缩文件，如图 10-8 所示。

图 10-7　右击文件显示的菜单

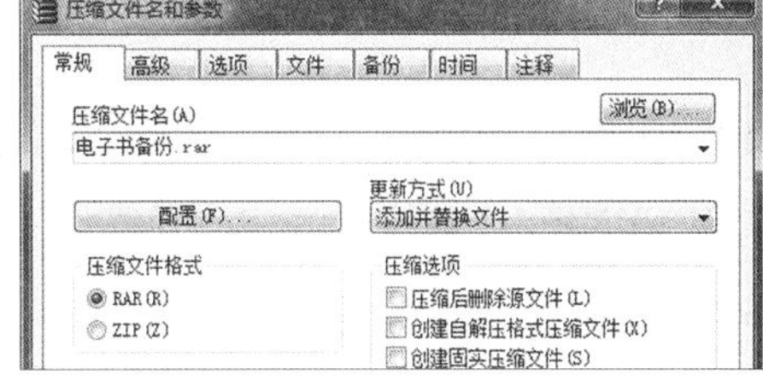

图 10-8　【压缩文件名和参数】对话框

STEP 03　文件压缩完成后，仍然将压缩文件默认和源文件存放在同一目录中。

10.1.3　解压文件

压缩文件必须要解压才能查看。要解压文件，可采用以下几种方法。

1. 通过 WinRAR 主界面解压文件

启动 WinRAR，选择【文件】|【打开压缩文件】命令，打开【查找压缩文件】对话框。选择要解压的文件，然后单击【打开】按钮，如图 10-9 所示。选定的压缩文件将会被解压，并将解压的结果显示在 WinRAR 主界面的文件列表中，如图 10-10 所示。

图 10-9　打开【查找压缩文件】对话框

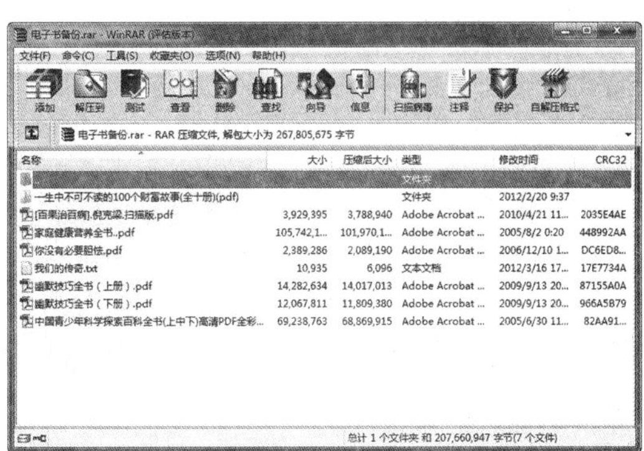

图 10-10　显示解压结果

另外，通过 WinRAR 的主界面还可将压缩文件解压到指定的文件夹中。方法是：单击【路径】文本框最右侧的⌄按钮，选择压缩文件的路径，并在下面的列表中选中要解压的文件，然后单击【解压到】按钮，打开【解压路径和选项】对话框，如图 10-11 所示。

在【目标路径】下拉列表框中设置解压的目标路径后，单击【确定】按钮，即可将该压缩文件解压到指定的文件夹中，如图 10-12 所示。

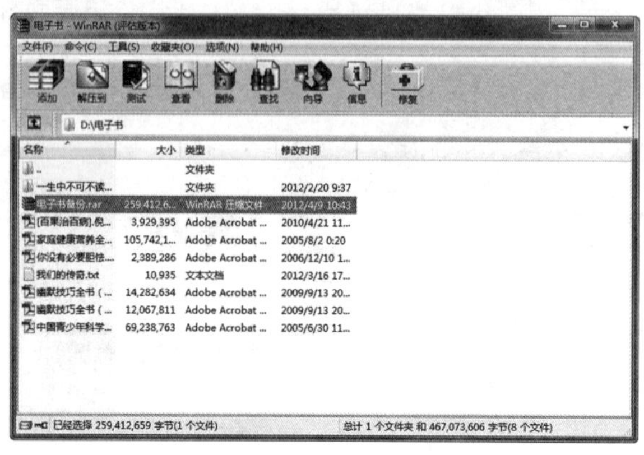

图 10-11　WinRAR 主界面

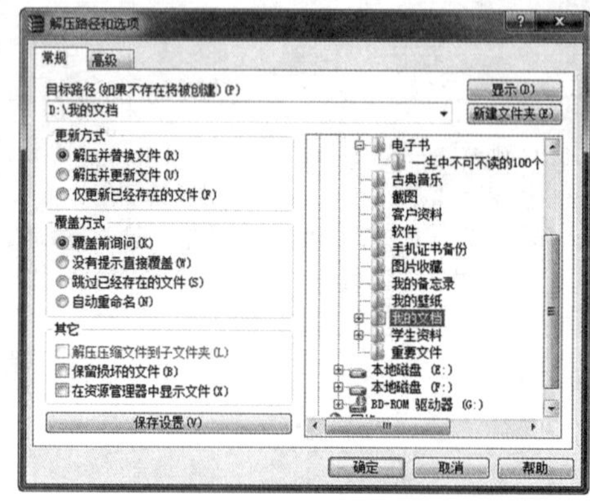

图 10-12　设置文件解压路径

2. 直接双击压缩文件解压

直接双击压缩文件，可打开 WinRAR 的主界面，同时该压缩文件会被自动解压，并将解压后的文件显示在 WinRAR 主界面的文件列表中，如图 10-13 所示。

3. 使用右键菜单解压文件

直接右击要解压的文件，在弹出的快捷菜单中有【解压文件】、【解压到当前文件夹】和【解压到】3 个相关命令可供选择，如图 10-14 所示，它们的具体功能分别如下。

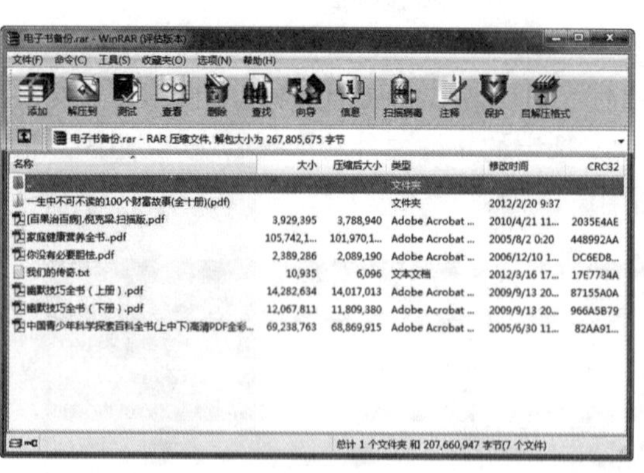

图 10-13　双击压缩文件显示的界面

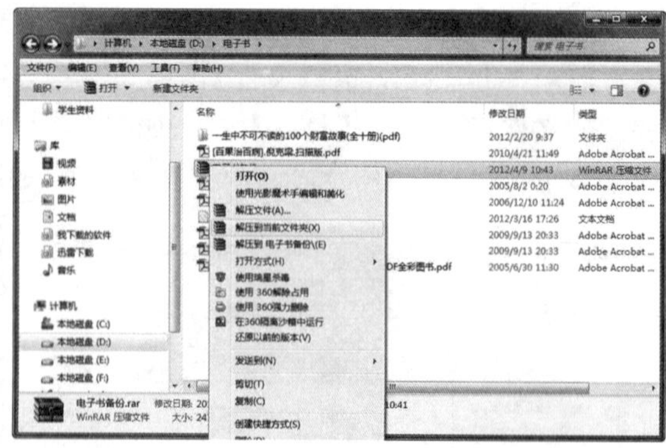

图 10-14　右击压缩文件显示的菜单

▽ 选择【解压文件】命令，可打开【解压路径和选项】对话框，在该对话框中，用户可对解压后文件的具体参数进行设置，例如【目标路径】、【更新方式】等。设置完成后，单击【确定】按钮，即可开始解压文件。

▽ 选择【解压到当前文件夹】命令，WinRAR 软件将按照默认设置，将该压缩文件解压到当前目录中。

▽ 选择【解压到】命令，可将压缩文件解压到当前目录中，并将解压后的文件保存在和压缩文件同名的文件夹中。

10.1.4　管理压缩文件

在创建压缩文件时，用户可能会遗漏所要压缩的文件或多选了无需压缩的文件，这时可以使用 WinRAR 管理文件，无需重新进行压缩操作，只需要在原有的已压缩好的文件里添加或删除即可。

【例 10-4】　在创建好的压缩文件中添加新的文件。 视频

STEP 01 双击压缩文件，打开 WinRAR 窗口，单击【添加】按钮，打开【请选择要添加的文件】对话框，选择所需添加到压缩文件中的文件，然后单击【确定】按钮，如图 10-15 所示，打开【压缩文件名和参数】对话框。

STEP 02 继续单击【确定】按钮，即可将文件添加到压缩文件中，如图 10-16 所示。如果要删除压缩文件中的文件，在 WinRAR 窗口中选中要删除的文件，单击【删除】按钮即可。

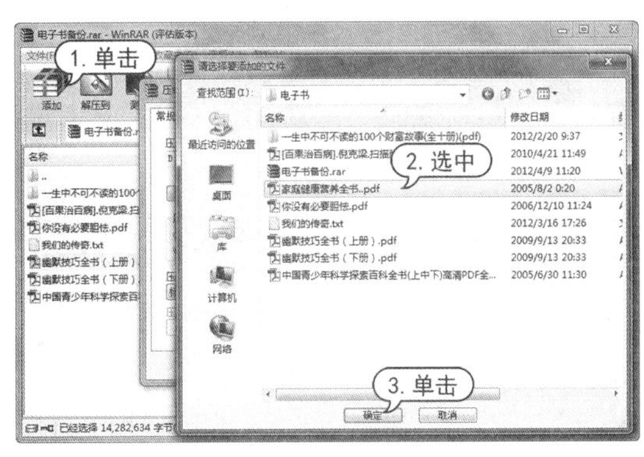

图 10-15　选择要添加的文件

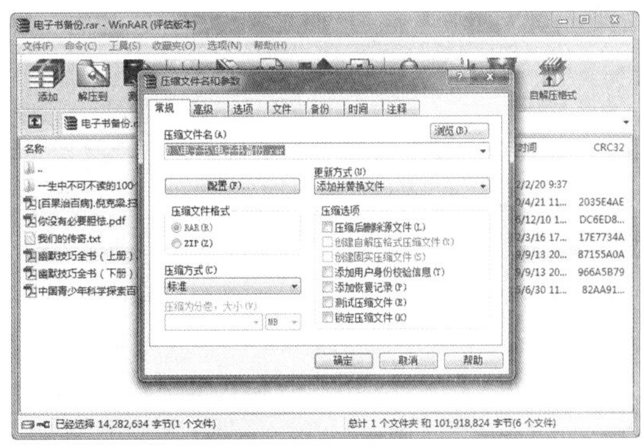

图 10-16　【压缩文件名和参数】对话框

10.2　图片浏览工具

要查看电脑中的图片，就要使用图片查看软件。ACDSee 是一款非常好用的图片查看和处理软件，它被广泛地应用在图片获取、管理以及优化等各个方面。另外，使用软件内置的图片编辑工具可以轻松处理各类数码图片。

10.2.1　浏览图片

ACDSee 提供了多种方式供用户浏览图片，用户在安装 ACDSee 软件后，双击桌面上的软件图标启动软件，即可启动 ACDSee。

目前 ACDSee 的最新版本为 ACDSee 18。它采用了最新兼容 Windows 7 的架构，在 Windows 7 下的显示效果令人非常满意，无论是窗口还是对话框，都表现得非常协调。

【例 10-5】　使用 ACDSee 浏览 D 盘【我的壁纸】文件夹中的“漫画 2”图片。 视频

STEP 01 启动 ACDSee，在其主界面左侧的【文件夹】列表框中依次展开【计算机】|【本地磁盘(D:)】|【我的壁纸】选项。

STEP 02 此时，ACDSee 软件主界面中间的文件区域将显示【我的壁纸】文件夹中的所有图片，如图 10-17 所示。

STEP 03 双击其中的“漫画 2”图片，即可浏览该图片，如图 10-18 所示。

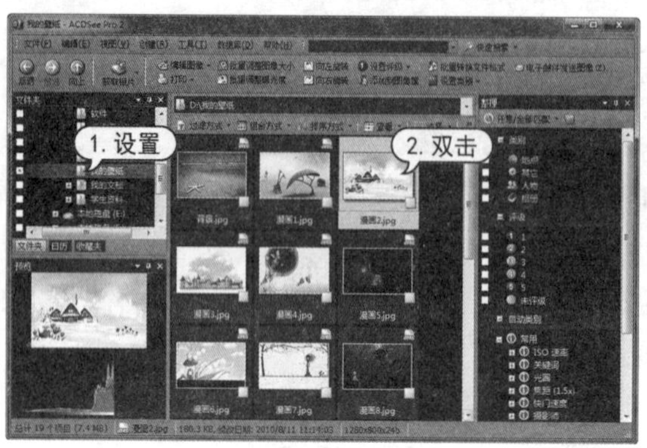

图 10-17　选择要浏览的图片

图 10-18　浏览图片

10.2.2　编辑图片

使用 ACDSee 不仅能够浏览图片，还可对图片进行简单的编辑。

【例 10-6】 使用 ACDSee 对 D 盘【图片收藏】文件夹中的“碧水蓝天”图片进行编辑。视频

STEP 01 启动 ACDSee，在其主界面左侧的【文件夹】列表框中依次展开【计算机】|【本地磁盘(D:)】|【图片收藏】选项，如图 10-19 所示。

STEP 02 双击名为“碧水蓝天”的图片，打开图片浏览窗口，如图 10-20 所示。

图 10-19　展开【图片收藏】文件夹

图 10-20　查看图片效果

STEP 03 单击图片查看窗口左上方的【编辑图像】按钮打开图片编辑面板，如图 10-21 所示。

STEP 04 单击左侧的【曝光】选项，打开其参数设置面板。在【预设值】下拉列表框中选择【提高对比度】选项，然后拖动其下方的【曝光】、【对比度】和【填充光线】滑块，调整曝光的相应参数值，如图 10-22 所示。

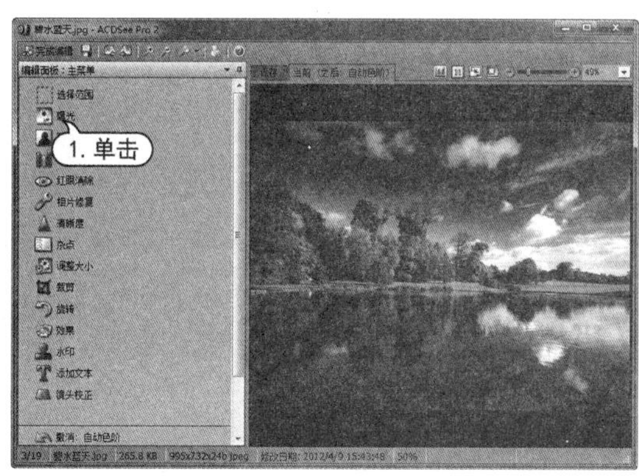

图 10-21　显示图片编辑面板

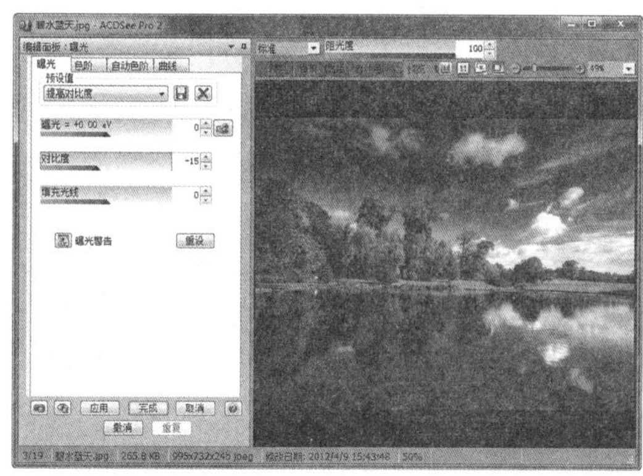

图 10-22　设置图片曝光的相应参数

STEP 05 设置完成后，单击【完成】按钮，返回图片管理器窗口。单击左侧工具条中的【裁剪】按钮，可打开【裁剪】面板，如图 10-23 所示。

STEP 06 在窗口的右侧，拖动图片显示区域的 8 个控制点来选择图像的裁剪范围。选择完成后，单击【完成】按钮，完成图片的裁剪，如图 10-24 所示。

图 10-23　图片管理器窗口

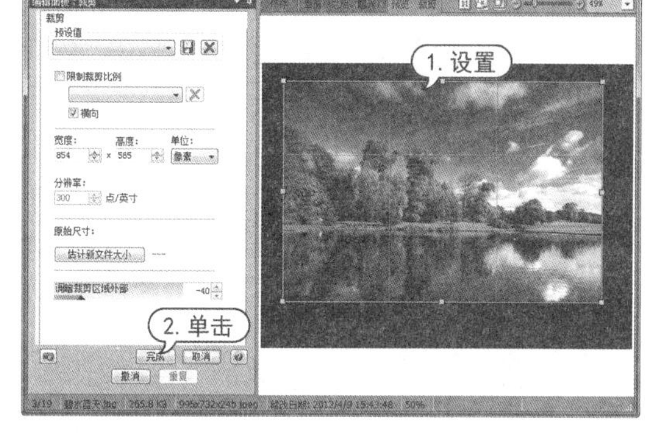

图 10-24　选择图像裁剪范围

STEP 07 图片编辑完成后，单击【保存】按钮，即可对图片进行保存。

10.2.3　批量重命名图片

如果用户需要一次对大量的图片进行统一的命名，可以使用 ACDSee 的批量重命名功能。

【例 10-7】　使用 ACDSee 对 D 盘【图片收藏】文件夹的所有图片统一命名。视频

STEP 01 启动 ACDSee，在其主界面左侧的【文件夹】列表框中依次展开【计算机】|【本地磁盘(D:)】|【图片收藏】选项。

STEP 02 此时在软件主界面中间的文件区域将显示【图片收藏】文件夹中的所有图片。

STEP 03 按 Ctrl + A 组合键，选定该文件夹中的所有图片，然后选择【工具】|【批量重命名】命令，打开【批量重命名】对话框，如图 10-25 所示。

STEP 04 选中【使用模板重命名文件】复选框，然后选中【使用数字替换 #】单选按钮。

STEP 05 在【开始于】微调框中设置数值为“1”，在【模板】文本框中输入新图片的名称“我的收

藏＃＃”;此时在【预览】列表框中将会显示重命名前后的图片名称,如图 10-26 所示。

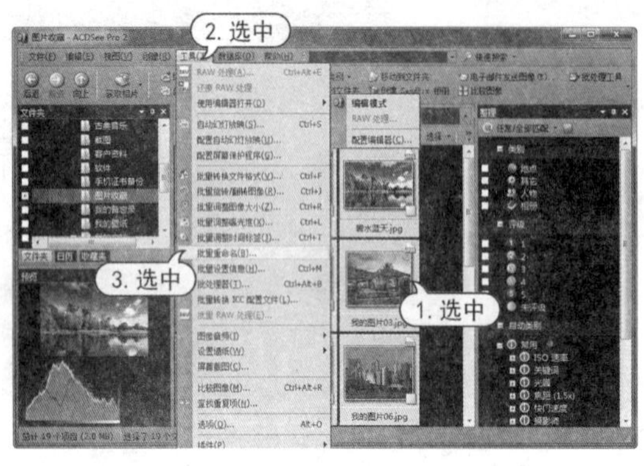

图 10-25　打开【批量重命名】对话框

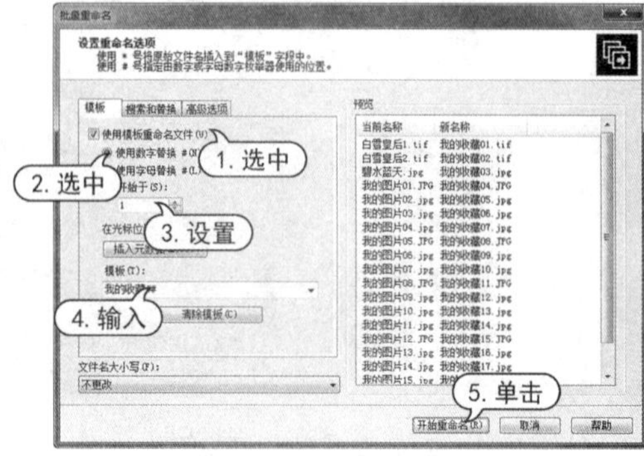

图 10-26　【批量重命名】对话框

STEP 06 设置完成后,单击【开始重命名】命令,系统开始批量重命名图片。命名完成后,打开【正在重命名文件】对话框,单击【完成】按钮,完成图片的批量重命名。

10.3 多媒体播放工具

多媒体播放工具主要指的是电脑中用来播放影音文件的工具,其中比较常用的有暴风影音和千千静听等。

10.3.1 暴风影音

暴风影音是目前最为流行的影音播放软件。它支持多种视频文件格式的播放,使用领先的 MEE 播放引擎,使播放更加清晰流畅。在日常使用中,暴风影音无疑是播放视频文件的理想选择。

1. 播放本地影音文件

安装暴风影音后,系统中视频文件的默认打开方式一般会自动变更为使用暴风影音打开,此时直接双击该视频文件即可开始使用暴风影音进行播放。

如果默认打开方式不是暴风影音,用户可右击视频文件,在弹出的快捷菜单中选择【打开方式】命令,将默认打开方式设置为暴风影音。

【例 10-8】 将系统中视频文件的默认打开方式修改为使用暴风影音打开。 视频

STEP 01 右击视频文件,选择【打开方式】|【选择默认程序】命令,如图 10-27 所示。

STEP 02 打开【打开方式】对话框,在【推荐的程序】列表中选择【暴风影音 5】选项,然后勾选【始终使用选择的程序打开这种文件】复选框,如图 10-28 所示。

STEP 03 单击【确定】按钮,即可将视频文件的默认打开方式设置为使用暴风影音打开,此时视频文件的图标也会变成暴风影音的格式,如图 10-29 所示。

STEP 04 此时双击视频文件即可使用暴风影音播放该文件,如图 10-30 所示。

2. 播放网络影音视频

为了方便用户通过网络观看影片,暴风影音提供了一个【在线影视】功能。使用该功能,用户可方便地通过网络观看自己想看的电影。

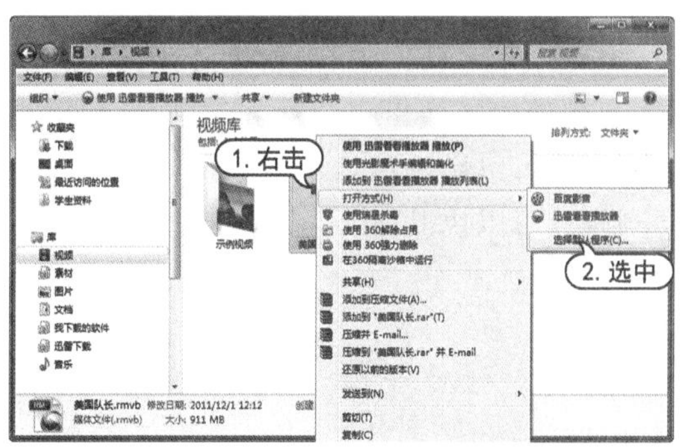

图 10-27　右击视频文件弹出的菜单

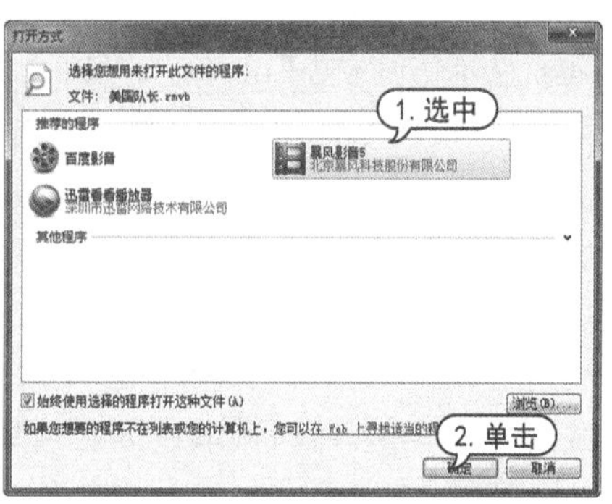

图 10-28　【打开方式】对话框

图 10-29　视频文件图标的转换效果

图 10-30　播放视频

【例 10-9】　通过暴风影音的【在线影视】功能观看网络影片。视频

STEP 01 启动暴风影音播放器，默认情况下会自动在播放器右侧打开播放列表。如果没有打开播放列表，可在播放器主界面的右下角单击【打开播放列表】按钮，如图 10-31 所示。

STEP 02 打开播放列表后，切换至【在线影视】选项卡，在该列表中双击想要观看的影片，稍作缓冲后，即可开始播放，如图 10-32 所示。

图 10-31　打开播放列表

图 10-32　播放网络视频

3. 播放影音视频时的快捷键介绍

在使用暴风影音看电影时，如果能熟记一些常用的快捷键操作，则可增加更多的视听乐

趣。这些常用的快捷键如下。

- 全屏显示影片：按 Enter 键，可以全屏显示影片，再次按下 Enter 键恢复原始大小。
- 暂停播放：按 Space(空格)键或单击影片，可以暂停播放。
- 快进：按右方向键→或者向右拖动播放控制条，可以快进。
- 快退：按左方向键←或者向左拖动播放控制条，可以快退。
- 加速播放：按 Ctrl+↑，可使影片加速播放。
- 减速播放：按 Ctrl+↓，可使影片减速播放。
- 截图：按 F5 键，可以截取当前影片显示的画面。
- 升高音量：按向上方向键↑或者向前滚动鼠标滚轮。
- 减小音量：按向下方向键↓或者向后滚动鼠标滚轮。
- 静音：按 Ctrl+M 可关闭声音。

10.3.2 千千静听

要收听电脑中的歌曲，就要用到音乐播放软件。千千静听是目前比较流行的一个音乐播放软件，它以独特的界面风格和强大的功能，深受音乐爱好者的喜爱。

要使用千千静听播放器来收听音乐，必须先要在电脑上安装千千静听播放器软件。千千静听安装程序的参考下载地址为：http://ttplayer.qianqian.com/。

下载并安装完成后，启动千千静听，其默认的主界面如图 10-33 所示。

其主界面共由 4 个面板组成，分别是主控制界面、播放列表、歌词秀和均衡器。在播放歌曲时，除了主控制界面外，其余各部分都可通过其右上角的【关闭】按钮 × 将其关闭，不影响音乐的播放。

在主控制界面的右侧有 4 个控制按钮：【列表】、【均衡】、【歌词】和【音乐窗】。单击这些按钮可关闭相应的面板，如图 10-34 所示。

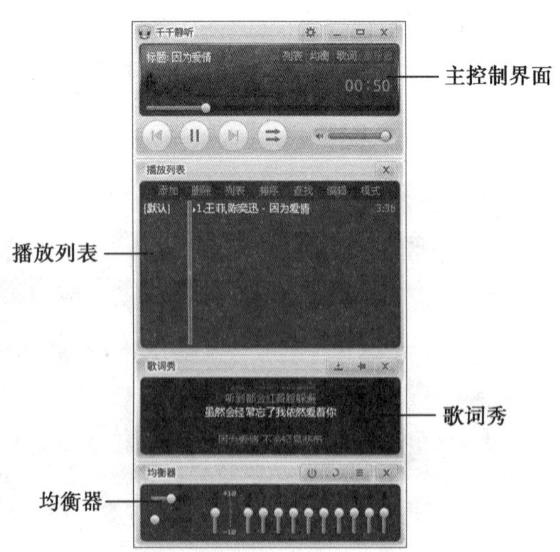

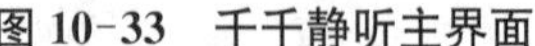
图 10-33　千千静听主界面

图 10-34　切换面板

另外，默认的 4 个面板的位置并不是固定不变的，使用鼠标拖动其标题栏部分，即可将其拖动到任意位置。

1. 播放音乐

一般情况下，当电脑中安装了千千静听播放器软件后，系统中的音乐文件会默认使用千千静听打开。如果没有默认以千千静听的方式打开，用户可参考【例 10-8】的方法，更改音频文件的默认打开方式。

另外，还可通过以下方式来使用千千静听播放音乐。

STEP 01 在千千静听主控制界面中按 Ctrl+O 快捷键，打开【打开】对话框，如图 10-35 所示。

STEP 02 在【打开】对话框中选择要播放的音乐，然后单击【打开】按钮即可开始播放。如果电脑可以上网，默认情况下，千千静听会自动在网络上搜索歌词并同步显示，如图 10-36 所示。

图 10-35 【打开】对话框

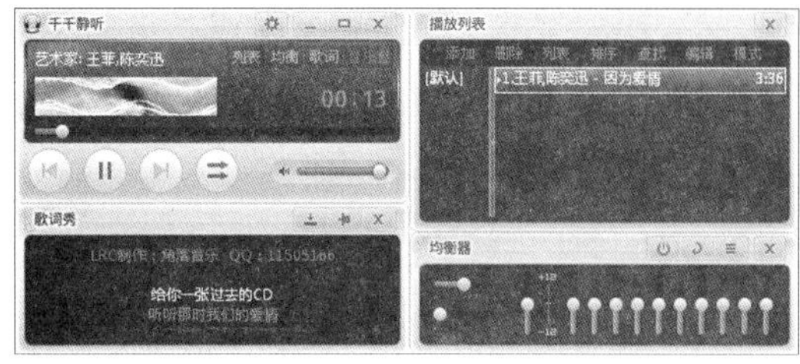

图 10-36 搜索歌词并同步显示

2. 创建播放列表

用户可为千千静听创建一个播放列表，方便播放。

要将一首歌曲添加到播放列表中，可在【播放列表】面板中单击【添加】按钮，在打开的下拉列表中选择【文件】命令，打开【打开】对话框，如图 10-37 所示。

在【打开】对话框中选择要添加的歌曲，然后单击【打开】按钮，即可将该歌曲添加到播放列表中，如图 10-38 所示。

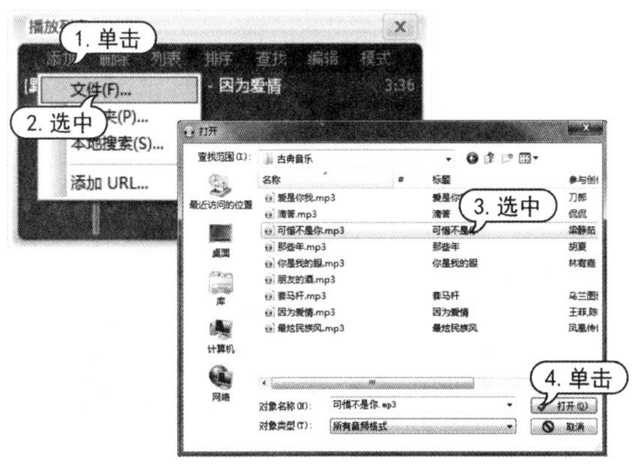

图 10-37 打开【打开】对话框

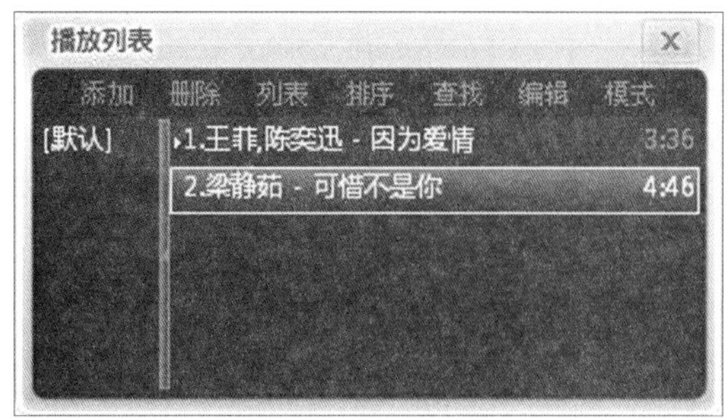

图 10-38 添加歌曲

用户若想将整个文件夹中的歌曲都添加到播放列表中，可在【播放列表】面板中选择【添加】|【文件夹】命令，在打开的【浏览文件夹】对话框中选择相应的文件夹即可。

【例 10-10】 **将 D 盘【流行音乐】文件夹中的所有歌曲添加到播放列表中。** 视频

STEP 01 在【播放列表】面板中选择【添加】|【文件夹】命令，打开【浏览文件夹】对话框，如图 10-39所示。

STEP 02 在【浏览文件夹】对话框中打开 D 盘，然后选中其【流行音乐】文件夹。选择完成后，单击【确定】按钮，即可将该文件夹中的所有歌曲都添加到播放列表中，如图 10-40 所示。另外，用户可使用鼠标拖动【播放列表】的边框，改变【播放列表】面板的大小。

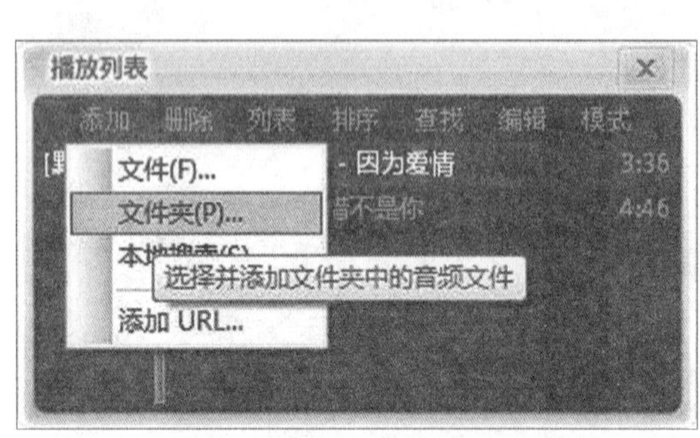

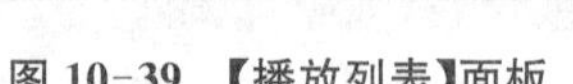

图 10-39 【播放列表】面板

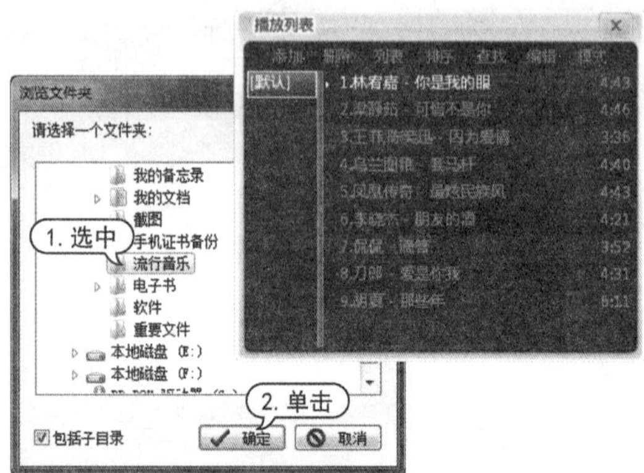

图 10-40 将文件夹中所有歌曲添加到播放列表中

实用技巧

用户还可使用鼠标拖动的方法将歌曲添加到播放列表中，方法是将鼠标指针放在歌曲文件上，按住鼠标左键不放并拖动至【播放列表】面板中，然后释放鼠标左键即可。用这种方法一次可拖动一首歌曲，也可一次拖动被选定的多首歌曲。

10.4 PDF 阅读工具

PDF 全称为"Portable Document Format"，译为"可移植文档格式"，是一种电子文件格式。要阅读该种格式的文档，需要特有的阅读工具即 Adobe Reader。Adobe Reader(也称为 Acrobat Reader)是美国 Adobe 公司开发的一款优秀的 PDF 文档阅读软件，除了可以完成电子书的阅读外，还增加了朗读、阅读 eBook 及管理 PDF 文档等多种功能。

10.4.1 阅读 PDF 电子书

安装 Adobe Reader 后，PDF 格式的文档会自动通过 Adobe Reader 打开。另外，还可通过【文件】菜单来打开 PDF 文档。

启动 Adobe Reader，选择【文件】|【打开】命令，或者单击【打开】链接，打开【打开】对话框，在【打开】对话框中选择一个 PDF 文档，然后单击【打开】按钮，即可打开该文档，如图 10-41 所示。

在阅读文档时，右击鼠标，在弹出的快捷菜单中选择【手形工具】命令，如图 10-42 所示。使用该工具可拖动文档方便阅读。

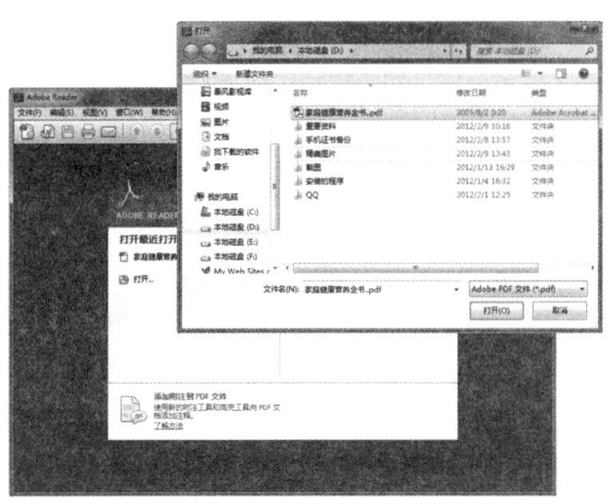

图 10-41　通过【打开】对话框打开 PDF 电子书

图 10-42　选择使用【手形工具】命令

10.4.2　选择和复制文字

用户可将 PDF 中的文字复制下来，方便用作其他用途。要复制 PDF 中的文字，可在文档中右击，在弹出的快捷菜单中选择【选择工具】命令，如图 10-43 所示。

接下来按住鼠标左键不放拖动鼠标选中要复制的文字，释放鼠标，接着在选定的文字上右击，然后选择【复制】命令，即可将选定的文字复制到剪贴板中，如图 10-44 所示。

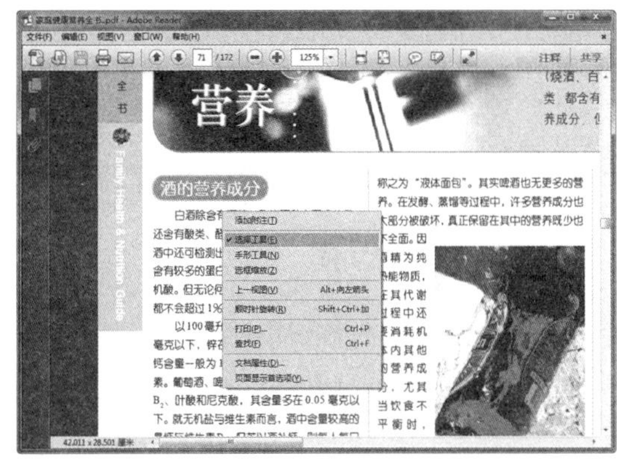

图 10-43　使用【选择工具】工具

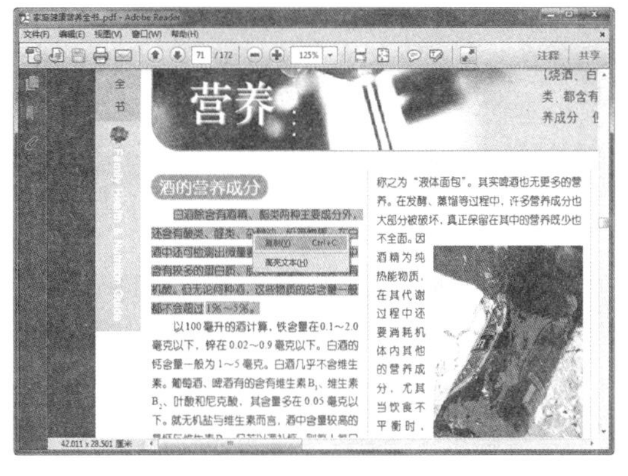

图 10-44　将文字复制到剪贴板中

若 PDF 文档进行了加密，则其中的文字无法使用本节介绍的方法来复制，此时需使用专门的 PDF 转换工具。

10.4.3　选择和复制图片

许多 PDF 文档中都包含精美的图片，如果想要得到这些图片，可将其从 Adobe Reader 中直接复制出来。首先在文档中右击，在弹出的快捷菜单中选择【选择工具】命令，然后单击选中要保存的图片，接着在该图片中右击，在弹出的快捷菜单中选择【复制图像】命令，即可将该图片复制到剪贴板中。

接下来启动另一个程序（例如 Windows 7 自带的“画图”程序），使用【粘贴】命令，即可将图像复制到新的文档中。

10.5 中英文互译工具

金山词霸是目前最流行的英语翻译软件之一，该软件可以实现中英文互译、单词发声、屏幕取词、定时更新词库以及生词本辅助学习等功能，是不可多得的实用软件。

10.5.1 查询中英文单词

金山词霸的主界面如图 10-45 所示。在窗口上方的【查一下】文本框中输入要查询的英文单词，例如“apple”，系统即可自动显示“apple”的汉语意思和与“apple”相关的词语。

若在【查一下】文本框中输入汉字“丰富”，则系统会自动显示“丰富”的英文单词和与“丰富”相关的汉语词组，如图 10-46 所示。

图 10-45 查询英文单词

图 10-46 查询汉字

在如图 10-46 所示的界面中单击【查一下】按钮，可显示更为详细的词语释义；单击【句库】按钮，可显示与查询的单词相关的中英文例句；单击【翻译】按钮，可打开翻译界面，在软件界面中可进行中英文互译。

10.5.2 使用屏幕取词功能

金山词霸的屏幕取词功能是非常人性化的一个附加功能，只要将鼠标指针指向屏幕中的任何中、英字词，金山词霸就会出现浮动的取词条，用户可以方便地看到单词的音标、注释等相关内容。屏幕取词窗口如图 10-47 所示。

单击【发音】按钮，金山词霸会自动朗读当前显示的单词；单击铅笔形状的按钮，可以打开输入框；单击  按钮，可将取词框固定在某个位置，不随鼠标指针的移动而移动。

如果不小心关闭了屏幕取词功能，可在软件主界面的右下角单击【取词】按钮，重新开启屏幕取词功能，如图 10-48 所示。

当取词功能分别处于关闭和打开状态时，任务栏中金山词霸图标的显示方式如图 10-49 的左图和右图所示(左侧为屏幕取词开启时的样式，右侧为屏幕取词关闭时的样式)。

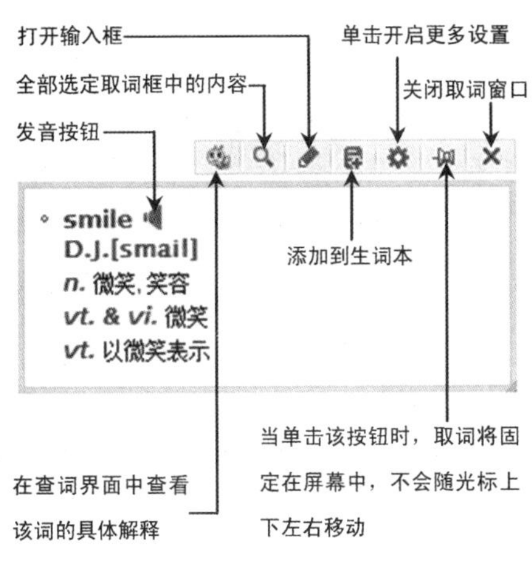

图 10-47　屏幕取词窗口

图 10-48　启动取词功能

图 10-49　取词功能启动和关闭时任务栏中显示的状态

10.6　照片处理工具

自己照出来的照片难免会有许多不满意之处，这时可利用软件对照片进行处理，以达到完美的效果。这里向大家介绍一款非常好用的照片画质改善和个性化处理的软件——光影魔术手。它不要求用户有非常专业的知识，只要懂得操作电脑就能够将一张普通的照片轻松地 DIY 出具有专业水准的效果。

10.6.1　调整照片的大小

将数码相机中的照片复制到电脑中进行浏览时，其大小往往不如人愿，此时可使用光影魔术手来调整照片的大小。

【例 10-11】　使用光影魔术手调整照片的大小。视频

STEP 01 启动光影魔术手，单击【打开】按钮，打开【打开】对话框，在该对话框中选择要调整大小的照片后，单击【打开】按钮，打开该照片，如图 3-50 所示。

STEP 02 选择【图像】|【缩放】命令，打开【调整图像尺寸】对话框。在该对话框中可设置照片大小的相关参数，在【比例单位】下拉列表中可选择照片宽度和高度所使用的单位，如图 3-51 所示。

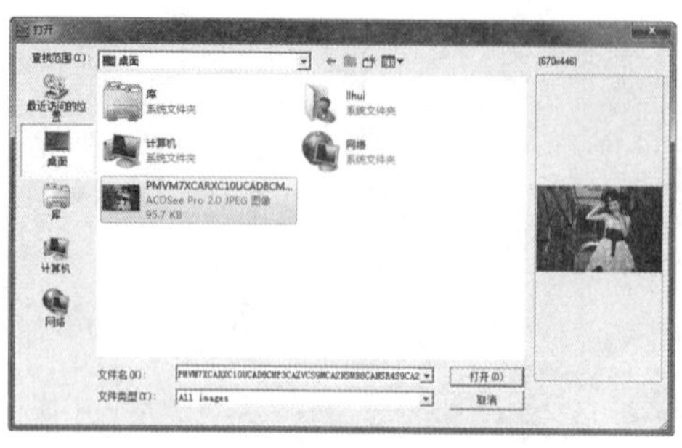

图 10-50 【打开】对话框

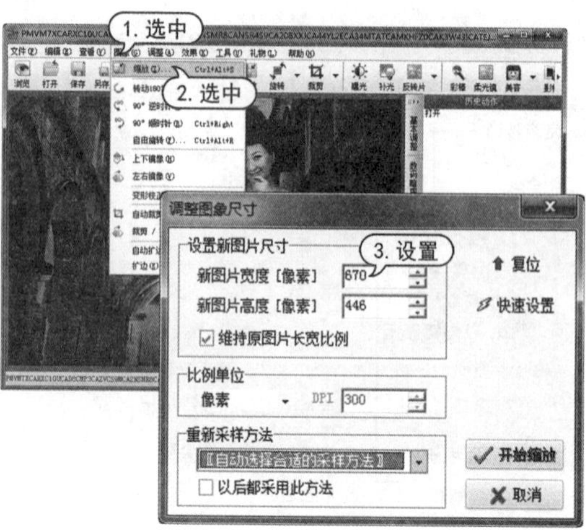

图 10-51 设置照片尺寸参数

STEP 03 如果用户对照片的具体尺寸信息不是太了解，可单击【快速设置】按钮，在弹出的下拉菜单中选择【按照片冲印尺寸】菜单项下相应的子命令，在打开的【调整图像尺寸】对话框的【新图片宽度】和【新图片高度】文本框中的数值将自动换算到具体像素值，如图 10-52 所示。

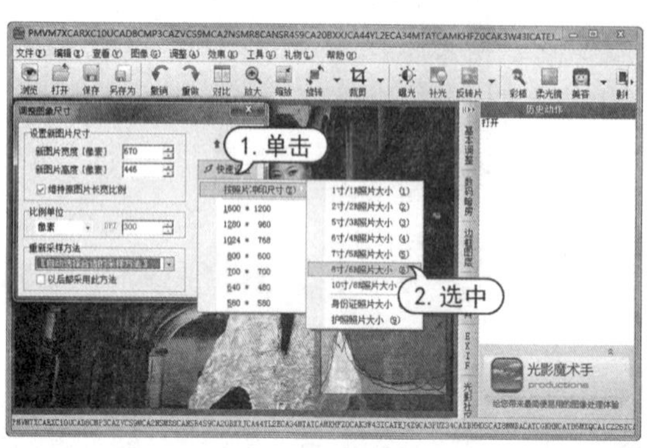

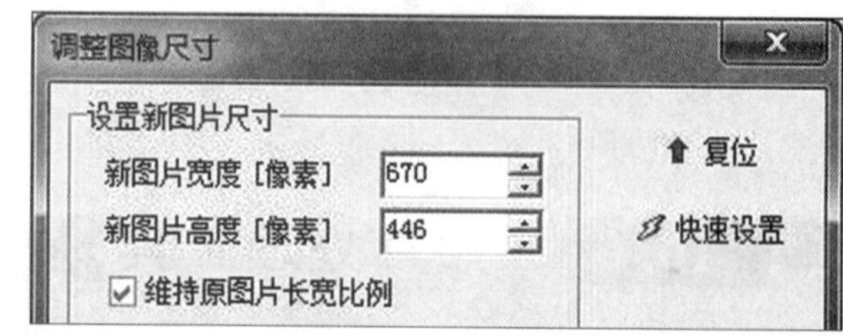

图 10-52 显示照片尺寸信息

STEP 04 选择完成后，单击【开始缩放】按钮，即可自动缩放照片。

STEP 05 照片缩放完成后，单击工具栏中的【另存为】按钮，打开【另存为】对话框。在该对话框中设置保存路径和文件名，然后单击【保存】按钮，打开【保存图像文件】对话框。

STEP 06 选中【采用高质量 Jpeg 输出】复选框，保证输出照片的质量，然后单击【确定】按钮，保存缩放后的照片，如图 10-53 所示。

10.6.2 裁剪照片

如果想在照片中突出某个主题，或者去掉不想要的部分，则可以使用光影魔术手的裁剪功能对照片进行裁剪。

【例 10-12】 使用光影魔术手裁剪照片。视频

STEP 01 启动光影魔术手，选择【文件】|【打开】命令，打开【打开】对话框，选择需要裁剪的数码照片，单击【打开】按钮打开照片，如图 10-54 所示。

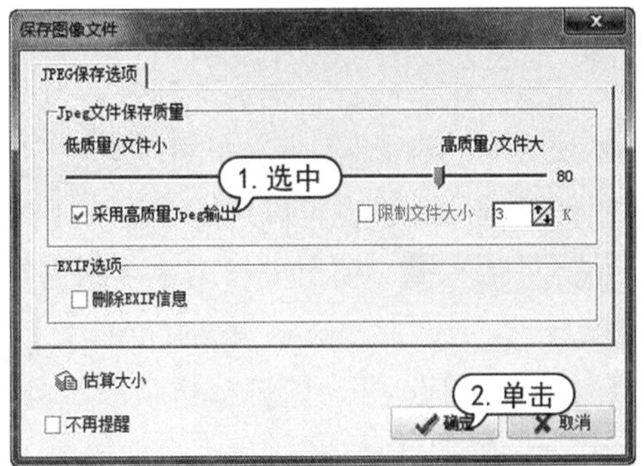

图 10-53　打开并设置【保存图像文件】对话框

STEP 02 单击工具栏中的【裁剪】按钮，打开【裁剪】对话框，如图 10-55 所示。

图 10-54　使用光影魔术手打开照片

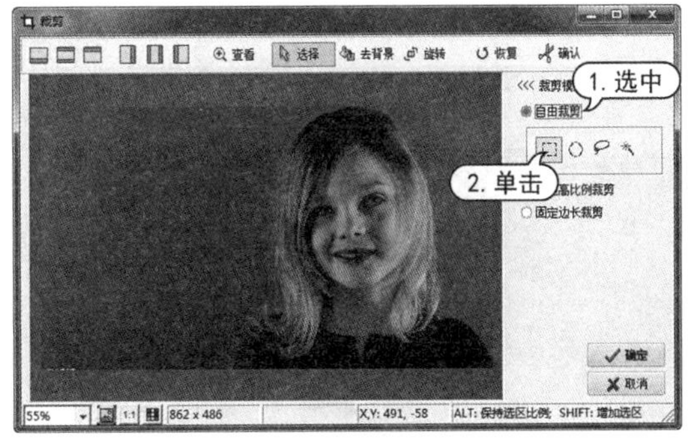

图 10-55　【裁剪】对话框

STEP 03 选中【自由裁剪】单选按钮，单击【矩形选择工具】按钮。

STEP 04 将鼠标指针移至照片上，当变成"十"字形状时，按下鼠标左键并在图片上拖动出一个矩形选框框选出需要裁剪的部分，然后释放鼠标左键，此时被框选的部分周围将有虚线显示，而其他部分将会以羽化状态显示，如图 10-56 所示。

STEP 05 单击【确定】按钮，裁剪照片，返回主界面，显示裁剪后的图像，如图 10-57 所示。选择【文件】|【另存为】命令，保存裁剪后的照片。

图 10-56　框选需要剪裁的部分

图 10-57　剪裁后的照片效果

10.6.3 消除红眼

光影魔术手的真正强大之处在于对照片的加工和处理功能。相比于 Photoshop 等专业图片处理软件而言，光影魔术手对于数码照片的针对性更强，而加工程序却更为简单，即使是没有任何基础的新手也可以迅速上手。下面就通过实例来介绍去除红眼的方法。

【例 10-13】 使用光影魔术手的去红眼功能为数码照片去除红眼。视频

STEP 01 启动光影魔术手，选择【文件】|【打开】命令，打开要加工的照片。单击软件主界面中的【数码暗房】选项卡，打开该选项卡的列表框，如图 10-58 所示，选择【祛斑去红眼】选项，打开【去红眼】窗口。

STEP 02 在【去红眼】窗口右侧的【参数设置】列表框中，调整【光标半径】滑竿，可以设置去红眼区域的大小，调整【力量】微调框，可以设置调整红眼的力度。

STEP 03 设置完成后，将鼠标指针移至要消除红眼的区域，当光标显示为“十”字带圈形状时，单击鼠标，即可进行去除红眼操作，如图 10-59 所示。

图 10-58 显示【去红眼】窗口

图 10-59 鼠标样式

STEP 04 去除红眼后，单击【确定】按钮，返回主界面，保存图片。

10.6.4 设置影楼效果

使用光影魔术手的影楼效果，通过简单的步骤即可制作出专业影楼处理的效果。此外，它还提供了多套边框，可以用于装饰照片。

【例 10-14】 使用光影魔术手为数码照片添加影楼效果和边框。视频

STEP 01 启动光影魔术手，选择【文件】|【打开】命令，打开要应用影楼效果的照片，如图 10-60 所示。

STEP 02 单击主界面中的【影楼】按钮，打开【影楼人像】对话框，如图 10-61 所示。

STEP 03 在【色调】下拉列表中选择【暖黄】选项，调节【力量】滑竿。调节完成后，单击【确定】按钮，完成影楼风格的设置。

STEP 04 单击【边框图层】选项卡，选择【多图边框】选项，打开【多图边框】对话框，如图 10-62 所示。

STEP 05 选择一个自己喜欢的多图边框效果，然后调整多图的显示区域。调整完成后，单击【确定】按钮使用该边框，如图 10-63 所示。

图 10-60　【打开】对话框

图 10-61　显示【影楼人像】对话框

图 10-62　调整照片效果

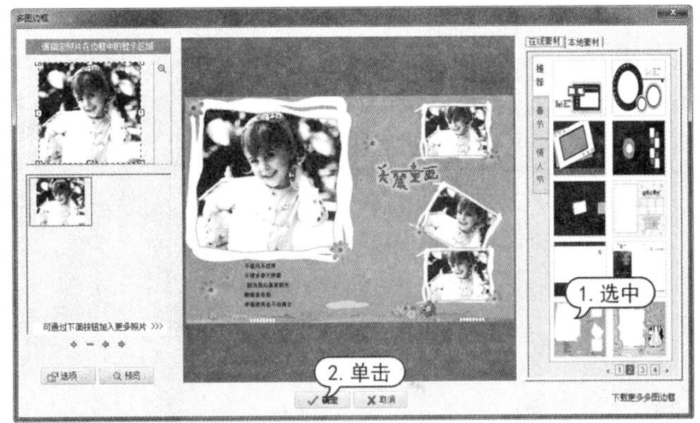

图 10-63　选择多图边框

10.7　系统优化工具

魔方优化大师是一款集系统优化、维护、清理和检测于一体的工具软件，可以让用户只需几个简单步骤就能快速完成一些复杂的系统维护与优化操作。

10.7.1　使用魔方精灵

首次启动魔方优化大师时，会启动一个魔方精灵（相当于优化向导），利用该向导，可以方便地对操作系统进行优化。

【例 10-15】　使用魔方精灵优化操作系统。视频

STEP 01 启动魔方优化大师，自动打开魔方精灵界面。在【安全加固】界面中可禁止一些功能的自动运行，单击红色或绿色的按钮即可切换状态。

STEP 02 设置完成后单击【下一步】按钮，打开【硬盘减压】界面。在该界面中可对硬盘的相关服务进行设置，如图 10-64 所示。

STEP 03 单击【下一步】按钮，打开【网络优化】界面。在该界面中可对网络的相关参数进行设置，如图 10-65 所示。

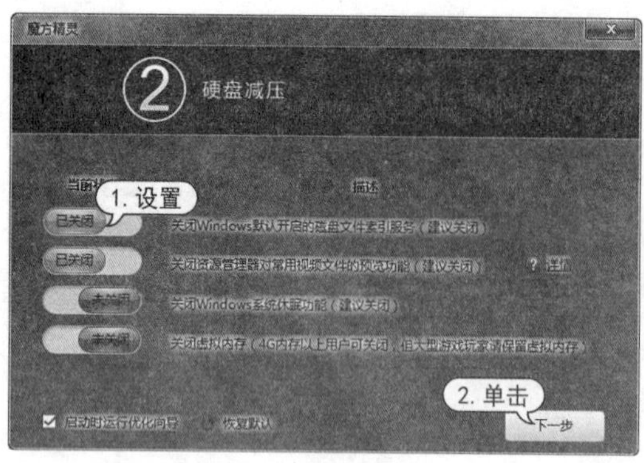

图 10-64　设置硬片减压

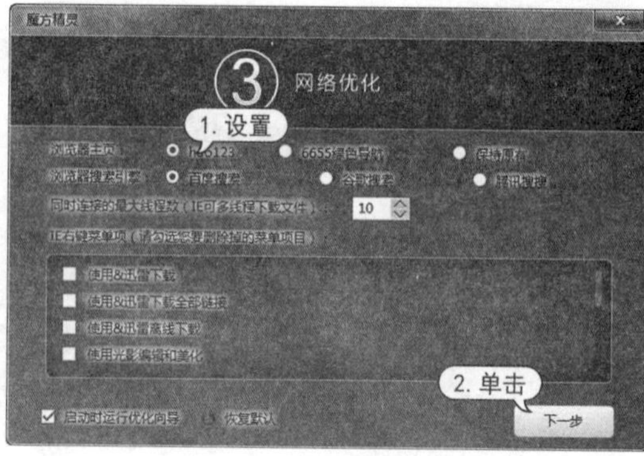

图 10-65　设置优化网络

STEP 04 单击【下一步】按钮，打开【开机加速】界面。在该界面中可对开机启动项进行设置，如图 10-66 所示。

STEP 05 单击【下一步】按钮，打开【易用性改善】界面。在该界面中可对 Windows 7 系统进行个性化设置，如图 10-67 所示。

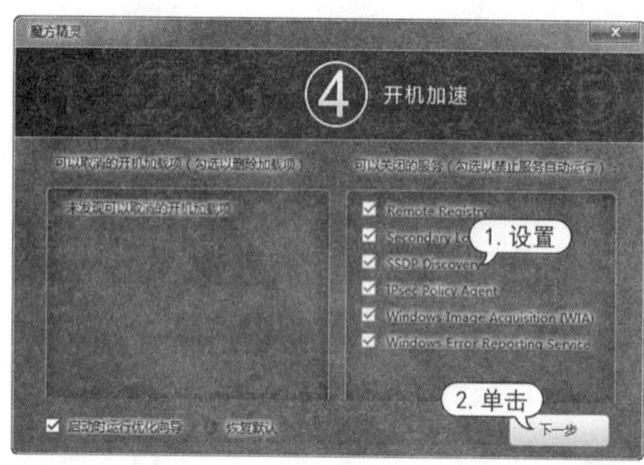

图 10-66　设置开机加速

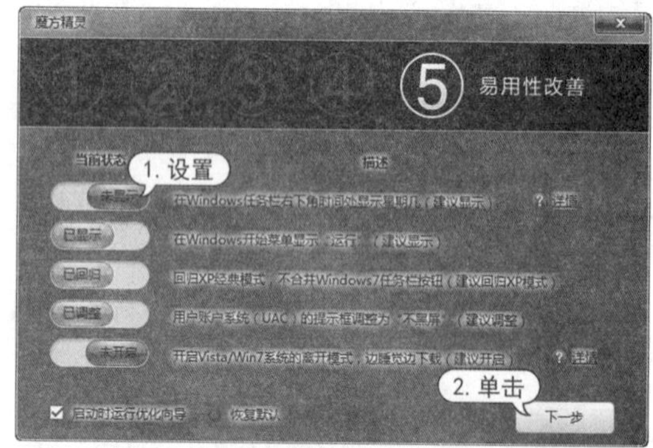

图 10-67　设置个性化参数

STEP 06 单击【下一步】按钮，然后单击【完成】按钮，完成魔方精灵的优化设置。

10.7.2　使用魔方美化大师

魔方优化大师为用户提供了一个系统美化的功能——魔法美化大师。使用魔方美化大师用户只需几个简单的操作即可定制具有个性化的操作系统。

【例 10-16】　使用魔方美化大师修改 Windows 7 开机登录画面。 视频

STEP 01 启动魔方优化大师，单击其主界面中的【美化大师】按钮。打开魔方美化大师，然后单击其主界面中的【开机登录画面】按钮，如图 10-68 所示。

STEP 02 单击【浏览】按钮，在打开的对话框中选择一个图片文件。单击【打开】按钮，可在【图片预览】区域看到图片的预览效果，如图 10-69 所示。

STEP 03 单击【应用】按钮，打开【提示】对话框，单击【是】按钮，可查看更改开机登录画面后的效果。

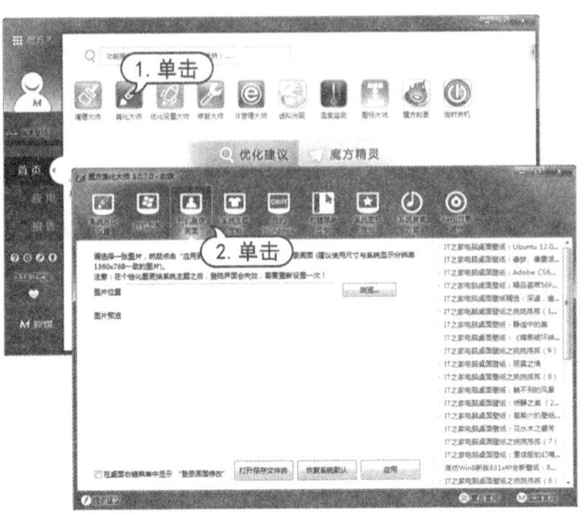

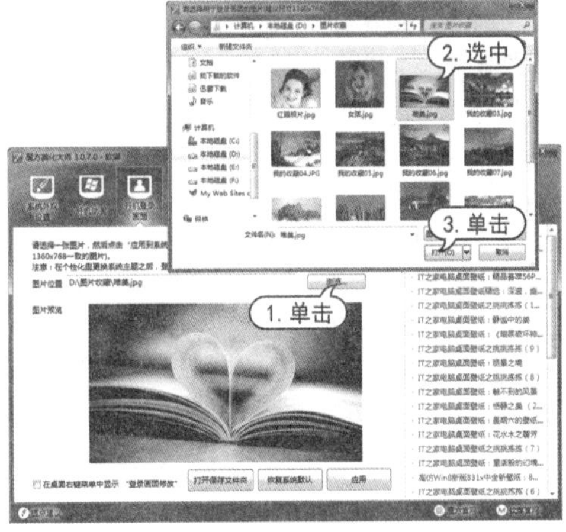

图 10-68　设置开机登录画面

图 10-69　设置个性化参数

10.7.3　使用魔方修复大师

魔方修复大师的温度检测功能可以检测电脑的工作温度，并显示 CPU 和内存的使用情况，帮助用户及时调整系统中运行软件的数量。

【例 10-17】　使用魔方优化大师的温度检测功能。 视频

STEP 01 启动魔方优化大师，单击其主界面中的【温度检测】按钮。打开【魔方温度检测】窗口，其中显示了 CPU、显卡和硬盘的运行温度，界面右侧还显示了 CPU 和内存的使用情况，如图 10-70 所示。

STEP 02 单击界面右上角的【设置】按钮，可打开【魔方温度检测设置】对话框，在该对话框中可对【魔方温度检测窗口】中的各项参数进行详细设置，如图 10-71 所示。

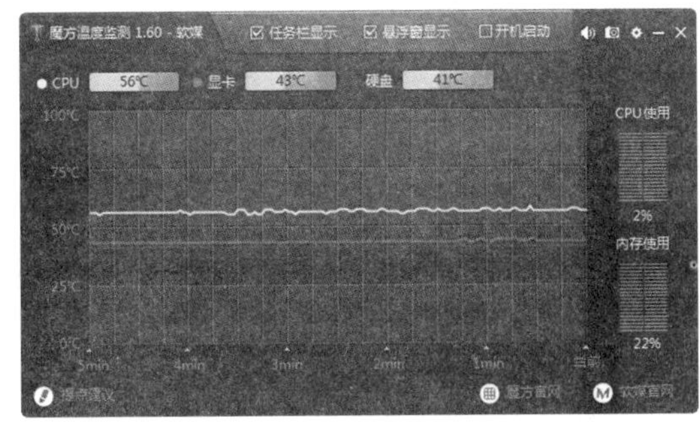

图 10-70　显示 CPU 和内存的使用信息

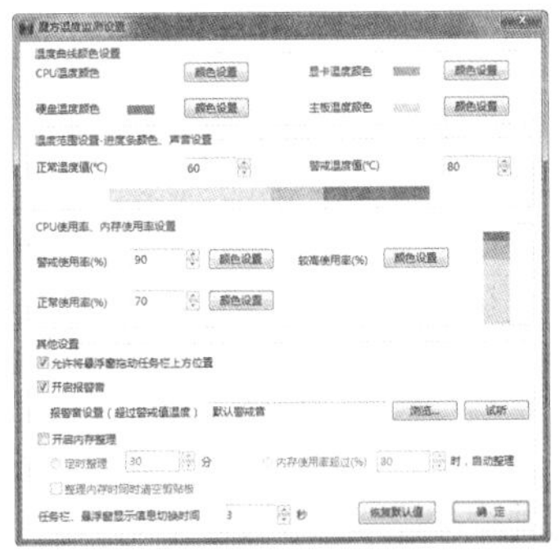

图 10-71　调整电脑温度参数

10.8　案例演练

本章的上机练习将通过几个具体实例来帮助读者进一步巩固本章所学的内容。

10.8.1　为压缩文件添加密码

对于一些不想让别人看到的文件，用户可将其压缩并进行加密，其他用户要想查看必须先

输入正确的密码才行。下面以加密"我的备忘录"文件夹为例来介绍压缩文件的加密方法。

【例 10-18】 将【我的备忘录】文件夹压缩为同名文件，并进行加密。视频

STEP 01 右击【我的备忘录】文件夹，在弹出的快捷菜单中选择【添加到压缩文件】命令，打开【压缩文件名和参数】对话框。

STEP 02 切换至【高级】选项卡，单击【设置密码】按钮，如图 10-72 所示，打开【输入密码】对话框。

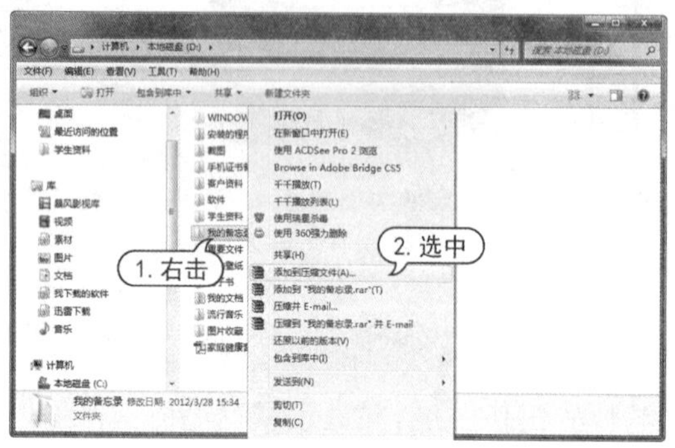

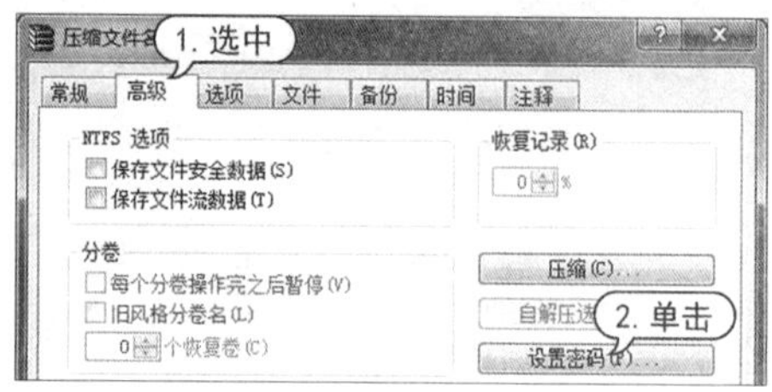

图 10-72 打开【压缩文件名和参数】对话框中的【高级】选项卡

STEP 03 在相应的文本框中输入两次密码，然后选中【加密文件名】复选框。单击【确定】按钮，返回【压缩文件名和参数】对话框，接着单击【确定】按钮，开始压缩文件，如图 10-73 所示。

STEP 04 文件压缩完成后，如果要查看此压缩文件，系统会打开【输入密码】对话框，用户必须输入正确的密码才能查看文件，如图 10-74 所示。

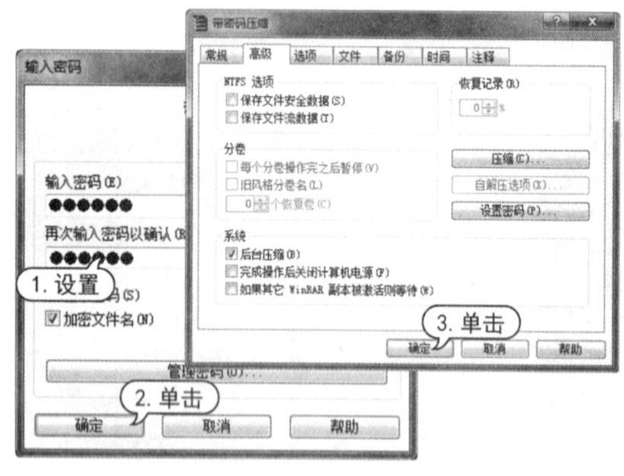

图 10-73 设置压缩文件密码

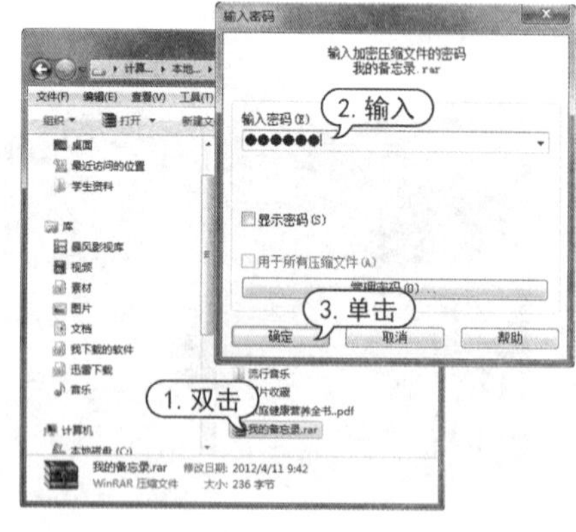

图 10-74 解压文件时显示的【输入密码】对话框

10.8.2 设置千千静听定时关机

有的用户喜欢听着电脑中的歌曲睡觉，但是万一睡着了怎么办？电脑一直开着，不但增加电脑损耗，还浪费电。其实可以通过千千静听来控制电脑定时关机。

【例 10-19】 通过千千静听设置电脑定时关机。视频

STEP 01 在千千静听中右击，在弹出的菜单中选择【千千选项】命令，如图 10-75 所示。

STEP 02 在打开的【千千静听—— 选项】对话框中，切换至【常规】选项卡。

轻松学电脑教程系列

STEP 03 选中【自动关闭计算机】复选框，然后在其后面的微调框中设置自动关闭计算机的时间。设置完成后，单击【全部保存】按钮，然后单击【关闭】按钮完成设置。当到达预设的时间，电脑即可自动关机了，如图 10-76 所示。

图 10-75　设置【千千选项】

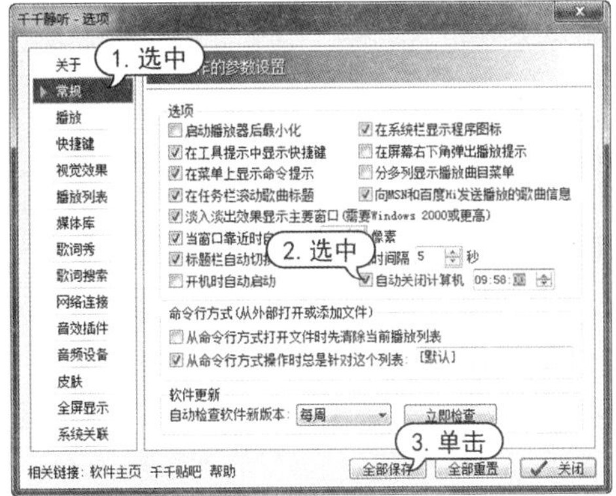

图 10-76　【常规】选项卡